**작은 것들이 만든
거대한 세계**

균이 만드는 지구 생태계의 경이로움

작은 것들이 만든
거대한 세계

멀린 셸드레이크 | 김은영 옮김 | 홍승범 감수

아날로그

일러두기

1. 학명은 이탤릭체로 병기했다.

2. 인명은 외국어표기법을 따르되, 이미 국내에서 널리 통용되는 표기가 있을 경우 그에 따랐다.

3. 책, 잡지, 신문은 《 》로, 논문, 영화, 기사 등은 〈 〉로 구분했다.

4. 옮긴이 주는 각주로, 원저자 주는 미주로 구분했다.

5. 영어 Fungi는 곰팡이로 번역했으나, 문맥과 학계의 용어에 따라 버섯, 효모, 균으로 번역한 경우가 있다.

"곰팡이는 매력적이다. 섬세한 존재가 우아한 삶의 전략을 통해 지구의 생태계를 주도한다. 셸드레이크의 책은 효모와 버섯 등을 포함하는 곰팡이에 대한 새로운 시각을 제시한다. 그의 관점으로 세계를 둘러보면 낯설게만 느껴지는 곰팡이가 이미 인간 사회와 예술, 철학 등과 긴밀히 연결되어 있음을 알 수 있다. 문체는 사실적이고 호소력이 짙으며, 책은 교육적이면서 재미있다."

케임브리지대학교 식물분자유전학 교수 유타 파즈코스키Uta Paszkowski

"이 책은 곰팡이, 즉 균의 놀라운 세계를 탐구한다. 곰팡이는 다른 생명체와 다양한 방식으로 상호작용하며, 인류의 역사를 형성하고 우리의 미래를 보호한다. 과학적인 지식과 대담한 상상력이 넘치는 이 책은 지구의 생명체에 대한 근본적인 질문을 제기한다."

케임브리지대학교 역사 및 과학철학 명예교수 닉 자딘 Nick Jardine

"학구적이면서도 흥미로운 책이다. 생명으로 충만한 세계에 대한 새로운 통찰을 제공한다."

케임브리지대학교 식물유전학 및 후성유전학 교수 이안 헨더슨 Ian Henderson

"이 책을 읽기 전, 나는 셸드레이크의 책이 내게 어떤 영향을 미칠지 전혀 예상하지 못했다. 이 책은 쓰나미처럼 나를 덮쳤고, 내가 바라보는 풍경은 더 정돈되고 더욱 아름다워졌다."

《영혼의조각 Soul Dust》 저자이자 런던정치경제대학교 심리학 명예 교수
니컬러스 험프리 Nicholas Humphrey

"이 책은 계시다. 급진적이고 희망적이며, 우리가 살고 있는 세계에 대한 중요한 내용을 담고 있어, 한번 펼치자 내려놓을 수가 없었다. 셸드레이크는 우아하고 재치 있으며 명료한 문체로 우리 인간이 삶과 지구 그리고 우리 자신을 직시하는 데 필요한 기적적인 네트워크, 즉 곰팡이의 숨겨진 세계에 우리를 초대한다."

《야생의식물 Wilding》의 저자 이사벨라 트리 Isabella Tree

"셸드레이크는 독자로 하여금 우리를 둘러싼 세계의 형태를 바꾸고, 마음을 바꾸는 동적인 세계로 안내한다. 수수께끼 같은 생명의 왕국에 대한 즐거운 탐험을 비롯해 '생명'이 무엇을 의미하는지에 대한 이해를 넓혀준다."

《대멸종 연대기》의 저자 피터 브래넌

"이 책을 읽는 도중에 내려놓기란 불가능하다. 이 책은 곰팡이의 생활을 둘러싼 놀라운 생물학과 매혹적인 문화에 대한 관점을 제공한다. 균사 네트워크의 형태와 유사하게, 이 책은 곰팡이의 놀라운 특성과 그에 얽힌 역사뿐만 아니라 의학 및 생태학에서 다양하게 사용되는 물질까지 확장하여 소개한다. 셸드레이크는 우리의 발밑에 존재하는 이질적이지만 활기찬 생명체에 대해 생각해볼 것을 촉구한다."

《Ways of Curating》의 저자 한스 울리히 오브리스트

"이 대담한 책은 우리에게 익숙지 않은 유기적 생명체와 네트워크로 이루어진 아주 작은 세계를 소개한다. 방대한 세계를 세밀하고 또렷하게 그려냄으로써 우리에게 새로운 배울거리를 안겨준다."

시인 J. H. 프린 Prynne

곰팡이의 의학적 잠재력 중 하나가 항바이러스제로서의 역할이다. 미국의 균학자인 폴 스태미츠는 미국의 프로젝트 바이오실드Project Biosheld와 합동 연구를 진행해 다수의 곰팡이가 바이러스성 질병 중에서 천연두, 포진, 독감 등에 강한 저항력을 갖고 있음을 발견했다. 벌에 대한 스태미츠의 최근 연구는 곰팡이 추출물이 벌의 체내 바이러스 양을 현저히 줄여준다는 사실을 알아냈다. 곰팡이의 항바이러스 능력과 코로나 바이러스에 대해 구체적으로 발견된 것은 아직 없지만, 현재 상황에서 충분히 관심을 가질 만한 분야라고 생각한다. 아직 시작되지 않았다면 아마도 곧 연구가 시작될 것으로 기대한다.

또 다른 차원에서, 우리는 역학적疫學的으로 매우 중대한 역사가 기록되고 있는 시기를 살아가고 있다. 역학은 노드와 링크로 구성된 네트워크 모델에 기반을 두고 있다. 이런 네트워크는 매우 역동적인 시스템이어서, 아주 작은 원인으로도 커다란 효과를 불러올 수 있다. 경제학자 브랑코 밀라노비치Branko Milanovi는 최근에 자신의 트위터 계정에 이런 글을 올렸다. "(지금까지) 21세기의 가장 영향력 있는 인물이라면, 후베이의 농부다." 곰팡이는 말 그대로 네트워크. 이 책은 곰팡이가 네트워크를 만들어가는 과정을 보여줌으로써 인간의 생생한 상호연결성에 대해 알려줄지도 모른다.

PTSD와 우울증 치료에 있어서 실로시빈의 역할에 대해 힐러리 클린턴이 지적한 내용의 요점은 매우 적절하다. 록다운과 격리의 직접적인 영향부터 그 뒤에 따라오는 경제적, 사회적 불안에 이르기까지, 코로나 바이러스는 인간의 정신적 행복에 커다란 영향을 끼칠 것이다. 환각제는 이러한 정신적, 심리적 후유증을 완화시키는 데 중요한 역할을 할 수도 있다.

또한 동물군에서 기원한 신종 바이러스가 인간에게 전염되는 사태를 불러올지 모를 생태계 파괴 문제도 있다. 《인수공통 모든 전염병의 열쇠》의 저자이자 활발한 생태과학 저술 활동을 펼치고 있는 데이비드 쾀멘의 말을 인용해보자.

우리는 열대 숲을 비롯해 수많은 종의 동물과 식물이 깃들어 사는 야생의 자연을 침범했다. 그리고 그 동물과 식물들에게는 우리가 아직도 알지 못하는 수많은 바이러스가 깃들어 있었다. 우리는 나무를 베어냈고, 동물을 죽이거나 우리에 가두었고, 시장에 내다 팔았다. 생태계를 교란시켰고, 원래 바이러스가 깃들어 살던 숙주들을 뒤흔들어 놓았다. 그러자 그 바이러스들에게 새로운 숙주가 필요해졌다. 가끔씩 우리, 즉 인간이 그들의 새로운 숙주가 된다.

아주 작은 미생물이 인간 사회를 통째로 멈추게 할 수도 있다. 우리가 정말로 통제권을 가지고 있을까? 절대로 그렇지 않다. 이것이 바로 이 책에서 답을 찾고자 하는 질문이다. 나는 이 책이 지금의 상황에 대해 더 멀고 더 넓은 안목에서 이야기해줄 것으로 기대한다.

코로나19가 중국 우한의 박쥐에서 처음 발병한 것이 2019년 말이다. 그런데 불과 수개월 만에 유럽, 북미뿐만이 아니라 남미까지 전 세계적으로 확산되었고, 사망자는 250만 명을 넘어서고 있다. 항공기 여행으로 1일 생활권이 된 지구는 강력한 네트워크로 연결되었기에 코로나19 팬데믹을 막을 수가 없었다.

인간을 포함한 동물은 이동으로 개체 간에 네트워크를 형성한다. 그렇다면 이동할 수 없는 식물은 서로 어떻게 교신할까? 이때까지 우리는 숲에 있는 나무들을 독립된 개체로만 보았다. 하지만 이 책은 우리의 생각을 완전히 바꾸어놓는다.

수정란풀이라는 하얀 꽃을 피우는 예쁘고 자그마한 식물이 있다. 이 식물은 잎도 없고 엽록소도 없어서 광합성을 하지 못한다. 광합성을 하지 않는 식물은 먹이를 먹지 않는 동물과 같다. 그렇다면 이 식물은 어떻게 살아갈 수 있을까?

과학자들은 방사성동위원소를 이용하여 수정란풀이 옆 식물이 만들어놓은 당분을 이용한다는 사실을 알아냈다. 그리고 수정란풀과 옆 식물 간의 연결자가 바로 곰팡이임을 밝혔다. 게다가 이 네트워크는 수정란풀에만 나타나는 현상이 아니라 숲에서 자라는 나무 간에 흔히 있는 영양분의 교환으로 밝혀졌다. 이 결과를 발표한 《네이처》는 표지를 나무 간의 통신망을 의미하는 신조어, 우드와이드웹Wood Wide Web으로 장식했다.

나무는 곰팡이 통신망을 이용하여 서로 영양분을 공유한다. 주요 영양원인 당류를 교환할 뿐만 아니라 호르몬과 같은 신호물질, 심지어는 세균도 이 고속도로를 통해 이동한다. 한 나무가 해충의 공격을 받으면 이를 이웃나무에 알려주어 대비할 수 있게도 한다.

숲속에 자라는 나무도 각각 지위가 있고 친소관계가 있다. 어떤 나무는 더 많은 나무와 균근으로 연결되어 있어 그렇지 못한 나무에 비해 숲에서 영향력이 더 크다. 또한 유전적으로 가까운 나무와는 더 많은 곰팡이와 연결하여 친척임을 표시한다. 즉 지구상에 존재하는 90퍼센트 이상의 식물은 균근(곰팡이뿌리)이라는 정류장을 가지고 있으며 곰팡이 실이라는 고속도로를 통해 서로 연결되어 있다.

이렇게 말하면 곰팡이가 나무 사이의 연결통로 정도로 과소평가될지도 모르겠다. 하지만 실제 식물을 연결하는 주체는 오히려 곰팡이다. 곰팡이는 광합성을 하지 못하는 수정란풀에게 이웃 식물의 영양분을 공급하기도 하고 어려서 세력이 약한 난초에게 영양분을 꾸어주었다가 어른 이 되면 이자를 붙여서 돌려받기도 한다. 난초과의 식물인 천마도 곰팡이에게서 영양분을 꾸어야만 자랄 수 있다. 결국 곰팡이는 식물과의 거래를 통해 자신의 이익을 챙기는 브로커이자 은행원이다. 가령 소나무 간의 영양분을 중개하는 곰팡이는 그 이익금으로 송이라는 걸출한 버섯을 만들었다.

곰팡이를 다루는 학문인 균학을 수강하면 첫 장에서 휘태커의 5계설을 배운다. 지구상의 생물은 크게 다섯 계界, kingdom로 나뉘는데 그중에서 곰팡이는 균계菌界라는 하나의 독립된 계를 차지한다. 곰팡이는 분해자의 역할을 하며 지구상에서 동물과 식물에 버금가는 큰 생물 그룹이라고 배우지만 그 당시에는 실상 동의하기가 어려웠다. 하지만 이 책은 분해자로서의 곰팡이만이 아니라 생태계의 지휘자이자, 물질의 생산자로서 곰팡이의 존재감을 드러낸다. 이 책을 읽으면 왜 곰팡이가 동물, 식물에 이은 지구상에서 세 번째로 큰 생물 그룹인지를 확실히 느낄 수 있을 것이다.

한국균학회 균학용어심의위원장

홍승범

차례

프롤로그
-
생명의 거미줄

나는 나무 꼭대기를 올려다보았다. 양치류와 난초가 그 나무의 줄기로부터 싹을 틔워 자랐는데, 하늘을 덮고 있는 나뭇가지와 그 사이사이 얽혀 있는 덩굴줄기 속으로 스며들 듯이 퍼져 있었다. 내 머리 위 아주 높은 곳에서 큰부리새 한 마리가 깍깍 울어대자 원숭이 무리가 낮고 느리게 소리를 내기 시작했다. 방금 비가 그친 탓에 높은 가지에 달린 나뭇잎에 고여 있던 빗물이 한꺼번에 주르르 쏟아졌다. 땅 위에 안개가 낮게 깔렸다.

나무뿌리는 밑동에서 바깥을 향해 구불구불 뻗어나가, 정글 바닥을 두텁게 덮고 있는 낙엽 속으로 사라졌다. 나는 나무막대로 땅을 두드리며 혹시 있을지 모르는 뱀을 쫓았다. 타란툴라 거미 한 마리가 허둥지둥 달아났다. 나는 무릎을 꿇고 앉아 나무 밑동을 더듬어 내려가며 그 나무에서 뻗어 내린 뿌리 중 한 가닥을 계속 따라갔다. 뿌리는 스펀지 같은 흙덩어리 속에서 더 자잘한 잔뿌리로 갈라지더니 적갈색의 덩어리를 이루었다. 기름진 흙냄새가 올라왔다. 개미들이 미로 속에서 바글거렸고, 노래기 한 마리가 몸을 둥글게 말고는 죽은 체하며 움직이지 않았다. 내 손이 따라가던 뿌리는 땅속으로 사라졌지만, 나는 모종삽으로 그 주변을 치웠다. 손과 숟가락으로 맨 위의 흙을 걷어내고 최대한 조심스럽게 파내려갔다. 나무에서 뻗어 나온 뿌리가 지표면 바로 아래서 꼬이고 얽히며 널리 퍼져나가 있었다.

나무 밑동에서 1미터쯤 이동하는 데 한 시간 남짓 걸렸다. 뿌리는 이제 실오라기보다도 더 가늘어졌지만 모든 방향으로 거침없이 퍼져 있었다. 그 뿌리는 혼자가 아니었다. 이웃들과 수없이 얽히고설켜 있어서 처음의 뿌리만 따라가기는 힘들었다. 나는 배를 대고 땅바닥에 엎드려 내가 파놓은 얕은 구덩이 속을 들여다보았다. 어떤 뿌리는 고소하면서도 매캐한 냄새가 났고 또 어떤 뿌리는 텁텁한 나무 냄새가 났지만, 내가 계속 따라가는 뿌리는 손톱으로 긁어보니 알싸한 송진 냄새를 풍겼다. 땅바닥을 파며 굼벵이가 기어가는 것보다 느린 속도로 몇 시간을 이동하면서 나는 처음의 뿌리를 잃어버리지 않으려고 몇 센티미터마다 한 번씩 뿌리를 긁어 냄새로 확인했다.

더 깊이, 더 멀리 나갈수록 처음의 나무뿌리에서 더 많은 잔뿌리들이 나왔고, 나는 그중 몇 올을 선택해 끝까지 따라갔다. 잔뿌리 끝은 썩은 나뭇잎과 잔가지 조각 속으로 파고들어 갔다. 나는 그 나무뿌리 끝을 물에 헹궈 흙을 씻어낸 다음 확대경으로 들여다보았다. 잔뿌리도 작은 나무처럼 가지를 쳤고, 표면은 싱싱하고 끈적끈적한 막으로 덮여 있었다.

내가 조사해보고 싶은 것이 바로 그 섬세한 구조였다. 이 뿌리들로부터 곰팡이, 즉 균의 네트워크가 흙 속으로, 주변에 자라는 나무들의 뿌리로 이어졌다. 곰팡이가 만들어내는 거미줄이 없다면 나의 나무는 살아 있지 못했을 것이다. 곰팡이의 거미줄이 없으면 나의 나무뿐만 아니라 세상의 어떤 나무도 살지 못한다. 나를 포함해 지상의 모든 생명은 이 네트워크에 의지해서 살아간다. 나는 내 뿌리를 살짝 잡아당겼다. 흙이 움직이는 것이 느껴졌다.

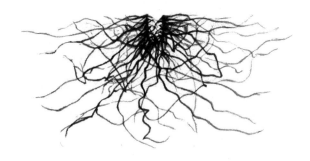

서문

내가 만약 곰팡이라면

—

지상에서 우리가 할 수 있는 일을
하늘이 질투하는
촉촉한 사랑의 순간이 있다.

하피즈 Hafiz, 1315~1390

곰팡이는 어디에나 있지만, 우리는 그 존재를 잘 알아보지 못한다. 곰팡이는 우리 안에도 있고 우리 주변에도 있다. 곰팡이는 우리와 우리가 생존을 위해 필요로 하는 모든 것을 유지해준다. 이미 수십 억 년 전부터 그래왔듯이, 독자가 이 책을 읽고 있는 동안에도 곰팡이는 생명이 생기는 과정에 변화를 일으키고 있다. 곰팡이는 돌을 먹고, 흙을 만들며, 오염물질을 소화시키고, 식물에 양분을 주거나 죽게 만들고, 우주에서도 살아남으며, 환각을 보게 만들고, 식량을 생산하고, 약물을 만들어내고, 동물의 행동을 조종하며, 지구 대기의 성분에 영향을 미친다. 곰팡이는 우리가 깃들어 사는 이 행성과 우리가 생각하고 느끼고 행동하는 방식을 이해하는 데 결정적인 열쇠다. 그러나 곰팡이는 대부분 우리의 눈에 보이지 않는 곳에서 살아가고 있으며, 곰팡이종種의 90퍼센트 이상이 아직 기록으로 정리되지 못한 상태로 남아 있다. 곰팡이는 알면 알수록 이해하기 힘든 생명체다.

곰팡이도 하나의 계*를 이루는 생명체다. '동물계'와 '식물계' 못지않게 광범위하고 복잡하다. 현미경으로나 볼 수 있는 효모도 곰팡이고, 세상에서 가장 큰 생명체 중 하나인 뽕나무버섯Armillaria도 곰팡이다. 뽕나무버섯 가운데 현재 세계 최대 기록을 가진 개체는 오레곤주에 있는 것으로, 무게가 100톤이 넘고 사방 10킬로미터나 되는 면적을 차지하고 있으며 적게는 2,000살, 많으면 8,000살까지 추정하고 있다. 어쩌면 우리에게 아직 발견되지 않은 더 크고 더 오래된 표본이 있을지도 모른다.[1]

지구상에서 있었던 ─ 지금도 계속 일어나고 있는 ─ 드라마틱한 사건 중 많은 수가 곰팡이의 활동에서 비롯되었다. 식물이 물을 떠나 지상으로 올라온 것은 겨우 5억 년 전이었다. 그전까지, 그러니까 식물이 스스로 땅속에 뿌리를 뻗어 내리기 전까지는 곰팡이가 뿌리를 대신해주었다. 오늘날 지구상에 존재하는 식물의 90퍼센트 이상이 균근 곰팡이 mycorrhizal fungi ─ 그리스어로 '균'을 뜻하는 mykes와 '뿌리'를 뜻하는 rhiza의 합성어 ─ 에게 생존을 의지한다. 이 균근 곰팡이는 나무들이 공유하는 거대한 네트워크라는 점에서 '우드와이드웹Wood Wide Web'이라고 불린다. 태곳적부터 계속된 이 협동관계가 모든 생명의 시작이었으며 그 생명들의 미래도 식물과 곰팡이가 건강한 관계를 유지할 수 있느냐에 달려 있다.

---

* 균계菌界. 생태학자 휘태커가 생물의 분류를 5계 체제 ─ 원핵생물계, 원생생물계, 식물계, 균계, 동물계 ─ 로 정리하면서 식물계로부터 분리되었다. 영어의 Fungi는 효모, 곰팡이와 버섯을 모두 아우르는 말로, 땅속에서는 균사로 존재하고, 포자를 형성하기 위해 토양 밖에 형성된 균사 덩어리가 버섯이다.

지구를 푸르게 만들어온 것이 식물이라고 생각할 수도 있지만, 지금으로부터 4억 년 전 데본기로 눈을 돌려보면 우리는 또 다른 생명체에 놀라게 된다. 바로 프로토택사이트Prototaxites다. 이 살아 있는 원뿔은 도처에 널려 있었다. 상당수가 요즈음의 2층 건물보다 더 높이 자랐다. 어떤 생명체도 이만한 크기로 자라지는 않았다. 식물도 있기는 했지만 크기는 1미터 미만이었고, 척추동물은 아직 바다를 떠나 뭍으로 올라오기 전이었다. 작은 곤충은 거대한 프로토택사이트의 줄기를 이빨로 갈고 썰어가며 그 안에 방을 만들고 통로를 뚫었다. 이 수수께끼 같은 생명체의 집단 ― 거대한 곰팡이라고 추측되었던 ― 은 적어도 4억 년 동안 마른 땅에서 가장 큰 생명체로 군림했으니 호모속[2]보다 스무 배나 오랜 기간 존재해온 셈이다.

오늘날에도 새로운 생태계는 곰팡이에 기반을 두고 있다. 화산섬이 생성되거나 빙하가 후퇴해 맨 암석이 드러나면 가장 먼저 등장하는 것이 지의류地衣類, lichen ― 곰팡이와 조류藻類, algae 또는 박테리아의 연합 ― 이고, 이어서 식물이 뿌리를 내릴 수 있는 토양이 만들어진다. 잘 발달된 생태계에서도 흙을 붙들어주는 곰팡이 조직이 빽빽한 그물망을 만들어주지 않으면 흙이 빗물에 금방 쓸려 내려가 버린다. 깊은 바다 밑 충적층에서부터 사막의 모래밭, 남극의 꽁꽁 언 얼음계곡, 심지어는 우리 몸의 내장이나 모든 구멍에 이르기까지 지구상에서 곰팡이를 발견할 수 없는 곳은 거의 없다. 한 그루 나무의 줄기와 잎에만도 수천 종의 생명이 존재할 수 있다. 이 곰팡이들은 스스로 식물세포 사이의 빈틈으로 들어가 촘촘한 비단을 짜고 그 식물이 질병을 막아내는 데 도움을 준다. 자연 상태에서 자란 식물치고 이런 곰팡이가 없는 식물은 없다. 곰팡이는 잎이나 뿌리처럼 식물 세상의 일부다.

곰팡이가 이렇게 다양한 장소에서 널리 퍼져 살아갈 수 있는 이유는 곰팡이가 가진 독특한 대사 능력 덕분이다. 대사 작용metabolism 이란 화학적 변화의 집약체다. 곰팡이는 대사 과정의 마법사이며 기발한 방법으로 먹이를 찾고, 약탈하고, 재활용한다. 곰팡이의 대사 능력에 필적할 만한 상대는 오직 박테리아뿐이다. 곰팡이는 강력한 효소와 산酸을 이용해 지구상에서 가장 견고하다고 알려져 있는 물질도 분해해버린다. 나무에서 가장 질긴 성분인 리그닌lignin, 암석, 원유, 폴리우레탄 플라스틱, 심지어는 폭약 TNT도 곰팡이를 견디지 못한다. 곰팡이도 자라지 못할 정도의 극한 환경은 거의 없다. 광산 폐기물에서 분리된 종은 지금까지 발견된 가장 강력한 방사능 내성 유기체이며, 방사성 폐기물 처리장을 정화하는 데 이 종을 이용할 수 있다. 체르노빌에서 폭발한 원자로는 이런 곰팡이의 대형 서식지가 되었다. 이런 방사능 내성 종들 중 일부는 '뜨거운' 방사능 입자들을 향해가며 자라기까지 하는데, 마치 식물이 햇빛으로부터 에너지를 수확하듯이 방사능에서 에너지를 뽑아내는 것 같다.

곰팡이가 포자를 방출하는 법

곰팡이라고 하면 대부분 버섯을 떠올린다. 그러나 식물의 열매가 가지와 뿌리를 포함한 더 큰 생명 구조의 일부이듯이, 버섯도 곰팡이의 자실체, 즉 포자胞子가 생산되는 장소일 뿐이다. 식물이 자손을 퍼뜨리기

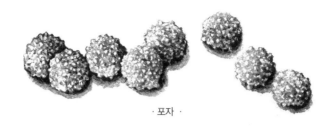

· 포자 ·

위해 씨앗을 이용하듯 곰팡이는 포자를 이용한다. 바람에서부터 다람쥐
에 이르기까지, 곰팡이의 세상 너머에 있는 것들이 곰팡이가 포자를 퍼뜨
리도록 돕거나 혹은 방해하지 못하게 하기 위해 곰팡이가 강구하는 수단
이 바로 버섯이다. 버섯은 사람의 눈에 보이고, 오감을 자극할 뿐만 아니
라 소유욕을 불러일으키고, 입맛을 다시게 하며 때로는 중독시키는, 곰팡
이의 일부다. 그러나 버섯은 곰팡이가 선보이는 여러 방법 중 하나일 뿐
이다. 곰팡이종의 절대다수는 버섯을 만들지 않고도 포자를 방출한다.

　포자를 퍼뜨리는 곰팡이 자실체의 왕성한 능력 덕분에 우리는 모두 곰
팡이와 함께 숨 쉬며 산다. 어떤 종은 마치 폭발하듯 포자를 방출한다.
이런 곰팡이가 포자를 방출할 때의 속도는 우주왕복선이 발사된 직후의
속도보다 1만 배나 빠르게 가속되어서 순식간에 최고시속 100킬로미터
에 이른다. 지구상에 살아 있는 어떤 생명체보다도 빠른 속도다. 또 다른
곰팡이종은 그들만의 미기후微氣候, microclimate*를 만들어낸다. 포자는

---

* 　지표로부터 1.5미터 정도까지 높이의 공간에서 발생하는 기후를 말하며, 온도·습도·바람·
대기난류·이슬·서리·열 균형·증발 작용과 같은 조건에 의해 크게 변화한다.

버섯의 주름에서 수분이 증발하면서 생긴 공기의 흐름을 타고 상층부로 올라간다. 곰팡이는 매년 50메가톤 — 대왕고래 50만 마리의 몸무게와 맞먹는 — 의 포자를 생산하면서 대기 중에 살아 있는 입자의 발생 원인으로서 가장 큰 자리를 차지한다. 포자는 구름 속에서도 발견되며 빗방울의 씨앗이 될 뿐만 아니라 눈, 진눈깨비, 우박의 씨앗인 얼음 결정의 출발점이 되어 날씨에 영향을 미친다.

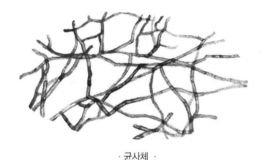

· 균사체 ·

곰팡이 중에서 일부는 당분을 발효시켜 알코올을 만들거나 빵을 부풀게 만드는 효모[3]처럼 하나의 세포로 이루어져 있고 발아發芽를 통해 두 개의 세포로 증식한다. 그러나 대부분의 곰팡이는 많은 세포가 연결된 네트워크인 균사hypae를 형성한다. 미세한 관 구조인 균사는 갈라지고, 합해지고, 서로 얽히면서 무질서하지만 매우 섬세한 균사체를 만든다. 균사체 만들기는 거의 모든 곰팡이의 공통적인 습관인데, 균사체는 물체라기보다는 과정이라고 생각하는 편이 더 합당하다. 균사체는 탐험적이고 불규칙적인 경향을 갖고 있기 때문이다. 균사체 네트워크 안의 생태계를 통해 물과 영양분이 흘러 다닌다. 일부 곰팡이종의 균사체는 전기적으로 들뜨기도 해서 균사를 따라 전기파가 전도된다. 동물의 신경세포에서 일어나는 전기충격파와 비슷하다.

균사는 균사체를 만들지만, 더 분화된 구조를 만들기도 한다. 버섯과 같은 자실체는 균사의 가닥가닥이 펠트처럼 짜이고 겹쳐진 데서 솟아난다. 이 조직은 포자를 방출하는 것 외에도 여러 가지 임무를 수행한다. 세상에서 가장 값비싼 식재료의 하나인 트러플truffle처럼 향을 발산하기도 한다. 트러플이 그렇게 비싼 값에 팔리는 이유는 바로 향 때문이다. 먹물버섯Coprinus comatus은 본래부터 질기고 단단한 성분으로 이루어져 있지는 않지만, 아스팔트도 뚫고 무거운 돌도 들어 올리며 올라온다. 튀겨서 먹기도 하고, 먹지 않고 항아리에 담아 두면 2~3일 만에 하얀 살이 액화하면서 새카만 먹물처럼 변한다(이 책의 삽화도 먹물버섯의 먹물로 그렸다).

대사상의 특이성 덕분에 곰팡이는 광범위하고 다양한 관계 맺기에 능하다. 뿌리에서든 줄기에서든 식물은 생겨난 순간부터 양분 흡수와 방어에 있어 곰팡이에 의존한다. 동물도 곰팡이에 의존하기는 마찬가지다. 인간이 등장한 이후 지구상에서 가장 크고 복잡한 사회를 만든 동물은 가위개미다. 가위개미의 군집 하나에는 800만 마리 이상의 개미가 속해 있고 지하의 개미굴은 직경 30미터에 이른다. 가위개미의 한살이는 그들이 굴방에서 나뭇잎 조각을 먹여 기른 곰팡이를 중심으로 펼쳐진다.[4]

인간 사회도 곰팡이와의 관계에서는 가위개미에 못지않다. 곰팡이

· 먹물버섯에서 만들어진 먹물로 그린 먹물버섯 ·

가 일으키는 질병은 수십 억 달러의 손실을 초래한다. 도열병균rice blast fungus은 매년 6,000만 명이 먹고도 남을 분량의 쌀을 축낸다. 느릅나무 시들음병균Dutch elm disease에서부터 밤나무 줄기마름병chestnut blight 에 이르기까지, 나무를 병들게 하는 곰팡이는 숲과 지형까지 바꿔놓는 다. 로마 사람들은 곰팡이의 신 로비구스Robigus에게 곰팡이가 일으키 는 질병들을 막아달라고 열심히 기원했지만 로마 제국의 멸망을 불러온 기아를 막지는 못했다. 곰팡이가 일으키는 병의 세력은 전 세계에서 점 점 더 확산되고 있다. 지속가능하지 않은 농법이 식물의 생존에 꼭 필요 한 유익한 곰팡이와의 관계를 형성할 힘을 빼앗아간다. 항균 화학물질 이 광범위하게 사용되자, 전에는 없던 새로운 슈퍼버그 곰팡이가 나타 나 인간과 식물의 건강을 위협하고 있다. 인간은 질병을 일으키는 곰팡 이를 퍼뜨리면서 곰팡이에게 새로운 진화의 기회를 준다. 지난 50년 동 안 역사상 가장 치명적인 질병 — 양서류에게 감염되는 곰팡이 — 이 인 간의 무역 경로를 따라 전 세계로 퍼졌다. 이 병은 90종의 양서류를 이미

멸종시켰고, 지금도 100종의 양서류가 이 병 때문에 멸종될 위기에 처해 있다. 바나나 무역에서 90퍼센트를 차지하는 품종인 캐번디시 바나나는 곰팡이로 인한 병 때문에 점점 줄어들고 있어서, 앞으로 수십 년 안에 멸종될 것으로 보인다.[5]

그러나 가위개미가 곰팡이를 생존에 이용하듯 인간도 여러 절박한 문제를 해결하는 데 버섯을 이용해왔다. 사실 인간은 호모 사피엔스*Homo Sapiens*이기 이전부터 버섯을 이용했던 것 같다. 2017년, 연구자들이 호모 사피엔스의 사촌격인 네안데르탈인이 약 5만 년 전 멸종되기 전까지 무엇을 먹고 살았을지 추적해보았다. 연구자들은 치주염을 앓았던 흔적이 있는 개체가 특정 종류의 버섯 — 페니실린을 만들어내는 곰팡이 — 을 씹었다는 사실을 알아냈다. 즉 네안데르탈인은 이 버섯의 항생제 성분을 이용할 줄 알았던 것이다. 이보다 좀 덜 오래된 사례도 있는데, 아이스맨도 그중 하나다. 아이스맨은 빙하 속에 갇혀 있었던 덕분에 보기 드물게 잘 보존된 신석기 시대의 사체로, 약 5,000년 전에 살았던 사람일 것으로 추정된다. 죽음을 맞이하던 날, 아이스맨은 말굽버섯*Fomes fomentarius*이 잔뜩 든 주머니를 가지고 있었다. 그리고 잘 손질한 조개껍질버섯*Fomitopsis betulina*도 가지고 있었는데, 아마도 말굽버섯은 불을 피우는 데 썼을 것이고 조개껍질버섯은 약으로 썼을 것이다.[6]

호주 원주민들은 유칼립투스 나무 그늘에서 자라는 곰팡이를 뜯어다가 상처를 치료하는 데 썼다. 유대인들의 탈무드에도 곰팡이를 이용한 '참카chamka'라는 치료법이 등장한다. 이는 곰팡이 핀 옥수수를 대추야자 열매로 담근 술에 적셔서 치료에 쓰는 방법이다. 기원전 1500년경 고대 이집트인들의 파피루스에는 곰팡이의 치료 능력이 언급되어 있고, 1640년대에 런던에서 왕실 본초학자로 일했던 존 파킨슨John Parkinson 은 곰팡이로 상처를 치료하는 방법을 상세하게 설명했다. 그러나 알렉산더 플레밍Alexanser Fleming 이 박테리아를 죽이는 페니실린이라는 화학물질을 만들어내는 곰팡이를 발견한 것은 1928년에 이르러서였다. 페니실린은 최초의 현대적인 항생제였고, 이 물질이 발견되면서 수많은 사람들이 생명을 건졌다. 플레밍의 발견은 현대 의학의 결정적인 순간으로 인정받았으며, 논쟁의 여지가 없지는 않으나 제2차 세계대전에서 힘의 균형이 이동하는 데 큰 영향을 미쳤다고 보는 사람도 많다.[7]

곰팡이가 박테리아에 감염되는 것을 막아주는 성분인 페니실린은, 알고 보니 인간이 박테리아에 감염되는 것도 막아줄 수 있었다. 페니실린 같은 성분은 드문 경우가 아니다. 곰팡이는 아주 오래전부터 식물과 한 덩어리를 이루며 존재했지만, 사실은 동물과 더 가깝다. 곰팡이를 식물에 더 가까이 놓는 것은 곰팡이의 한살이를 이해하고자 애쓰는 학자들이 자주 저지르는 분류상의 실수다. 분자 수준에서 보면 곰팡이와 인간은 여러 생화학적 혁명을 똑같이 겪었을 정도로 유사하다. 곰팡이가 생산한 약물을 이용할 때면 우리는 곰팡이의 처방을 빌려다가 우리 몸 안에서 둥지를 틀게 하는 셈이다. 곰팡이는 약성 藥性 이 풍부하며, 오늘날 우리는 페니실린 외에도 여러 화학물질을 만드는 데 곰팡이에 의존한다. 장기이식을 가능하게 해주는 면역억제제 시클로스포린cyclosporine, 콜레스테롤을 낮춰주는 스타틴 계열 약물, 강력한 항바이러스제와 항암제(수십억 달러짜리 약품인 택솔Taxol 은 원래 주목 안에 사는 곰팡이에서 추출했다), 주류(효모로 발효해서 만드는), 실로시빈(최근 임상실험에서 중증 우울증과 불안증을 경감시키는 효과가 입증된 미치광이버섯속의 유효성분) 등 열거하자면 끝이 없을 정도다. 공업용 효소의 60퍼센트가 곰팡이에서 유래한 것이며 백신의 15퍼센트는 인위적으로 조작한 변종 효모로부터 만들어진다. 모든 탄산음료에 사용되는 구연산도 곰팡이로 만든다. 식용 버섯의 글로벌 마켓은 2018년 420억 달러에서 2024년에는 690억 달러 규모로 성장할 것으로 보인다. 약용 버섯의 판매량도 해마다 증가하고 있다.[8]

곰팡이 처방은 인간의 건강에만 국한되지 않는다. 풀뿌리 균학 기술 Radical fungal technologies은 현재진행형의 환경파괴가 몰고 오는 많은 문제의 해법을 찾는 데 도움을 준다. 균사체에서 만들어지는 항바이러스 성분은 꿀벌의 군집붕괴현상을 감소시킨다. 지칠 줄 모르는 곰팡이의 식탐을 이용해 바다에 유출된 원유 같은 오염물질을 분해하는 데 이용할 수도 있다. 이런 방법을 균류정화법mycoremediation이라고 한다. 균류여과법mycofiltration은 균사로 만든 거름망으로 오염된 물을 통과시켜 중금속을 걸러내고 독성 물질을 분해하는 방법이다. 균류직조법 mycofabrication은 균사를 재배해서 건축 재료와 텍스타일을 만들어 플라스틱과 가죽을 대체하는 방법이다. 방사능 내성 곰팡이로 만든 안료인 곰팡이 멜라닌은 매우 전망이 밝은 방사능 저항성 바이오 소재다.

인간 사회는 곰팡이의 비상한 물질대사를 중심으로 변화해왔다. 곰팡이의 화학적 업적을 열거하자면 끝도 없다. 그러나 막강한 잠재력과 고대 인류의 생활상에서 차지했던 중요한 역할에도 불구하고, 동물과 식물에 비해 곰팡이에 대한 인류의 관심은 턱없이 부족했다. 가장 신뢰할 만한 추산에 의하면, 지구상에 존재하는 곰팡이는 약 220만~380만 종으로, 이는 식물종의 6~10배에 달한다. 지금까지 인간이 기록한 종은 실제 존재하는 종의 6퍼센트에 불과하다는 의미다. 우리는 곰팡이의 한살이가 얼마나 복잡하고 미묘한지, 이제 겨우 이해하기 시작했을 뿐이다.

하나로 연결된 세계

내가 기억하는 한 아주 오래전부터 나는 곰팡이와 곰팡이가 일으키는 물질의 변화에 흠뻑 빠져 있었다. 단단한 통나무가 흙이 되고, 반죽 덩어리가 부풀어 빵이 되고, 하룻밤 사이에 버섯이 넘쳐났다. 하지만 어떻게 그렇게 되는 걸까? 10대 때 나는 직접 버섯을 길러보면서 궁금증을 풀어보기로 했다. 버섯을 따다가 내 방에서 기르기 시작했다. 그다음에는 효모에 대해 배우고 술이 나에게 어떤 영향을 미치는지 알고 싶어서 술을 양조했다. 나는 꿀이 꿀술로 변하고 포도즙이 와인이 되는 과정을 직접 관찰하면서 감탄해 마지않았다. 물론 그 결과물이 나와 내 친구들의 감각을 딴판으로 만들어놓는 것도 놀라운 일이었다.

케임브리지대학교의 식물과학부 — 균류과학부는 없었다 — 에서 처음으로 곰팡이에 대해 정식으로 공부하기 시작했을 때는 공생 관계, 즉 연관 관계가 없는 생명체 사이에 형성된 밀접한 관계에 푹 빠져 있었다. 생명의 역사에 대해 알면 알수록 생명체들은 아주 촘촘하게 연결되어 협력하며 살아가고 있다는 것을 알게 되었다. 대부분의 식물은 토양으로부터 인, 질소 등의 영양분을 흡수하기 위해 곰팡이에게 신세를 지는 대신, 광합성 — 식물은 이 과정에서 햇빛과 대기 중의 이산화탄소를 흡수한다 — 을 통해 만들어낸 에너지원인 당분과 지질을 곰팡이에게 내준다. 식물과 곰팡이의 관계가 지금의 생태계를 만들었고, 오늘날까지 땅 위의 생명들을 지탱해왔다. 그러나 우리는 그 둘의 관계에 대해 아는 것이 너무나 없는 것 같았다. 식물과 곰팡이의 관계는 언제부터 어떻게 시작되었을까? 식물과 곰팡이는 서로 어떻게 소통할까? 어떻게 하면 이 두 유기체의 한살이에 대해 더 자세히 알 수 있을까?

나는 파나마 열대림에서 식물의 뿌리와 곰팡이의 관계를 연구하기 위해 박사과정을 시작했다. 그리고 얼마 후 스미소니언 열대연구소가 운영하는 한 섬의 연구기지로 아예 입주했다. 그 섬과 섬을 둘러싼 여러 반도는 전체가 숲으로 덮여 있는 자연의 보고寶庫였다. 기숙사, 취사 시설, 실험실이 들어선 공터가 유일한 사람의 흔적이었다. 식물을 재배하거나 낙엽이 가득 든 부대자루를 올려놓고 건조시키는 온실, 현미경이 줄지어 놓여 있는 방, 나무 수액, 죽은 박쥐 등을 담아놓은 표본병, 가시쥐의 등과 보아뱀에게서 떼어낸 진드기를 담아놓은 튜브 등 온갖 샘플을 저장하는 대형 냉동고도 있었다. 게시판에는 오실롯*이 갓 싸놓은 배설물을 숲에서 주워오면 현상금을 준다는 포스터가 붙어 있었다.

정글은 생명으로 충만했다. 나무늘보, 퓨마, 뱀, 악어 등등. 바실리스

---

* 중남미, 멕시코 등지에 서식하는 고양잇과의 살쾡이. 회색 또는 황갈색 바탕에 흑색이나 흑갈색의 얼룩무늬가 있다. 표범보다는 작지만 얼룩무늬는 더 크고 촘촘하며 길쭉하다. 가죽을 코트나 재킷 등에 사용한다.

크 도마뱀은 물에 빠지지 않고 물 위를 뛰어서 건널 수 있다. 고작 몇 헥타르의 정글 안에는 유럽 전체에 서식하는 수종樹種보다 훨씬 많은 수종이 자란다. 숲속 생명의 다양성은 그곳에 연구하러 오는 현장 생물학자들이 얼마나 다양한지에서도 드러난다. 어떤 사람은 나무 위에 기어올라가 개미를 관찰한다. 또 누구는 새벽에 나가 하루 종일 원숭이를 쫓아다닌다. 그런가하면 열대 폭풍우 속에서 아름드리나무도 쓰러뜨리는 번개를 추적하는 사람도 있다. 고공 크레인에 매달려 숲속 오존농도를 측정하는 학자도 있다. 누구는 전기장치를 이용해 땅의 온도를 높여 땅속 박테리아가 지구온난화에 어떻게 반응하는지 파헤친다. 그리고 또 다른 이는 딱정벌레가 어떻게 별을 이용해 방향을 잡는지 연구한다. 뒤영벌, 난초, 나비까지, 그 숲에서 누군가로부터 관찰당하고 있지 않은 생명체는 없는 것 같았다.

거기 모인 과학자들의 창의성과 유머는 놀라울 정도였다. 연구실에서 연구하는 생물학자들은 대개 자신이 연구하고 있는 생명체를 완전히 장악한 채 연구를 진행한다. 연구자의 삶은 플라스크 밖에 있고, 연구 대상은 플라스크 안에 있다. 하지만 현장 생물학자들은 연구 대상을 그렇게 통제할 수가 없다. 세상이 플라스크이고, 그들이 그 안에 들어 있기 때문이다. 따라서 힘의 균형이 다르다. 폭풍우가 한번 지나가면 실험 대상을 표시하려고 꽂아놓은 깃발이 죄다 뽑혀 나뒹굴거나 흔적도 없이 사라진다. 뭔가를 기르던 재배지 위로 나무가 쓰러진다. 하필이면 토양 영양분을 측정하려고 잡아둔 자리에 나무늘보가 죽어 있다. 총알개미들의 행군을 모르고 밟았다간 침에 쏘인다. 숲과 그 숲에 깃들어 사는 모든 생명은 과학자, 즉 인간이 세상의 주인이라는 환상을 여지없이 깨버린다. 그래서 우리는 금방 겸손해진다.

식물과 균근 곰팡이 사이의 관계는 생태계가 어떻게 작동하는가를 이해하는 열쇠다. 나는 곰팡이 네트워크를 통해 양분이 이동하는 방법을 더 알고 싶었다. 그러나 땅속에서 뭐가 어떻게 돌아가고 있는지 생각하다 보니 머리가 어지러웠다. 식물과 균근 곰팡이의 관계는 좀 난잡하다. 많은 종류의 곰팡이가 나무 한 그루의 뿌리 안에서만 살 수도 있고, 많은 식물들이 하나의 곰팡이 네트워크와 연결되어 살 수도 있다. 이렇게 해서 곰팡이 네트워크를 통해 식물끼리 영양분, 신호물질 등 여러 물질을 주고받을 수 있다. 간단히 말하자면, 식물은 곰팡이에 의해 사회적으로 연결된다. 그래서 '우드와이드웹Wood Wide Web'이라는 말이 나왔다. 내가 연구 활동을 했던 열대 숲에는 수백 종의 나무와 곰팡이가 있었다. 이들이 만든 네트워크는 상상을 초월할 정도로 복잡하며, 우리는 그 네트워크의 아주 작은 부분도 제대로 이해하지 못하고 있다. 외계에서 온 어떤 인류학자가 수십 년 동안 지구의 인류를 연구한 끝에 우리에게 인터넷이라 불리는 것이 있다는 것을 발견했다면 얼마나 놀랍고 신기하겠는가. 지금 숲을 연구하고 있는 생태학자들의 심리 상태가 바로 그렇다.

땅속에서 종횡무진으로 뻗어 있는 균근 곰팡이의 네트워크를 연구하면서, 나는 수천 개의 토양 샘플과 식물의 잔뿌리를 찧어서 반죽처럼 만든 다음 거기서 채취한 지방 또는 DNA를 수집했다. 서로 다른 종류의 균근 곰팡이 네트워크를 가진 식물을 수백 개의 화분에 길렀고, 그 식물들의 잎이 얼마나 크게 자라는지 측정했다. 몰래 숨어 들어온 고양이들이 바깥에서 해로운 곰팡이를 묻혀 올까 봐 아예 고양이가 접근하지 못하게 온실 주위에 후추로 방어선을 쳤다. 여러 화학 물질을 식물에 주입한 뒤, 그 물질들이 식물의 뿌리를 통해 토양으로, 그리고 결국에는 곰팡이에게 전달되는 경로를 추적했다. 이를 위해 더 많은 흙과 뿌리를 찧어서 더 많은 반죽을 만들어야 했다. 나는 가끔 고장이 나기도 하는 소형 모터보트를 타고 덜덜거리며 숲이 빽빽한 반도를 둘러서 돌아다녔고, 희귀한 식물을 찾느라 폭포를 기어 올라가기도 했고, 물 먹은 흙덩어리가 가득 든 무거운 배낭을 메고 진흙길을 몇 킬로미터나 터덜터덜 걸어서 돌아와야 했고, 정글에서 흘러나온 붉은 진흙탕 속에 트럭이 휩쓸려 들어가 고생하기도 했다.

열대우림에 사는 수많은 생명체 중에서도 나를 가장 전율케 한 것은 흙에서 싹이 터 올라오는 작은 꽃이었다. 이 식물은 키가 커피 잔 높이 정도 밖에 안 되고, 살짝 건드리기만 해도 부러질 것 같이 연약하며 창백한 꽃자루 끝에 밝은 파란색 꽃이 핀다. 정글에 서식하는 용담속 식물인 보이리아Voyria 인데, 이 꽃은 아주 오래전에 광합성 능력을 잃어버렸다. 그러다 보니 식물이 광합성을 할 수 있게 해주고 식물다운 초록색을 내주는 안료인 클로로필, 즉 엽록소도 잃어버렸다. 보이리아를 봤을 때 나는 신기하고 궁금했다. 광합성은 식물을 식물답게 만들어주는 작용이다. 이 식물은 광합성을 하지 않고도 어떻게 살아남았을까?

나는 보이리아와 그 곰팡이 파트너 사이의 관계가 특이한 경우일 거라고 보았고, 땅속을 파보면 그 꽃이 다른 이야기를 해주지 않을까 생각했다. 나는 몇 주 동안이나 정글에서 보이리아를 찾아 다녔다. 어떤 꽃은 숲속의 작은 개활지에 피어 있어서 눈에 쉽게 띄었다. 그렇지만 다른 꽃은 옹벽처럼 두툼하고 단단한 나무뿌리 뒤에 숨어 있었다. 축구장 4분의 1만한 면적에 수백 송이가 피어 있을 때도 있는데, 그러면 나는 그 꽃들이 몇 송이인지 모두 세어야 했다. 숲은 평평한 땅이 거의 없기 때문에, 꽃송이를 세자면 비탈을 기어오르거나 구부정하게 몸을 구부려야 했다. 사실 이런 작업을 할 때는 걸어 다닐 수가 없었다. 저녁마다 나는 흙투성이에 기진맥진한 몸을 질질 끌다시피 연구기지로 돌아왔다. 저녁을 먹으며, 네덜란드에서 온 생태학자 친구들은 연약한 꽃대 위에 핀 나의 귀여운 꽃을 가지고 농담을 했다. 그 친구들의 연구 과제는 '열대 숲은 어떻게 탄소를 저장하는가'였다. 내가 땅바닥을 네 발로 기다시피 하며 작디작은 꽃송이를 셀 때, 그 친구들은 나무의 둘레를 측정했다. 숲의 탄소 예산을 측정하는 사람들에게 보이리아는 하찮은 존재였다. 네덜란드 친구들은 나의 작은 생태계와 고상한 흥미를 놀려댔다. 나는 그들의 거친 생태계와 우락부락한 남성우월주의를 비웃었다. 다음날 새벽, 나는 어김없이 숲으로 향했다. 그 작고 신기한 꽃이 땅속에 숨겨진 신비로운 세계로 안내해주기를 기도하면서.

미로에서 길을 찾는 곰팡이

숲에서든 실험실에서든 주방에서든, 곰팡이는 생명의 시작에 대한 나의 사고를 바꿔놓았다. 곰팡이는 우리의 생물 분류법에 의문을 제기한다. 곰팡이에 대해 생각하다 보면 세상이 달라 보인다. 곰팡이의 그러한 힘이 나로 하여금 이 책을 쓰게 만들었고, 그 과정에서 나는 점점 큰 즐거움을 누렸다. 동시에 곰팡이가 보여주는 모호성을 즐길 방법을 찾으려 노력해보았지만, 정답이 하나가 아닌 세계가 늘 편하기만 할 수는 없다. 광장공포증이 찾아오기도 했다. 임시방편으로 작은 방 안에 숨고 싶은 유혹도 느꼈다. 그런 유혹을 이기고 나를 지키기 위해 최선을 다했다.

생태학자이자 철학자, 그리고 동시에 마술사이기도 한 내 친구 데이비드 에이브럼David Abram은 매사추세츠주에 있는 앨리스 레스토랑(알로 거스리Arlo Guthrie의 노래로 유명한 바로 그 레스토랑)의 전속 마술사였다. 데이비드는 밤마다 레스토랑의 테이블 사이를 걸어 다니며 동전이 손가락 위에서 굴러다니는 듯 보였다가 어느 순간 의외의 장소에서 튀어나오고, 사라졌다가 다시 나타나지만 두 동강이 나더니 어느새 연기처럼 사라져 버리는 마술을 보여주었다. 어느 날 저녁, 마술 쇼를 구경하며 밥을 먹고 나갔던 손님 두 명이 레스토랑으로 돌아와 데이비드를 한쪽으로 끌고 갔다. 두 사람의 표정이 자못 심각했다. 레스토랑에서 나갔더니 하늘이 너무나 파랗고 구름은 너무나 크고 마치 살아 있는 것처럼 보여 충격을 받았다고 말했다. 혹시 데이비드가 그 손님들이 마신 술에 몰래 뭘 탄 건 아니었을까? 그 후로 몇 주 동안 비슷한 일이 여러 번 일어났다. 밥 잘 먹고 나갔던 손님이 도로 들어와 도로에서 나는 소리가 전보다 훨씬 커졌다고 하지를 않나, 신호등 불빛이 너무 밝아졌다고 하는 사람도 있고, 보도블록의 패턴이 너무나 아름답게 보인다고도 하고, 빗방울이 전보다 훨씬 신선해졌다는 사람도 있었다. 데이비드의 간단한 마술이 그 사람들이 세상을 경험하는 방식을 바꿔놓고 있었다.

데이비드는 그 사람들이 왜 그렇게 느끼는지 설명해주었다. 인간의 지각 작용은 기대에 크게 의존한다. 이미 갖고 있는 이미지에 약간의 새로운 감각 정보를 가미해 업데이트하는 방식으로 세상을 이해하면 처음부터 완전히 새롭게 지각하는 것보다 훨씬 편하고 쉽다. 마술사가 보여주는 마술을 가능케 하는 사각지대는 바로 이런 선입관으로부터 만들어진다. 선입관을 약화시킴으로써 동전 마술은 손과 동전이 움직이는 방식에 대한 우리의 기대 역시 약화시킨다. 결과적으로 우리가 일반적으로 갖고 있는 세상에 대한 기대 역시 약화된다. 레스토랑을 떠나자마자 하늘이 전과 달라 보였던 건 그 사람이 하늘을 기대하던 대로 지각하지 않고 있는 그대로 지각했기 때문이다. 기대의 틀에서 벗어나면 우리는 감각에 의존하게 된다. 정말 놀라운 것은 우리가 발견하기를 기대하는 것과 우리가 실제로 보았을 때 발견하는 것 사이의 간극이다.[9]

곰팡이 역시 우리가 가진 기대의 틀을 무너뜨린다. 곰팡이의 한살이와 행동은 경이롭다. 곰팡이에 대해 알면 알수록 내 기대는 무너지고 익숙했던 개념들은 점점 더 낯설어진다. 매우 빠른 속도로 확장되고 있는 생명 연구의 두 분야가 이 놀라운 세계를 항해하는 데 도움을 주었으며 곰팡이의 세계를 탐험하는 데 길잡이가 되어주었다.

첫 번째 분야는 동물계 밖의 뇌가 없는 유기체에서 발달된 매우 고차원적인 문제해결 행동으로, 이 분야에 대해서는 점점 많은 관심이 쏠리고 있다. 가장 잘 알려진 예가 황색망사점균*Physarum polycephalum*(이들은 진짜 곰팡이가 아니라 아메바에 속하는 유사 곰팡이다) 같은 점균류slime mold

다. 앞으로 다루겠지만, 점균류가 뇌 없이도 문제를 해결하는 유일한 유기체는 아니다. 그러나 연구하기에 비교적 쉬운 대상이라 새로운 연구 주제로 떠오른 대표적인 유기체가 되었다. 황색망사점균은 촉수와 비슷한 맥脈으로 이루어진 탐색용 네트워크를 만들지만 이 점균에게는 중추신경계는커녕 그 비슷한 것도 없다. 하지만 이 점균은 가능한 행동 경로의 범위를 비교하여 미로 속의 두 점 사이에서 최단경로를 결정함으로써 '의사결정'을 할 수 있다. 일본의 연구진은 도쿄를 중심으로 한 수도권의 지도를 본 따 만든 페트리 접시에 점균을 배양했다. 귀리 플레이크로 도심의 중요한 허브를 표시하고, 밝은 빛으로 산 같은 자연의 장애물 — 점균류는 빛을 싫어한다 — 을 표시했다. 하루가 지나자 점균은 귀리 플레이크 사이의 최단경로를 찾은 듯했다. 그렇게 만들어진 점균의 네트워크는 도쿄에 실제로 존재하는 철도 네트워크와 거의 똑같았다. 이와 비슷한 실험에서 점균은 미국의 고속도로 네트워크를 만들어냈고 중앙 유럽의 로마시대 도로망을 재현해냈다. 한 점균류 마니아가 나에게 자신이 직접 했던 실험에 대해 들려주었다. 그는 이케아 매장에만 들어가면 길을 잃어서 출구를 찾아 나오느라 늘 시간을 낭비했다고 한다. 가까운 이케아 매장의 평면도를 바탕으로 미로를 만든 그는 점균류에게 똑같은 문제를 풀어보게 했다. 놀랍게도, 길을 알려주는 직원이나 표지판 하나 없이도 점균은 출구로 향하는 최단경로를 찾아냈다. "점균이 나보다 더 똑똑하더라구." 그 친구가 껄껄 웃으며 말했다.[10]

점균류나 곰팡이, 식물이 '지능'을 가졌다고 할 수 있느냐 없느냐는 관점에 따라 다른 문제다. '지능'의 고전과학적 정의는 인간을 잣대로 삼아 다른 모든 종을 측정한다. 이러한 인간중심적 정의에 따르자면, 인간은 언제나 지능 랭킹의 최상위에 존재하고 우리와 비슷하게 생긴 동물(침팬지, 보노보 등)과 그 외의 '고등' 동물들이 그 뒤를 따른다. 고대 그리스인들이 지능을 정의할 때 개념화했던 거대한 지능의 사슬이 마치 성적순 일람표처럼 하향정렬된 것이다. 이 일람표는 오늘날까지도 이런저런 이유로 고집스럽게 버티고 있다. 점균류, 곰팡이, 나무 등은 우리와 다르게 생겼고, 우리처럼 행동하지 않기 때문에 ― 또는 뇌가 없기 때문에 ― 지능의 사슬에서 가장 아래 어딘가에 놓여 있다. 이들은 그저 동물의 무대에 장식용으로 놓인 소품으로 간주되었다. 하지만 이들도 고차원적인 행동을 할 수 있다는 증거가 발견되면서 어떤 유기체가 '문제해결', '의사소통', '의사결정', '학습', '기억' 능력을 가졌다는 것의 의미를 새롭게 생각하게 되었다. 그 과정에서 현대의 사상체계를 강고하게 지지하던 고루한 위계질서가 느슨해지기 시작했다. 그 위계질서가 느슨해지면 인간 이외의 세상을 향한 인간의 파괴적인 행동도 변할지 모른다.[11]

내 연구의 길잡이가 되어준 두 번째 분야는 미시적 생명체 또는 미생물微生物에 대한 우리의 사고방식을 다루는 분야다. 미생물이 없는 공간은 지구상에 단 한 뼘도 없다. 지난 40년 동안 계속된 새로운 기술의 등장으로 미생물에 대해 그 어느 때보다도 깊이 접근할 수 있게 되었다. 그래서 우리는 무엇을 알게 되었을까? 인간의 몸에 깃들어 있는 미생물, 이름하여 '미생물군체'에게 인간의 몸은 하나의 행성과 같다는 사실이다. 어떤 종류는 두피 위에 우거진 숲을 좋아하고, 다른 종류는 상완上腕의 건조한 평원을 좋아하며, 또 어떤 미생물은 사타구니나 겨드랑이 같은 열대지역을 좋아한다. 인간의 장(평평하게 쫙 펴놓으면 넓이가 32제곱미터에 이른다), 귀, 발가락, 입, 눈, 피부, 모든 표면과 체내의 관管과 강腔에는 박테리아와 곰팡이가 넘실댄다. 사람의 몸에 깃들어 있는 미생물의 개체 수를 세면 그 사람의 몸을 이루고 있는 세포의 수보다 많다. 사람의 장에 살아 있는 박테리아의 개체 수는 우리 은하에 있는 별의 수보다 많다.[12]

한 개체가 어디서 끝나고 다른 개체가 어디서 시작하는지는 일반적으로 우리가 생각하는 것과 다르다. 우리는 대개 우리 몸이 시작하는 곳에서 우리가 시작되고 우리 몸이 끝나는 곳에서 우리가 끝난다는 생각을 당연하게 여긴다. 그러나 장기이식과 같은 현대 의학의 발달은 이러한 구별에 고개를 갸우뚱하게 만들며 미생물 과학의 발달은 그 뿌리를 흔든다. 우리는 미생물의 생태로 이루어진, 그리고 분해되는 생태계이며, 그 의미는 최근 들어서야 조금씩 밝혀지고 있다. 우리의 몸 안과 표면에 사는 4조 개 이상의 미생물 덕분에 우리는 음식을 소화시키고 우리 몸에 자양분이 되는 필수 미네랄을 생성할 수 있다. 식물의 내부에 사는 곰팡이처럼, 미생물은 우리를 질병으로부터 보호해주기도 한다. 미생물은 우리 몸의 발육과 면역 시스템의 길잡이 역할을 하고 우리의 행동에도 영향을 미친다. 유심히 관찰하고 통제하지 않으면 질병을 일으키고 심지어는 우리를 죽이기도 한다. 인간에게만 있는 특수한 경우도 아니다. 박테리아도 몸 안에 바이러스를 갖고 있다(나노미생물이라 해야 하나?). 바이러스도 자기보다 더 작은 바이러스를 몸 안에 갖고 있다(이건 피코미생물?). 공생은 생명이 있는 곳 어디에나 있다.[13]

파나마에서 열린 열대 미생물에 대한 컨퍼런스에 참석한 적이 있었는데, 많은 연구자들과 지내는 사흘 간 우리의 연구가 갖는 의미가 점점 더 혼란스러워졌다. 어떤 연구자는 잎에서 일정한 종류의 화학물질을 생산하는 식물군에 대해 이야기했다. 그때까지는 그 화학물질이 그 식물군의 특징이라고 알려져 있었다. 그러나 그 화학물질이 사실은 그 식물의 잎에서 사는 곰팡이가 만들어낸다는 주장이 나왔다. 그렇다면 그 식물에 대한 우리의 생각 자체가 수정되어야 했다. 또 다른 연구자가 나서서, 그 화학물질을 만들어내는 것은 그 식물의 잎에 사는 곰팡이가 아니라 그 곰팡이 안에 사는 박테리아일지도 모른다고 주장했다. 이렇게 새로운 주장이 계속 이어졌다.

이틀 후, 개체에 대한 개념은 완전히 새로워졌다. 개체에 대해 이야기하는 것 자체가 무의미해졌다. 살아 있는 유기체에 대한 연구인 생물학은 살아 있는 유기체 사이의 관계에 대한 연구, 즉 생태학으로 변환되었다. 더 중대한 문제는, 우리가 아는 것이 너무나 보잘 것 없다는 사실이었다. 스크린에 띄워진, 미생물 집단을 표시한 그래프의 많은 부분이 '미확인'으로 표시되어 있었다. 문득 현대물리학에서 우주를 어떻게 묘사하는지 떠올랐다. 현대물리학에서는 우주를 이루고 있는 물질의 95퍼센트를 '암흑물질dark matter'과 '암흑에너지dark energy'라고 부른다. 암흑물질, 암흑에너지는 그것에 대해 아무것도 모르기 때문에 '암흑'이다. 그렇다면 우리가 알지 못하는 미생물 집단은 '생물학적 암흑물질' 혹은 '암흑생명'이라고 불러야 마땅하다.[14]

시간의 개념에서부터 화학결합, 유전자, 종種의 개념에 이르기까지 많은 과학적 개념의 정의가 고정적이지는 않다 하더라도 생각을 범주화하는 데는 큰 도움을 준다. 어떻게 보면 '개인'이라는 개념도 다르지 않다. 인간의 생각과 행동을 안내하는 또 하나의 범주일 뿐이다. 그럼에도 불구하고 일상생활과 경험의 너무나 많은 부분 — 철학, 정치, 경제의 시스템은 말할 것도 없다 — 이 개인에게 의존하고 있기 때문에 개인이라는 개념이 녹아 없어지는 것을 가만히 보고 있기는 힘들다. '우리'는 어디에 있는가? '그들'은 어떻고? '나'는? '내 것'은? '모두 다'는? '아무나'는? 그 컨퍼런스에서 오간 논의에서 내가 느끼고 배운 건 단순한 지식만이 아니었다. 앨리스 레스토랑에서의 저녁 식사에서처럼 나는 다른 것을 느꼈다. 익숙했던 것들이 낯설어진 것이다.

미생물군체 연구 분야의 한 원로가 관찰한 '자기정체성의 상실, 자기정체성의 망상과 외부인 통제의 경험'은 모두 정신질환의 가능성이 있는 증상이다. 얼마나 많은 개념이 수정되어야 할까, 나는 머리가 빙빙 도는 것 같았다. 정체성, 자율성, 독립성처럼 문화적으로 확고하게 자리 잡은 개념도 예외가 아니었다. 이렇게 당혹스러운 느낌은 아마도 미생물학의 발전이 그토록 흥미로운 이유 중의 하나일 것이다. 인간과 미생물의 관계는 다른 어떤 관계 못지않게 내밀하다. 그 관계에 대해 더 깊이 알면 우리 몸과 우리가 사는 장소에 대한 우리의 경험이 바뀐다. '우리'는 경계를 확장하고 범주를 초월하는 생태계다. 우리들 자체가 이제 막 알려지기 시작한, 복잡하게 뒤얽혀 있는 관계로부터 생겨났다.[15]

얽히고설킨 생명

관계에 대한 연구는 혼란스러울 수도 있다. 관계란 거의 대부분이 애매모호하다. 가위개미가 생존하기 위해서는 어떤 곰팡이에 의존해야 한다. 그렇다면 가위개미가 그 곰팡이를 길들인 걸까, 아니면 곰팡이가 가위개미를 길들인 걸까? 식물이 자기 뿌리에 공생하는 균근 곰팡이를 기르는 걸까, 아니면 곰팡이가 식물을 기르는 걸까? 화살표는 어느 쪽으로 그어져야 하는 걸까? 이 불확실성은 어디서나 나타난다.

올리버 래컴Olver Rackham 교수님께 배운 적이 있었다. 래컴 교수는 생물학자이자 역사학자로, 수천 년에 걸쳐서 생태계가 인간 문화를 형성한 — 그리고 인간 문화에 의해 형성된 — 과정을 연구했다. 래컴 교수는 우리를 가까운 숲으로 데리고 나가 참나무의 가지가 뒤틀리고 갈라진 형태를 읽어내고, 쐐기풀이 어디서 많이 자라는지 관찰하고, 산울타리에서 잘 자라는 식물과 그렇지 않은 식물들을 식별함으로써 그 숲과 인간의 역사를 풀어냈다. 래컴 교수의 수업을 들으면서 내가 '자연'과 '문화' 사이에 그어놓았던 선이 흐릿하고 불분명해지기 시작했다.

훗날 파나마에서 현장 연구를 하면서, 나는 현장 생물학자들과 그들이 연구하는 유기체 사이의 복잡한 관계를 목격하게 되었다. 박쥐의 습관을 배우겠다고 낮에는 종일 자고 밤에는 밤새 깨어 있는 박쥐 과학자들과 농담을 주고받았다. 그들은 또 나에게 어쩌다가 곰팡이에 홀딱 빠졌는지 물었다. 실은 나도 무어라 대답했는지 기억이 확실치 않다. 하지만 곰팡이 — 재생, 재활용을 담당하는 생명체, 세상을 하나로 연결해주는 네트워커 — 에게 완전히 의지해 살고 있으면서 우리가 어떻게, 심지어는 알지도 못하는 사이에, 곰팡이의 장단에 맞춰 춤을 추게 되었는지 지금도 궁금하다.

설사 우리가 곰팡이의 장단에 춤추고 있음을 안다고 하더라도 그 사실은 잊어버리기 쉽다. 너무나 자주, 나는 흙을 나와는 상관없는 추상적인 것으로, 도식적인 상호작용이 존재하는 모호한 영역으로만 생각했다. 내 동료들과 나는 이런 말을 주고받곤 한다. "건기에서 우기로 접어들면 토양 속의 탄소가 대략 25퍼센트나 증가한다는 보고가 있어." '대략'을 어떻게 피하겠는가? 토양 속의 야생과 거기에 깃들어 있는 무수한 생명체를 우리가 직접 경험할 방법은 없다.

나는 일단 활용할 수 있는 도구를 이용해서 시도해보았다. 내가 수집한 수천 개의 샘플이 고가의 기계 안으로 들어갔다. 기계는 내 샘플을 휘저어 거품을 내고, 방사선을 조사照射 하고, 튜브 속의 내용물을 폭파시켰다. 나는 현미경을 들여다보거나 식물 세포와 교류하다가 동결된 꼬불꼬불한 균사로 가득한 뿌리의 모습에 푹 빠져서 몇 달을 보냈다. 내가 볼 수 있는 곰팡이는 죽은 채, 염색되어서 미이라처럼 보존되어 있었다. 나는 아마추어 탐정이 된 기분이었다. 몇 주 씩이나 땅바닥에 웅크린 채 흙을 튜브에 퍼 담는 동안 내 주변에서는 큰부리새가 울고, 원숭이가 짖어대고, 덩굴식물은 더 촘촘히 얽히고 개미핥기는 열심히 개미를 핥아먹었다. 땅 위의 부산스러운 생명체에는 아무렇게나 접근할 수 있어도 미생물, 특히 땅속에 묻혀 있는 것에는 쉽게 접근할 수 없다. 사실 내가 발견한 것을 분명하게 정리하고 일반적인 지식으로 구성하기 위해서는 상상력이 필요했다. 상상에 의지하지 않고 우회할 수 있는 다른 길은 없었다.

　과학계에서 상상은 늘 헛소리로 취급받거나 의심의 대상이었다. 여러 책에서도 상상은 정신 건강에 문제가 있음을 알려주는 징후로 다루어져 왔다. 연구 논문을 쓸 때도 어느 정도는 상상과 안일한 지적 유희, 아무리 작은 발견이라도 늘 선행하기 마련인 수천 번의 시행착오의 흔적을 지우기 위해 노력한다. 논문을 읽는 사람은 보통 그런 산만한 경로까지 일일이 따라가 보기를 원치 않는다. 게다가 과학자는 믿을 만한 사람처럼 보여야 한다. 물론 실제로 무대 뒤로 슬쩍 들어가보면, 거기서 마주치는 사람들이 모두 믿음직하게 보이지는 않을지도 모른다. 하지만 무대 뒤, 즉 동료 연구자와 함께하는 한밤중의 토론에서도 물고기든 아나나스든 덩굴식물이든 곰팡이나 박테리아든 각자 자신이 연구하는 유기체에 대해 어떤 상상을 했는지 — 우연히든 의도적으로든 — 자세히 말하는 경우는 드물었다. 아직 체계가 잡히지 않은 복잡한 추론과 환상, 메타포가 자기 연구의 틀을 잡는 데 도움이 된다고 인정하기는 곤란했다. 그럼에도 불구하고 상상은 의문을 제기하고 그 답을 찾아 나가는 과정에서 중요한 부분을 이룬다. 과학도 언제나 차가운 이성으로만 굴러가는 것은 아니다. 과학자도 — 과거에도 그랬듯이 — 감정이 있고, 창의적이며, 직관적이고, 우리가 아직 찾아내지 못하고 체계화하지 못한 세계에 대한 질문을 품고 있는 '사람'이다. 곰팡이는 무엇을 하는지 궁금해서 그 행동을 연구하기 위한 계획을 세울 때, 나는 곰팡이에 대해 상상하지 않을 수 없었다.

한 실험을 통해서, 나의 과학적 상상의 더 깊고 후미진 구석구석을 들여다볼 수 있었다. 과학자, 공학자, 수학자의 문제해결 능력에 LSD가 미치는 효과에 대한 임상연구에 참여했을 때였다. 그 연구는 아직 밝혀지지 않은 환각제의 영향에 대한 과학계의 의학적 관심이 되살아나 시작된 것이었다. 연구진은 과학자들이 각자의 전문 분야와 관련된 무의식에 접근해 낯익은 문제를 새로운 각도에서 바라보는 데 LSD가 도움을 주는지 알아보고자 했다. 무시당하기 일쑤였던 우리의 상상력이 이번 쇼의 주인공이었고, 연구진이 관찰하고 측정해야 할 대상이었다. 다양한 분야의 젊은 과학자들이 전국의 대학 게시판에 붙은 포스터를 보고 모여들었다. ("해결이 필요한 문제를 가지고 있습니까?") 아주 용감한 연구였다. 무엇에 대해서든, 문제를 창의적으로 돌파하려는 시도는 어디에서도 실행하기가 쉽지 않다. 병원에서 임상 약물 실험을 하겠다는 시도는 더 말할 것도 없다.

실험을 진행한 연구진은 벽에 사이키델릭한 소품들을 걸어놓았으며 음악을 방송하는 데 필요한 음향 시스템을 갖추고, 색색의 무드 라이트로 방을 밝혔다. 실험 장소에서 병원 냄새를 빼려는 시도였겠지만, 그게 오히려 더 부자연스럽고 인위적인 느낌을 불러왔다. 이러한 환경은 피실험자로 참여한 과학자들이 각자의 연구 주제에 영향을 받고 있음을 인정하는 셈이었다. 이는 연구자들이 매일 마주하는 건강한 불안감을 보여주는 장치였다. 만약 모든 생물학 실험의 대상들이 무드 라이트와 편안한 음악 같은 것들을 제공받았다면, 그들의 행동은 얼마나 달라졌을까.

아침 아홉 시 정각, 여러 명의 간호사가 LSD를 가지고 왔다. 간호사들은 내가 그 환각제를 한 방울도 남김없이 다 마실 때까지 지켜보았다. 약물은 작은 와인잔 한 잔 분량의 물과 혼합되어 있었다. 나는 병실 침대에 누웠고, 간호사가 내 팔에서 혈액 샘플을 채취했다. 세 시간 후, '순항 고도'에 진입하자 그 실험에서 나를 전담하던 연구보조가 '나의 연구와 관련된 문제'에 대해서 생각해보라고 조심스럽게 말을 건넸다. 본격적인 여정을 시작하기 전에 치렀던 일련의 심리 측정 실험과 인성평가에서 우리는 가능한 한 자세히 각자가 가지고 있는 문제 — 연구 도중에 우리의 발목을 꽉 묶고 있는 매듭 — 를 묘사하라는 요구를 받았다. 그 매듭을 LSD에 푹 적셨다가 꺼내면 의외로 쉽게 풀릴지도 몰랐다. 내가 매달리고 있는 연구과제는 모두 곰팡이에 대한 것이었으므로, 나는 LSD가 애초에 작물 안에 살고 있는 곰팡이로부터 추출된다는 사실에 안도감을 느꼈다. 곰팡이가 나의 곰팡이 문제에 대한 해법이었다.

나는 LSD 실험을 푸른 꽃, 보이리아와 곰팡이 사이의 관계, 그리고 보이리아의 한살이에 대해 더 넓게 생각해보는 데 활용하고 싶었다. 보이리아는 어떻게 광합성을 하지 않고도 살 수 있는 걸까? 거의 모든 식물이 생존에 필요한 미네랄을 흙 속의 균근 곰팡이로부터 흡수한다. 보이리아의 뿌리에도 얽히고설킨 덩굴처럼 곰팡이가 달려 있는 것으로 보아 보이리아도 마찬가지였다. 그러나 광합성을 하지 않으면 보이리아는 생장에 필요한 에너지원인 당분과 지질을 얻을 방법이 없다. 그렇다면 보이리아는 대체 어디서 에너지를 얻는 걸까? 곰팡이 네트워크를 통해 다른 녹색 식물로부터 에너지원을 흡수하는 걸까? 만약 이 가정이 사실이라면 보이리아는 곰팡이 파트너에게 대가로 무엇을 주는 걸까? 아니면 단지 기생하는 걸까? 우드와이드웹의 해커로?

나는 눈을 감고 병원 침대에 누워 내가 만약 곰팡이라면, 하고 상상했다. 땅속에서 서로 교차하며 쭉쭉 자라나서 뻗어나가는 뿌리와 균사의 끄트머리에 둘러싸인 내가 보였다. 동그란 공 모양의 벌레 무리가 땅속의 거친 서부 — 무법자 사기꾼, 산적떼, 개인주의자, 도박꾼이 득실대는 — 에서 한가롭게 풀 — 식물의 뿌리와 그 주변에 붙어 있는 것들 — 을 뜯었다. 토양은 끝없이 이어진 몸 밖의 내장 — 어디서나 먹고 소화시키는 — 인데, 전하의 파도 — 화학적 기후 시스템 — 위에서 서핑을 하는 박테리아가 떼를 지어 몰려다니고, 땅속의 고속도로 — 끈적끈적하니 전염성까지 있는 포위망을 만들면서 — 는 사방팔방에서 밀접하게 접촉하며 맹렬하게 뻗어나간다. 곰팡이의 균사를 따라 땅속으로 쑥 들어간 뿌리까지 갔다가, 그 뿌리가 만들어주는 거룩한 은신처에 깜짝 놀라고 말았다. 다른 종류의 곰팡이는 거의 없었고, 벌레나 해충도 없었다. 성가시고 번거로운 것도 거의 없었다. 내가 상상하던 천국과 비슷했다. 파란 꽃이 양분을 나누어준 곰팡이에게 대가로 주었던 것이 바로 그런 게 아니었을까? 폭풍우로부터의 피신처.

이런 환영의 사실적 타당성에 대해 뭐라 주장할 생각은 없다. 잘 해야 그럴 듯하게 꾸며낸 이야기라는 소리나 들을 것이고 최악의 경우 정신이상자의 헛소리라고 욕이나 먹을 테니까. 심지어 그것이 틀린 말도 아니다. 그럼에도 불구하고 나는 소중한 교훈을 얻었다. 곰팡이에 대해 생각하면서 나는 학교 선생님들이 칠판에 그리는 다이어그램과 비슷하게 생긴 유기체들 사이의 '상호작용'이라는 추상적인 개념에 점점 더 익숙해졌었다. 그 유기체들은 1990년대 초반에 유행했던 게임보이의 논리에 따라 행동하는 반∗자율적인 실체였다. 그러나 내가 LSD 덕분에 상상을 했었다는 것을 인정하지 않을 수 없었고, 그래서 이제는 곰팡이를 새롭게 보게 되었다. 나는 곰팡이를 이해하고 싶지만, 곰팡이를 째깍째깍 소리를 내며 빙글빙글 돌아가고 이따금 삐삐 신호음이나 내는 기계로 축소시키는 방식을 택하고 싶지는 않다. 인간은 종종 곰팡이를 그렇게 바라본다. 하지만 나는 이 유기체가 나를 고루하고 케케묵은 사고의 패턴으로부터 끄집어내서 그들이 당면하고 있는 가능성을 상상하게 하고, 내가 가진 지식의 한계까지 압박하고, 그들의 얽히고설켜 있는 삶에 내가 감탄할 수 있게 만들어주기를 바란다.

끝에서 그 너머를 엿보다

곰팡이는 촘촘한 그물망의 세계에서 산다. 셀 수 없이 많은 가닥이 그 미로를 통해 곰팡이를 안내한다. 나는 내가 할 수 있는 한 열심히 그들의 뒤를 쫓아가 보았으나, 아무리 노력해도 도저히 넘을 수 없는 크레바스가 있었다. 아무리 우리와 가까운 곳에 있어도, 곰팡이는 너무나 신비롭고, 그들의 가능성은 너무나 의외롭다. 그래서 우리가 곰팡이를 겁내야하나? 뇌와 사지육신과 언어까지 가진 우리 인간이 우리와는 이렇게 다른 유기체를 이해하기 위해 연구한다는 것이 가능할까? 그 과정에서 우리는 어떤 변화를 겪을까? 아주 낙관적인 관점에서, 나는 이 책이 우리가 그동안 생명의 나무에서 무시해왔던 가지 하나를 제대로 그려줄 거라고 상상했었다. 그러나 그 가지는 내가 생각했던 것보다 훨씬 복잡하게 얽혀 있었다. 곰팡이의 한살이를 이해하고자 하는 나의 여정과, 곰팡이의 한살이가 나는 물론이고 그 과정에서 만난 다른 이들에게 남긴 선명한 인상 때문이었다. 시인 로버트 브링허스트Robert Bringhurst*는 "밤과 낮으로, 이 삶과 이 죽음으로 나는 무엇을 해야 하는가? 모든 발자국, 모든 호흡이 이 질문의 끝을 향해 데굴데굴 달걀처럼 굴러간다"라고 썼다. 곰팡이는 여러 질문의 끝을 향해 우리를 굴린다. 이 책은 그 끝의 군데군데서 그 너머를 엿본 경험으로부터 쓴 것이다. 곰팡이 세계에 대한 나의 탐험은 내가 아는 지식의 대부분을 다시 검토하게 했다. 진화, 생태계, 개체성, 지능, 생명, 어느 하나 내가 알던 것 그대로 남아 있지 않다. 나는 이 책이 여러분들이 갖고 있는 확실성을 조금이라도 느슨하게 만들어주기를 바란다. 곰팡이가 나의 확실성을 느슨하게 만들었듯이.

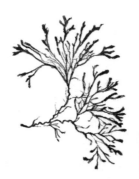

---

* 1946. 10. 16~. 캐나다의 시인, 작가, 타이포그래퍼.

유혹하는
곰팡이

버섯과 곰팡이가
퍼져나가는 방법

누가 누구를 이용하는가?

프린스 PRINCE

피드몬트 화이트 트러플*Tuber magnatum*이 체크무늬 보자기 위해 수북하게 쌓여 있었다. 세척하지 않은 돌처럼 거칠고 울퉁불퉁해서, 금방 캐낸 감자나 해골바가지 같았다. 2킬로그램에 1만 2,000유로. 달콤한 향기가 방 안을 가득 채웠다. 그 향기가 바로 트러플의 가치였다. 향기는 거침없이 퍼져나갔고 다른 어떤 냄새와도 달랐다. 유혹적이고 진하고 정신을 차릴 수 없을 만큼 강렬했다.

트러플의 성수기인 11월 초였고, 나는 볼로냐 외곽의 언덕을 무대로 활동하는 두 트러플 헌터의 작업에 따라가기 위해 이탈리아로 향했다. 운이 좋았다. 내 친구의 친구가 트러플을 취급하는 사람을 알고 있었다. 그 트러플 딜러는 자신이 아는 최고의 트러플 헌터 두 사람과 나를 연결해주겠다고 약속했는데, 다행히 그 두 사람이 나의 동행을 허락해주었다. 화이트 트러플 헌터들은 입이 무겁기로 유명하다. 이 버섯은 지금까지 한 번도 재배에 성공한 적이 없기 때문이다. 오로지 자연산을 발견해 채취할 뿐이다.

트러플은 몇 종류의 균근 곰팡이가 땅속에서 키워내는 자실체다. 트러플은 토양에서 흡수한 영양분과 식물의 뿌리에서 흡수한 당분으로 생명을 유지하면서 연중 대부분을 균사 네트워크로 존재한다. 그러나 땅속이라는 서식 환경이 트러플에게는 근본적으로 문제가 된다. 식물이 씨앗을 만들어내듯이 트러플은 포자를 만들어내는 유기체다. 포자는 곰팡이가 널리 퍼져나갈 수 있도록 진화했지만, 땅속에서는 포자가 바람에 실려 갈 수도 동물의 눈에 뜨일 수도 없다.[1]

트러플이 내놓은 해결책은 냄새다. 그러나 숲속에서 풍겨나는 온갖 냄새를 누르고 더 멀리까지, 더 강하게 냄새를 풍겨내기란 쉬운 일이 아니다. 숲은 온갖 냄새로 가득하다. 각각의 냄새는 동물을 유혹하기도 하고 멀리 쫓아버리기도 한다. 그러므로 트러플의 냄새는 토양층을 뚫고 땅 위의 공기층에서 퍼져나갈 수 있을 만큼 자극적이어야 하고, 다양한 냄새의 스펙트럼 안에서 동물의 관심을 끌어서 땅을 파내고 찾아먹을 수 있을 만큼 입맛 도는 냄새여야 한다. 이처럼 시각적으로 불리하다는 단점 — 땅속에 파묻혀 있는 데다 땅을 파헤쳐도 쉽게 찾아낼 수 없고, 찾아냈다고 해도 그다지 먹음직스럽게 생기지 않은 — 을 트러플은 냄새로 역전시켰다.

일단 동물에게 먹히면 트러플이 할 일은 끝난 것이다. 동물은 트러플의 냄새에 유인당해서 땅을 파헤치고, 트러플을 먹음으로써 자기 몸 안에 든 포자를 다른 장소로 운반하며, 멀리 떨어진 곳에 배설함으로써 포자를 퍼뜨린다. 따라서 트러플의 유인책은 동물의 입맛과 얽힌 수십만 년 간의 진화의 결과다. 자연선택은 그 포자를 운반해주는 동물의 입맛에 가장 잘 맞게 진화한 트러플을 우대할 것이다. 결과적으로 동물을 끌어들이기 위한 '화학작용'에 더 뛰어난 트러플이 그렇지 못한 트러플보다 더 성공적으로 번식할 것이다. 짝짓기 철 암컷 벌의 외모를 모방해 벌을 끌어들이는 난초처럼, 트러플은 동물의 입맛에 어필한다. 동물을 홀리는 냄새를 피워내도록 진화한 것이다.

· 피드몬트 화이트 트러플 *Tuber magnatum* ·

버섯이 사는 화학적 세상으로 들어가 보고 싶어서 나는 이탈리아로 갔다. 인간은 버섯의 화학적인 삶과 어울릴 수 있는 몸을 갖지 못했다. 그러나 잘익은 트러플은 톡 쏘는 향을 통해 강렬하고 단순하게 말하기 때문에 화학적 언어에 둔감한 인간이라도 트러플의 언어는 쉽게 이해할 수 있다. 냄새를 통해 이 버섯은 한 순간이나마 우리를 그들의 화학적 생태 속으로 끌어들인다. 땅속의 유기체들 사이에서 폭포수처럼 쏟아지는 상호작용을 우리는 어떻게 생각해야 할까? 이렇게 '인간을 뛰어넘는' 커뮤니케이션을 우리는 어떻게 이해해야 할까? 트러플이 생존을 위해 이용하는 화학적인 밀고 당기기에 최대한 가까이 접근하려면, 어쩌면 열심히 트러플의 흔적을 쫓아 달려가는 트러플 추적견을 따라가서 흙 속에 얼굴을 파묻는 것이 유일한 방법일지도 모른다.

곰팡이의 대화법

인간의 후각은 매우 뛰어나다. 사람의 눈은 수백만 가지 색깔을 구분하고, 귀는 50만 가지 정도의 톤을 구분할 수 있다. 그러나 코는 1조 가지 이상의 냄새를 구분해낸다. 인간은 지금까지 알려진 거의 모든 휘발성 화학물질을 감지할 수 있다. 인간의 후각은 특정한 냄새에 있어서는 설치류와 개를 능가하며, 사람도 냄새의 흔적을 추적할 수 있다. 냄새는 우리가 이성을 선택할 때도 중요한 역할을 하고, 타인으로부터 공포와 불안, 공격성까지도 감지하게 한다. 냄새는 기억의 구성에도 녹아 있다. 외상 후 스트레스 장애PTSD로 고생하는 사람들은 공통적으로 후각의 플래시백을 경험한다.

코는 아주 섬세하게 조율된 기관이다. 프리즘이 백색광의 구성요소를 분리해서 무지개를 보여주듯이, 후각은 복잡한 혼합물을 구성하고 있는 화학물질을 낱낱이 구분할 수 있다. 이렇게 하기 위해서는 분자 하나 안에 있는 원자들의 정밀한 배열을 감지해야 한다. 겨자에서 겨자 냄새가 나는 것은 질소, 탄소, 황의 결합 때문이다. 생선에서 비린내가 나는 것은 질소와 수소의 결합 때문이다. 탄소와 질소의 결합은 쇠비린내와 느끼한 기름 냄새를 만들어낸다.

화학물질을 감지하고 반응하는 능력은 원시적인 감각 능력이다. 대부분의 유기체들은 자기 주변의 환경을 탐색하고 이해하는 데 화학적 감각 능력을 활용한다. 식물, 곰팡이, 동물까지 모두가 비슷한 수용체로 화학물질을 감지한다. 물질의 분자가 이 수용체와 결합하면 신호를 폭포수처럼 방출한다. 한 분자의 신호가 분자의 변화를 일으키고, 분자의 변화가 더 큰 변화를 일으킨다. 이런 식으로 아주 작은 변화가 물결을 일으켜 결국에는 커다란 효과가 나타난다. 사람의 코는 어떤 화합물의 경우 1세제곱센티미터 안에 분자 3만 4,000개가 들어 있는 정도의 아주 낮은 농도라도 그 존재를 감지한다. 이는 올림픽 공인 규격 수영장 2만 개를 채울 만큼의 물속에 딱 한 방울 떨어뜨린 정도의 극히 낮은 농도다.

동물이 냄새를 맡으려면 하나의 분자라도 후각 상피에 닿아야 한다. 사람의 경우 후각 상피는 코 안쪽 윗부분에 있는 막이다. 냄새 분자가 수용체와 결합하면 신경이 자극을 받는다. 냄새 속의 화학물질이 식별되고 그 냄새가 어떤 생각을 떠올리거나 감정을 불러일으키는 과정에는 뇌가 개입한다. 곰팡이도 여러 가지 서로 다른 기관을 갖추고 있다. 물론 코나 뇌는 갖고 있지 않다. 대신 곰팡이는 표면 전체가 후각 상피같이 행동한다. 균사 네트워크는 화학적으로 매우 예민한 하나의 커다란 막이다. 그 표면의 어디서든 분자 하나만 수용체와 결합해도 신호를 폭포수처럼 흘려보내 곰팡이의 행동을 변화시킨다.

버섯은 수많은 화학 정보의 밭 안에서 살아간다. 트러플은 자신이 먹힐 준비가 되었음을 동물에게 알리는 데 화학물질을 이용한다. 또한 식물과 동물, 그리고 다른 버섯, 심지어는 자기들끼리 의사소통을 하는 데에도 화학물질을 이용한다. 이러한 감각의 세계를 파악하지 않고 버섯과 곰팡이를 이해하기는 불가능하지만, 인간이 그 세계를 해석하기란 쉽지 않다. 어쩌면 그 세계를 해석하지 못한다 해도 상관없을지 모른다. 곰팡이처럼, 우리는 삶의 대부분을 온갖 것에 이끌리며 살아간다. 우리는 어딘가에 이끌린다는 것이 무엇인지도, 거부당한다는 것이 무엇인지도 안다. 냄새를 통해서, 우리는 존재를 유지하기 위해 분자를 이용하는 곰팡이의 대화법을 체험해볼 수 있다.

살인 충동을 불러일으키는 버섯

역사적으로 트러플은 아주 오래전부터 섹스와 연관지어져 왔다. '트러플truffle'이라는 말은 여러 언어에서 '고환'으로 번역된다. 고대 카스티야어로는 트루마스 데 티에라trumas de tierra라고 하는데, '지구의 고환'이라는 뜻이다. 트러플은 동물을 한껏 들뜨게 만들도록 진화해왔다. 그래야만 종을 보존할 수 있기 때문이다. 트러플을 연구하는 과학자이자 오레곤에서 직접 트러플을 재배하는 찰스 르페브르Charles Lefevre와 페리고르 블랙 트러플에 대해서 이야기한 적이 있었다. "재미있군요. 이 얘기를 하다 보니 페리고르 블랙 트러플Tuber melanosporum의 향기로 샤워를 하고 있는 기분이에요. 그 향기가 내 사무실을 꽉 채우고 있는 기분이 들거든요. 지금 여기에는 트러플이 한 조각도 없는데 말이죠. 내 경험상, 트러플이 후각의 플래시백을 일으키는 건 누구에게나 공통적입니다. 심지어는 시각적, 감정적인 기억까지도 함께 따라오죠."[2]

프랑스에서는 분실물의 수호성인인 성 안토니우스를 트러플의 수호성인으로 간주하며, 그를 기리기 위해 트러플 미사를 드린다. 다만 여기서 기도하는 사람들도 트러플을 둘러싼 부정행위를 저지하기 위한 노력

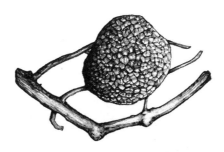

· 페리고르 블랙 트러플 *Tuber melanosporum* ·

은 별로 하지 않는다. 사람들은 값싼 트러플을 더 비싼 트러플처럼 속이기 위해 염색을 하거나 향을 입히기도 한다.

값비싼 트러플이 자주 채취되는 숲은 트러플 약탈꾼들의 좋은 목표가 된다. 잘 훈련된, 몸값이 수천 유로가 넘는 추적견을 훔쳐가기도 하고, 경쟁자의 개를 죽이기 위해 숲속에 독극물을 묻힌 고기를 던져놓기도 한다. 2010년에 로랑 랭보Laurent Rambaud라는 프랑스의 트러플 재배농이 한밤중에 총을 들고 트러플 농장을 순찰하다가 트러플 절도범을 쏘아 죽인 사건이 일어났다. 랭보가 체포되자 그를 응원하는 250명의 지지자들이 모여들어서 자신이 키운 버섯을 지킬 권리를 옹호하며 시위를 벌였다. 랭보의 지지자들은 트러플 절도 행위만이 아니라 트러플 추적견을 훔치거나 죽이는 행위에 대해서도 분노를 표출했다. 프랑스 남부 트리카스탱의 트러플 재배조합의 부조합장은 《라 프로방스》신문과의 인터뷰에서 트러플 농장을 순찰할 때 총기는 절대로 들고 나가지 말라는 동료들의 충고를 들었다고 말했다. '(쏘아버리고 싶은) 충동이 너무나 크기 때문'이었다. 르페브르는 이렇게 말했다. "트러플은 인간의 어두운 본성을 끄집어냅니다. 마치 땅속에 묻힌 돈 같아요. 하지만 트러플은 상하기 쉽고 썩어서 없어질 수도 있지요."[3]

동물의 관심을 끄는 버섯은 트러플만이 아니다. 북아메리카의 서부 해안에는 귀한 송이를 찾느라고 곰들이 통나무를 뒤집어놓거나 그 주변의 땅을 파놓기도 한다. 오레곤의 버섯 채취꾼들은 송이를 찾겠다고 거친 부석질 흙을 파헤치느라 코에서 피를 흘리는 말코손바닥사슴을 발견하기도 한다. 열대우림에 서식하는 난초 중에는 버섯을 좋아하는 파리를 유인하기 위해 버섯과 비슷한 냄새, 형태, 색채를 띠는 종도 있다. '버섯'이라고 불리는 자실체子實體는 곰팡이의 눈에 보이는 부분이지만, 자실체도 동물이나 곤충을 유인할 수 있다. 열대 곤충을 연구하는 내 친구는 썩어가는 통나무 주변의 구덩이에 난초벌orchid bee이 몰려드는 동영상을 나에게 보여주었다. 수컷 난초벌은 세상 곳곳을 날아다니며 냄새를 모아서 잘 섞은 뒤, 암컷을 유혹하는 데 쓴다. 말하자면 '조향사'인 셈이다. 짝짓기는 몇 초 만에 끝나지만, 그 냄새를 모으고 혼합하는 데 성인기의 시간을 통째로 바친다. 내 친구는 아직 가설을 테스트해보지는 않았지만, 난초벌 수컷이 암컷에게 바칠 향을 만들기 위해 곰팡이의 냄새를 거둬들이고 있었을 거라고 믿고 있다. 난초벌은 향기를 내는 다양한 화학물질을 선호하는데, 그 대부분이 나무를 분해하는 곰팡이에서 나온다.[4]

인간은 다른 유기체가 생산하는 향기를 몸에 뿌리며, 성性과 관련된 행위에 곰팡이로부터 만들어진 향을 쓰는 경우도 드물지 않다. 아우드oudh, 또는 침향은 인도와 서남아시아에서 곰팡이에 감염된 침향나무

*Aquilaria*로부터 추출된다. 침향은 가치가 높은 원재료다. 대개 향 — 묵은 견과 냄새, 진한 꿀 냄새, 그윽한 나무 향기 — 을 만드는 데 쓰이고, 디오스코리데스Dioscorides*가 의사로 활동하던 고대 그리스 시대부터 알려져 있던 물질이다. 최상품 침향은 1킬로그램당 10만 달러로, 같은 무게의 금이나 백금보다 값이 더 나가며, 침향을 채취하기 위해 침향나무를 남벌하는 바람에 이제는 야생에서 거의 멸종 위기에 처해 있다.

18세기 프랑스 의사 테오필 드 보르되Théophile de Bordeu는 각각의 유기체가 "호흡과 냄새, 체열을 발산하고 퍼뜨리는 데는 실수가 없다 (…) 각자의 스타일과 성질에 따라 발산하며, 그 방식이 그 유기체만의 특성이기도 하다"라고 단언했다. 트러플의 향과 난초벌의 향은 유기체의 몸체를 훨씬 벗어난 범위까지 퍼져나갈 수 있지만, 그 냄새가 떠다니는 영역은 춤추는 유령들처럼 서로 오버랩되는 화학적 몸체의 일부를 이룬다.

트러플은 어떻게 동물을 유혹할까

나는 트러플 측량실에서 향기에 취한 채 몇 분을 보냈다. 트러플 딜러인 집주인 토니가 고객과 큰 소리로 떠들며 측량실로 들어오는 통에 고즈넉했던 나의 트러플 향기 감상은 끝나고 말았다. 토니는 들어오자마자

---

* AD 1세기경 그리스에서 활동하던 의사, 약리학자. 700여 종의 약초를 설명한 《약물지De Materia Medica》라는 저서를 남겼다. 간호사는 나이팅게일 선서를 하고, 의사는 히포크라테스 선서를 하듯이, 약사는 디오스코리데스 선서를 한다.

문부터 닫았다. 향기가 새나가는 것을 막기 위해서였다. 고객은 저울 위에 수북하게 쌓여 있는 트러플을 꼼꼼하게 살피더니, 선별작업을 거치지 않아 크기도 들쭉날쭉, 흙도 아직 씻어내지 못한 채로 커다란 통에 담겨 작업대 위에 놓여 있는 또 다른 트러플을 흘깃 돌아보았다. 고객은 토니에게 고개를 끄덕이는 것으로 의사를 표시했고, 토니는 보자기의 네 귀퉁이를 잡아당겨 묶었다. 두 사람은 마당으로 나가더니 악수를 했고, 고객은 타고 온 검은 승용차를 타고 떠났다.

그해 여름은 날이 가물었다. 그래서 트러플 수확량도 적었다. 트러플이 귀해지니 가격은 천정부지로 치솟았다. 토니가 고객에게 넘기는 트러플의 가격은 킬로그램당 2,000유로였다. 그 트러플이 시장이나 레스토랑에서는 킬로그램당 6,000달러에 팔렸다. 2007년에는 1.5킬로그램이나 나가는 트러플이 발견되어 경매에서 16만 5,000달러에 팔렸다. 다이아몬드처럼 트러플도 무게와 가격이 비례하는 것이 아니라 무게가 나갈수록 가격의 차이는 더 크게 벌어진다.

토니는 인심도 좋지만 딜러답게 허세도 만만치 않은 사람이었다. 그는 트러플 헌터를 따라가 보고 싶다는 나의 말에 놀란 눈치였다. 혹여라도 내가 트러플을 발견할지도 모른다는 희망 같은 것은 애저녁에 싹을 자르려고 했다. "내 사람들을 쫓아다니는 건 좋지만, 선생은 아마 아무것도 찾지 못할 거요. 그리고 보기보다 힘든 일이에요. 산을 타고 오르락내리락 해야 하고, 빽빽한 숲도 지나가야 하고, 진흙구덩이도 지나가야 하고, 냇물도 건너야 하고, 그런데, 신은 그거 한 켤레 뿐이요?" 나는 토니에게 다 괜찮다고 안심시켰다.

트러플 헌터들은 나름의 영역을 가지고 있다. 어떤 경우는 법적이고, 어떤 경우는 그렇지 않다. 도착해보니 두 트러플 헌터, 다니엘레와 파리데가 위장복을 입고 있었다. 위장복이 트러플을 찾는 데 도움이 되는지 물어보자, 두 사람은 내 질문에 진지하게 대답해주었다. 위장복은 다른 트러플 헌터들이 따라오는 것을 막아준다고 했다. 트러플 헌터에게는 '장소'가 가장 중요하다. 장소에 대한 정보는 매우 중요해서, 트러플을 도둑맞듯 그 정보를 도둑맞을 수도 있었다.

둘 중 파리데가 더 사교성이 좋았다. 그는 '키카'라는 이름의 트러플 추적견을 데리고 나왔다. 그가 가장 아끼는 추적견이었다. 그는 모두 다섯 마리의 추적견을 기르는데, 제각각 나이도 다르고 경험도 천차만별이었다. 어떤 녀석은 블랙 트러플만 전문적으로 찾고, 어떤 녀석은 화이트 트러플만 찾았다. 키카는 아주 귀여운 녀석이었다. 파리데는 아주 자랑스러운 얼굴로 자신의 추적견을 소개했다. "이 녀석은 아주 똑똑해요. 물론 나보다는 아니지만." 키카는 트러플 헌팅에 가장 많이 동원되는 라고토 로마뇰로Lagotto Romagnolo종 암컷이었다. 어른 무릎 높이 정도의 키에 곱슬곱슬한 털이 눈을 덮고 있어서, 녀석 자체가 트러플처럼 보였다. 아침부터 트러플 향기에 취하고, 트러플 추적견을 만나고, 트러플에 대해 이야기하고, 트러플 거래를 지켜보고, 트러플을 먹고, 그렇게 하루를 보내다 보니 울퉁불퉁한 산등성이 전체가 트러플처럼 보이기 시작했다. 파리데는 자신과 키카가 서로 의사소통을 하기 위해 주고받는 보이지 않는 신호에 대해 이야기해주었다. 파리데와 키카는 상대방이 보이는 아주 미세한 변화를 해석하는 방법을 배웠고, 그래서 거의 완벽한 침묵 속에서

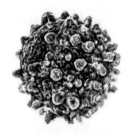

· 트러플의 포자 ·

　서로의 움직임을 읽어낼 수 있었다. 트러플은 먹힐 준비가 되었음을 동물들에게 알릴 수 있도록 진화해왔다. 인간과 개는 트러플의 화학적 유혹에 대해 서로 의사를 소통하는 방법을 모색해왔다.

　트러플의 향은 설명하기 어려운 복잡하고 특이한 성질을 가지고 있으며, 그 향은 트러플이 주변의 미생물, 흙, 기후 등 환경과 맺고 있는 관계로부터 나온 것 같다. 트러플의 자실체 안에는 박테리아와 효모의 공동체가 서식하고 있다. 건조한 트러플 1그램 안에는 100만에서 10억 개의 박테리아가 들어 있다. 트러플에 깃들어 있는 미생물군체의 상당수는 트러플의 향을 구성하는 독특한 휘발성 물질을 생산하며, 따라서 인간의 코에 닿는 이 화학적 혼합물은 단 한 가지 유기체만의 작품은 아니다.

　트러플이 동물을 유인하는 화학성분은 아직도 확실히 밝혀지지 않았다. 1981년에 독일 과학자들이 피드몬트 화이트 트러플과 페리고르 블랙 트러플이 무시할 수 없는 양의 안드로스테놀androstenol을 생산한다는 사실을 밝혀냈다. 이는 사향 냄새가 나는 스테로이드로, 돼지에게 안드로스테놀은 일종의 성 호르몬과 같은 역할을 한다. 수퇘지가 안드로스테놀을 분비하면 암퇘지는 짝짓기 자세를 취한다. 이 발견으로 수퇘지가 땅속에 파묻힌 트러플을 찾아내는 놀라운 능력을 갖게 된 이유가 설명되는 것 같았다. 그러나 9년 후 출판된 또 다른 논문은 이러한 가능성에 의문을 제기했다. 연구자들은 블랙 트러플과 합성 트러플 향, 안드로스테놀을 땅속 5센티미터 깊이에 파묻고 돼지 한 마리와 개 다섯 마리 — 가까운 지역의 트러플 찾기 대회에서 우승한 챔피언도 끼어 있었다 — 를 풀어 진짜 트러플을 찾아내는지 지켜보았다. 돼지도, 개도 진짜 트러플과 합성 트러플 향은 찾아냈지만 안드로스테놀은 찾아내지 못했다.

그 후에 이어진 여러 테스트에서, 연구자들은 트러플의 유인 성분을 하나의 분자로까지 좁혔다. 바로 디메틸황화물dimethyl sulfide이었다. 해당 연구는 나무랄 데 없이 깔끔했지만, 모든 진실을 다 밝혀낸 것 같지는 않았다. 트러플의 냄새는 일정한 구성으로 결합된 채 공기 중에 떠도는 여러 분자 — 화이트 트러플의 경우 100가지가 넘고 인기 있는 다른 트러플은 50가지 정도 — 의 무리에서 만들어진다. 이렇게 공들인 향기 다발을 만들려면 에너지가 많이 소모되기 때문에, 합당한 이유가 없다면 그렇게 진화하지 않았을 것이다. 게다가 동물의 취향은 매우 다양하다. 또한 트러플도 트러플 나름이어서, 어떤 종은 사람에게 그다지 매력적이지도 않고 심지어는 독이 되는 것도 있다. 북아메리카에 서식하는 수천 종의 트러플 중에서 인간의 미각을 황홀하게 하는 종은 손에 꼽을 정도다. 그마저도 모든 이들의 사랑을 받는 것은 아니다. 르페브르가 설명했듯이, 누군가는 좋아하는 종이라도 다른 사람들은 손사래를 치기도 한다. 어떤 종은 그 근처에만 가도 고개를 돌리게 만들 정도로 역겨운 냄새를 풍긴다. 르페브르는 '하수구 냄새' 또는 '아기 설사 냄새' 비슷한 독한 냄새를 풍기는 트러플인 고티에리아*Gautieria*속에 대해 이야기해주었다. 그의 트러플 추적견은 그 트러플을 좋아하지만, 그의 아내는 그 버섯을 분류 작업은커녕 집에 들여놓지도 못하게 할 거라고 했다.[5]

우리는 아직 그 방법을 확실히 알지 못하지만, 트러플은 여러 겹의 냄새로 주변의 동물을 끌어들인다. 인간은 트러플을 찾기 위해 개를 훈련시킨다. 돼지는 트러플을 발견하면 게걸스럽게 먹어치우기 때문이다. 뉴욕과 도쿄의 요식업자들은 이탈리아까지 날아와서 트러플 딜러와 관계를 잘 다져둔다. 수출업자들은 트러플을 세척, 포장해서 공항까지 직접 들고 가 비행기에 실어 고객에게 보내는데, 그 과정에서 트러플이 최고의 상태를 유지할 수 있도록 첨단 냉장 포장 시스템을 개발했다. 비행기를 타고 지구 반 바퀴를 돌아 공항에서 새 주인의 손에 들어가고, 새 주인은 다시 포장해서 최종 소비자에게 유통한다. 이 모든 과정이 48시간 안에 이루어진다.

트러플은 송이처럼 채취한 뒤 이틀에서 사흘 안에 식탁에 올라야 신선한 상태로 맛볼 수 있다. 트러플의 향기는 살아서 활발하게 신진대사를 하는 세포에 의해 만들어진다. 그 향기는 트러플의 포자가 자라는 동안 더 강해지고, 세포가 죽으면 향기도 더 이상 나지 않는다. 다른 버섯은 말려서 먹기도 하지만, 트러플은 말려서 저장해두었다가 먹을 수 없다. 트러플은 화학적으로 매우 요란하고, 심지어는 난폭하기까지 하다. 신진대사가 멈추면 향기도 멈춘다. 이런 이유로, 많은 식당에서 신선한 트러플을 고객이 보는 앞에서 음식 위에 갈아서 뿌려준다. 트러플처럼 유통의 속도에 사활을 거는 식품은 달리 찾아보기 힘들다.

향기 오르간의 연주를 듣는 법

우리는 파리데의 차를 타고 좁은 시골길을 달려 골짜기를 올라갔다. 언덕을 빽빽하게 채우고 있는 노란색, 갈색 참나무 숲을 지나갔다. 파리데는 날씨 이야기를 하다가, 개를 훈련시키면서 겪었던 웃기는 에피소드도 늘어놓다가, 산적처럼 생긴 다니엘레 같은 사람과 함께 다닐 때의 장단점을 이야기했다. 몇 분 뒤, 그는 길에서 벗어나 차를 세웠다. 키카가 트렁크에서 튀어나왔고, 우리는 풀밭을 지나 숲으로 들어갔다. 다니엘레는 이미 도착해서 개를 앞세우고 조용히 비탈을 뒤지고 있었다. 다니엘레는 가까운 곳에 트러플 헌터가 한 명 더 있다고 알려주었다. 최대한 침묵을 유지해야 했다. 다니엘레의 추적견은 털이 복슬복슬한 개였는데, 털 관리를 제대로 해주지 않았는지 단정하지 못했고, 털에 잔가지도 붙어 있었다. 파리데의 말로는 다니엘레가 그 개를 디아볼로Diavolo, 악마라고 부르는 걸 들은 적이 있다는데, 다니엘레는 이름 없는 개라고 말했다. 귀염성 있고 사람을 잘 따르는 키카와는 달리, 디아볼로는 사람을 물기라도 하려는 듯 으르렁거리는 경향이 있었다. 파리데가 그 이유를 설명해주었다. 그는 트러플을 찾기를 놀이처럼 즐기도록 개를 훈련시켰는데, 다니엘레는 굶기는 방법으로 훈련시켰다는 것이다. 파리데가 디아볼로를 가리키며 말했다. "보세요, 저 녀석은 기를 쓰고 먹을 걸 찾아다니 잖아요. 도토리를 먹고 있어요." 파리데와 다니엘레는 서로 상대방을 조롱하고 깎아내렸다. 다니엘레는 '잘 먹이고 사랑을 듬뿍 주며 기른 애완견'인 파리데의 개보다 자기 개가 트러플을 훨씬 더 잘 찾는다고 주장했다. 파리데는 현대적인 트러플 추적견 훈련 방식을 고수했다. "다니엘레는 밤에 트러플 헌팅을 나가요. 나는 낮에 하죠. 다니엘레는 늘 조급하지만 나는 안 그래요. 다니엘레의 개는 사람을 물지만 키카는 사람을 좋아해요. 다니엘레의 개는 깡말랐지만 키카는 마르지 않았어요. 다니엘레는 성질이 더럽지만 나는 성격이 좋죠."

디아볼로가 갑자기 어딘가를 향해 뛰기 시작했다. 모두가 우르르 따라나섰다. 파리데도 함께 뛰면서 열심히 설명했다. "트러플을 찾았는지도 몰라요. 어쩌면 쥐일지도 모르고. 트러플이 나오든 쥐가 나오든 저 개한테는 좋은 거죠." 진흙이 섞인 야트막한 둔덕을 파헤치며 코를 씩씩거리는 디아볼로를 발견했다. 다니엘레는 가시덤불을 헤치며 다가갔다. 그쯤에서 파리데는 개의 몸짓 언어를 잘 읽어야 한다고 설명했다. 개가 꼬리를 좌우로 흔들면 트러플을 발견한 것이지만, 꼬리를 가만히 두고 있다면 그렇지 않다는 것이었다. 두 발로 땅을 파면 화이트 트러플이고, 한 발로 땅을 파면 블랙 트러플이라고 했다. 디아볼로가 보내는 신호는 좋은 쪽이었다. 다니엘레가 끝이 뭉툭하고 평평한, 커다란 스크루드라이버같이 생긴 도구를 꺼내 흙을 파내기 시작했다. 구덩이가 깊어질수록 흙냄새가 진하게 풍겼다. 주인과 개가 번갈아 가며 땅을 팠다. 주인은 개가 너무 급하게 땅을 파지 못하도록 때때로 제지했다. 파리데가 우리를 보고 씩 웃었다. "배고픈 개는 트러플을 먹어버리거든요."

50센티미터쯤 파 내려갔을 때, 다니엘레가 젖은 흙 속에 묻혀 있던 트러플을 발견했다. 손가락과 작은 금속 갈고리를 써서 트러플을 땅속으로부터 들어냈다. 트러플의 향기가 피어올랐다. 토니의 측량실을 채웠던 향기보다 가볍고 진한 향이었다. 자연의 서식지에서 채취한 트러플의 향기는 축축한 흙냄새, 부패해가는 나뭇잎의 곰팡이 냄새와 조화를 이루며 퍼져나갔다. 멀리서도 트러플의 향기를 알아채고 하던 일을 내던진 채 그 향기를 쫓아갈 수 있을 정도로 후각이 예민한 나를 상상해보았다. 트러플 향기를 들이마시며 나는 올더스 헉슬리의 《멋진 신세계》의 한 부분을 떠올렸다. 악기로 음악을 연주하듯이 냄새를 재현할 수 있는 기구인 향기 오르간의 성능을 묘사한 부분이었다. 나름의 방식으로 휘발성 혼합물의 모음곡을 연주하는 트러플 ─ 헉슬리와는 약간 다른 의미의 향기 오르간 ─ 에 아주 잘 어울리는 장면이었다.

그 오르간의 연주는 훌륭했다. 머리카락은 헝클어지고 옷에는 진흙을 여기저기 묻힌 채, 우리 모두가 그곳에 모여 트러플을 둘러싸고 서 있었다. 트러플은 폭포수처럼 신호를 분출했고, 동물이 떼로 모여들었다. 처음에는 개가, 그다음에는 트러플을 사냥하는 인간이, 그리고 조금 더 느린 걸음으로 그 인간을 따라온 동료들까지. 다니엘레가 트러플을 들어올리자 트러플이 묻혀 있던 주변의 흙이 무너졌다. "저기 봐요!" 파리데가 흙을 옆으로 긁어내며 말했다. "생쥐굴이 있어요." 트러플을 제일 처음 찾아온 건 우리가 아니었던 모양이다.

곰팡이의 신체 감각

우리가 트러플 향기를 맡을 때, 그 향기는 트러플로부터 인간 세계로 일방통행한다. 그 과정은 별다른 해석의 여지가 없다. 동물을 유인하기 위해, 그 향기는 호기심과 구미를 자극해야 한다. 그러나 무엇보다도 톡 쏘듯 강렬해야 한다. 포자를 퍼뜨리는 동물이 멧돼지냐 날다람쥐냐는 상관이 없다. 그러므로 까다롭게 동물을 고를 필요는 없다. 배고픈 동물은 대부분 맛있는 냄새를 따라오기 마련이다. 게다가 트러플은 어떤 동물의 일시적인 관심에 반응하여 자신의 향기를 바꾸지 않는다. 트러플이 동물을 흥분시킬 수는 있지만, 동물이 트러플을 흥분시킬 수는 없다. 트러플의 신호는 크고 높고 선명하지만, 일단 신호를 보내기 시작하면 계속 스위치가 켜져 있는 상태다. 농익은 트러플은 종의 경계를 넘나드는 화학적 언어를 통해 선명한 신호를 발신한다. 다니엘레, 파리데, 개 두 마리, 생쥐 한 마리, 그리고 나까지 이탈리아 어느 시골 마을의 진흙으로 질척거리는 언덕 위 가시덤불 아래 한 장소로 모이게 만들 만큼 강력하고 폭발력 있는 신호였다.

다른 많은 값비싼 버섯의 자실체처럼, 트러플은 조상 곰팡이가 만들어낸 가장 덜 복잡한 의사소통의 경로다. 균사체의 성장을 포함하여 곰팡이의 한살이 중 대부분은, 좀 더 미묘한 유인의 형태에 따라 좌우된다. 곰팡이의 균사가 균사체 네트워크가 되는 데에는 두 가지의 핵심적인 변화가 필요하다. 첫 번째는 가지치기, 두 번째는 융합이다. 균사가 얽혀드는 과정을 '융합anastomosis'이라고 하는데, 이는 '입으로 준비하다'라는 뜻의 그리스어다. 균사가 가지를 치지 못하면, 하나의 균사가 여러 개로 갈라지지 못한다. 반대로 균사가 다른 균사와 융합하지 못하면, 복잡한 네트워크로 확장되지 못한다. 그러나 융합하기 전에 먼저 다른 균사를 찾아야 한다. 그러기 위해서는 서로를 끌어당겨야 하는데, 이렇게 서로를 끌어당기는 현상을 '귀소성homing'이라고 한다. 균사 간의 융합은 균사체를 만드는 바느질과 비슷하다. 서로를 잇는 기본적인 관계 맺기 행동인 것이다. 이런 면에서 보면 어떤 곰팡이에서 나오든 균사체는 자신을 자신에게 끌어들이는 능력으로부터 나온다고 볼 수 있다.[6]

그러나 균사체 네트워크는 자기 자신뿐만 아니라 다른 균사체 네트워크와도 마주칠 수 있다. 곰팡이는 그 모습이 계속 변하면서도 어떻게 자기 몸의 감각sense of body을 유지할 수 있을까? 균사는 스스로 낸 가지와 마주쳤는지, 아니면 완전히 다른 곰팡이와 마주쳤는지 구분할 수 있어야 한다. 만약 완전히 다른 곰팡이와 마주쳤다면, 그 곰팡이 — 어쩌면 적대적일지도 모른다 — 가 다른 종이거나 같은 종에서 성적으로 조화를

· 포자로부터 바깥을 향해 자라나는 균사체. ·
Buller, 1931에서 다시 그림.

이룰 수 있는 개체인지 아닌지를 구분할 수 있어야 한다. 어떤 곰팡이는 인간으로 치자면 성별과 비슷한 교배형mating type*이 수천 가지나 있다. 최고기록을 가지고 있는 곰팡이는 치마버섯Schizophyllum commune인데, 2만 3,000가지 이상의 교배형을 가지고 있으며 각각의 개체가 거의 모든 다른 개체에 대해 성적화합성sexual compatibility**을 가지고 있다. 대다수 버섯의 균사체는 유전적으로 충분히 유사하기만 하다면, 성적화합성이 맞지 않더라도 다른 균사체와 융합할 수 있다. 곰팡이의 자기정체성은 중요하다. 그러나 항상 2진법적인 세계에만 머물러 있지는 않다. 곰팡이의 자아는 점진적으로 타자에게 물들어갈 수 있다.[7]

유혹은 트러플을 포함한 곰팡이에서 볼 수 있는 여러 교배형에 매우 중요한 역할을 한다. 트러플 자체가 생식세포 간의 만남이 만들어낸 결과물이다. 블랙 트러플이 열매를 맺기 위해서는 한쪽의 균사 네트워크에서 나온 균사가 성적화합성이 맞는 다른 균사 네트워크와 융합하여 유전물질의 풀pool을 만들어야 한다. 균사 네트워크로서 한살이의 대부분을, 트러플은 곰팡이의 기준으로 '-' 또는 '+'의 교배형 중 하나를 가지고 살아간다. 이들의 교배 형태는 아주 솔직담백하다. - 균사가 + 균사를 유인해 융합하면 접합이 일어난다. 이 두 파트너 중 부계의 역할을

---

* 많은 곰팡이 또는 단세포 동물종은 성의 구분이 뚜렷하지 않기 때문에 교배 행동에 따른 교배형으로 구분한다. 접합형이라고도 하며, 접합에 영향을 주는 상이한 계통이나 특징에 따라 다른 형 型 으로 구분한다.

** 생식세포와 생식세포 사이, 또는 생식세포와 체세포조직 간에 수정을 억제하는 생리적인 원인이 없는 것.

하는 쪽은 유전물질만 제공한다. 다른 쪽은 모계의 역할을 맡아, 유전물질을 제공할 뿐만 아니라 트러플과 포자로 성장하는 과육flesh을 기른다. 트러플의 성별은 인간과 달라서 + 교배형이나 - 교배형 모두 부계가될 수도 있고 모계가 될 수도 있다. 인간으로 비유하자면 모든 사람이남자가 될 수도 있고 여자가 될 수도 있으며, 따라서 반대 성을 가진 개체와 관계를 맺는다면 어머니가 될 수도 있고 아버지가 될 수도 있는 것이다. 트러플이 어떻게 다른 개체를 성적으로 유인하는지는 아직 제대로 알려져 있지 않다. 트러플과 밀접한 관계에 있는 곰팡이는 짝짓기 대상을 유혹하는 데 페로몬을 이용한다. 연구자들은 트러플도 같은 목적을 위해 성 페로몬을 이용하는 것이 아닐까 강하게 의심하고 있다.[8]

귀소성이 없다면 균사체도 없다. 균사체가 없으면 - 교배형과 + 교배형 사이의 유혹이나 끌림도 없다. 성적 유혹이 없으면 생식도 없다. 생식이 없으면 트러플도 없다. 그러나 트러플과 나무 사이의 관계도 그에 못지않게 중요하며, 이들 사이의 화학적 상호작용도 섬세하게 관리되어야한다. 어린 트러플 균사는 파트너로 삼을 나무를 찾지 못하면 금방 죽어버린다. 식물은 질병을 일으킬 수도 있는 곰팡이를 피해, 서로 이득이 되는 관계를 형성할 곰팡이를 자신의 뿌리에 받아들여야 한다. 곰팡이의 균사와 식물의 뿌리는 흙 속에 무수히 많은 뿌리와 곰팡이, 미생물의 화학적인 재잘거림 속에서 서로에게 이득이 되는 짝을 찾아야 한다.[9]

이 과정도 또 다른 형태의 유혹, 화학적인 '밀고 당기기'라고 할 수 있다. 트러플이 숲속에서 동물들을 끌어들이기 위해 그러는 것처럼, 식물과 곰팡이도 서로를 끌어당기기 위해 휘발성 화학물질을 이용한다. 나무뿌리는 흙 속에 풍부한 휘발성 화합물을 발산함으로써 곰팡이가 포자를 퍼트리고 균사의 가지를 더 빨리, 더 왕성하게 자라게 한다. 곰팡이는 뿌리를 조종하는 식물 성장 호르몬을 분비해 식물이 솜털 같은 잔뿌리를 많이 뻗어내도록 만든다. 잔뿌리가 많이 나올수록 뿌리의 표면적이 넓어지고, 따라서 뿌리 끝과 곰팡이의 균사가 만날 확률이 높아진다(많은 곰팡이가 식물과 동물의 호르몬을 만들어내서 자신의 동반자의 생리 기능을 조절한다).[10]

곰팡이가 식물과 결합하기 위해서는 뿌리의 구조를 변화시키는 것만으로 충분하지 않다. 서로의 독특한 화학적 조성에 반응하는 과정에서 신호물질은 식물세포와 곰팡이의 세포를 관통해 직렬로 흐르면서 유전자를 활성화시킨다. 식물 뿌리와 곰팡이의 균사 모두가 각자의 신진대사 과정과 성장 프로그램을 새롭게 구성한다. 곰팡이는 나무의 면역반응을 정지시키는 화학물질을 내놓는다. 그러지 않으면 공생구조를 밀접하게 만들 수 없기 때문이다. 공생구조가 확립되면, 균근 파트너십은 지속적으로 발달한다. 균사와 뿌리의 관계는 매우 다이내믹해서, 뿌리 끝과 곰팡이의 균사가 늙어 죽으면 관계를 새롭게 형성한다. 끊임없이 스스로를 리모델링하는 관계인 것이다. 만약 사람의 후각 상피를 흙 속에 이식할 수 있다면 서로 상대방의 연주를 듣고 상호작용 하면서 즉흥적으로 음악을 만드는 재즈 그룹의 연주를 듣는 듯한 느낌일 것이다.[11]

피드몬트 화이트 트러플과 그 외에도 고가에 거래되는 균근 곰팡이, 가령 그물버섯porcini, 꾀꼬리버섯chanterelle, 송이 등은 지금까지도 완전히 양식에 성공하지 못했다. 그 이유는 이 버섯들의 교배 형태가 매우 난해하다는 데서도 찾을 수 있다. 곰팡이 사이의 커뮤니케이션에 대한 인간의 이해는 너무나 허술하다. 트러플 중에서도 페리고르 블랙 트러플 같은 종은 재배가 가능하다. 그러나 트러플 양식은 인간의 농업을 가능케 했던 오랜 양식 기술에 비하면 매우 불완전하다. 찰스 르페브르의 뉴 월드 트러피어New World Truffieres*에서 페리고르 블랙 트러플 접종목의 균사체가 성공적으로 자라나는 비율은 30퍼센트 정도다. 특별한 기술적인 변화가 없었는데도 균사체 안착률이 100퍼센트에 이른 해도 있었다. "다시는 100퍼센트를 달성해보지 못했어요. 그해에 제가 뭘 어떻게 했기에 그렇게 됐는지, 저도 모르고 있습니다." 르페브르가 말했다.

트러플을 효율적으로 재배하려면, 곰팡이뿐만 아니라 곰팡이의 특이한 생식 체계를 비롯하여 공생하는 나무, 박테리아의 기벽과 요구를 이해해야 한다. 게다가 토양, 계절, 기후 등 곰팡이를 둘러싼 환경에서 일어나는 미세한 변화의 중요성까지도 파악해야 한다. "여러 분야를 두루 섭렵해야 해서 지적 자극이 큰 분야입니다." 케임브리지대학교 지리학과 교수이자 영국 제도에서 페리고르 블랙 트러플 재배에 처음으로 성공한 울프 뷘트겐Ulf Büntgen 교수가 말했다. "트러플 재배에는 미생물학, 생리학, 토지관리, 농학, 임학, 생태학, 경제학, 기후변화에 관한 지식이 모두 필요합니다. 그야말로 전체론적인 관점을 가져야 합니다." 트러플의 영향은 생태계 전체로 급속하게 퍼져나간다. 그러나 과학적 이해는 그 속도를 따라가지 못한다.[12]

---

* 찰스 르페브르가 미국 오레곤주에 설립한 회사로, 블랙 트러플 곰팡이를 뿌리에 접종한 나무, 즉 트러플 숙주 나무를 트러플 재배자에게 판매한다.

육식 곰팡이의 비밀

곰팡이의 화학적 유혹에 넘어간 유기체가 맞이하는 결과는 아주 단순하다. 바로 죽음이다.

가장 인상적인 감각의 묘기는 선충nematode을 잡아먹는 육식성 균, 즉 육식성 곰팡이에게서 볼 수 있다. 지렁이를 사냥하는 곰팡이는 지구상에 100여 종이 넘는다. 이 곰팡이는 한살이 중 대부분의 시간을 식물성 물질을 분해하면서 살지만, 먹을 것이 부족해지면 사냥을 한다. 그러나 이들은 매우 섬세한 포식자다. 한번 향기를 내기 시작하면 스위치가 항상 켜져 있는 트러플과는 달리, 선충을 잡아먹는 균, 즉 곰팡이들은 사냥 기관을 만든 후 선충이 가까이 있을 때만 화학적인 유인 물질을 내놓는다. 주변에 썩어가는 물질이 많을 때는 선충이 아무리 가까이, 아무리 많이 있어도 관심을 두지 않는다. 이런 방식으로 행동하려면 선충을 잡아먹는 곰팡이는 선충의 존재를 매우 민감하게 감지할 수 있어야 한다. 선충은 한 부류의 세포를 다목적으로 사용한다. 생장을 조절하는 것도, 짝짓기 상대를 유혹하는 것도 같은 세포가 담당한다. 곰팡이는 이 화학물질을 중간에서 가로채 먹잇감을 포획한다.

곰팡이의 선충 사냥법은 다양하고 섬뜩하다. 그 습성은 여러 차례에 걸쳐 진화했다. 곰팡이의 계보에서 많은 수가 같은 결론에 도달했지만, 그 경로는 저마다 달랐다. 어떤 곰팡이는 접근한 선충이 움직이지 못하도록 끈적끈적한 그물이나 가지를 친다. 또 어떤 곰팡이는 물리적인 수단을 동원한다. 먹잇감이 닿으면 순식간에 10배나 부푸는 균사 올가미

· 균사에 먹히고 있는 선충 ·

를 내서, 먹잇감을 순식간에 포획하는 것이다. 일반적으로 재배되는 느타리버섯*Pleurotus ostreatus*을 포함한 일부 버섯은 끝부분에서 소량의 독성 물질이 분비되는 균사 줄기를 내는데, 이 독성 물질은 균사가 선충의 입 안에 머물면서 선충의 몸 안부터 소화시킬 수 있는 시간을 벌어준다. 또 다른 버섯은 땅속에서 헤엄치듯 이동할 수 있는 포자를 생산한다. 이 포자는 화학적인 신호를 따라 선충을 향해 다가가 들러붙는다. 일단 선충에 들러붙은 포자는 거기서 발아하고, 곰팡이는 '총세포gun cell'라고 알려진 특수한 균사로 선충을 포획한다.

곰팡이의 선충 사냥은 가변적인 행동이다. 같은 종에서도 개체마다 반응이 상이하며, 서로 다른 유형의 함정을 만들거나 같은 함정이라도 다른 방식으로 활용한다. 아르트로보트리스 올리고스포라*Arthrobotrys oligospora*는 좋은 유기물질이 많은 환경에서는 '일반적인' 분해자로 행동하다가도 필요한 상황에서는 균사체로 선충을 잡는 함정을 만든다. 또한 다른 곰팡이의 균사체 주변을 꽁꽁 얽어매서 굶겨죽이거나 식물의 뿌리로 침투해 영양분을 빼앗아 먹는 특별한 구조로 발달하기도 한다. 이렇게 많은 선택지 중에서 어떻게, 왜 어떤 한 가지를 선택하는지는 아직도 알려지지 않았다.

의인화의 함정

곰팡이의 커뮤니케이션에 대해서 우리는 어떻게 말해야 할까? 이탈리 아에서, 진흙 언덕에 패인 구덩이 주변에 모여 그 안을 들여다보면서 나는 그 장면을 트러플의 관점에서 상상해보았다. 모두가 흥분해 있는 중에 파리데가 시적인 비유를 했다. "트러플과 숙주 나무는 연인, 아니면 남편과 아내 같아요. 실이 끊어지면 돌아갈 길이 없죠. 이들의 결합은 영원해요. 트러플은 나무의 뿌리에서 태어나 들장미로부터 보호를 받아요." 그는 들장미 덩굴을 가리켰다. "트러플은 땅속에, 잠자는 숲속의 미녀처럼 장미 가시의 보호를 받으면서 추적견이 와서 키스해줄 때까지 잠들어 있는 거예요."

인간 이외의 생명체 사이에 형성된 상호관계는 대부분 특정한 의도로 만들어지지 않았다는 것이 과학계의 지배적인 관점이다. 트러플도 분명한 생각을 가지고 있는 생명체는 아니다. 말도 하지 못한다. 다른 동물이나 식물처럼 트러플은 생존가능성을 최대화하는 로봇 같은 루틴에 기초해서 주변 환경에 자동적으로 반응한다. 인간의 삶에서 펼쳐지는 생생한 경험들과 뚜렷이 대비된다. 인간의 삶 속에서는 자극의 양量이 감각의 질質로 솔기 없이 이어지며 녹아든다. 자극이 느껴지고 감정이 일어나는 것이다. 그리고 우리는 그로부터 영향을 받는다.

비탈진 진흙 언덕에 균형을 잡고 서서, 자극적인 곰팡이 냄새를 향해 코를 디밀었다. 트러플의 반응을 로봇 같은 자동적인 반응이라고 축소시키려고 해도, 트러플은 내 마음속에서 자꾸 되살아나기만 했다.

인간 이외의 생명체 사이의 상호작용을 이해하려고 노력하다 보면, 다음과 같은 두 가지 관점 사이를 오락가락하기 쉽다. 한쪽에는 사전에 입력된 프로그램에 따라 움직이는 무생물의 행동, 다른 한쪽에는 살아 있는 인간의 풍부한 경험이 있다. 단순한 '경험'을 갖는 데 필요한 기본적인 기관을 갖지 못한 무뇌 생물체라는 프레임을 통해 보면, 곰팡이의 상호작용은 생화학적 신호에 대한 자동화된 반응, 그 이상도 이하도 아니다. 그러나 대부분의 곰팡이종이 그렇듯이, 트러플의 균사체는 자신이 놓인 환경을 적극적으로 지각하고 우리가 예측할 수 없는 방식으로 반응한다. 그들의 균사는 화학적으로 반응할 수 있고, 예민할 때도 있고, 흥분하기도 한다. 바로 이 능력이 트러플로 하여금 외부의 화학적 신호를 해석하여 나무와 밀고 당기기를 하며 복잡한 교환 관계를 유지할 수 있게 한다. 토양으로부터 영양분을 흡수하고, 접합하고, 사냥을 하거나 공격을 방어할 수 있는 것도 이 능력 덕분이다.

의인주의擬人主義, anthropomorphism는 대개 인간의 여린 — 훈련도 수련도 되지 않아 단단하게 여물지 않은 — 마음에 상처를 만드는 환상으로 여겨진다. 여기에는 그럴 만한 이유가 있다. 우리가 세상을 의인화하면, 다른 생명체를 이해할 때 그들의 입장에서 이해하는 데 방해가 된다. 하지만 이런 태도를 갖는다고 해도 우리가 빠트리거나 눈여겨보지 못하

고 지나가는 것이 생기지는 않을 것이다.[13]

생물학자 로빈 월 키머러Robin Wall Kimmerer는 시티즌 포타와토미 네이션the Citizen Potawatomi Nation*의 일원이기도 한데, 그는 포타와토미 부족의 토착어에 인간 외 생명체의 활동을 일컫는 동사가 매우 풍부하다는 사실을 파악했다. 예를 들어 '언덕hill'을 뜻하는 말이 포타와토미어로는 동사, 즉 '언덕이 되다to be a hill'가 된다. 언덕은 항상 언덕이 되어가는 과정 중에 있기 때문에, 능동적으로 언덕이 '되고 있는' 것이다. 이러한 '유생성의 문법'이 작동되면, 다른 유기체의 생명을 '그것it'으로 축소하여 표현하거나 전통적으로 인간에게만 쓰이던 개념을 끌어다가 말하지 않아도 된다. 이와는 대조적으로, 키머러는 영어에서는 '다른 생명체의 존재를 간단하게' 인정할 방법이 없다고 썼다. 영어에서는 인간은 주어, 무생물은 목적어로 쓰는 것이 기본이다. 인간 이외의 것은 '그것', 즉 '단순한 물체'가 되는 것이다. 인간이 아닌 유기체의 생명을 이해하기 위해 인간의 개념을 전용한다면, 의인주의의 함정에 빠지게 된다. 반면에 '그것'을 쓰면 그 유기체를 객관화함으로써 또 다른 함정에 빠진다.[14]

생물학적 현실은 결코 흑과 백으로 나눌 수 없다. 우리가 세상을 이해하기 위해 사용하는 에피소드나 비유 — 우리의 탐사 도구 — 가 굳이 흑백이어야 할 필요는 없다. 말을 하기 위해 언제나 입이 필요한 것은 아니며, 듣기 위해 언제나 귀가 필요한 것도 아니고, 해석하기 위해 언제나 신경계가 필요한 것은 아니므로, 우리의 개념 중 일부를 확장해 적용할 수

---

* 미국 오클라호마주에 있는 옛 포타와토미 인디언 부족 후예들의 자치도시.

도 있다. 우리는, 편견과 조롱으로 인간 이외의 생명 형태를 무시하지 않으면서도 그렇게 할 수 있다.

다니엘레는 트러플을 잘 거둔 다음, 흙구덩이를 조심스럽게 메우고 들장미 덩굴을 끌어다 덮었다. 곰팡이와 나무뿌리의 관계를 훼손하지 않기 위해서 그러는 거라고 파리데가 설명해주었다. 다니엘레는 다른 트러플 헌터에게 흔적을 남기지 않기 위해서라고 말했다. 우리는 들판을 통과해 걸어 나왔다. 우리 일행이 차를 세운 곳에 도착했을 즈음에는 트러플의 향기가 훨씬 덜 느껴지더니 계량실에 도착했을 즈음에는 더욱 희미해져 있었다. 그 트러플이 LA의 한 식당에서 손님 앞에 놓인 접시 위에 곱게 갈려 뿌려질 때는 향기가 얼마나 남아 있을까 궁금해졌다.

생태계 전체를 조망하는 시각

몇 달 후 오레곤주 유진Eugene 외곽에 펼쳐진 울창한 언덕에서, 나는 르페브르와 그가 기르는 라고토 로마뇰로종 추적견 단테와 함께 트러플 헌팅을 나갔다. 르페브르의 말에 따르면 단테는 다종 추적견이었다. 키카나 디아볼로 같은 단일종 추적견은 특정 종에 한해 다량의 트러플을 찾도록 훈련받는다. 다종 추적견은 관심 가는 냄새면 어떤 냄새든 추적하도록 훈련받는다. 따라서 냄새를 맡아본 적이 없는 트러플종도 찾을 수 있다. 단테는 종종 트러플이 아닌 것 — 예를 들면 냄새 고약한 노래기 — 들도 쫓아다니지만, 기록되지 않은 네 종의 트러플을 찾아내는 기염을 토했다. 이런 일이 아주 드물지는 않다. 자신의 이름을 딴 트러플종까지 있는 트러플 전문가 마이크 카스텔라노Mike Castellano는 캘리포니아에서 거의 일상적으로 새로운 트러플을 발견해 보고하고 있다. 그는 지금까지 두 개의 새로운 목과 20개 이상의 속, 200개 이상의 새로운 트러플종을 명명했다. 이를 보면 아직도 우리에게 알려지지 않은 트러플의 종류가 얼마나 많은지 짐작할 수 있다.

미송과 줄고사리를 헤치며 걷는 동안, 르페브르는 인간이 이미 수백 년 전부터 어쩌다 우연히, 의도치 않게 트러플을 재배하고 있다고 설명했다. 트러플은 인간이 만들어놓은 환경에서 잘 번식한다. 유럽에서는 트러플이 자라는 조림지를 영농 목적으로 개간하거나 자연림이 형성되도록 방치하면서 트러플 생산량이 크게 감소했다. 트러플 생산에는 어느 쪽도 이롭지 않다. 르페브르는 트러플 재배가 부활하는 것이 매우 반갑다고 말했다. 트러플은 숲에서 나는 환금성 작물이 될 수도 있고, 민간 자본을 환경 복원에 끌어들일 수도 있기 때문이다. 트러플을 기르기 위해서는 나무를 먼저 길러야 한다. 흙 속에 생명이 가득 차 있다는 것도 알아야 한다. 생태계 전체를 조망하는 시각이 없이는 트러플을 재배할 수 없다.

단테는 킁킁거리며 갈지자로 전진했다. 르페브르는 성경에 등장하는 '만나' — 이스라엘 사람들이 사막을 건널 때 그들을 먹여 살린, 신이 보내주신 음식이라고 불렸다 — 가 실은 사막에서 자라는 트러플의 한 종류, 중동 지역의 건조한 사막에서 어느 순간 갑자기 폭발적으로 번식한 버섯일 것이라는 주장을 들려주었다. 또한 화이트 트러플 재배에 실패한 경험, 우리가 화이트 트러플과 숙주 나무의 관계에 대해 아는 것이 얼마나 없는지에 대해서도 이야기했다. 나는 트러플이 변화하는 환경에 대응하는 여러 방식, 그리고 그들이 생명을 유지하기 위해 동물, 식물[15]에 의존하며 함께 살아가는 방법을 어떻게 찾는지 생각해보았다.

숲으로 돌아가 트러플을 찾아다니면서, 다시 한번 이 놀라운 생명체의 한살이를 묘사할 수 있는 언어를 찾고 있는 나 자신을 발견했다. 향수 제조사와 와인 테이스터는 향의 차이를 구별하기 위해 은유를 즐겨 사용한다. 어떤 화학물질에 대해 '거품향', '끈끈한 망고', '자몽과 열 오른 망아지' 같은 표현을 쓴다. 시스-3-헥세놀Cis-3-hexenol은 거품과 비슷한 냄새가 난다. 옥세인Oxane은 끈끈한 망고 냄새가 난다. 가다마이드Gardamide는 자몽과 열 오른 망아지 냄새가 난다. 옥세인이 진짜 끈끈한 망고라는 뜻이 아니다. 그러나 옥세인이 든 시약병 뚜껑을 열면 그 냄새를 떠올리게 된다. 냄새에 대한 사람들의 표현에는 평가와 선입견이 개입되어 있다. 사람이 현상을 묘사할 때에는 그 현상의 왜곡과 변질이 따르기도 한다. 그러나 때로는 세상의 일면을 이야기하는 유일한 방법이기도 하다. 실제로 그것은 아니지만 그와 비슷한 것을 대입해 이야기하는 것이다. 다른 유기체에 대해 이야기할 때도 그렇지 않을까?[16]

계속 생각을 정리하다 보면, 선택의 여지가 별로 없다. 곰팡이에게는 뇌가 없을지 모르지만, 곰팡이에게 주어진 여러 선택지에는 결정이 따른다. 곰팡이를 둘러싼 변덕스러운 환경은 즉흥적인 대응을 요구한다. 곰팡이의 시도에도 오류가 있기 마련이다. 균사체 네트워크 안에서 균사의 귀소반응이든, 서로 다른 균사체 네트워크에 속한 균사끼리의 성적인 끌림이든, 균근 곰팡이의 균사와 식물 뿌리 사이의 생명력 넘치는 매력이

든, 독이 묻은 곰팡이에 대한 선충의 치명적인 끌림이든, 우리에게는 비록 곰팡이처럼 균사의 탐색과 해석을 이해할 방법이 없다고 해도, 곰팡이는 자신의 세계를 적극적으로 탐색하고 해석한다. 곰팡이도 화학적 언어를 이용함으로써, 선충이든 나무뿌리든 트러플 추적견이든 아니면 뉴욕의 식당 주인이든, 다른 유기체를 향해 자신의 의사를 분명히 표현하고 있다고 보는 것도 그다지 이상한 생각은 아닐 것이다. 트러플이 그렇듯이 때로는 이 분자들이 우리가 이해할 수 있는 화학적 언어로 번역될 수도 있다. 그 언어의 절대다수는 항상 우리 머리 위로 지나가거나 우리 발 아래로 지나가고 있을 것이다.

단테가 미친 듯이 땅을 파기 시작했다. "트러플을 찾은 모양이네요." 르페브르가 개의 몸짓을 관찰하며 말했다. "하지만 너무 깊어요." 단테가 저렇게 정신없이 땅을 파다가 코나 발을 다칠까 걱정되지 않느냐고 물어보았다. "발바닥을 늘상 다치죠. 그래서 신발을 신길까 생각 중이에요." 단테는 연신 킁킁거리며 땅을 팠지만, 결국 아무것도 건지지 못했다. "노력을 보상해줄 수 없으니 안 됐군요." 르페브르가 쪼그리고 앉아 단테를 어루만져주며 말했다. "하지만 이 녀석에게 트러플보다 더 값진 보상은 아직 찾지 못했어요. 트러플은 언제나 최고의 보상입니다. 단테에게 신은, 땅속에 존재합니다." 르페브르는 나를 올려다보며 싱긋 웃었다.

살아 있는 미로

**곰팡이가 길을
찾는 방법**

비단결같이 촉촉한 미로의 어둠 속에서
실이 없어도 나는 마냥 행복하다.

엘렌 식수 Hélène Cixous

좌우에 두 개의 문이 있다고 상상해보자. 당신은 두 개의 문을 동시에 통과할 수 없다. 사람이라면 상상도 할 수 없는 일이다. 그러나 곰팡이, 즉 균은 늘 그걸 해낸다. 갈라진 길과 마주치면 균사는 이쪽으로 갈까 저쪽으로 갈까 망설이지도 않고 어느 한쪽을 선택하지도 않는다. 둘로 갈라져서 각각의 길로 나간다. 균사의 말단 앞에 미시적인 크기의 미로를 놓고 지켜보면 알아서 출구를 찾아내는 걸 관찰할 수 있다. 방해물을 만나면 균사는 가지를 친다. 방해물을 둘러싸듯 우회하고 나면 균사의 정단頂端은 원래의 생장 방향을 회복한다. 앞서 이케아 미로에서 빠져나가는 최단경로를 찾아냈던 내 친구의 점균류처럼, 균사는 출구에 이르는 최단경로를 금방 찾아낸다. 균사의 정단이 커가는 대로 따라가다 보면 뭔가 특별한 것이 보인다. 정단 하나가 두 개가 되고, 두 개는 네 개가 되고, 다시 여덟 개로 갈라진다. 그러면서도 모두가 하나의 균사체 네트워크에 연결된 상태를 유지한다. 이런 생명체는 단수인가, 복수인가? 단언하기 매우 난감한 문제였지만, 결국은 '양쪽 모두'[1]라는 결론에 이를 수밖에 없었다.

균사 한 올이 작고 미세한 미로를 빠져나가는 모습도 신기하지만, 스케일을 좀 더 키워보자. 한 숟가락의 흙 속에서 서로 다른 미로를 동시에 헤쳐 나가는 수백만 올의 균사를 상상해보자. 스케일을 여기서 더 키워보자. 축구장 하나만 한 면적의 숲, 땅속에서 제각각 뻗어 나가는 수십억 올의 균사를 상상해보자.

균사체는 생태학적 연결 조직, 세상의 대부분을 연결해서 관계를 형성해주는 살아 있는 이음매다. 교실에서 학생들이 인체의 각 요소를 보여주는 해부학 차트를 보고 있다고 상상해보자. 차트 한 장에는 골격이 그려져 있고, 그다음 장에는 혈관이, 그다음 장에는 신경계, 그리고 그다음 장에는 근육이 그려져 있다. 생태계를 이와 비슷한 다이어그램으로 그려본다면, 그 여러 그림 중 한 장에는 생태계 전체에 퍼져 있는 곰팡이의 균사체가 그려져야 할 것이다. 수백 미터씩이나 쌓여 있는 해저의 황침전물 속에서도, 산호초에서도, 살아 있거나 죽은 식물과 동물의 몸에서도, 쓰레기 더미 속에서도, 카펫과 마룻장에서도, 도서관 서가에 꽂혀 있는 해묵은 책 속에서도, 집에서 날아다니는 먼지 알갱이에서도, 박물관에 걸린 거장의 회화 작품 속에서도 우리는 얽히고설킨 채 모든 방향으로 뻗어 나가고 있는 거미줄 같은 구조물을 볼 수 있다. 학자들의 계산에 따르면, 고작 티스푼 하나에 불과한 1그램의 흙 속에 들어 있는 균사를 올올이 떼어서 한 줄로 이으면 짧게는 수백 미터에서 길게는 10킬로미터까지 이을 수 있다고 한다. 실제로 균사체가 지구상의 지질학적 구조물이나 생태계, 생명체 속에 얼마나 퍼져 있는지를 가늠하기란 불가능하다. 너무나 촘촘히 짜여 있기 때문이다. 균사체는 동물인 우리의 상상력을 초월하는 생명의 방식이다.

지름길을 아는 곰팡이

카디프대학교의 미생물 생태학 교수 린 보디Lynne Boddy는 수십 년 동안 균사체의 방랑 내지는 약탈 습성을 연구해왔다. 보디의 연구는 균사체 네트워크가 해결할 수 있는 문제를 잘 보여주고 있다. 한 실험에서 보디는 목재를 분해하는 곰팡이인 목재부후균을 작은 나무 블록에서 자라게 했다. 그다음 그 블록을 접시에 올려놓았다. 균사체는 금방 나무 블록 바깥으로, 모든 방향으로 뻗어 나와 둥그런 원을 이루었다. 얼마 후 균사체 네트워크는 새로운 나무 블록을 만났다. 이 곰팡이의 아주 작은 한 부분만 새 나무 블록에 닿았는데, 균사체 네트워크 전체가 변화를 일으키기 시작했다. 모든 방향으로 뻗어 나가던 균사체가 새로 만난 나무 블록과 연결된 네트워크만 남겨두고 나머지 방향의 생장은 멈추었다. 새 블록과 연결된 부분은 두텁게 자라났다. 며칠 후, 균사체 네트워크는 처음과는 전혀 다른 모습이 되었다. 스스로 완전히 새롭게 리모델링을 한 것이다.

린 보디는 이에 약간 변형을 주어서 실험을 반복했다. 원래의 블록에서 자라나 새로운 블록을 만나기까지는 똑같은 과정이었다. 그러나 이번에는 균사체 네트워크가 스스로를 리모델링할 만큼의 시간을 주지 않고, 원래의 블록에서 뻗어 나온 균사를 모두 자른 다음 그 블록을 새로운 접시에 담아두었다. 그런데도 이 블록에서 자라나온 곰팡이는 처음에 새로 만났던 블록이 있는 방향으로 뻗어나갔다. 곰팡이가 기억 능력을 가졌다고 보기에는 근거가 희박하지만, 마치 균사체가 방향 기억을 갖고 있는

것처럼 보였다.[2]

보디는 매우 진지했다. 목재부후균의 행동은 점균류의 행동과 비슷한 점이 많았고, 그녀도 비슷한 방법으로 실험을 진행했다. 그러나 앞서 황색망사점균을 연구했던 일본의 연구진과 달리 도쿄 지하철 노선을 모델링하는 대신, 균사체가 영국의 도시들 사이에서 가장 효율적인 경로를 찾아내도록 설계했다. 보디는 영국의 국토와 비슷한 모양으로 흙을 다지고 곰팡이, 이 실험에서는 노란개암버섯*Hypholoma fasciculare*이 이식된 나무 블록으로 도시를 표시했다. 나무 블록의 크기는 그 블록이 나타내는 도시의 인구와 비례를 맞추었다. "각 '도시'에서 자라나온 곰팡이는 고속도로망을 만들었습니다. M5, M4, M1, M6가 보였습니다. 정말 흥미로웠어요." 보디가 말했다.

균사체 네트워크라고 하면 균사의 정단이 바글바글 모여 있는 모습을 떠올릴 수 있다. 마치 벌 떼나 개미 떼가 바글거리는 것처럼 말이다. 실제로는 체구가 아주 작은 개체들이 수없이 모여서 마치 거대한 개체가 움직이는 것처럼 떼를 이루어 움직이는 것도 이와 비슷하다. 찌르레기 떼나 정어리 떼를 생각하면 된다. 이러한 군집행동swarm은 집단행동의 패턴이다. 리더나 통제 센터가 없이도, 개미 떼는 먹이가 있는 곳까지 최단경로를 찾아낸다. 흰개미 떼는 커다란 언덕처럼 생긴 매우 복잡한 구조의 둥지를 만든다. 그러나 균사체는 개미 떼나 정어리 떼를 훌쩍 뛰어넘는다. 한 네트워크 안의 균사 정단은 모두 서로 연결되어 있기 때문이다. 흰개미 둥지는 여러 단위의 흰개미 집단에 의해 만들어진다. 군집 속의 개체를 하나씩 분리하듯 균사체 네트워크에서 균사를 한 올 한 올 분

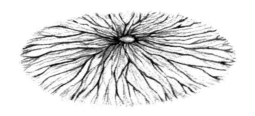

· 평면을 따라 퍼져나가는 균사체 ·

리해낼 수는 없지만, 균사체 네트워크와 동물 또는 곤충의 군집을 나란히 놓고 비유하자면 균사 정단은 군집 속의 개체와 가깝다고 할 수 있다. 균사체는 그 개념이 매우 모호하다. 네트워크의 관점에서 보면 균사체는 상호연관된 하나의 존재다. 하지만 균사 정단의 관점에서 보면 균사체는 복수의 개체다.[3]

"우리 인간이 균사체로부터 배울 게 많다고 생각합니다." 보디가 회상했다. "통행량이 어떻게 변하는지 알아보겠다고 실제로 도로를 막을 수는 없지만, 균사체 네트워크를 잘라볼 수는 있습니다." 연구자들은 점균류 같은 네트워크를 기반으로 하는 유기체와 곰팡이를 인간의 문제를 해결하는 데 이용하기 시작했다. 점균류를 이용해 도쿄 철도망을 모델링했던 연구진은 점균류의 행동을 도심의 교통 네트워크 설계에 반영하고 있다. 웨스트잉글랜드대학교 비정규전산연구소Unconventional Computing Laboratory 연구진은 건물에서 화재가 났을 때 가장 효율적인 대피로를 계산하기 위해 점균류를 사용했다. 어떤 이들은 곰팡이와 점균류가 미로를 헤쳐 나갈 때 쓰는 전략을 수학적 문제 해결이나 로봇 프로그램에 응용하고 있다.

미로찾기와 복잡한 경로찾기는 해결하기 쉽지 않은 문제다. 미로찾기가 문어에서부터 꿀벌, 심지어는 인간에 이르기까지 많은 생명체의 문제해결 능력을 측정하는 방법으로 쓰이는 것도 바로 그러한 이유 때문이다. 그럼에도 불구하고 균사체를 내는 곰팡이는 미로 거주자이며, 곰팡이가 공간적, 기하학적 문제를 해결하는 것을 보면 곰팡이가 어떤 유기체로 진화해왔는지를 알 수 있다. 곰팡이는 매 순간 자신의 몸을 최적의 상태로 분포시킬 방법을 찾는다. 네트워크의 밀도를 높이면 균사체로 영양분을 전달하는 능력은 높일 수 있지만, 넓은 면적에 골고루 확산되어 나가기는 어렵다. 성긴 네트워크는 넓은 면적을 탐색하기에는 좋지만, 상호연결점이 적어지므로 네트워크의 손상에 취약해진다. 곰팡이는 어떻게 이런 관계의 상충 문제trade-off를 해결하면서 혼잡한 균사의 정글을 뒤져 먹이를 찾아가는 걸까?

보디의 '나무블록' 실험은 전형적인 연속 사건을 보여준다. 균사체는 탐험 모드로 출발해 모든 방향으로 확산되어 나간다. 사막에서 물을 찾고자 할 때면 우리는 보통 한 방향을 정해서 찾아 나선다. 곰팡이는 동시에 모든 경로로 찾아 나서는 것이 가능하다. 그러다가 먹이를 발견하면 그와 연결된 네트워크 부분을 강화하고 소득이 없는 부분은 정리한다. 이런 현상을 자연선택으로 볼 수도 있다. 균사체는 연결점을 과잉생산한다. 그러다 보면 어딘가는 다른 부분에 비해 경쟁력이 더 높은 것이 드러난다. 그러면 그 부분은 두터워지고, 경쟁력이 떨어지는 부분은 차츰 약화되어 마치 도시의 간선도로처럼 몇 가닥의 균사만 남게 된다. 한쪽의 네트워크는 거두어들이고, 다른 쪽으로는 생장을 거듭함으로써 균사체 네트워크는 새로운 환경으로 이주한다. '사치스러운, 낭비가 심한'이라는 뜻을 지닌 라틴어 'extravagant'의 어원은 '바깥 또는 경계 너머에서 방황하다'라는 뜻이다. 끊임없이 외부를 향해, 경계를 넘어 방황하며, 대부분의 동물들과는 달리 미리 정해진 신체 구조가 없는 균사체에게 잘 어울리는 말이다. 균사체는 정형화된 신체 형태가 없다.

곰팡이가 서로 소통할 때

균사체 네트워크의 한 부분에서 일어나고 있는 일을 멀리 떨어진 다른 부분에서 어떻게 '알' 수 있는 걸까? 균사체는 넓게 퍼져나가지만, 그러면서 서로 연결되어 있어야 한다. 바로 자기 자신과.

스테판 올손Stefan Olsson은 균사체 네트워크가 어떻게 스스로를 조율하면서 통합된 전체로서 행동하는지를 이해하기 위해 수십 년 동안 연구해온 스웨덴의 균학자다. 그는 몇 년 전에 몇 종의 생물발광 곰팡이에 관심을 갖게 되었다. 이 곰팡이들은 스스로 빛을 내서 자신의 포자를 퍼뜨려줄 곤충을 유인한다. 19세기 잉글랜드에서 탄광 광부들은 갱목에 생물발광 곰팡이를 길렀다는 보고가 있다. 이 곰팡이가 내는 빛은 광부들이 자신의 손을 볼 수 있을 정도로 밝았다고 한다. 벤저민 프랭클린은 '여우불foxfire'이라고 알려진 발광곰팡이를 미국 최초의 잠수함(독립전쟁 중이던 1775년에 건조된 터틀Turtle호)에서 나침반과 심도계를 비추는 데 쓰자고 제안하기도 했다. 올손이 연구한 종은 부채버섯*Panellus stipticus*이다. 올손은 "유리 항아리 안에 이 버섯을 길렀는데, 그 빛으로 책을 읽을 수 있었습니다. 마치 책꽂이에 램프를 올려둔 것 같았지요. 제 아이들이 무척 좋아했습니다"[4]라고 말했다.

부채버섯 균사체의 행동을 관찰하기 위해, 올손은 실험실에서 배양접시에 균사체를 기른 뒤, 그중 접시 두 개를 일정한 조건을 유지하며 암막 상자 안에 넣어두었다. 상자 안에 아주 작은 생물발광 현상만 일어나도 변화를 감지해 수 초 마다 한 번씩 사진을 찍을 수 있는 민감한 카메라를 장착해 놓고 일주일을 기다렸다. 저속으로 촬영한 영상을 보면 서로 접촉이 없는 두 균사체가 각각의 접시에서 모양이 완전히 동그랗지는 않지만 대략 원형을 이루면서 바깥쪽을 향해 자라나는데, 가장자리보다는 중심부에서 더 밝은 빛을 낸다. 며칠이 지나자 — 영상으로는 약 2분 — 갑자기 변화가 일어난다. 한쪽 접시에 있는 균사체의 한쪽 끝에서 반대쪽 끝을 향해 빛의 파도가 일어난다. 하루가 지나자 두 번째 접시에서도 똑같은 빛의 파도가 일어난다. 균사체의 시간 척도로 보자면 극적인 변화였다. 균사체의 입장에서는 찰나적인 순간에, 각각의 네트워크가 완전히 다른 생리학적 상태로 변한 것이다.[5]

"이게 대체 뭘까요?" 올손이 물었다. 그는 곰팡이가 심심해서 장난을 쳤거나 아니면 우울해서 그런 걸지도 모른다고 장난스럽게 말했다. 배양 접시를 몇 주 동안 더 어둠 속에 두었지만, 다시는 빛의 파도를 볼 수 없었다. 몇 년 후에도 올손은 그 빛의 파도를 일으킨 원인에 대한 명쾌한 설명을 찾지 못했다. 그렇게 짧은 시간에 어떻게 균사체가 행동을 조율할 수 있었는지에 대해서도 시원한 답[6]을 얻지 못했다.

균사체의 조율 작용은 이해하기 쉽지 않다. 균사체는 통제센터가 없기 때문이다. 목을 치거나 심장을 적출하면 사람은 죽는다. 균사체 네트워크는 머리도 없고 심장도 없다. 곰팡이도 식물과 비슷하게 탈중앙적 유기체다. 곰팡이에게는 운영센터도 없고, 수도首都도 없고, 정부도 없다. 통제 기능은 분산되어 있다. 균사체의 조율은 동시에 모든 곳에서 일어나며 어느 특정한 한 곳에서만 일어나지 않는다. 균사체 조각 하나만으로도 네트워크 전체를 재생할 수 있다. 즉 하나의 개별 균사체는 — 감히 말하건대 — 거의 불멸이다.

올손은 자신이 관찰하고 기록한 생물발광의 파도에 흥미를 느꼈고, 이를 더 자세히 알아보기 위해 또 다른 실험을 설계했다. 그는 부채버섯 균사체의 한쪽 구석을 피펫 끝으로 찔러보았다. 피펫에 의해 상처를 입은 부분은 금방 빛을 발했다. 올손을 어리둥절하게 만든 사실은 10분 만에 그 빛이 9센티미터를 이동해 전체 네트워크를 가로질렀다는 점이었다. 그 정도면 화학 신호가 균사체의 한쪽 끝에서 다른 쪽 끝으로 이동하는 것보다 훨씬 빠른 속도다.

올손은 상처를 입은 균사가 네트워크 전체를 덮고 있는 가스구름 중으로 휘발성 화학 신호를 방출해서 그 공기를 타고 신호가 확산되었다면, 그 신호는 균사체 네트워크 안을 이동할 필요가 없었을지도 모른다는 생각을 하게 되었다. 그는 이 가설을 입증하기 위해 일란성 쌍둥이처럼 똑같은 균사체를 양옆으로 나란히 놓고 또 다른 실험을 해보았다. 두 균사체 네트워크 사이에 직접적인 접촉은 없었지만 공기를 통해 화학 신호가 떠다닐 수 있을 만큼은 가까운 거리를 유지했다. 그다음 올손은 한쪽 네트워크를 찔러보았다. 이전의 실험처럼 상처를 입은 네트워크를 가로질러 빛이 퍼져나갔지만, 그 신호는 이웃 균사체까지 확산되지는 않았다. 어떤 시스템인지는 모르지만 네트워크 자체 내부에서 작동되는 매우 빠른 커뮤니케이션 시스템이 있었던 것이다. 올손은 그 시스템의 정체가 무엇일까 점점 더 궁금해졌다.

곰팡이의 행동 방식

곰팡이는 균사체를 통해 먹이를 섭취한다. 유기체 중에는 식물이 광합성을 하는 것처럼 스스로 먹이를 만들어내는 것도 있다. 또 어떤 유기체들은 동물처럼 세상에서 먹이를 찾아내 자기 몸속으로 집어넣어 소화시키고 흡수한다. 곰팡이는 좀 다른 전략을 쓴다. 곰팡이는 자신이 위치해 있는 세상을 소화시켜서 자기 몸 안으로 흡수한다. 곰팡이 균사는 길이가 길고 잘 갈라지며, 고작 세포 하나 두께만큼 굵을 뿐이다. 균사 한 올의 직경은 2~20나노미터로 사람 머리카락 평균 굵기의 5분의 1에 불과하다. 균사가 접촉할 수 있는 대상이 많을수록 곰팡이는 더 많은 먹이를 소비한다. 동물과 곰팡이의 차이는 단순하다. 동물은 먹이를 자기 몸속에 집어넣지만, 곰팡이는 자기 몸을 먹이 속으로 들어가게 한다.[7]

그러나 세상은 예측불가능하다. 동물은 대부분 움직임으로써 불확실성에 대응한다. 다른 곳에서 먹이 찾기가 더 수월하면 동물은 그곳으로 이동한다. 그러나 먹이 공급이 불규칙적이고 예측할 수 없는 환경에 스스로 묻혀 있는 신세인 균사체 같은 유기체는 변신shape-shift 하는 수밖에 없다. 균사체는 살아서 생장하며, 기회주의적인 탐색전을 펼치고 체형의 변화에 운을 건다. 이러한 성향은 발달론적인 '비결정론 indeterminism'이라고 알려져 있다. 완전히 똑같은 두 개의 균사체 네트워크는 세상에 존재하지 않는다. 균사체는 어떤 모양인가? 이는 '물은 어떤 모양인가?'라고 묻는 것과 똑같다. 균사체가 어쩌다 어디서 자라게 되었는지를 알아야만 이 질문에 답할 수 있다. 이 질문을, 모든 개체가 개별적인 신체 구조를 가지고 있으며 비슷한 발달 과정을 거치는 인간 세계에 비유해보자. 특별한 문제가 없는 한 두 개의 팔을 갖고 태어난 사람은 죽을 때까지 두 개의 팔을 갖고 살아간다.

균사체는 스스로 주변 환경에 스며들지만, 생장 패턴이 무한대로 변화무쌍한 것은 아니다. 곰팡이의 종이 다르면 균사체 네트워크도 다르다. 어떤 종은 균사가 아주 가늘고, 어떤 종은 그보다 굵다. 어떤 종은 먹이를 까다롭게 고르지만, 또 어떤 종은 가리지 않고 취한다. 어떤 종은 제 먹이의 크기보다 크게 자라지 않아서, 집 안에 떠도는 먼지 알갱이 하나에 붙어 산다. 하지만 또 어떤 종은 수 킬로미터에 이를 정도로 길고 넓은 네트워크를 만들며 장수를 누린다. 열대 기후에 사는 종은 먹이를 찾아다니지 않는다. 대신 먹이를 걸러먹는 동물처럼 행동하면서 굵은 균사로 균사체 그물을 만들어 떨어지는 낙엽을 받아 먹이로 삼는다.

어디서 자라든 곰팡이는 먹이의 공급원 안으로 들어갈 수 있어야만 한다. 그래서 때로는 압력을 이용한다. 질병을 일으키는 곰팡이가 식물을

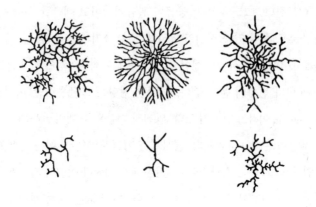

· 균사체의 여러 형태. 〈Symbolae Botanicae Upsaliensis 6〉(Fries N. 1943)에서 다시 그림. ·

감염시킬 때처럼 균사체가 특별히 두껍거나 딱딱한 벽 또는 장애물을 통과해야 할 경우, 50~80기압에 이르는 압력을 낼 수 있는 특수한 균사를 뻗어내 마일러*나 케블라** 같은 단단하고 질긴 플라스틱도 뚫는다. 한 연구에서는, 만약 균사가 사람 손바닥만큼 넓다면 8톤짜리 스쿨버스도 들어 올릴 수 있다는 계산을 결과를 내놓았다.[8]

---

* 미국 듀퐁사에서 개발한 다용도 플라스틱 필름. 강도와 내열성이 뛰어나며 전기 절연재로 널리 쓰인다.

** 듀퐁사에서 개발한 고탄성률의 고강력 섬유. 강철보다 강하며 내열성이 특히 좋아 용융되는 일이 없이 498℃에서 분해된다. 주로 방탄복, 타이어코드 등 특수 용도에 쓰인다.

생명은 실체가 아닌 과정이다

대부분의 다세포 생명체는 세포를 차곡차곡 쌓아올리는 방식으로 성장한다. 세포는 분열을 반복해서 수를 늘린다. 간肝은 간세포 위에 간세포를 쌓아 올려서 만들어진다. 근육도, 당근도 그렇게 성장한다. 하지만 균사는 다르다. 균사는 길어지는 방식으로 성장한다. 조건만 적합하다면 균사는 무한대로 길어질 수 있다.

곰팡이든 아니든, 분자 수준에서 보면 모든 세포 활동은 빠른 움직임 때문에 선명하게 판별되지 않는다. 이런 기준을 감안하더라도 균사 정단들의 움직임은 농구 코트에서 농구공 1만 개를 한꺼번에 드리블하는 것과 비슷하게 어지럽다. 어떤 곰팡이종의 균사는 성장 속도가 너무 빨라서, 지켜보고 있으면 자라는 것이 육안으로 보일 정도다. 균사 정단은 앞으로 전진할 때 새로운 물질을 내보내서 접촉하고 있는 표면에 스스로를 고정시키면서 나가야 한다. 세포 조성 물질로 채워진 작은 주머니가 균사 내부에서 정단으로 밀려나와 표면과 융합하는데, 그 속도가 초당 600회에 이른다.[9]

1995년 벨기에 출신의 행위예술가 프란시스 알리스Francis Alÿs는 바닥에 구멍을 낸 페인트 통을 들고 수일간 상파울루 시내를 걸어 다녔다. 그가 걸어 다닌 길마다 페인트 통에서 흐른 푸른색 페인트가 긴 흔적을 남겼다. 푸른색 페인트가 만든 선은 그의 여정이 담긴 지도, 시간의 초상화였다. 알리스의 퍼포먼스는 균사의 생장을 묘사한다. 균사의 생장은 정단에서 일어난다. 페인트 통을 들고 걷던 알리스의 길을 누군가 막아서면 선은 더 이상 이어지지(자라나지) 않는다. 우리의 삶도 이렇게 생각할 수 있다. 정단은 시간이 지나면서 미래에 각인되는 현재의 순간, 즉 우리가 지금 경험하는 찰나다. 우리 삶의 역사는 균사의 나머지 부분, 지금까지 구불구불 흘리고 온 페인트의 푸른 선이다. 균사체 네트워크는 곰팡이의 최근 역사가 그려진 지도이며, 모든 생명 형태는 사실 실체thing가 아니라 과정process이라는 것을 되새기게 해준다. 5년 전의 '나'는 지금의 '나'와는 다른 것으로 채워져 있었다. 자연은 결코 멈추지 않는 사건이다. 유전학genetics이라는 말을 만들어냈던 영국의 동물학자이자 유전학자인 윌리엄 베이트슨William Bateson은, "우리는 보통 동물과 식물을 물질로 생각하지만, 사실은 물질이 끊임없이 지나가는 시스템이다"라고 주장했다. 우리가 어떤 유기체를 볼 때, 그것이 곰팡이든 소나무든 우리는 그 유기체의 계속적인 발달 과정의 한 순간을 보는 것뿐이다.[10]

균사체는 대개 균사 정단에서 자라지만 항상, 반드시 그런 것은 아니다. 균사가 버섯을 만들기 위해 함께 뭉칠 때는 수분으로 급속하게 몸을 부풀리는데, 그러기 위해서는 주변으로부터 물을 흡수해야 한다. 비가 온 후에 버섯이 나타나는 것이 바로 그 때문이다. 버섯은 성장을 위해 폭발적인 힘을 내기도 한다. 말뚝버섯stinkhorn mushroom은 아스팔트 도로를 뚫고 올라오는데, 그때의 힘은 130킬로그램짜리 물체를 들어 올리는 힘과 맞먹는다. 1860년대에 출판된 한 곰팡이 설명서에서, 모디케이 쿡Mordecai Cooke은 "몇 년 전 [영국의] 베이싱스토크Basingstoke라는 마을에서 도로 포장 공사가 있었다. 몇 달이 지나자 새로 포장된 도로가 울퉁불퉁해져서 원인을 알지 못한 주민들이 어리둥절했다. 그런데 얼마 후 그 이유가 밝혀졌다. 무거운 돌 몇 개가 그 밑에서 자라던 굉장히 큰 독버섯 때문에 원래 위치에서 완전히 들어 올려졌기 때문이었다. 들어 올려진 돌 중 하나는 크기가 55×53센티미터, 무게는 38킬로그램이나 나갔다.[11]

균사의 생장에 대해 30분만 골똘히 생각하고 있다 보면 내 마음도 길게 늘어나기 시작한다.

여인들의 다성음악과 닮은 균사

1980년대 중반, 미국 음악학자 루이스 사노Louis Sarno는 중앙아프리카공화국 숲속에 사는 부족인 아카Aka족 사람들의 음악을 녹음했다. 그때 녹음된 음악 중 한 곡의 제목이 '버섯 따는 여인들'이다. 버섯을 따러 돌아다닐 때, 아카족 여인들은 땅속 균사체 네트워크의 형태를 따라 발걸음을 옮기면서 숲속 동물들이 내는 소리 한가운데서 노래를 부른다. 여인마다 다른 멜로디로 노래를 부르고, 목소리마다 다른 가사를 읊조린다. 다른 멜로디를 방해하지 않으면서 여러 멜로디가 섞여 흐른다. 여러 목소리가 다른 목소리를 에워싸고 흐르면서 서로 엮인다.[12]

'버섯 따는 여인들'은 다성음악의 한 예다. 다성음악은 여러 파트가 함께 노래하거나 한 가지 이상의 이야기를 동시에 들려준다. 일반적인 중창이나 합창의 하모니와는 달리, '버섯 따는 여인들'의 음성은 절대로 하나의 중심으로 결합되지 않는다. 어떤 목소리도 개별적인 아이덴티티를 포기하지 않으며, 노래 전체를 독차지하지도 않는다. 센터도 없고, 솔로

이스트도 없고 리더도 없다. 만약 녹음된 음악을 열 사람에게 들려주고 따라 불러보라고 한다면 제각각 다른 노래를 부를 것이다.

균사체는 신체 형태로 구현된 다성음악이다. 여성들 각각의 목소리가 균사 정단이고, 스스로 소리의 풍경을 탐색한다. 저마다 자유롭게 방랑할 수 있지만, 그들의 방랑은 다른 목소리의 방랑과 분리되어 있지 않다. 그들의 음악에는 메인 멜로디가 없다. 선도음도 없다. 중심계획도 없다. 그럼에도 불구하고 형태가 나타난다.

'버섯 따는 여인들'을 들을 때마다, 마치 숲속에서 노래를 부르는 어느한 여성에게 다가가 그 옆에 서 있는 것처럼 나의 귀는 한 사람의 목소리를 선택해서 듣는다. 동시에 하나 이상의 선율을 따라가기는 힘들다. 앞에서 말하는 사람의 얼굴을 보려고 시선을 돌리지 않은 채 동시에 여러 사람의 대화를 알아들으려고 애쓰는 것과 같다. 이를 모두 알아듣기 위해서는 의식의 흐름이 머릿속에서 섞여야 한다. 주의력의 강도를 낮추고여러 갈래로 분산시켜야 한다. 시도할 때마다 실패하지만, 덜 예민하게 귀를 열어놓고 듣다 보면 때로는 다른 현상이 일어난다. 많은 노래들이어느 한 목소리로도 불리지 않는 하나의 노래로 융합된다. 음악을 낱낱이 분리하는 식으로는 제대로 듣기 어려운 특이한 노래다.

균사체는 균사 — 의식이 흐름이 아니라 구체화 具體化 의 흐름 — 가서로 뒤섞일 때 나타난다. 그러나 균사체의 생장을 전공한 균학자 앨런 라이너 Alan Rayner 는 "균사체는 무정형의 코튼 울이 아닙니다"라고 말했다. 균사는 함께 모이면 정교한 구조를 만들 수 있다.

버섯은 열매다. 씨앗이 심어진 자리에서 자라나 포도를 생산하는 포

· 버섯은 균사체와 마찬가지로 균사로 이루어져 있다. ·

도나무를 상상해보자. 그리고 그 지표면 아래 땅속에서 서로 꼬이고 갈라지며 그 포도나무를 지탱하는 뿌리의 덩굴을 상상해보자. 포도나무의 열매인 포도와 포도나무 뿌리의 덩굴은 서로 다른 세포로 이루어져 있다. 하지만 버섯을 잘라보면 버섯과 균사체, 즉 균사 전체의 세포는 같은 유형이라는 것을 알 수 있다.

균사는 버섯 말고 다른 구조로도 자라난다. 많은 종의 곰팡이가 속 빈 케이블과 같은 구조의 코드cord 또는 '뿌리형균사다발rhizomorph'을 형성한다. 이 뿌리형균사다발을 이루는 균사들은 가느다란 필라멘트에서부터 수 밀리미터 두께의 굵은 가닥에 이르기까지 다양하다. 각각의 균사는 여러 올의 섬유가 꼬인 실이 아니라 튜브 — 액체가 흐르는 균사 내부의 공간은 일단 접어두자 — 이며, 뿌리형균사다발은 여러 개의 작은 튜브로 이루어진 커다란 파이프라고 생각해보자. 이러한 뿌리형균사다발은 하나의 균사가 각각 이동시킬 수 있는 것보다 수천 배 빠른 속도의 유동성 — 한 연구에서는 시속 1.5미터에 가깝다고 보고했다 — 을 가능하게 하며, 균사체 네트워크가 영양분과 수분을 먼 거리까지 이동시킬 수 있게 한다. 올손은 축구장 두 개 정도 면적의 넓은 지역에 걸쳐서 열매를 맺은 거대한 뽕나무버섯의 네트워크가 뻗어 있던 스웨덴의 한 숲에 대해 이야기해주었다. 그곳을 흐르는 냇물이 있었는데, 그 냇물을 건널 수 있도록 작은 인도교도 놓여 있었다. "처음에는 다리에서 더 자세히 들여다보기 시작했죠. 그러다가 뿌리형균사다발이 다리 아래로 구불구불 이어져 내려간 것을 봤습니다. 사람뿐만 아니라 곰팡이도 다리를 이용해서 냇물을 건넌 거예요." 곰팡이가 어떻게 이런 구조로 스스로의 성장을 조율할 수 있는지는 지금도 미스터리다.[13]

뿌리형균사다발은 균사체 네트워크가 수송 네트워크임을 보여주는 좋은 모범이다. 앞서 살펴본 보디의 균사체 도로지도 역시 또 하나의 훌륭한 사례다. 버섯의 생장도 마찬가지다. 아스팔트를 뚫고 올라오기 위해, 버섯은 수분으로 제 몸을 팽창시켜야 한다. 흡수한 수분은 아주 빠른 속도로 네트워크의 한 점에서 다른 점으로 이동시켜서 섬세하게 조율된 리듬에 따라 생장하고 있는 버섯에게 흘려보내야 한다.

짧은 거리라면 미세소관microtubule 네트워크 위의 균사 네트워크를 통해 물질을 수송한다. 미세소관은 높은 곳을 공사할 때 임시로 설치하는 비계飛階와 에스컬레이터를 섞어놓은 것처럼 행동하는 역동적인 단백질 필라멘트다. 그러나 미세소관 '모터'를 이용한 수송에는 에너지가 많이 소모되기 때문에, 먼 거리를 수송할 때는 세포액의 강에 균사 내용물을 실어 보낸다. 두 방법 모두 균사체 네트워크를 빠르게 가로질러 물질을 수송할 수 있다. 이런 식으로 물질을 효율적으로 수송하면 균사체 네트워크의 각 부분은 서로 다른 활동에 매진할 수 있다. 영국의 한 전원주택인 해든 홀Haddon Hall을 수리할 때, 오래도록 사용하지 않은 돌화덕에서 건조부패 곰팡이 세르풀라Serpula의 자실체, 즉 버짐버섯이 발견되었다. 이 곰팡이의 균사체 연결 조직은 석조물을 8미터나 휘감으며 뻗어서 자실체가 발견된 곳과는 다른 방의 썩어가는 바닥까지 닿아 있었다. 그 바닥이 이 곰팡이의 먹이 공급원이었고, 돌화덕은 열매(자실체)를 맺은 자리였다.[14]

균사체 내부에서 이동하는 물질의 경로를 관찰하는 가장 좋은 방법은 그 균사체 네트워크 주변을 왕복하는 물질을 살펴보는 것이다. 2013년 캘리포니아대학교 로스앤젤레스UCLA의 연구진이 균사 내부에서 이동하는 세포구조를 볼 수 있도록 균사를 처리했다. 이 연구진이 촬영한 동영상을 보면 세포핵이 무리를 이루어 파동을 치듯이 움직이는 모습을 볼 수 있다. 어떤 균사 안에서는 다른 균사 안에서보다 빠르게 움직이고, 또 다른 균사에서는 다른 방향으로 움직인다. 때로는 교통체증이 일어나는 균사의 병목지점에서 세포핵의 이동경로가 바뀐다. 세포핵의 흐름이 서로 병합되기도 한다. 세포핵의 리드미컬한 파동—'세포핵 혜성'—이 한 방향으로 쇄도하거나, 접합점에서 갈라지거나 곁가지로 새기도 한다. 한 연구자가 빗대어 말했듯이, 그야말로 '세포핵의 무정부상태'의 한 장면을 보여준다.[15]

만지지 않고도 장애물의 존재를 아는 곰팡이

유동성의 해석은 균사체 네트워크 안에서 물질이 어떻게 순환하는지 설명하는 데는 도움이 되지만, 곰팡이가 왜 한쪽 방향으로만 자라기도 하는지에 대해서는 설명하지 못한다. 균사는 자극에 민감하고 어느 순간에나 가능성의 세계와 마주하고 있다. 일정한 속도로 직선을 이루며 뻗어나가는 대신, 균사는 전망이 밝은 쪽을 향해 뻗어나가고 그렇지 않은 쪽으로는 나가지 않는다. 어떻게 그렇게 할 수 있을까?

노벨상을 수상한 생리의학자 막스 델브뤼크Max Delbrück는 1950년 대에 감각 행동에 관심을 갖기 시작했다. 델브뤼크는 연구 표본으로 머리카락곰팡이Phycomyces blakesleeanus를 선택했다. 그는 머리카락곰팡이가 가진 놀라운 지각능력에 큰 흥미를 느꼈다. 이 곰팡이의 자실 구조 — 본질적으로는 수직으로 일어선 거대한 균사 — 는 빛과 어둠에 적응하는 인간의 눈과 비슷한 광감수성을 가지고 있다. 그래서 밤하늘의 별빛처럼 희미한 빛도 감지하며, 밝은 대낮의 환한 햇빛에 노출되면 격렬한 반응을 보인다. 식물 속에서 자라는 이 곰팡이의 반응을 자극하려면 100배 정도 밝은 빛에 노출시켜야 한다.[16]

델브뤼크는 은퇴할 무렵에도 여전히 머리카락곰팡이가 하등 다세포 유기체 중에서는 '가장 영리한' 유기체라고 믿는다고 썼다. 매우 특이한 촉각 감수성 — 머리카락곰팡이는 초당 1센티미터, 시속 0.036킬로미터의 속도로 자란다 — 외에도 가까운 곳에 있는 물체의 존재를 감지할 수 있어서, '회피 반응avoidance response'이라고 알려진 현상을 보인다. 수십 년 동안 많은 과학자들이 달려들어 연구를 했음에도 불구하고, 회피 반응은 아직도 풀리지 않는 수수께끼로 남아있다. 머리카락곰팡이 자실체는 직접 접촉하지 않아도 수 밀리미터 안에 있는 다른 물체를 피해서 자란다. 그 물체가 투명하든 불투명하든, 부드럽든 거칠든 상관없이 머리카락곰팡이는 약 2분 정도 후면 우회하기 시작한다. 정전기장, 습도, 기계적 원인, 온도 등은 모두 동일한 조건에서의 실험 결과였다. 일부 과학자들은 머리카락곰팡이가 장애물 주변의 미세한 공기 흐름과 함께 굴절되는 휘발성 화학적 신호물질을 이용한다는 가설을 내세웠지만, 증명되지는 않았다.[17]

　머리카락곰팡이는 곰팡이 중에서도 통상적인 범위를 벗어날 정도로 민감한 종이지만, 대부분의 곰팡이가 빛(방향, 강도 또는 색깔), 온도, 습도, 영양분, 독성물질, 전기장을 감지하고 반응할 수 있다. 식물처럼 곰팡이도 청색광과 적색광에 민감한 수용체를 이용해 빛의 스펙트럼에서 색을 '볼' 수 있다. 식물과는 달리, 곰팡이는 동물 안구의 간상체와 추상체에 있는 시각색소인 옵신opsin도 가지고 있다. 균사는 평면의 질감도 감지할 수 있다. 한 연구에 따르면 콩녹병균bean rust fungus의 어린 균사는 CD의 레이저 트랙 사이에 패인 홈보다 세 배나 얕은 0.5마이크로미터 깊이의 홈을 감지할 수 있다. 균사들이 모여 자실체를 만들기 시작하면 중력을 매우 민감하게 감지할 수 있게 된다. 또한 우리가 보았듯이, 곰팡이는 자기 자신은 물론 다른 유기체들과 수없이 많은 화학적 소통의 채널을 유지한다. 융합하거나 번식할 때면 균사는 '타자'로부터 '자아'를 구분하며 '타자'의 종류도 구분한다.[18]

곰팡이는 감각 정보의 홍수 속에서 살아간다. 그리고 정단으로 세상을 탐색하는 균사는 엄청난 양의 데이터 스트림을 통합하고 스스로의 성장을 위해 적정한 궤적을 결정한다. 대부분의 다른 동물이 그렇듯이, 인간 역시 뇌를 이용해 감각 데이터를 통합하고 최적의 행동 경로를 결정한다. 그러므로 우리는 데이터의 통합이 일어날 만한 특정 장소를 찾는 경향이 있다. 인간에게는 수많은 데이터를 통합하는 특정한 '장소'가 있다. 그래서 식물과 곰팡이에게서도 '어디'에서 데이터의 통합이 이루어지는지 찾으려다가 벽에 부딪힌다. 균사체 네트워크나 식물은 여러 다른 부분이 모여 만들어진다. 하지만 균사체나 식물만 그런 것은 아니며, 세상의 다른 많은 생명체 역시 그렇게 이루어져 있다. 그렇다면 감각 데이터의 흐름은 균사체 네트워크 안에서 어떻게 한데 모이는 걸까? 뇌도 없는 유기체가 어떻게 지각과 행동을 연결시키는 걸까?

식물 과학자들은 이미 100년 전부터 이 질문과 씨름해왔다. 1880년 찰스 다윈과 아들 프랜시스는 《식물의 운동력The Power of Movement in Plants》이라는 책을 출판했다. 이 책의 마지막 부분에서 이 두 부자는 뿌리 생장점이 생장의 궤적을 결정하므로, 식물의 각 부분에서 출발한 신호가 통합되는 곳은 뿌리 생장점이어야 한다고 주장했다. 다윈 부자는 식물 뿌리의 생장점이 "하등 동물의 뇌처럼 행동하여 (…) 감각기관으로부터의 신호를 수신하고 몇 가지 움직임을 지시한다."라고 썼다. 다윈 부자의 추측은 '뿌리-뇌' 가설로 알려져 왔는데, 아무리 관대하게 받아들인다 해도 논쟁의 여지가 있다. 이들의 관찰이 잘못되었기 때문이 아니다. 땅 위에서 생장점이 새싹의 움직임을 결정하는 것과 마찬가지로, 뿌리 생장점이 뿌리의 운동 방향을 결정하는 것은 분명하다. 식물 과학자들의 의견이 갈리는 부분은 '뇌'라는 용어 사용의 문제다. 어떤 과학자들은 '뇌'라는 용어의 도입이 식물의 한살이에 대한 이해를 더 풍부하게 해준다고 말한다. 그러나 또 다른 과학자들은 식물이 뇌와 비슷한 것을 가졌다는 주장 자체가 터무니없다고 말한다.

어떤 의미에서 보자면 '뇌'라는 용어가 논점을 흐릴 수도 있다. 다윈의 요점은 이렇다. 생장점이 뿌리와 새싹의 방향을 결정하므로, 결국 생장점이란 정보가 모여서 식물의 지각과 행동을 연결함으로써 생장의 적정 경로를 결정하는 장소여야 한다는 것이다. 이와 같은 논리가 곰팡이 균사에도 적용될 수 있다. 균사 정단은 균사체가 생장하고 방향을 바꾸며, 갈라지고 다시 합해지기도 하는 부분이다. 균사 정단이야말로 균사체가 할 일의 대부분을 하는 곳이다. 그리고 엄청나게 숫자가 많다. 어떤 균사체 네트워크에 수백에서 수십억 개에 달하는 균사 정단이 있다면, 엄청나게 큰 평행 처리 시설에서 모든 정보가 통합되고 처리되는 것과 마찬가지다.

전기 신호를 이용하는 곰팡이

다윈의 주장처럼 어쩌면 균사 정단은 생장의 속도와 방향을 정하기 위해 데이터 스트림이 모이는 곳일 수도 있다. 그렇지만 네트워크의 한 부분에 있는 정단이 어떻게 네트워크의 다른 부분, 멀리 떨어진 정단이 무엇을 하려고 하는지 '알' 수 있을까? 우리는 올손의 수수께끼로 후퇴했다. 생물발광 유기체인 부채버섯의 배양조직은 화학 신호에 의해서 발생했다고 믿기에는 너무 빠른 시간 안에 행동을 조율해냈다. 일부 곰팡이종의 균사체는 자라서 '요정의 고리fairy rings'가 된다. 요정의 고리는 종종 직경 수백 미터까지 자라고, 나이는 수백 살에 이른다. 그러면서 동시에 꽃망울을 터뜨리듯 버섯으로 이루어진 둥근 원을 만든다. 린 보디의 먹이를 찾아가는 균사체 실험에서는 균사체의 일부만이 먹이를 만났지만, 그 직후 균사체 전체가 매우 빠른 속도로 변화했다. 균사체 네트워크는 어떻게 스스로 소통을 하는 걸까? 정보가 어떻게 그렇게 빠른 속도로 균사체 네트워크를 가로지르며 이동하는 걸까?

여기에는 몇 가지 가능성이 있다. 어떤 연구자들은 균사체 네트워크가 압력이나 흐름의 변화를 이용해 단계적인 신호를 발신하는 건지도 모른다고 말한다. 균사체는 자동차의 브레이크 시스템처럼 연속적인 수압 네트워크이기 때문에, 이론상 한 부분에서 갑작스러운 압력 변화가 일어나면 다른 부분에서도 빠른 속도로 그 변화를 감지할 수 있다. 일부 과학자들은 대사 활동 — 균사의 각 구획 안에서 일어나는 화합물의 축적과 방출과 같은 — 이 네트워크 전체에서 동시에 규칙적인 파동으로 일어날

수 있다는 것을 관찰했다. 올손은 남아 있는 몇 가지 가능성 중의 하나인 전기로 눈을 돌렸다.[19]

오래전부터 동물은 자기 몸의 각 부분 사이에서 전기 임펄스electrical impulse, 또는 '활동전위action potential'를 이용해 신호를 주고받는다고 알려져 있다. 신경과학neuroscience은 뉴런 — 전기적으로 들뜨게 만들 수 있는 길쭉하게 생긴 신경 세포로, 동물의 행동을 조율한다 — 을 연구하는 분야다. 전기신호는 주로 동물의 세계에서만 쓰이는 것으로 여겨지지만, 동물만 활동전위를 만들어내는 것은 아니다. 식물과 조류藻類도 활동전위를 만들어내며, 1970년대부터는 곰팡이 중 일부도 그렇다는 사실이 밝혀졌다. 박테리아도 전기적으로 들뜨게 만들 수 있다. '케이블 박테리아cable bacteria'는 나노와이어라고 알려진 기다란 전도성 필라멘트를 형성한다. 박테리아 군체가 전기적 활동의 파도와 비슷한 활동전위를 이용해 움직임을 조율할 수 있다는 사실은 2015년에 밝혀졌다. 그렇지만 소수의 균학자들은 활동전위가 곰팡이의 한살이에서도 중요한 역할을 할지 모른다고 생각한다.[20]

1990년대 중반, 스웨덴 룬드대학교에 있는 올손의 학과에서 한 연구 집단이 곤충 신경생물학에 대해 연구했다. 실험에서 그들은 모기의 뇌에 가느다란 유리로 된 마이크로 전극을 삽입해 뉴런의 활동을 측정했다. 올손은 그들을 찾아가 자신의 연구에 그 실험장치를 이용할 수 있을지 물어보았다. 모기의 뇌 대신 균사체로 실험을 해보면 어떻게 될까? 신경과학자들은 올손의 의문에 호기심을 느꼈다. 이론상 균사도 전기 임펄스에 잘 적응해야 했다. 균사는 절연 단백질로 싸여 있고, 따라서 균사의 길이를 따라 전기파가 손실없이 이동할 수 있었다. 동물의 신경 세포도 비슷한 절연막으로 싸여 있다. 게다가 균사체 안의 세포는 서로 연결되어 있으므로, 네트워크의 한 부분에서 시작된 임펄스는 반대쪽 부분까지 막힘없이 가 닿을 수 있다.

올손은 곰팡이의 종류를 조심스럽게 골랐다. 곰팡이에게 정말 전기적인 소통 시스템이 존재한다면, 장거리 통신이 필요한 종일수록 그 신호를 감지하기가 수월할 것이라고 추측했다. 안전을 기하기 위해 그는 꿀곰팡이, 뽕나무버섯을 선택했다. 뽕나무버섯은 수 천 년 동안 살아 있으면서 수 킬로미터까지 뻗어 나가는 기록적인 균사체 네트워크를 형성하는 종이다.

뽕나무버섯 균사 가닥에 마이크로 전극을 삽입한 올손은 초당 4회 정도의 규칙적인 전위차 — 동물의 감각 뉴런이 발신하는 전기파와 매우 비슷한 속도 — 를 감지할 수 있었다. 이 전기파는 최소한 초당 0.5밀리미터의 속도로 전파되었는데, 이는 균사에서 측정된 유체 이동 속도보다 10배 정도 빠른 속도였다. 이 실험은 그의 관심을 사로잡았지만, 이 실험만으로 활동전위차가 균사체 네트워크에서 관찰되는 속도 빠른 신호 시스템의 기반을 형성한다고 주장할 수는 없었다. 곰팡이의 정보 통신에서 전기적 활동이 중요한 역할을 하려면 먼저 곰팡이가 자극에 예민해야 한다. 올손은 곰팡이가 먹이로 삼는 나무 도막을 이용해 그 나무 도막에 대한 반응을 측정해보기로 했다.[21]

올손은 실험장치를 설치하고 전극으로부터 몇 센티미터 떨어진 곳에 나무 도막을 놓았다. 그러자 매우 특이하고 놀라운 현상이 관찰되었다.

균사체가 나무 도막에 닿자마자 전기파 발생 속도가 두 배로 뛰었던 것이다. 나무 도막을 치우자 그 속도는 다시 평상시로 돌아갔다. 곰팡이가 나무 도막의 무게에 반응한 것이 아님을 확실히 하기 위해, 올손은 무게와 크기는 똑같지만 곰팡이의 먹이는 될 수 없는 플라스틱 도막으로도 같은 실험을 해보았다. 이번에는 곰팡이에서 아무런 반응도 나오지 않았다.

올손은 식물의 뿌리에서 자라는 균근 곰팡이, 느타리버섯, 버짐버섯(해든 홀의 화덕에서 자실체가 발견된 건조부패 곰팡이) 등 여러 종류의 곰팡이로 실험을 반복해보았다. 실험에 쓰인 모든 곰팡이가 활동전위와 비슷한 임펄스를 발생시켰고 서로 다른 여러 자극에 반응했다. 올손은 여러 종류의 곰팡이가 자기 네트워크의 여러 부분들 사이에 메시지, 즉 '먹이 공급원'이나 부상, 네트워크 내부 어느 한 부분의 상태에 대한 정보나 주변의 다른 개체들의 존재 여부에 대한 정보를 보내는 데 전기신호가 현실적인 방법이라는 가설을 세웠다.[22]

곰팡이로 컴퓨터를 만들 수 있을까

올손과 함께 연구했던 신경생물학자들 중 많은 사람들이 균사체 네트워크가 뇌처럼 행동할지도 모른다는 아이디어에 흥분했다. "곤충을 연구하는 사람들의 첫 반응은 모두 그랬습니다." 올손이 말했다. "그 사람들은 숲속에 퍼져 있는 이 거대한 균사체 네트워크가 주변으로 전기 신호를 보낸다고 생각했어요. 어쩌면 아주 거대한 뇌가 넓은 자리를 차지하며 숲에 누워 있을지도 모른다고 상상했지요." 표면적인 유사성도 무시할 수 없었다. 올손의 발견은 균사체가 전기적으로 들뜨게 만들 수 있는 세포로 복잡하고 환상적인 네트워크를 형성하고 있을지도 모른다는 가능성을 제시했다.

"저는 균사체 네트워크가 뇌라고 생각하지는 않아요." 올손이 내게 설명했다. "뇌 개념에서는 후퇴해야 했습니다. 뇌라고 말하는 순간 사람들은 인간의 뇌처럼 말하고 생각하고, 종합하거나 분석해서 처리하고 결정을 내리는 그런 뇌를 생각하거든요." 올손의 조심스러운 태도에는 그럴 만한 이유가 있었다. 뇌라는 단어는 그동안 동물의 세계에서 굳어진 개념에 짓눌려 있었다. 올손이 설명을 계속했다. "우리가 '뇌'라고 말하면 그때 연상되는 개념은 모두 동물의 뇌와 관련이 있는 겁니다." 게다가 뇌의 행동은 뇌가 만들어지는 방식에서 비롯된다. 동물의 뇌 구조는 균사체 네트워크와는 사뭇 다르다. 동물의 뇌에서는 시냅스synapse라는 연결점에서 뉴런과 뉴런이 연결된다. 시냅스에서 한 신호가 다른 신호와 결합되는 것이다. 신경전달물질은 시냅스를 거쳐 지나가서 서로 다른 여러 뉴런들이 각각 다른 방식으로 행동할 수 있게 해준다. 어떤 뉴런은 다른 뉴런을 들뜨게 하고, 또 어떤 뉴런은 다른 뉴런을 억제한다. 균사체 네트워크에서는 이런 모습을 볼 수 없다.

그러나 만약 곰팡이가 네트워크에서 신호를 전송하기 위해 전기적 활성의 파동을 이용한다면, 균사체를 최소한 뇌와 '비슷한' 현상이라고 볼 수 있지 않을까? 올손은 '뇌와 비슷한 회로, 결정 게이트, 오실레이터'를 만들기 위해 균사체 네트워크에서 전기 임펄스를 제어하는 다른 방법도 있을 수 있다고 보았다. 어떤 곰팡이의 경우, 균사가 세공pore에 의해 구획으로 나뉘어 있고 아주 민감하게 제어된다. 세공이 열리거나 닫히면서 한 구획에서 다른 구획으로 전달되는 신호 ─ 화학적 신호든 압력이든 전기적 신호든 ─ 의 강도가 변한다. 균사 구획 내부의 전하에 갑작스러운 변화가 생겨서 세공이 열리거나 닫히면, 폭발적인 임펄스에 의해서 그 후에 이어지는 신호가 균사를 따라 흐르는 방식에 변화를 가져오고 초보적인 순환 학습의 고리를 형성한다. 게다가 균사는 갈라지기도 한다. 두 개의 임펄스가 한 점에서 수렴되면, 그 두 임펄스는 서로 다른 가지에서 온 신호를 통합하면서 세공의 전도성에 영향을 준다. "그런 시스템이 결정 게이트를 만들 수 있다는 사실을 이해하기 위해 컴퓨터가 어떻게 작동하는지까지 알 필요는 없습니다. 만약 우리가 이런 시스템을 유연하고 적응성 있는 네트워크로 결합시킨다면 학습과 기억이 가능한 '뇌'에 대한 가능성도 열려 있는 것이죠." 올손이 말했다. 그는 뇌라는 말에 인용부호를 붙여 그 말이 지니는 은유를 강조함으로써 안전거리를 확보했다.[23]

비표준전산연구소 소장인 앤드류 아다마츠키Andrew Adamatzky도 곰팡이가 빠른 커뮤니케이션의 기반으로 전기적 신호를 이용할 수 있다는 주장이 터무니없다고 생각하지는 않는다. 2018년, 그는 여러 블록의 균사체에서 솟아난 느타리버섯 군체에 전극을 심어서 자연발생적인 전기 활성의 파동을 감지했다. 버섯 군체 내부의 서로 다른 개체들이 날카로운 전기적 반응을 보였다. 그 직후 아다마츠키는 〈곰팡이 컴퓨터를 향하여Towards fungal computer〉라는 제목으로 논문을 냈다. 이 논문에서 그는 균사체 네트워크가 전기 활성의 스파이크로 암호화된 정보를 '계산 compute'하는 것이 아닐까 하는 추측을 내놓았다. 아다마츠키는 균사체 네트워크가 주어진 자극에 어떻게 반응하는지 안다면 균사체 네트워크를 생체 회로판처럼 다룰 수 있다고 주장했다. 불꽃이나 화학물질로 균사체를 자극함으로써 곰팡이 컴퓨터에 정보를 입력하는 것이다.

곰팡이 컴퓨터라는 말이 비현실적으로 들릴지 모르지만 바이오 컴퓨팅은 매우 빠른 속도로 성장하고 있는 분야다. 아다마츠키는 점균류를 센서와 컴퓨터로 이용하는 방법을 개발하려고 이미 수년 전부터 노력해 왔다. 그의 바이오 컴퓨터 프로토타입은 기하학적 문제를 푸는 데 점균을 이용한다. 점균 네트워크에 의해 주어진 '논리 함수'를 바꾸려면 그 네트워크를 변형 ― 예를 들어 연결점을 자른다든가 ― 시키면 된다. 아다마츠키의 '곰팡이 컴퓨터' 아이디어는 점균 컴퓨팅을 또 다른 형태의 네트워크 기반 유기체에 적용한 것일 뿐이다.[24]

아다마츠키가 관찰했듯이, 몇몇 종의 균사체 네트워크는 컴퓨팅에 점균보다 적합하다. 균사체는 점균보다 수명이 길고 단시간에 형태가 바뀌지도 않는다. 또한 훨씬 크고 접합점도 훨씬 많다. 올손은 '결정 게이트'*, 아다마츠키는 '기초 프로세서'라고 말하는 것이 바로 이 접합점이며, 서로 다른 가지에서 송신된 신호가 상호작용하고 결합되는 곳이 바로 여기다. 아다마츠키는 15헥타르에 걸쳐 뻗어 나간 꿀 곰팡이, 즉 뽕나무버섯

---

* '게이트'란 논리 연산을 실행할 수 있는 회로를 말하며, '결정 게이트'는 두 개 이상의 입력에서 하나의 출력이 있을 때, 그 출력값이 참true 인지 거짓false 인지를 표시하는 논리 게이트 logic gate를 말한다.

의 네트워크에 어림잡아 3조 개의 이러한 처리 단위processing unit가 있을 것이라고 추측한다.

아다마츠키에게 있어서 곰팡이 컴퓨터의 핵심은 실리콘 칩을 대체하는 것이 아니다. 그러기에는 곰팡이의 반응이 너무 느리다. 그는 생태계 안에서 자라는 균사체를 '대규모 환경 센서'로 이용할 수 있다고 생각한다. 곰팡이 네트워크는 대량의 데이터 스트림을 모니터링하는 것이 일상의 일부라고 그는 추론한다. 만약 우리가 균사체 네트워크에 접속해서 그들이 정보를 처리하는 데 이용하는 신호를 해석할 수 있다면 생태계에서 일어나는 일들을 더 잘 이해할 수 있을 것이다. 곰팡이는 자신들이 민감하게 반응하는 토양 상태의 변화, 물의 청정도, 오염 또는 환경의 다른 여러 측면의 변화를 전해줄 수 있다.

물론 아직은 갈 길이 멀다. 생체 네트워크를 기반으로 하는 유기체 컴퓨팅은 이제 겨우 걸음마 단계이며, 답을 찾아야 할 질문들이 아직도 많다. 올손과 아다마츠키는 균사체가 전기적으로 예민할 수도 있다는 사실을 밝혀냈지만, 전기 임펄스가 자극과 반응을 이어준다는 점을 증명하지는 못했다. 마치 우리가 발가락을 핀에 찔리면 우리 몸을 타고 흐르는 신경의 충격파는 감지하지만 고통에 대한 반응을 측정할 수는 없는 것과 마찬가지다.

생체 네트워크 기반의 유기체 컴퓨팅은 미래를 위한 도전이다. 올손의 균사체 연구부터 아다마츠키의 느타리버섯 연구까지 23년 사이에 곰팡이의 전기 신호에 대한 연구는 없었다. 올손은 만약 꼬리를 무는 의문을 계속 파고들 자원이 충분했다면, 이미 전기 활성의 변화에 대한 생리학적 반응을 분명하게 규명하고 전기 임펄스의 패턴을 풀어냈을 것이라고 말했다. 그의 꿈은 '곰팡이와 컴퓨터를 연결해서 그 장치로 커뮤니케이션을 하는 것', 그리고 전기 신호를 이용해 곰팡이의 행동을 변화시키는 것이다. "우리 가정이 옳다면, 아무리 괴상하고 상상을 초월하는 듯한 실험이라고 해도 해볼 만하지 않나요?"[25]

곰팡이에게도 지능이 있을까

이 연구는 엄청난 질문의 폭풍을 몰고 왔다. 곰팡이 또는 점균류 같은 네트워크 기반의 생명체가 인지 작용을 할 수 있을까? 곰팡이나 점균류의 행동을 지능의 증거라고 생각할 수 있을까? 다른 유기체의 지능이 인간의 지능과 같지 않다면 실제로는 어떤 모습일까? 설사 그런 지능이 있다 해도 우리가 그것을 지능이라고 알아차릴 수 있을까?

생물학자들 사이에서도 의견은 나뉜다. 전통적으로 지능과 인지 작용은 인간을 기준으로 정의되어왔으며, 따라서 최소한 두뇌, 그리고 대개는 정신mind까지 필요한 것으로 여겨졌다. 인지과학은 인간에 대한 연구로부터 발생했기에 자연히 인간의 정신을 그 중심에 놓았다. 정신이 없다면 언어나 논리, 이성, 거울에 비친 자신을 이해하는 것 같은 인지 과정의 고전적인 사례는 불가능해 보인다. 그러나 지능과 인지 작용을 어떻게 정의하느냐는 취향의 문제다. 여러 측면에서 뇌 중심적 사고는 지나치게 편협하다. 철학자 대니얼 데닛Daniel Dennett은 인간과 비인간을

'진정한 정신'과 '진정한 이해력'을 기준으로 삼아 칼로 무 자르듯 깔끔하게 선을 그어 구분할 수 있다는 생각은 '고대의 신화'일 뿐이라고 잘라 말했다. 뇌는 무無에서 출발해 지금처럼 된 것이 아니었다. 뇌가 가지고 있는 여러 특징들은 까마득한 옛날, 뇌라고 인정할 수 있는 기관이 발생하기 아주 오래전부터 존재했던 과정이 축적된 것이다.[26]

지능을 뜻하는 라틴어 'intelligence'는 '~ 중에서 선택하다'라는 의미에서 기원했다. 뇌가 없는 여러 종류의 유기체들 — 식물, 곰팡이, 점균류 등 — 은 유연한 방식으로 환경에 반응하고 문제를 해결하며 가능한 여러 가지 행동의 대안 중에서 선택을 한다. 복잡한 정보 처리는 뇌의 내부 작용에만 국한되지 않는 것이 분명하다. 어떤 이들은 뇌가 없는 유기체들의 문제 해결 행동을 두고 '군집 지능swarm intelligence'이라고 말하기도 한다. 또 다른 이들은 이러한 네트워크 기반 생명체들은 '최소의' 또는 '기본적인' 인지 작용으로부터 진화한 것으로 볼 수 있다고 주장하면서 우리의 질문은 어떤 유기체가 인지능력을 갖고 있느냐가 아니라고 말한다. 우리가 해야 할 질문은 유기체가 '어느 정도 인지할 수 있는가'여야 한다는 것이다. 필요한 것은 역동적이고 감응적인 네트워크뿐이다.[27]

뇌는 오래전부터 역동적인 네트워크라고 여겨져 왔다. 노벨상을 수상한 신경생물학자 찰스 셰링턴Charles Sherrington은 1940년에 인간의 뇌를 '수백만 개의 북이 빛의 속도로 오가며 스스로 녹아버리는 패턴의 천을 짜는 마법의 베틀'이라고 묘사했다. 오늘날, 서로 연결된 수백만 개의 뉴런이 어떻게 뇌의 활동을 만들어내는지를 이해하려는 학문 분야에 '네트워크 신경과학'이라는 이름이 주어졌다. 흰개미 한 마리의 행동만으로는 거대한 집을 지을 수 없듯이, 단 하나의 신경 회로만으로는 뇌의 지능 행동을 일으킬 수 없다. 흰개미 한 마리가 거대한 흰개미 집의 구조를 모두 '알' 수 없듯이, 어떤 신경 회로도 혼자서는 뇌에서 일어나는 일을 다 '알' 수 없다. 그러나 다수의 뉴런이 연결되면 놀라운 현상을 일으킬 수 있는 네트워크를 만들 수 있다. 이런 관점에서 정신과 삶의 미묘한 질감을 느끼거나 의식적인 경험을 하는 등의 복잡한 행동은 스스로를 유연하게 리모델링하는 뉴런의 복잡한 네트워크로부터 기원하는 것이다.[28]

뇌는 그러한 네트워크 중의 하나, 정보를 처리하는 방식 중의 한 가지일 뿐이다. 동물의 세계에도 뇌 없이 정보를 처리하는 유기체들이 있다. 터프츠대학의 연구진은 편형동물 실험으로 그러한 놀라운 예를 보여주었다. 편형동물은 신체 재생 능력 때문에 많이 연구되어 온 유기체다. 편형동물의 머리를 잘라내면 곧 뇌를 포함해 모든 기관을 갖춘 새로운 머리가 자라난다. 편형동물을 훈련시킬 수도 있다. 연구자들은 편형동물에게 주변 환경의 특징을 기억하게 한 뒤 그 머리를 잘라버릴 경우, 새로 돋아난 머리도 그 기억을 갖고 있을지 궁금했다. 놀랍게도 답은 '그렇다'였다. 편형동물의 기억은 뇌 바깥의 몸 어딘가에 저장되는 것으로 보였다. 이 실험은 뇌 의존적인 동물이라 할지라도 복잡한 행동의 토대가 되는 유연한 네트워크는 반드시 좁은 머리 안에만 갇혀 있어야 하는 건 아님을 보여준다. 또 다른 사례도 있다. 문어가 갖고 있는 신경의 대부분은 뇌에서 발견되지 않고 몸 전체에 흩어져 있다. 촉수(다리)에서 많은 수가 발견되는데, 덕분에 문어는 뇌와 상관없이 주변을 탐색하거나 먹잇감을

맛볼 수 있다. 본체로부터 절단되어도 촉수는 혼자서 움직이며 다른 물체를 움켜잡을 수 있다.[29]

　많은 유형의 유기체들이 생존 과정에서 부딪치는 문제를 해결하기 위해 유연한 네트워크를 진화시켜왔다. 균사체를 가진 유기체들은 그런 행적을 보인 첫 번째 유기체라고 생각된다. 2017년 스웨덴 왕립자연사박물관 소속 연구원들은 고대의 용암분출물 속에 보존되어 화석화된 균사체를 논문으로 소개했다. 이 화석은 가지를 친 필라멘트가 '서로 접촉하거나 엉켜 있는' 모습을 보여준다. 이 화석의 '엉킨 네트워크'는 균사, 세공과 유사한 구조의 크기, 그리고 오늘날의 곰팡이에서 볼 수 있는 균사체와 흡사하게 닮은 생장 패턴까지 보여준다. 이 화석의 기원이 곰팡이가 생명의 나무로부터 갈라져 나오기도 전인 24억 년 전까지 거슬러 올라간다는 점에서 이 발견은 매우 특별하다고 할 수 있다. 이 유기체의 정체를 확실히 밝히기는 불가능하지만, 이것이 진짜 곰팡이든 아니든 균사체의 습성을 갖고 있는 것만은 분명하다. 이 화석은 균사체가 복잡한 다세포 생명체로 가는 최초의 흔적, 치밀하게 얽혀 있는 네트워크의 원조이며 최초의 생체 네트워크임을 알려주었다. 지구상에 생명이 생긴 이후 40억 년의 역사 중 절반을 지나오는 동안 지구는 수없이 많은 재앙과 대변혁을 겪었다. 그럼에도 불구하고 균사체는 거의 변함없이 애초의 모습과 습성을 고수하고 있다.[30]

열매를 따러 오는 사람이 없는 들판

옥수수 유전학 연구로 노벨상을 수상한 바버라 매클린톡Barbara McClintock은 식물을 '우리의 가장 터무니없는 상상마저도 뛰어넘는' 비상한 생명체라고 이야기했다. 식물도 인간이 할 수 있는 것들을 할 수 있을 만큼 뛰어나기 때문이 아니라, 한 장소에 뿌리를 내리고 붙박혀 사는 생명체이다 보니, 동물이라면 그저 피해버리면 되었을 여러 난관을 헤쳐나가기 위해 수없이 많은 '정교한 메커니즘'을 진화시켜 왔기 때문이다. 곰팡이도 마찬가지다. 균사체가 바로 그러한 정교한 해법의 하나이며 생명체가 마주치는 가장 기초적인 난관에 대한 영리한 대응이기도 하다. 균사체를 가진 곰팡이는 인간과 같은 방식으로 도전에 응전하는 것이 아니라, 스스로 끊임없이 리모델링하는 유연한 네트워크를 가지고 있다. 보다 엄밀히 말하자면 이들은 그러한 네트워크를 가지고 있는 것이 아니라, 끊임없이 스스로를 리모델링하는 유연한 네트워크 그 자체다.

매클린톡은 '어떤 유기체가 우리에게 말하고자 하는 것을 들을' 인내심을 기르기 위해서는 '그 유기체에 대한 감정이입'이 얼마나 중요한지를 강조했다. 하지만 만약 그 유기체가 곰팡이라면, 우리는 정말 곰팡이를 이해할 수 있을까? 균사체의 한살이는 우리의 삶과는 너무나 다르며, 균사체가 할 수 있는 것들은 너무나도 기이하다. 그러나 어쩌면 균사체는 언뜻 보기와는 달리, 우리에게서 그다지 동떨어진 생명체가 아닐지도 모른다. 여러 전통 문화에서는 생명이란 서로 얽혀 있는 커다란 전체라고 간주한다. 오늘날 모든 물질이 서로 연결되어 있다는 사상은 하도 자주 언급되거나 인용되어서 진부할 정도가 되었다. '생명의 거미줄web of life' 이라는 사상은 현대 과학에서 자연의 개념, 교통의 흐름에서부터 정부, 그리고 생태계에 이르기까지 모든 시스템이 상호작용하는 역동적인 네트워크라고 보는 20세기 '시스템 이론' 학파를 떠받치는 기둥이다. 가령 '인공지능' 분야는 인공적인 신경 네트워크를 이용해 문제를 해결하고, 인간 생활 대부분이 인터넷의 디지털 네트워크와 연결되어 있으며, 네트워크 신경과학은 우리 스스로를 역동적인 네트워크로 이해하도록 유도한다. 운동으로 다져진 근육이 때로는 건강한 신체의 상징으로 과도하게 포장되었듯이, '네트워크'는 가장 중요한 개념으로 과대포장되었다. 네트워크라는 개념을 갖다 붙여서 어색한 주제는 이제 찾기 어렵다.

그럼에도 불구하고 우리는 여전히 균사체를 이해하기 위해 분투하고 있다. 나는 보디에게 균사체의 한살이 중에서 가장 밝혀지지 않은 부분이 어딘지를 물었다. "아, 그거 좋은 질문이네요." 그녀는 잠시 멈칫거렸다. "그런데 잘 모르겠어요. 밝혀지지 않은 게 너무 많아서 말이죠. 균사체를 가진 곰팡이는 어떻게 네트워크로 작용할까요? 어떻게 주변 환경을 지각할까요? 어떻게 자기 네트워크의 다른 부분으로 메시지를 보낼까요? 그 신호들은 어떻게 모이고 처리되는 걸까요? 이렇게 기초적인 것부터 거의 모든 부분이 누구도 시원하게 답할 수 없는 거대한 의문으로 남아 있습니다. 그렇지만 이 질문에 대한 답을 얻어야만 곰팡이가 하는 일들을 이해할 수 있는 거죠. 이제 인간은 이걸 연구하는 데 필요한 기술은 갖고 있어요. 하지만 기초적인 균생물학에 관심을 갖고 있는 사람이 있나요? 거의 없죠. 그게 가장 걱정스러운 부분입니다. 우리는 지금까지 발견한 것들조차 종합적으로 이해하지 못하고 있어요." 보디가 웃으면서 말했다. "들판에 열매가 주렁주렁 열려 있어요! 그런데 그 열매를 따러 오는 사람이 없는 거예요!"

1845년 알렉산더 폰 훔볼트Alexander von Humboldt는 "자연에 대한 더 내밀한 지식을 향해 한 발씩 내디딜 때마다 우리는 새로운 미로의 입구에 서는 것이다"라고 말했다. '버섯 따는 여인들' 같은 다성음악은 목소리의 얽힘으로부터 탄생한다. 균사체는 균사의 얽힘으로부터 탄생한다. 균사체에 대한 세밀한 이해는 아직 불가능하다. 우리는 가장 오래된 생명체가 만들어놓은 미로의 여러 입구 중 하나의 앞에 서 있다.

| 피드몬트 화이트 트러플*Tuber magnatum*.

| 라고토 로마뇰로종 트러플 추적견 키카.

| 1890년경 그려진 삽화. "트러플을 찾도록 훈련된 돼지들이 귀중한 버섯을 찾고 있다"라는 설명이 붙어 있다. 이 돼지들은 거세한 수돼지들로, 땅속의 트러플을 찾아 먹어치우지 못하도록 입마개가 채워져 있다.

SAMANTHA VUIGNIER via GETTY IMAGES

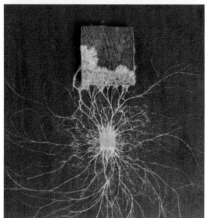
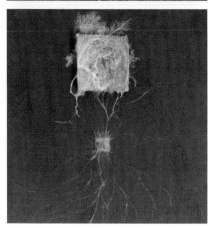

| 목재부후균 비로드유색고약버섯 파네로카에테 벨루티나*Phanerochaete velutina*의 먹이 탐색 행동. 이 세 장의 사진은 한 가지의 곰팡이가 자라는 과정을 48일 동안 관찰한 기록이다. 균사체는 탐색하듯이 모든 방향으로 뻗어 나가다가, 먹이를 발견하면 먹이와 연결된 네트워크를 강화하고 먹이와 싱관없는 방향의 네트워크는 차단한다.

YU FUKASAWA 제공.

| 통나무를 분해하고 있는 목재부후균의 균사체.

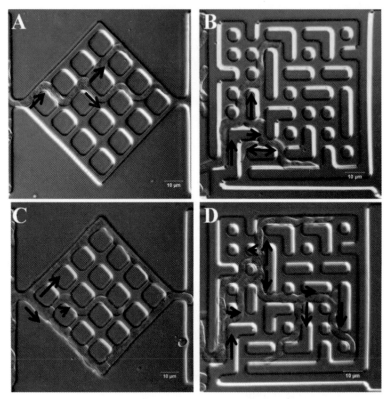

| 현미경으로나 볼 수 있는 미로 문제를 해결하고 있는 붉은빵곰팡이*Neurospora crassa*. 검은색 화살표는 미로 입구와 분기점에서 곰팡이가 자라나는 방향을 가리킨다.

Held, et al.(2010)에서 복제한 이미지.

| 생물발광 유령버섯*Omphalotus idiformis*.
ALISON POULIOT 제공.

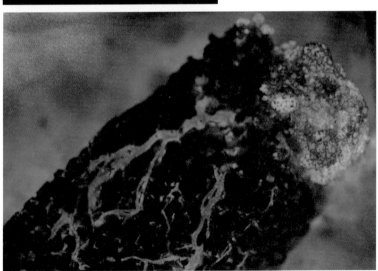

| 나무도막에서 자라고 있는 생물발광 부채버섯의 균사체. 미국 독립전쟁 중에 건조된 최초의 잠수함 터틀호에서 심도계를 비추는 데 쓰였다. 19세기 영국의 광부들은 갱목에 생물발광 곰팡이를 길렀다는 보고가 있다.

PATRICK HICKEY 제공.

| 에른스트 헤켈의 지의류. 《자연의 예술 형태Kunstformen der Natur》(1940).

| 베아트릭스 포터가 그린 클라도니아*Cladonia*속 지의류.

| 좀비 곰팡이 오피오코르디셉스 일로이디*Ophiocordyceps lloydii*에 감염된 목수개미. 두 개의 곰팡이 자실체가 개마의 몸을 뚫고 올라왔다. 브라질 아마존에서 수집된 샘플.

JOÃO ARAÚJO 제공.

| 오피오코르디셉스 캠포노티니둘란티스*Ophiocordyceps camponoti-nidulantis*에 감염된 목수개미. 개미를 뒤덮고 있는 하얀 솜털 같은 것이 곰팡이다. 개미의 머리 위로 곰팡이의 자실체가 뚫고 나왔다. 브라질 아마존에서 수집된 샘플.

JOÃO ARAÚJO 제공.

| 오피오코르디셉스 캠포노티니둘란티스에 감염된 목수개미. 곰팡이의 자실체가 개미의 머리 위로 튀어나와 있다. 브라질 아마존에서 수집된 샘플.

JOÃO ARAÚJO 제공.

| 오피오코르디셉스 우닐라테랄리스*Ophiocordyceps unilateralis*에 감염된 목수개미. 하얀색 가시 같은 것들은 곤충의 몸에서 사는 오피오코르디셉스 곰팡이에 기생하는 또 다른 곰팡이다. 일본에서 수집된 샘플.

JOÃO ARAÚJO 제공.

| 개미의 근육 섬유를 둘러싸고 자라는 오피오코르디셉스. (Scale Bar=2마이크로미터)

COLLEEN MANGOLD 제공.

| 1970년대에 촬영된 과테말라의 버섯 모양 석상들. 약 200개 정도의 석상이 지금까지 남아 있는 것으로 추정된다. 이 석상들은 적어도 기원전 2000년까지 의식에서 실로시빈 버섯을 소비했음을 알려준다.

GRANT KALIVODA, CHARLOTTE SCHAARF 제공.

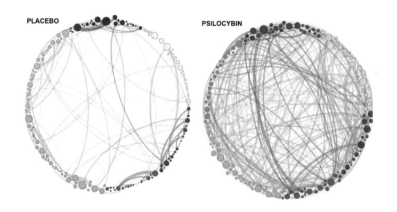

| 평상시 두뇌 활동 네트워크의 상호연결(왼쪽)과 실로시빈을 주사한 후(오른쪽). 각 그림에서 서로 다른 네트워크들은 작은 점으로 그려져 있다. 실로시빈을 주사한 후, 새로운 신경 경로가 폭발적으로 증가한다. 실로시빈이 사람의 징신에 영향을 끼치는 힘은 바로 이런 뇌신경의 흐름의 상태와 관련이 있어 보인다.

Petr, et al.(2014)에서 복제한 이미지.

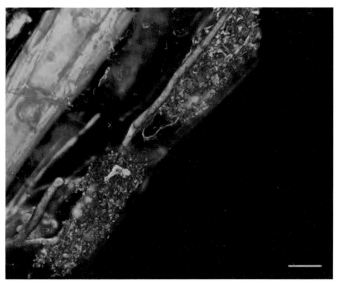

| 식물의 뿌리에서 살고 있는 균근 곰팡이. 곰팡이는 빨간색, 식물은 파란색으로 보인다. 식물 세포 안에서 가늘게 가지를 친 구조를 작은 나무라는 뜻을 가진 '아르부스쿨레스arbuscules'라고 부르는데, 식물과 곰팡이 사이의 교환이 일어나는 장소다. (Scale bar=20마이크로미터)

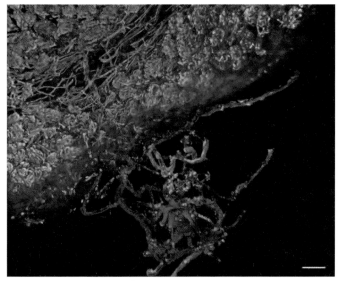

| 자라면서 식물의 뿌리 안으로 점점 들어가고 있는 균근 곰팡이. 곰팡이는 빨간색, 식물 뿌리의 가장자리는 파란색으로 보인다. 뿌리 안에 곰팡이가 조밀하게 자리 잡고 있다. (Scale bar=50마이크로미터)

| 파나마 우림에서 자라고 있는 균타가영양체 보이리아 테넬라*Voyria tenella*. 균타가영양체 — 우드와이 드웹의 해커 — 는 광합성 능력을 잃어버리고 땅속 균근 곰팡이의 네트워크로부터 필요한 영양분을 공급받는다.

| 뉴욕 애디론댁 공원에서 자라는 균타가영양체 모노트로파 우니플로라*Monotropa uniflora*. 또는 '유령 파이프'.

존 뮤어가 "활활 타오르는 불기둥 같다"고 말했던 균타가영양체 스노우 플랜트*Sarcodes sanguinea*. 캘리포니아주 엘도라도 내셔널 포레스트에서 촬영.

TIMOTHY BOOMER 제공.

균타가영양체 알로트로파 비르가타 *Allotropa virgata*. 캘리포니아주 솔트 포인트 주립공원에서 촬영.

TIMOTHY BOOMER 제공.

| 친밀함 속의 친밀함. 균타가영양체 보이리아 테넬라의 뿌리에는 균근 곰팡이가 가득 들어차 있다. 사진 A에서 곰팡이는 뿌리의 가장자리를 둘러싼 밝은 색의 고리로 보인다. 사진 B에서 곰팡이는 빨간색으로 보이고 식물의 물질은 보이지 않는다. (Scale bar=1밀리미터)

Sheldrake, et al.(2017)에서 복제한 이미지.

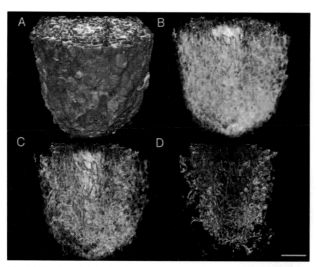

| 균타가영양체 보이리아 테넬라의 뿌리 내부에서 사는 균근 곰팡이. 곰팡이가 빨간색, 식물의 뿌리는 회색으로 보인다. A에서 D까지, 투명도를 점점 높인 식물뿌리 조직의 단면도를 보여준다. (Scale Bar=100마이크로미터)

Sheldrake, et al. (2017)에서 복제한 이미지

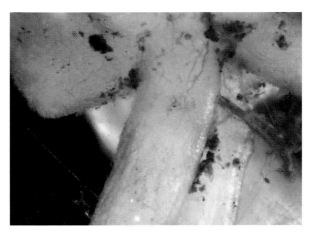

│ 균타가영양체 보이리아 테넬라는 흙에서 수분과 미네랄을 흡수하는 임무에 적응하지 못하고 대신 곰
  팡이의 '농장'으로 진화했다. 뿌리를 따라 자란 균근 곰팡이의 균사를 주목하자. 흙 알갱이가 끈적끈
  적한 균사체의 거미줄에 걸려 있다. 식물의 뿌리와 그 주변을 연결해주는 곰팡이의 연결체가 드러난
  보기 드문 장면이다.

│ 균타가영양체 보이리아 테넬라의 뿌리에 있는
  균근 곰팡이 균사체.

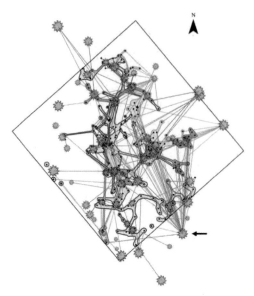

│ 케빈 베일러가 그린 공유 곰팡이 네트워크 지도. 초록색은 더글러스 삼나무, 직선은 나무 뿌리와 균근 곰팡이의 연결을 나타낸다. 검은 점은 베일러가 샘플을 수집한 지점. 유전적으로 동일한 곰팡이가 네트 워크끼리는 같은 색깔로 외곽선을 둘렀다. 라이조포곤 베시쿨로수스*Rhizopogon vesiculosus*의 네트워 크는 푸른색, 라이조포론 비니콜라*Rhizopogon vinicolor*의 네트워크는 분홍색으로 칠했다. 검은색 경계 선 안은 30×30미터의 면적이고, 화살표는 가장 연결이 많은 나무를 가리킨다. 이 나무는 다른 나무 47그루와 연결되어 있다.

Beiler, et al.(2009)에서 복제한 이미지.

│ 맥코이의 플레우로투스 실험. 오직 담배꽁초만을 먹이로 자란 느타 리버섯. 유리병 내부에 담배 필터 바깥 부분이 보인다.

PETER McCOY 제공.

낯선 자의
친밀함

함께 뒤엉켜
진화한 미생물

———

문제는 우리가 '우리'라고 말할 때
그 '우리'가 누구인지를 알지 못한다는 것이었다.

에이드리엔 리치 ADRIENNE RICH

2016년 6월 18일, 소유즈 우주선의 귀환 모듈이 카자흐스탄의 황량한 스텝 지대에 착륙했다. 국제우주정거장ISS에서 귀환한 세 우주비행사가 까맣게 그을린 캡슐 속에서 빠져나왔다. 우주에서 지구로 귀환한 것은 그들만이 아니었다. 그들의 좌석 밑에는 수백 종의 살아 있는 유기체를 담은 상자 하나가 들어 있었다.

그 샘플 중에는 생물학과 화성 실험Biology and Mars Experiment, BIOMEX의 일환으로 우주에 보내졌다가 1년 반 만에 돌아온 지의류地衣類 몇 종이 포함되어 있었다. BIOMEX는 우주생물학자들이 구성한 국제 컨소시엄으로, 국제우주정거장 외벽에 선외 실험 플랫폼 — EXPOSE 장치라고 알려진 — 을 설치해 외계 환경에서 생물 표본을 배양하는 실험을 추진했다. "그 아이들이 무사히 돌아오기를 기도합시다." 소유즈 우주선의 귀환이 있기 며칠 전, BIOMEX 지의류 팀 과학자인 나투슈카 리Natuschka Lee가 말했다. 나는 리가 말하는 '그 아이'가 누구인지 잘 알지 못했다. 그러나 리는 얼마 후 모든 것이 잘 되었다는 연락을 받았다. 베를린에 있는 독일 우주센터German Aerospace Center의 수석 연구원으로부터 이메일을 한 통 받은 것이었다. 이메일 제목에는 이렇게 쓰여 있었다. "EXPOSE 트레이 지구 귀환." 리가 미소를 지으며 말했다. "곧 우리가 보냈던 샘플을 받아볼 수 있을 거예요." [1]

극단적인 내성을 가진 유기체가 궤도에 보내졌다. 박테리아 포자, 공생하지 않고 자유생활하는 조류, 바위에 붙어 사는 곰팡이, '물곰'이라고 불리는 완보류 미세동물 등이 포함되어 있었다. 그중 일부는 태양복사로부터의 손상을 막아줄 차폐막만 있다면 살아남을 수 있다. 그러나 몇몇 지의류종을 제외하면 우주 환경에서 걸러지지 않은 우주선宇宙線에 흠뻑 젖고도 살아남을 수 있는 생명체는 거의 없다. 지의류의 생존력은 우주생물학 연구에서 표본적인 생명체, 어느 연구자가 썼듯 '지구 생명체의 한계를 이해하는 데'[2] 이상적인 유기체로 간주될 만큼 막강하다.

지의류는 이전에도 생명의 한계를 가늠하는 데 도움을 주었다. 지의류는 살아 있는 수수께끼다. 19세기부터 지의류는 자율적인 개체의 구성에 대한 뜨거운 논쟁을 불러일으켰다. 지의류는 들여다보면 볼수록 이상해 보인다. 지의류는 우리가 갖고 있는 정체성의 개념을 혼란스럽게 하고, 하나의 유기체가 끝나고 다른 유기체가 시작되는 지점이 어디인가에 의문을 가질 수밖에 없게 만든다.

공생의 발견

화려한 도판이 수록된 저서《자연 속의 예술 형태Kunstformen der Natur, 1904》에서, 생물학자이자 화가 에른스트 헤켈Ernst Haeckel은 다양한 지의류를 생생하게 그려냈다. 그가 그린 지의류들은 싹이 트듯이 돋아나기도 하고 걷잡을 수 없이 맹렬하게 층상을 이루며 쌓아올라가기도 한다. 굵은 힘줄처럼 돋아났던 맥이 말랑말랑한 공기방울로 바뀌고, 줄기는 섬세하게 가지를 뻗거나 포물면을 이룬다. 울퉁불퉁한 해안선이 하늘을 품은 바다를 만나는 곳에서도 지의류는 구석구석을 뒤덮고 있다. 1866년 생태학ecology이라는 말을 처음 만든 사람이 바로 헤켈이었다. 생태학은 유기체와 그 유기체가 처한 환경 사이의 관계를 연구하는 학문이다. 유기체가 살아가는 장소, 그 유기체를 지탱해주는 환경과의 복잡한 관계가 모두 연구 대상이다. 알렉산더 폰 훔볼트의 연구로부터 영감을 받은 생태학 연구는 자연이 상호 연결되어 있는 전체라는 사상, 즉 '능동적인 힘의 시스템'이라는 사상으로부터 생겨났다. 유기체는 어떤 것이든 그것 단독으로만 이해할 수 없다.[3]

3년 후인 1869년, 스위스의 식물학자 시몬 슈벤데너Simon Schwendener가 '지의류 2생명체가설dual hypothesis of lichens'을 주장하는 논문을 출판했다. 이 논문에서 그는 지의류가 그동안 생각했던 것처럼 하나의 유기체가 아니라는 급진적인 주장을 펼쳤다. 지의류는 한 종류의 유기체로만 이루어진 것이 아니라 서로 다른 두 종류의 유기체가 섞여 있다는 주장이었다. 그 두 종류의 유기체란 곰팡이, 즉 균과 조류였다. 슈벤데너는 지의균lichen fungus인 균류공생자mycobiont가 물리적인 보호 기능을 하고 자신과 조류 세포를 위한 영양분을 획득한다고 밝혔다. 조류 파트너, 즉 광합성공생자photobiont는 광합성 박테리아가 역할을 대신하기도 하는데, 빛과 이산화탄소를 흡수해 에너지원인 당분을 합성한다. 슈벤데너의 관점에서 곰팡이 파트너는 '지도자의 지혜를 가진 기생생물'이다. 조류 파트너는 '노예이며 (…) 포획당해 노역'을 한다. 이렇게 두 종류의 유기체가 합쳐져 지의류라는 가시적인 형체를 가지게 되었다. 두 유기체는 함께함으로써 혼자서는 살 수 없었던 곳에서도 살 수 있게 되었다.[4]

슈벤데너의 주장은 동료 학자들로부터 극렬한 반박을 당했다. 두 종류의 서로 다른 종이 하나로 합쳐져 각자의 정체성을 유지한 채 새로운 유기체가 된다는 개념은 도저히 받아들일 수 없는 충격적인 가설이었다. "유용하고 서로를 격려하는 기생관계라고?" 동시대의 한 과학자는 콧방귀를 뀌었다. "대체 누가 감히 그런 주장을 할 수 있는가?" 또 다른 학자는 슈벤데너의 가설을 '선정적인 로맨스', '포획당한 조류 아가씨와 폭군 곰팡이 주인님의 어색한 결합'이라고 깎아내렸다. 점잖게 반박한 학자들도 있었다. 영국의 균학자이자 저명한 아동문학가인 베아트릭스 포터Beatrix Potter는 "우리는 슈벤데너의 이론을 믿을 수 없어요"라고 썼다.[5]

생명의 계통을 깔끔하게 정리하기 위해 열심히 연구하는 분류학자들을 가장 당혹스럽게 했던 건 하나의 유기체가 별도의 두 계통을 갖게 될지도 모른다는 점이었다. 1859년에 출판된 찰스 다윈의 자연선택에 의한 진화론을 따르자면 종은 서로 '분화diverging'되면서 발생했다고 이해할 수 있었다. 나무의 가지처럼 진화의 계통은 계속 갈라져 나간다. 나무의 몸통에서 굵은 가지가 갈라졌고, 굵은 가지는 더 가는 가지로 갈라졌으며, 가는 가지는 잔가지로 갈라졌다. 그러나 2생명체가설은 지의류가 전혀 다른 기원을 가진 두 유기체가 결합된 몸이라고 말하고 있었다. 수억 년 동안 갈라져오기만 했던 생명의 나무가 지의류에서 전혀 다른 행동, 즉 '수렴converging'을 했다는 것이다.[6]

· 지의류: 니에블라 *Niebla* ·

그 후로 수십 년에 걸쳐 2생명체가설이 점차 받아들여지기는 했지만, 많은 생물학자는 여전히 슈벤데너가 묘사하는 관계에 동의하지 않았다. 감상적인 이유 때문이 아니었다. 슈벤데너의 은유가 2생명체가설에 의해 제기된 더 큰 의문을 가로막고 있었다. 1877년 독일 식물학자 알베르트 프랑크Albert Frank는 곰팡이와 조류가 파트너가 되어 함께 살아가는 관계를 설명하기 위해 공생symbiosis이라는 용어를 만들어냈다. 그는 지의류를 연구하면서 그 관계를 편견 없이 설명할 새로운 용어의 필요성을 깨달았다. 얼마 후, 생물학자 하인리히 안톤 드바리Heinrich Anton de Bary가 프랑크의 용어를 받아들여 일방적인 기생을 한쪽 극단으로 하고 상호호혜적인 관계를 반대쪽 극단으로 하는 두 극단 사이의 모든 상호관계를 일컫는 용어로 일반화시켰다.[7]

이후 수 년 간 여러 과학자들이 공생설을 새롭게 내놓았다. 그중에서도 프랑크는 식물이 토양으로부터 영양분을 흡수하는 것을 곰팡이가 도와준다는 놀라운 제언을 내놓았다(1885). 다른 과학자들도 대부분 자신의 제언을 뒷받침하기 위해 지의류 2생명체가설을 인용했다. 산호, 해면, 푸른민달팽이green sea slugs 등의 내부에서 사는 조류가 발견되자 과학자들은 이들을 '동물 지의류'라고 부르기도 했다. 그로부터 수 년 후, 박테리아 내부에서 바이러스가 처음으로 발견되자 과학자들은 여기에 '미세지의류microlichen'라는 이름을 붙였다.[8]

달리 말하자면, 지의류는 어느새 빠른 속도로 생물학적 원리의 하나가 되었다. 지의류는 공생이라는 아이디어로 가는 통로 유기체였고, 공생은 19세기말 진화적 사고의 주류에 대항하는 개념이 되었다. '가장 강하고 가장 빠르며 가장 영리한 생명만이 살아남아 또 하루의 결투를 준비하는 (…) 검투사의 쇼라는, 삶에 대한 토머스 헨리 헉슬리Thomas Henry Huxley의 묘사 속에 공생이 가장 잘 요약되어 있다. 2생명체가설이 퍼지기 시작하면서 진화는 더 이상 경쟁과 갈등만의 사상으로 간주할 수 없게 되었다. 지의류는 '계간 협업界間 協業, inter-kingdom collaboration'의 전형적인 사례가 되었다.

지의류와 인간

지의류는 지구 표면적의 8퍼센트를 덮고 있다. 이는 열대우림이 덮고 있는 면적보다 더 넓다. 지의류는 바위, 나무, 지붕, 울타리, 절벽 심지어는 사막까지 덮고 있다. 어떤 것은 칙칙한 갈색을 띠지만, 어떤 것은 상큼한 라임 그린이고, 또 어떤 것은 형광 노랑색이다. 어떤 것은 얼룩처럼 보이지만, 어떤 것은 키가 아주 작은 관목처럼 보이기도 하고, 또 어떤 것은 사슴의 뿔처럼 생겼다. 어떤 것은 박쥐의 날개처럼 축 늘어진 가죽과 비슷하게 보이고, 또 어떤 것은 시인 브렌다 힐먼Brenda Hillman이 쓴 것처럼 '해시태그에 걸려 있는' 듯 보이기도 한다. 어떤 것은 딱정벌레에서 사는데, 그 딱정벌레는 지의류에 의지해 위장술을 쓴다. 어디에도 매여 있지 않은 '방랑성' 또는 '이주성' 지의류는 사방으로 날리면서 어느 특정한 장소나 물체에 붙어서 살지 않는다. 캘리포니아대학교 리버사이드 캠퍼스의 식물표본 담당 큐레이터인 케리 크누센Kerry Knudsen은 지의류 주변의 유기체들이 '평범한 이야기'라면, 지의류는 신비롭고 환상적인 '요정 동화'처럼 보인다고 말했다.[9]

나는 캐나다 서부, 브리티시컬럼비아 해안의 여러 섬에서 보았던 지의류에 가장 큰 흥미를 느꼈다. 위에서 보면 해안선은 바다로 스며드는 것처럼 보인다. 분명하게 딱 그어지는 경계선이 없다. 육지는 여러 만과 곶으로 들쭉날쭉하다가 해협과 수로로 이어진다. 수백 개의 섬들이 바다

· 지의류: 라말리나 *Ramalina* ·

위에 점점이 흩어져 있다. 작은 것은 큰 고래만하지만, 가장 큰 밴쿠버 섬은 길이로 따지면 영국의 절반에 가깝다. 대부분의 섬은 단단한 화강암질 바위고, 해저 언덕의 정상과 계곡은 빙하에 깎여 부드러워졌다.

나는 매년 며칠씩 날을 잡아 친구들과 28피트짜리 돛단배를 타고 그 섬들을 누볐다. 우리가 타던 케이퍼호는 선체가 초록색인데, 용골은 없고 빨간색 돛 하나뿐이었다. 케이퍼호에서 뭍으로 내리기는 까다로웠다. 노를 저을 때마다 노가 노걸이에서 빠지곤 하는 데다 계속 흔들렸던 탓이다. 배를 모래 위로 끌어올리는 데에도 기술이 필요했다. 우리가 배에서 내리면 파도가 배를 멀리 밀어다 놓곤 했다. 하지만 바닷가에 발을 내려놓으면 지의류의 세계가 펼쳐졌다. 나는 몇 시간이고 지의류의 세계에 빠져들었다. 지의류는 울퉁불퉁 바위가 깔린 바다에서 생명의 섬 같았다.

지의류에 붙은 이름을 보면 그 이름을 지은 사람들의 고뇌의 흔적이 느껴진다. 고착지의crustose lichen, 엽상지의foliose lichen, 인편상지의 squamulose lichen, 피층상지의leprose lichen, 수상지의fruticose lichen. 발음도 잘 되지 않는다. 수상지의류는 다발을 이루며 자란다. 고착지의류와 인편상지의류는 기어가듯 자라며 바닥에 침투한다. 엽상지의류는 얇은 층을 이루어 자라면서 박편을 이룬다. 어떤 종류는 동쪽을 향하는 표면을 좋아하지만, 또 어떤 종류는 서쪽을 바라보는 표면에서 잘 자란다. 어떤 것은 햇볕이 잘 드는 바위 턱에서 잘 자라고 또 다른 것은 눅눅한 구석 음지에서 잘 자란다. 어떤 것은 이웃 유기체들을 서서히 몰아내거나 파괴하는 완전緩戰 전략을 쓴다. 어떤 것은 다른 지의류가 죽어서 떨어져나간 자리를 차지한다. 지도이끼*Rhizocarpon geographicum*는 마치 군도와 대륙이 있는 가상 세계의 지도처럼 자라는 습성 때문에 이런 이름을 얻었다. 수백 년 간 이 지의류가 머무른 곳의 표면은 지의류가 새로 생겨나고 죽고 또다시 생겨나면서 움푹 파인다.

지의류가 바위를 좋아하는 성향에 따라 지구 표면의 얼굴이 변했고 지금도 변하고 있다. 2006년 러시모어산에 조각된 대통령들의 얼굴을 더 오래 보존하기 위해 수압 호스로 청소를 하게 되었다. 그런데 조각상에는 대통령들의 얼굴만 있는 게 아니었다. 시인 드류 밀네Drew Milne는 "모든 조각상을 지의류가 덮고 있었다"고 썼다. 2019년에 이스터섬 주민들은 수백 개의 모아이 석상에서 지의류를 벗겨내는 캠페인을 시작했다. 주민들이 '피층상지의류'라고 설명한 지의류가 모아이 석상의 형태를 훼손하고 석질을 '점토질 같은' 정도로 연화시키고 있기 때문이었다.

지의류는 '풍화작용'이라는 이중의 과정을 통해 바위에서 미네랄을 뽑아낸다. 먼저 스스로의 생장력으로 바위 표면에 물리적인 균열을 일으킨다. 그다음 강력한 산성 물질을 분비해 바위를 녹이고 미네랄 결합 물질을 분비해 바위를 소화시킨다. 풍화작용을 일으키는 능력 덕분에 지의류는 지질학적 힘의 하나가 되었고, 지구의 물리적인 형태를 변화시키는 것 이상의 활동을 하고 있다. 지의류는 죽어서 분해되면 새로운 생태계의 첫 번째 토양을 만든다. 무생물인 바위 속 미네랄 덩어리가 생명체의 대사주기 속으로 들어갈 수 있는 것은 지의류 덕분이다. 우리 몸속에 있는 미네랄의 일부는 어느 시점엔가 지의류를 거쳤다. 묘지의 비석에서든 남극의 화강암 석판 속에서든, 지의류는 생물과 무생물을 가르는 경계선을 왔다갔다 넘나든다. 바위가 많은 캐나다 해안에서 케이퍼호를 타고 내다보면 이 말이 더욱 분명하게 와닿는다. 만조선 滿潮線 위로 지의류와 이끼가 몇 미터를 차지하고, 그 위에서부터 큰 나무가 자라기 시작한다. 수면 위로 안전한 거리가 확보되고 젊은 토양이 펼쳐질 수 있는 곳에서 나무의 뿌리가 바위틈 사이를 비집고 단단하게 자리를 잡는다.

박테리아 진화의 비밀

어디까지가 섬이고 어디가 섬이 아닌지의 문제는 기본적으로 생태학과 진화생물학의 연구 영역이다. BIOMEX 팀을 비롯해서 '범종설 凡種 說, panspermia'의 문제를 붙들고 씨름하는 우주생물학자들에게도 이 문제는 아주 중요하다. 범종설을 의미하는 'panspermia'는 그리스어로 '모든'을 의미하는 'pan'과 '씨앗'을 의미하는 'spermia'의 합성어다. 범종설은 행성도 섬인지, 생명이 천체 사이의 우주를 가로질러 이동할 수 있는지를 연구한다. 19세기 초반에 와서야 과학적인 가설의 형태를 갖추었지만, 범종설은 고대부터 존재했던 사상이었다. 범종설을 지지하는 사람들은 생명 그 자체가 다른 행성으로부터 왔다고 주장한다. 또 어떤 이들은 생명이 지구에서뿐만 아니라 다른 곳에서도 진화했으며, 지구에서 일어난 드라마틱한 진화는 우주에서 날아온 생명의 파편이 도화선이라고 주장한다. 그 외에 '연성범종설 soft-panspermia'을 주장하는 사람들도 있는데, 이들은 생명 자체는 지구상에서 탄생했지만 생명 탄생에 필요한 화학물질은 우주에서 왔다고 주장한다. 행성 간 이동이 어떻게 일어났느냐에 대해서는 많은 가설이 있다. 대부분 한 가지 테마의 변주곡이다. 소행성 또는 행성이 운석과 충돌할 때 분출된 파편에 갇혀 있던 유기체가 우주를 날아와 다른 행성과 충돌하면서 거기서부터 생명이 시작되었을 것이라는 설이다.

1950년대 말 미국은 우주를 향해 로켓을 쏘아올릴 준비를 하고 있었는데, 생물학자 조슈아 레더버그Joshua Lederberg는 우주 감염celestial contamination의 가능성을 걱정했다(2001년에 미생물군계microbiome라는 용어를 처음 만든 사람이 바로 레더버그였다). 우주에 진출한 순간부터 이미 인간은 지구의 유기체를 태양계의 다른 구역으로 확산시킬 능력을 갖고 있는 셈이었다. 더욱 걱정스러운 부분은 생태학적 붕괴를 유발할지도 모를 외계 유기체를 인간이 지구로 가지고 올 수도 있다는 점이었다. 이는 심각할 경우 전 지구적인 질병의 대유행을 일으킬 수도 있었다. 레더버그는 미국과학협회에 급히 편지를 써서 '우주적 재앙'의 가능성을 경고했다. 협회는 그의 편지에 관심을 보였고 공식적으로 우주 감염에 대한 우려를 표명하기에 이르렀다. 그때까지 외계 생명체를 연구하는 과학 분야가 따로 정의되어 있지 않았기에, 레더버그는 외계생물학exobiology이라는 용어를 만들었다. 오늘날 우주생물학이라고 알려진 분야의 첫 시작이었다.[10]

레더버그는 천재였다. 겨우 열다섯 살에 컬럼비아대학교에 입학했고, 20대 초반에 생명의 역사에 대한 인류의 이해를 통째로 바꾸어놓을 만한 발견을 했다. 박테리아끼리 서로 유전자를 교환할 수 있음을 발견했던 것이다. 이는 박테리아 한 개체가 다른 박테리아 개체로부터 '수평적으로' 기질을 획득할 수 있다는 뜻이다. 수평적으로 획득한 특징은 부모로부터 '수직적으로' 물려받은 것과는 다르다. 어떤 특징을 살면서 얻어가는 것이다. 우리에게도 이 원리가 낯설지는 않다. 사람과 사람이 서로 기술이나 지식 등을 배우거나 가르칠 때, 우리는 정보의 수평적 교환을 경험한다. 인류 문화와 행동의 많은 부분이 이런 방식으로 전달된다. 그러나 인간이 박테리아가 하듯이 유전물질을 수평적으로 교환한다는 것은, 인류 진화의 역사 속 먼 과거에 아주 가끔씩 일어났던 일이기는 해도, 환상에 가깝다. 수평적 유전자 교환이란 유전자와 그 유전자에 인코딩된 기질이 전염성을 갖고 있다는 뜻이다. 길을 걷다가 길가에서 아무런 표시가 되어 있지 않은 기질을 발견하고 그것을 걸쳐보았더니 내 얼굴에 보조개가 생겼더라, 하는 것과 비슷하다. 또는 직모를 갖고 있는 사람이 길을 가다가 곱슬머리인 사람을 만나 서로 머리카락을 바꿀 수 있다거나, 나는 검은 눈인데 파란 눈을 가진 사람과 눈동자 색깔을 바꾼다거나, 어쩌다 우연히 울프하운드의 몸을 쓰다듬었더니 갑자기 하루 서너 시간씩 전력질주를 하고 싶은 충동이 생기는 것과 비슷하다.[11]

레더버그는 이 발견으로 서른세 살의 나이에 노벨상을 수상했다. 수평적 유전자 교환이 발견되기 전에는 다른 모든 유기체와 마찬가지로 박테리아도 생물학적인 섬이라고 여겨졌다. 박테리아의 게놈이 닫힌계를 이루고 있다고 보았던 것이다. 한 개체가 태어나서 죽기까지의 기간에서 어느 한 중간에 새로운 DNA를 획득하는 것, 멀리 떨어진 곳에서 진화한 유전자를 획득하는 것은 불가능했다. 수평적 유전자 교환은 이런 사고를 바꿔놓았으며 박테리아 게놈은 어디에나 있을 수 있는 범존적 汎存的 존재, 수백만 년 동안 따로 떨어져서 진화해온 유전자들로 이루어진 것임을 보여주었다. 지의류가 그렇듯이, 수평적 유전자 교환은 오래전부터 갈라지기만 하는 것으로 알았던 진화의 가지들이 하나의 유기체 안에서 합쳐질 수도 있음을 의미한다.

박테리아의 경우, 수평적 유전자 교환은 일반적인 현상이다. 어떤 개체든 박테리아 개체 하나가 가진 유전자의 대부분은 진화의 역사를 공유하지 않으며, 마치 우리가 집에 물건을 쌓아두듯이 한 조각씩 획득해서 쌓인 것들이다. 이런 방식으로 박테리아는 '기성품' 특질을 획득함으로써 진화의 속도를 몇 배나 빠르게 가속해왔다. DNA를 교환함으로써 무해했던 박테리아가 항생제 내성을 획득하고 단번에 악성 슈퍼버그로 변할 수도 있다. 심지어 지난 이삼십 년 동안 이런 능력을 가진 유기체가 박테리아만이 아니라는 사실이 밝혀졌다. 비록 박테리아가 가장 민첩하고 적극적이기는 하지만, 유전물질은 생명의 모든 영역에서 수평적으로 교환되어왔다.[12]

레더버그의 생각에는 냉전시대의 공포가 서려 있다. 그의 손 안에서 범종설은 우주적 스케일의 수평적인 유전자 전이 같은 것이 되어버렸다. 역사상 처음으로 인류는 — 이론상으로는 — 지구와 다른 행성을 원래 그곳에서 진화하지 않은 유기체로 감염시킬 수 있게 되었다. 지구상의 생명체는 더 이상 유전적으로 닫힌계, 건널 수 없는 바다 한가운데 떠 있는 섬 같은 행성이라고 볼 수 없었다. 박테리아가 DNA를 수평적으로 획득함으로써 진화의 바퀴를 빨리 굴릴 수 있었던 것처럼, 외계 DNA도 진화의

'더디고 더딘' 과정이 아니라 '지름길'을 통해 지구에 도착할 수 있었다. 그리고 그 결과는 전 지구적인 재앙이 될지도 몰랐다.[13]

함께 얽혀 새로운 생명체가 되다

BIOMEX의 주요 목표 중 하나는 생명체가 우주 공간을 통과하는 여행에서도 정말 살아남을 수 있는지를 알아보는 것이다. 지구 대기권이라는 보호막의 바깥 환경은 지구 생명체에게 매우 적대적이다. 태양과 다른 항성으로부터 날아오는 높은 수준의 방사능도 위험 요소 중 하나다. 진공 상태는 지의류를 비롯한 생물학적 물질을 순식간에 건조시켜버린다. 그리고 24시간 안에 섭씨 영하 120도에서 영상 120도까지 오가며 얼었다 녹았다, 가열되기를 반복하는 빠른 주기도 마찬가지다.[14]

지의류를 우주로 보내려는 첫 번째 시도는 실패로 끝났다. 2002년 샘플을 실은 무인 소유즈 로켓이 러시아 우주기지에서 이륙하자마자 폭발해 추락했다. 그 사고가 있은 지 몇 달 후, 눈이 녹자 화물 잔해가 회수되었다. "지의류 실험은 잔해 중에서 식별이 가능한 것 중 하나였는데, 극단적인 조건에도 불구하고 지의류는 (…) 상당한 정도의 생물학적 활성을 가지고 있음을 발견했다"라고 수석 연구원이 보고했다.[15]

지의류의 우주 생존 능력은 그 후 여러 학자들의 연구대상이었는데, 연구 결과는 거의 비슷했다. 가장 강인한 종은 재수화 再水和 이후 24시간 안에 대사활동을 완전히 회복했고, '우주 유발' 손상의 대부분을 복구했다. 가장 강한 종인 키르키나리아 기로사Circinaria gyrosa는 생존률이 너무 높아서, 최근 세 팀의 연구진들이 지의류의 '생존의 궁극적인 한계'를 확인하기 위해 우주에서 노출되었던 방사능 수준보다 훨씬 높은 방사능에 노출시켜보았다. 물론 방사능으로 지의류를 죽일 수는 있었지만, 지의류 세포를 파괴하는 데 필요한 방사능의 양은 어마어마했다. 6킬로그레이kilogray*의 감마선 — 미국에서 식품을 멸균할 때 조사하는 기준량의 여섯 배이며, 인간에게는 치사량의 12,000배 — 을 조사한 지의류 표본은 아무런 손상도 입지 않았다. 조사량을 그 두 배인 12킬로그레이 — 물곰의 치사량의 2.5배 — 로 올리자 번식 능력에 장애가 나타났지만, 끄떡없이 생존했고 광합성을 하는 데에도 아무 문제가 없었다.[16]

브리티시컬럼비아대학교에서 지의류 수집 큐레이터로 일하고 있는 트레버 고워드Trevor Goward가 보기에는, 지의류의 극단적인 내성은 소위 '지의류의 피뢰침 효과lichening rod effect'의 한 가지 예다. 피뢰침에 번갯불이 모여들듯이 지의류에는 섬광과도 같은 새로운 인식, 고워드의 표현을 빌리자면 '충격적일 정도로 신선한 지식'이 모여 있다. 지의류의 피뢰침 효과는 지의류에 대한 기존의 개념이 새로운 발견으로 인해 산산조각 나고 이를 바탕으로 새롭게 만들어질 때 무슨 일이 일어나는지 설명해준다. 공생의 아이디어가 바로 그런 예다. 지의류가 생물학적 분류 시스템에 가하는 위협도 그렇지만 우주에서의 생존도 그렇다. "지의류는

---

* 식물의 광선흡수량을 측정하는 단위. 물질(식물) 1킬로그램이 방사능 에너지 1줄을 흡수할 때 1킬로그레이가 된다. 6킬로그레이라고 하면 물질 1킬로그램이 6줄의 방사능 에너지를 흡수했다는 의미다.

우리에게 생명에 대해 이야기합니다." 고워드가 나에게 말했다. "지의류가 우리를 가르친다니까요."[17]

고워드는 지의류에 푹 빠진 과학자이며 지의류 분류학자다. 그가 대학교에서 수집한 지의류는 3만 종 가량이며, 지금까지 3개의 속을 명명하고 36개 지의류종을 처음으로 기술했다. 그러나 그는 자신이 신비주의자라고 느낀다. "지의류는 이미 오래전에 내 마음을 점령했어요." 그는 웃으며 말했다. 그는 브리티시컬럼비아주의 황무지와 접한 곳에서 살면서 〈웨이즈 오브 엔라이켄먼트Ways of Enlichenment〉라는 웹사이트를 운영한다. 고워드는 지의류에 대해 깊이 생각하면서 생명에 대한 자신의 이해 방식이 바뀌었다고 믿는다. 지의류는 우리를 새로운 질문과 새로운 답으로 이끄는 유기체다. "세계와 우리의 관계는 어떤 걸까요? 우리는 대체 뭘까요?" 우주생물학은 이 질문을 우주적 스케일로 끌어올린다. 지의류가 선두에, 범종설 논쟁의 중심에 — 크지는 않지만 분명하고 선명하게 — 있는 것도 놀랍지 않다.

그러나 지의류와 지의류가 내포하고 있는 공생의 개념은 심오한 실존적 질문의 방아쇠를 당겼다. 20세기를 지나오며 계간 협력이라는 개념은 생명 진화 과정의 복잡성에 대한 과학적 이해를 바꾸어놓았다. 고워드의 질문이 웅변적으로 들릴 수도 있지만, 지의류와 그들이 살아가는 공생의 방식은 우리로 하여금 인간과 세상의 관계를 다시 생각해보게 한다.

생명은 세 개의 역域, domain으로 나뉘어져 있다. 박테리아(세균)가 첫 번째 역을 차지한다. 고균 — 박테리아와 비슷하지만 세포막 구조가 다른 단세포 미생물 — 이 두 번째 역을 차지한다. 진핵생물이 마지막 세 번째 역이다. 동물, 식물, 조류, 곰팡이 등 다른 모든 다세포 유기체와 마찬가지로 인간은 진핵생물이다. 진핵생물의 세포는 박테리아와 고균의 세포보다 크고, 몇 가지 특별한 구조를 중심으로 구성되어 있다. 그중 하나가 핵인데, 세포 내 DNA의 대부분이 여기에 들어 있다. 세포의 에너지를 생산하는 미토콘드리아도 그러한 구조 중 하나다. 식물과 조류에는 동물과 달리 한 가지 구조가 더 있는데,[18] 광합성이 일어나는 엽록체가 그것이다.

1967년 미국의 생물학자 린 마굴리스Lynn Margulis는 생명체의 초기 진화에서 공생이 중요한 역할을 했다는 이론이 불러온 논쟁에서 이 이론을 강력히 지지했다. 마굴리스는 진화에서 가장 중요한 순간들은 서로 다른 유기체들이 합쳐지면서 — 그 상태를 유지함으로써 — 이루어졌다고 보았다. 진핵생물은 단세포 유기체에 삼켜진 박테리아가 그 유기체 안에서 공생을 시작하면서 발생했다. 미토콘드리아가 바로 그런 박테리아의 후손이다. 엽록체는 초기 진핵세포가 삼킨 광합성 박테리아의 후예다. 인간을 포함해 그 후로 이어진 모든 복잡한 생명체의 진화 과정은 길고 긴 '낯선 자의 친밀함'의 서사다.[19]

진핵생물이 '융합과 연합fusion and merger'으로부터 생겨났다는 주장은 20세기 초부터 생물학 이론 분야에서 부상했다가 가라앉기를 반복했지만, '온건한 생물학계'의 변두리에 계속 머물러 있었다. 1967년까지도 상황은 거의 변하지 않아서, 마굴리스의 논문 원고는 자그마치 열다섯 번이나 퇴짜를 맞은 후에야 겨우 채택되었다. 논문이 출판된 후, 마굴리스의 논문도 그 이전의 비슷한 논문들이 당했던 것처럼 격렬한 반대론에 부딪쳤다. (1970년 미생물학자 로저 스태니어Roger Stanier는 마굴리스의 '진화론적 억측은 (…) 땅콩을 먹는 것처럼, 그다지 해될 것 없는 습관처럼 볼 수도 있다. 너무 집착하지만 않는다면 말이다. 집착이 되는 순간 악폐가 된다'고 독설을 쏟아놓았다.) 그러나 1970년대에 이르러 마굴리스가 옳았음이 증명되었다. 새로운 유전학적 도구들이 등장해 미토콘드리아와 엽록체가 처음에는 공생하지 않고 자유롭게 생활하는 박테리아였음을 보여주었다. 그 이후로 내부공생설endosymbiosis의 다른 사례들이 발견되었다. 일부 곤충들의 세포에서 박테리아를 품은 박테리아가 발견된 것이다.

마굴리스의 주장은 초기 진핵생물의 2생명체가설로 발전했다. 당시 그녀가 자신의 주장을 방어하기 위해 지의류를 소환한 것도 놀라운 일은 아니었다. 20세기 초 그녀의 주장을 지지하던 이들도 그랬다. 초기 진핵세포는 지의류와 '매우 유사'하다고 볼 수 있다고 그녀는 주장했다. 지의류는 이후 수십 년 동안 마굴리스의 연구에서 중요한 상징이 되었다. 마굴리스는 "지의류는 파트너십으로부터 생겨난 혁신의 놀라운 사례. 연합체인 지의류는 부분의 합보다 훨씬 크다"라고 썼다.[20]

내부공생설은 생명의 역사를 다시 썼다. 21세기 생물학계의 여론에 가장 극적인 변화였다고 할 수 있다. 진화생물학자 리처드 도킨스는 이 이론이 '비정통에서 정통이 될 때까지 포기하지 않고 고수한' 데 대해 마굴리스에게 찬사를 보냈다. "내부공생설은 21세기 진화생물학에서 가장 위대한 업적이며, 나는 린 마굴리스의 흔들림 없는 용기와 열정에 큰 감명을 받았다." 철학자 대니얼 데닛은 마굴리스의 이론을 "지금까지 내가 만난 가장 아름다운 아이디어였다"고 말하면서 마굴리스를 '21세기 생물학의 영웅 중 한 사람'이라고 칭송했다.

어떤 유기체의 부모나 종, 계 심지어는 역에서도 찾아볼 수 없던 능력이 진화의 관점에서 보면 순식간에, 마치 기성품을 가져다가 끼워 맞춘 것처럼 획득된다는 점이 내부공생설의 가장 중요한 의미 중 하나다. 레더버그는 박테리아가 수평적으로 유전자를 획득할 수 있음을 보여주었다. 내부공생설은 단세포 유기체들이 박테리아 전체를 수평적으로 획득했다고 이야기한다. 수평적 유전자 전이는 박테리아 게놈을 온 세상에 퍼뜨렸으며 내부공생은 세포를 온 세상에 퍼뜨렸다. 현대의 모든 진핵생물은 산소에서 에너지를 만들어내는 기존의 능력과 함께 박테리아를 수평적으로 획득했다. 마찬가지로, 오늘날 식물의 조상은 이미 광합성 능력을 갖도록 진화한 박테리아를 수평적으로 획득했다.

사실 이런 표현이 상황에 딱 들어맞지는 않는다. 오늘날 우리가 흔히 보는 식물의 조상은 광합성 능력을 가진 박테리아를 획득한 것이 아니라, 광합성을 할 수 없는 유기체와 광합성을 할 수 있는 유기체의 결합으로부터 발생했다. 그 유기체들은 20억 년 동안 함께 살았고, 양쪽 모두 상대방에 대한 의존도가 점점 높아져서 오늘날 우리가 보는 것처럼 한쪽이 없이는 다른 한쪽도 살아갈 수 없는 정도에 이르렀다. 진핵세포 안에서, 생명의 나무에서 서로 멀리 떨어져 있던 가지들이 함께 얽혀서 분리 불가능한 새로운 계통으로 녹아들었다. 곰팡이 균사가 그렇듯이 융합 또는 접합된 것이다.[21]

지의류가 진핵세포의 기원을 정확하게 재현하지는 않지만, 고워드가 지적했듯 진핵세포의 기원과 '보조'를 같이 한다. 지의류는 보편적인 실체이며 생명이 만나는 장소다. 곰팡이는 스스로 광합성을 하지 못한다. 그러나 조류 또는 광합성 박테리아와 짝을 이룸으로써 광합성 능력을 수평적으로 획득할 수 있다. 마찬가지로 조류 또는 광합성 박테리아는 질긴 보호 조직을 뚫거나 바위를 소화시킬 수 없다. 그러나 곰팡이와 짝을 이룸으로써 그런 능력을 갖게 된다, 갑자기! 분류학적으로 거리가 먼 유기체들이 함께함으로써 완전히 새로운 가능성을 가진 혼성 생명체를 구성한다. 엽록체와 떨어질 수 없는 식물 세포와 비교하면, 지의류의 관계는 개방적이다. 이런 점이 지의류에게 융통성을 가지게 한다. 지의류는 이 관계를 단절하지 않고도 번식한다. 공생 파트너를 온전히 품고 있는 지의류 조각이 새로운 장소로 이동해 새로운 지의류로 자라날 수 있는 것이다. 또 다른 상황에서는 지의류 속의 곰팡이가 혼자 떠돌아다닐 수 있는 포자를 생산한다. 새로운 장소에 도착하면 곰팡이는 자신에게 적합한 광합성공생자를 찾아 새로운 관계를 형성한다.[22]

힘을 합치면서 곰팡이는 부분적인 광합성공생자가 되고 광합성공생자는 부분적으로 곰팡이가 된다. 그러나 지의류는 곰팡이와도, 광합성공생자와도 비슷하지 않다. 수소와 산소가 결합하여 성분 원소와는 전혀 다른 화합물인 물이 되듯이, 지의류도 창발 현상, 즉 부분의 합 이상의 것이 된다. 고워드가 강조하듯 이는 너무나 간단해서 오히려 이해하기가 쉽지 않다. "저는 지의류를 볼 수 없는 사람만이 지의류학자가 될 수 있다고 말합니다. 과학자로서 훈련받은 이들은 부분을 보기 때문이죠. 문제는 지의류의 부분을 보려고 하면 지의류 자체는 보이지 않는다는 데 있어요."[23]

지의류가 다른 세계에서도 살 수 있을까

우주생물학적 관점에서 흥미로운 것이 바로 지의류의 발생 형태다. 한 연구 분야의 언어로 표현하자면, "(지의류보다) 지구 생명체의 특징을 더 잘 요약한 생물학적 시스템은 상상하기 힘들다." 지의류는 광합성 유기체와 비광합성 유기체 모두를 포함하는 아주 작은 생물권生物圈이고, 따라서 지구에서의 주요 대사 과정을 결합하고 있다. 어떻게 보면 지의류는 미세행성micro-planet, 초소형으로 축소된 세계다.[24]

그렇다면 우주 정거장에서 지구를 중심으로 우주 궤도를 돌면서 지의류는 정확히 무엇을 했을까? 우주에서 생물학적 표본을 모니터링할 때 발생할 수 있는 문제를 미리 발견하고 해결책을 찾기 위해 BIOMEX 팀은 스페인 중부 고원지대의 키르키나리아 기로사를 표본으로 채취해 화성 시뮬레이션 시설로 보냈다. 연구팀은 이 지의류를 우주와 비슷한 환경에 노출시켜 지의류의 활동을 실시간으로 측정하고자 했다. 그러나 결론적으로 측정할 것이 별로 없었다. '화성 모드'에 들어가자마자 한 시간도 안 되어서 지의류는 광합성 활동을 거의 제로까지 떨어뜨렸다. 그러고는 시뮬레이터 안에서 보낸 나머지 시간 동안 동면 상태를 유지했고, 30일 후 수분을 재공급하자 정상적인 활동을 재개했다.

극한적인 조건에서도 살아남는 지의류의 생존 능력은 가사 상태에 들어갈 수 있는지 여부에 달려 있다. 지의류가 탈수 상태로 10년을 보낸 뒤에도 성공적으로 부활할 수 있음을 밝혀낸 연구 결과도 있다. 지의류의 조직은 탈수, 동결, 해동, 가열을 거쳐도 그다지 큰 손상을 입지 않는다.

탈수 작용은 우주방사선 노출로 인한 가장 해로운 부작용 — 우주방사선이 물 분자를 둘로 쪼갤 때 생성되는 고반응성 유리기free radical는 DNA 구조에 손상을 일으킨다 — 으로부터 지의류를 보호해준다.

동면은 지의류의 생존 전략 가운데 가장 중요해 보이지만, 그것이 전부는 아니다. 내성이 뛰어난 지의류는 해를 입히는 우주방사선을 차단하는 두꺼운 조직을 가지고 있다. 지의류는 또한 다른 생명 형태에서는 발견되지 않는 수천 가지 화학물질을 생산하는데, 그중 몇 가지는 자외선 차단제와 비슷한 역할을 한다. 지의류가 가진 혁신적인 대사과정의 산물인 이 화학물질 덕분에 지의류는 오래전부터 인간세계와 다양한 관계를 맺어왔다. 인간은 지의류가 생산하는 화학물질을 이용해 약품(항생제)을 개발하고 향수(참나무 이끼)를 만들었으며, 염료로 활용(트위드, 타탄, 리트머스 시험지)할 뿐 아니라 음식으로 조리해 먹기도 한다. 지의류는 혼합 향신료 가람 마살라*의 주재료이기도 하다. 인간에게 중요한 화합물을 만들어내는 많은 곰팡이 — 페니실린을 만드는 푸른곰팡이가 대표적이다 — 가 진화 과정의 초기 단계에서 지의류로 살다가 곰팡이가 되었다. 일부 연구자들은 페니실린을 포함해 이러한 화합물 중 많은 수가 애초에 지의류 조상들의 방어 전략으로 진화했다가 오늘날에도 그때의 대사 습성을 유산처럼 간직하게 된 것일지도 모른다고 추측하고 있다.

지의류는 인간의 관점으로 보기에는 다른 세계에서도 살 수 있는 유

---

* 매운 맛을 내는 인도의 대표적인 양념. 여러 향신료를 살짝 볶아 곱게 갈아 가루로 만들어두었다가 조리 마지막 단계에 넣는다. 우리나라의 된장, 고추장과 비슷하다.

기체, '극한미생물extremophile'이다. 극한미생물의 내성은 상상을 초월한다. 화산 온천, 초고온 열수분출공, 남극대륙 얼음의 지하 1킬로미터 등에서 수집한 표본을 보면, 극한미생물은 그런 곳에서도 끄떡없이 살고 있다는 것을 알게 된다. 최근 심부탄소관측소Deep Carbon Observatory는 지구에 존재하는 모든 박테리아와 고균 — 소위 '지하계 생명체infra-terrestrials' — 의 절반 이상이 지구 표면으로부터 수 킬로미터 아래에 살고 있다고 밝혔다. 즉 엄청난 압력과 열을 견디며 살고 있는 것이다. 이러한 지표 아래 세상은 아마존 우림처럼 역동적이고 지구상에 존재하는 모든 인간의 체중을 합한 것보다 수백 배나 더 무거운 수십억 톤의 미생물을 품고 있다. 또 어떤 종은 나이가 수천 살을 넘겼다.[25]

지의류도 이에 뒤지지 않는다. 사실, 여러 극한 환경에서도 살아남는 생존력 덕분에 지의류는 '다중극한생물polyextremophile'이라 불린다. 지구상에서 가장 뜨겁고 건조한 사막에서도 바싹 말라 갈라진 땅 위를 두텁게 덮으며 자라나는 지의류를 볼 수 있다. 지의류는 이런 환경의 생태계에 결정적인 역할을 담당한다. 사막의 모래 표면을 안정시키고 모래 폭풍을 감소시키며 사막화가 더 심해지는 것을 막아준다. 어떤 지의류는 단단한 바위의 갈라진 틈이나 흡수공 안에서 자란다. 화강암 덩어리 속에서 발견된 지의류를 보고한 논문의 저자는 이 지의류가 애초에 어떻게 화강암 속에 자리 잡게 되었는지는 알 수 없다고 솔직히 고백했다. 몇몇 지의류종은 생태계가 너무나 척박하여 과학자들이 화성과 비슷한 조건에서 실험을 할 때 종종 찾곤 하는 남극의 드라이 밸리Antarctic Dry Valleys에서도 성공적으로 생존할 수 있다. 장시간에 걸친 영하의 추위,

고수준의 자외선 조사, 물이 거의 없는 환경도 지의류에게는 문제가 되지 않는 것 같다. 섭씨 영하 195도의 액체 질소에 담갔다 꺼내도 지의류는 금방 되살아난다. 또한 어떤 유기체보다도 장수한다. 이 부문에서 기록을 갖고 있는 지의류는 스웨덴령 라플란드에서 발견된 것으로, 나이가 무려 9,000살이 넘는다.

극한미생물은 이미 충분히 호기심을 불러일으키고 있지만, 지의류는 두 가지 이유로 인해 그중에서도 특히 더 신비롭다. 첫째, 지의류는 복잡한 다세포 유기체다. 둘째, 지의류는 공생으로부터 발생했다. 대부분의 극한미생물은 이렇게 복잡한 형태를 발달시키거나 관계를 유지하지 않는다. 우주생물학자들이 지의류에 지대한 관심을 보이는 이유가 바로 여기에 있다. 우주를 돌아다니는 지의류는 생명의 꾸러미, 한 몸으로 여행하는 생태계 전체다. 행성 간 여행을 하는 유기체로 지의류보다 더 적합한 것이 있을까?[26]

지의류가 외계에서도 생존할 수 있으며 다른 행성으로 이주할 수 있다는 것도 여러 연구를 통해 증명되었지만, 지의류가 둘 이상의 행성에서 생존하기 위해서는 두 가지 과제를 더 해결해야 한다. 첫째는 애초에 살던 행성에서 운석에 실려 탈출할 때 발사의 충격을 이겨내야 한다는 것이고, 둘째는 다른 행성의 대기권으로 재진입할 때의 충격으로부터도 살아남아야 한다는 것이다. 이 두 충격은 모두 엄청난 위험을 초래한다. 그럼에도 불구하고 발사 충격은 지의류에게 그다지 큰 문제가 아닌 듯하다. 2007년에 지의류는 지구에서 가장 깊은 장소인 마리아나 해구의 압력보다 100~500배나 높은 10~50기가파스칼의 충격파를 견딜 수 있다는 사실이 증명되었다. 이는 운석이 화성 표면으로부터의 탈출 속도에 도달하는 과정에서 그 운석으로부터 튕겨 나온 암석에 가해지는 충격압에 해당한다. 행성 대기권으로의 재진입은 더 큰 문제를 불러온다. 같은 해 박테리아와 바위 속에 사는 지의류 표본을 재진입 캡슐의 방열막에 붙였다. 캡슐 외부 표면이 지구 대기권을 통과하며 새카맣게 타는 동안 이 표본은 섭씨 2,000도가 넘는 고온에 30초 이상 노출되었다. 이 과정에서 바위는 녹아서 새로운 형태로 결정화되었다. 잔류물을 분석해보니 어떤 세포도 살아 있다는 징후가 발견되지 않았다.[27]

이런 발견에도 우주생물학자들은 실망하지 않았다. 일부에서는 생명체가 커다란 운석 안 깊은 곳에 감춰져 있었다면 이러한 극한 조건으로부터 보호받았으리라고 주장한다. 또 다른 이들은 우주에서 지구로 도달한 물질 대부분은 우주 먼지 유형의 미세 운석 형태였다고 지적한다. 우주 먼지같이 작은 알갱이들은 마찰을 덜 일으키고 따라서 대기권에 진입할 때 고온에 시달리지 않는다. 그러므로 로켓 캡슐보다 더 안전하게 생명체를 지구까지 운반했으리라는 것이다. 여러 과학자들이 희망 섞인 주장을 내놓고 있지만, 이 의문은 아직도 풀리지 않고 있다.

극한 환경이 만들어내는 공생 관계

지의류가 언제 처음 나타났는지는 아무도 모른다. 가장 이른 화석의 연대는 5억 년을 조금 넘지만, 지의류와 비슷한 유기체는 그보다 전에 발생했을 가능성도 충분하다. 지의류는 그 후로 아홉 번에서 열두 번 정도 독립적으로 진화했다. 오늘날 다섯 종류의 곰팡이 중 한 종은 지의류를 형성하거나 '지의류화lichenize'되었다. 어떤 곰팡이(페니실린을 생산하는 푸른곰팡이 같은)는 과거에는 지의류화되어 있었지만 지금은 그렇지 않아서, 탈지의류화de-lichenize 된 상태다. 또 어떤 곰팡이는 진화의 역사를 거치면서 광생물 파트너를 바꾸기도 — 재지의류화re-lichenize — 했다. 어떤 곰팡이에게는 지의류화가 선택으로 남아 있다. 이런 곰팡이는 지의류로 살 수도 있고 자신의 주변 환경에 의존하지 않고 살 수도 있다.[28]

곰팡이와 조류는 아주 작은 자극으로도 결합하는 것으로 밝혀졌다. 여러 유형의 자유생활 곰팡이와 조류를 함께 길러보면, 며칠 만에 서로에게 유익한 공생 관계로 발전한다. 곰팡이나 조류의 종이 달라도 문제되지 않는다. 사람 몸에 생긴 딱지가 아무는 데 걸리는 시간보다도 짧은 시간 안에 완전히 새로운 공생 관계가 생겨난다. 새로운 공생 관계가 '태어나는' 희귀한 순간을 포착한 이 놀라운 연구는 2014년 하버드대학교 연구진에 의해 논문으로 출판되었다. 조류와 함께 자라는 곰팡이는 초록색을 띠는 말랑말랑한 공 같은 형태로 합쳐진다. 에른스트 헤켈이나 베아트릭스 포터가 묘사한 정교하고 아름다운 지의류 형태는 아니다. 그러나 서로 모여 어울리기까지 수백만 년이 필요하지는 않다.[29]

그러나 아무 곰팡이가 아무 조류와 짝을 이루는 건 아니다. 공생 관계가 발생하기 위해서는 한 가지 결정적인 조건이 맞아 떨어져야 한다. 각 파트너가 상대방 혼자서는 할 수 없는 어떤 것을 해줄 수 있어야 한다. 생태적인 조합에 파트너의 정체성은 중요하지 않다. 생태이론가 W. 포드 둘리틀W. Ford Doolittle의 말에 따르면, 중요한 것은 "노래지 가수가 아니다." 이 발견은 극한 조건에서도 끄떡없는 지의류의 생존력을 분명하게 말해준다. 고워드가 지적하듯이, 지의류는 각각의 파트너가 혼자만의 힘으로 살아남기에는 너무나 혹독한 조건에서 살아남기 위해 '속도위반'을 저질러 결혼하게 된 연인과 비슷하다. 언제 어디서든 지의류가 처음으로 나타났다면, 이는 곧 그 지의류 바깥의 환경이 그 지의류를 이룬 파트너들이 홀로 살아가기에는 덜 우호적이어서, 제각각 독창으로 부르기에는 불가능했던 대사 작용의 '노래'를 함께 부르게 되었음 — 지의류로 살아가게 되었음 — 을 의미한다. 이런 관점에서 보면 극한미생물로서의 지의류, 극한에서도 살아남는 지의류의 생존력은 지의류 자체만큼이나 오래된 것이며 공생의 직접적인 결과라고 할 수 있다.[30]

극한미생물 지의류의 활동을 보기 위해 남극 드라이 밸리나 화성 시뮬레이션 시설에 가야할 필요는 없다. 해변에 가보아도 충분하다. 바위가 많은 브리티시컬럼비아의 해안에서 나는 지의류의 끈기가 가장 인상 깊었다. 바위에 달라붙은 조개삿갓의 경계선에서 1피트 위, 만조선 바로 위에 검은색 얼룩이 2피트 정도 넓이의 띠를 이루어서 바위를 빙 두르고 있었다. 마치 선착장에 바른 타르가 갈라진 모습과 비슷하다. 이 띠는 해안선을 따라 계속 이어져서 배를 타고 섬 주변을 항해하는 사람에게는 매우 중요한 표지가 된다. 닻을 내릴 때 만조 수위가 어느 정도 일지를 가늠하는 데 도움이 되기 때문이다. 지의류 띠는 그 위로 마른 땅이 이어진다는 표시이기도 하다.

그 검은 띠는 지의류의 한 종류인데, 보통 사람들은 그 띠가 살아 있는 유기체라는 사실을 상상도 하지 못한다. 지의류는 정교한 구조를 형성하며 자라지 않는다. 그럼에도 불구하고 북미대륙 서부해안을 따라 띠를 이루고 있는 히드로풍크타리아 마우라*Hydropunctaria maura*는 해수면 위에서 만날 수 있는 첫 번째 유기체다. 세계 어디를 가든 해안의 만조선 바로 위를 보면 비슷한 모습을 볼 수 있다. 해안에 있는 바위 대부분이 지의류를 띠처럼 두르고 있다. 지의류는 해초가 더 이상 자라지 않는 곳에서부터 자라기 시작하고, 일부는 수면 아래까지 내려간다. 태평양 한가운데 새로운 화산섬이 생긴다면 그 헐벗은 바위에서 제일 먼저 자라는 건 어디선가 날아온 포자, 바람이나 새가 물고 온 작은 조각으로부터 생겨난 지의류일 것이다. 빙하가 후퇴한 땅에서도 마찬가지다. 새로 드러난 바위에서 자라는 지의류는 범종설이라는 주제의 변주다. 막 맨살을 드러낸 바위의 표면은 호락호락하지 않은 섬이고 대부분의 유기체에게 생존 가능성이 크지 않은 장소다. 삭막하고 강렬한 직사광선에 바싹바싹 타들어가고, 거친 바람과 널뛰는 기온차에 고스란히 노출되어 있는, 지구 밖 다른 행성의 환경과 다를 바 없다.[31]

개체는 존재한 적이 없다

지의류는 유기체가 생태계로 녹아들고 생태계가 유기체로 굳어가는 자리다. 그러면서 '전체'와 '부분의 합' 사이를 흔들리며 오간다. 그 두 가능성 사이를 오락가락하는 것은 혼란스러운 경험이다. 개체를 뜻하는 영어 단어 'individual'은 '나눌 수 없는'이라는 뜻을 가진 라틴어에서 왔다. 지의류 전체가 개체일까? 아니면 지의류를 이루는 구성요소, 또는 부분이 개체일까? 이런 질문 자체가 온당할까? 지의류는 각 부분의 합이라기보다는 그 부분 사이의 교환이다. 지의류는 안정적인 관계의 네트워크이며, 지의류화를 결코 멈추지 않는다. 그들은 명사이면서 동시에 동사다.

몬태나주의 지의류학자 토비 스프리빌Toby Spribille도 지의류의 이 모호한 분류에 큰 관심을 가지고 있다. 2016년 스프리빌과 동료들은 《사이언스》에 2생명체가설을 통째로 뒤집는 논문을 한 편 냈다. 스프리빌은 지의류의 주요 진화 계통에 새로운 곰팡이 파트너를 소개했는데, 과학자들이 장장 150년 동안 그토록 면밀히 연구했음에도 불구하고 전혀 감지하지 못했던 파트너였다.

스프리빌의 발견은 우연이었다. 친구가 그에게 지의류 한 종을 갈아서 거기에 들어 있는 모든 유기체의 DNA 염기서열을 해독해달라고 부탁했다. 스프리빌은 간단하게 결과가 나올 것으로 기대했다. "교과서에서 배운 대로라면 간단했어요. 지의류는 두 유기체가 파트너 관계를 유지하고 있는 거라고 배웠으니까 말입니다." 그러나 들여다보면 볼수록 그렇게 간단하지 않다는 것을 알게 되었다. 같은 유형의 지의류를 분석할 때마다 그는 애초에 기대했던 곰팡이와 조류 외에 다른 유기체도 발견하곤 했다. "처음에는 어쩌다 지의류에 섞여든 '오염물질'이라고 생각했습니다. 그러다가 그런 '오염물질' 없는 지의류는 없다는 걸 깨달았죠. 그리고 그 '오염물질'이 놀랄 정도로 일관적이라는 것도 발견했습니다. 들여다보면 볼수록 예외 없는 규칙처럼 보였어요."

연구자들은 오래전부터 지의류가 곰팡이와 조류 외에 다른 공생 파트너도 포함하고 있을지도 모른다는 가설을 세우고 있었다. 어쨌든 지의류는 미생물군계를 품고 있지 않다. 지의류 자체가 두 중심적인 플레이어 외에 여러 곰팡이와 박테리아가 가득한 미생물군계다. 그럼에도 불구하고 2016년까지 안정적인 파트너십이 제대로 밝혀지지 않았다. 스프리빌이 발견한 '오염물질'인 단세포 효모 중 하나가 일시적인 더부살이 이상의 참여자라는 것이 밝혀졌다. 이 오염물질은 여섯 개 대륙에 분포하는 지의류에서 발견되었고, 이 물질이 추가됨으로써 완전히 다른 종으로 보일만큼 그 지의류의 생리현상에 중요한 영향을 미쳤다. 이 효모는 그 지의류의 공생 관계에 없어서는 안 될 제3의 파트너였다.

스프리빌의 핵폭탄급 발견은 시작에 불과했다. 2년 후 그의 팀은 흔히 늑대이끼wolf lichen라고 부르는, 연구가 가장 많이 진행된 종인 레타리아 불피나 *Letharia vulpina*에 제4의 곰팡이 파트너가 있음을 발견했다. 지의류의 정체성이 전보다 더 작은 조각으로 분해되었다. 그러나 스프리빌은 지의류의 구조가 아직도 지나치게 단순화되어 있다고 말했다. "지의류는 지금까지 발표된 어떤 논문의 설명보다도 훨씬 복잡합니다. 지의류의 '기본적인' 파트너는 지의류 그룹마다 다릅니다. 어떤 지의류에는 박테리아가 더 많고 어떤 지의류에는 적습니다. 어떤 지의류는 효모 한 종을 갖고 있는데 다른 지의류는 두 종을 갖고 있거나 하나도 갖고 있지 않죠. 흥미로운 것은, 그동안 우리가 전통적으로 갖고 있던 '하나의 곰팡이와 하나의 조류'라는 정의에 딱 맞는 지의류는 아직 발견하지 못했다는 겁니다." 새로운 곰팡이 파트너는 지의류에서 무엇을 하는지 물어보았다. "우리도 아직 확실히는 모릅니다. 그걸 확인하려고 시도할 때마다 어리둥절해집니다. 참여자들의 역할이 파악되는 게 아니라 더 많은 참여자를 만나게 되니까요. 깊이 파면 팔수록 점점 더 많은 참여자들이 발견됩니다."

스프리빌의 발견은 여러 연구자를 괴롭히고 있다. 지의류의 공생이 그동안 생각해왔던 것처럼 '고정적'이지 않다는 것을 의미하기 때문이다. "어떤 사람들은 공생을 이케아에서 파는 DIY 가구 같은 것으로 생각합니다. 분명하게 구분되는 부품이 있고, 부품마다 정해진 기능이 있어서 순서대로 조립하면 하나의 가구로 완성되는 것 말이죠." 스프리빌이 설명했다. 그러나 그의 발견은 다양한 범위의 서로 다른 참여자들이 지의류를 구성할 수 있고 그 참여자들이 '서로를 옳은 방향으로 자극할' 필요가 있음을 의미한다. 따라서 지의류에서는 '가수'의 정체성을 확인하는 것보다 그들이 하는 일, 즉 그들이 대사 과정에서 부르는 '노래'가 중요하다. 이런 관점에서 지의류는 상호작용하는 요소들의 카탈로그가 아니라 역동적인 시스템이라고 할 수 있다.

스프리빌의 발견은 2생명체 가설과는 매우 다른 그림이다. 슈벤데너가 그렸던 지의류는 곰팡이와 조류가 주인과 노예의 관계였고, 생물학자들은 둘 중 누가 주도권을 가지고 있느냐를 두고 다투었다. 그러나 이제는 듀엣이 트리오가 되었고, 트리오가 합창단과 다름없는 소리를 내는 4중창단이 되었다. 스프리빌은 지의류가 실제로 무엇인지 안정적이고 통일된 정의를 내놓는 것이 가능하지 않게 되었다는 사실에도 흔들리지 않는 것 같다. 사실 그것이 바로 핵심이다. 고워드는 종종 그 모순을 즐긴다. "연구 대상이 뭔지 전혀 정의할 수 없는 학문 분야가 나타난 겁니다."
힐먼은 지의류에 대해 이렇게 말했다. "그걸 뭐라고 부르든 상관없습니다. 하지만 그토록 급진적이면서도 통상적인 현상에는 분명 무슨 의미가 있을 겁니다." 100년 이상 지의류는 우리에게 여러 이야기를 들려주었고, 앞으로도 살아 있는 유기체란 무엇인가에 대한 우리의 지식에 도전을 계속할 것이다.[32]

한편 스프리빌은 몇 가지 새로운 단서를 추적하고 있다. "지의류에는 박테리아가 우글거리고 있어요." 그가 말했다. 사실 지의류에는 박테리아가 너무나 많이 들어 있어서, 일부 연구자들은 지의류가 불모의 서식지에 박테리아의 씨를 뿌리는 미생물 저장소 역할을 한다는 가설 — 범종설의 또 다른 변형 — 을 내세우기도 한다. 지의류 내부에서 어떤 박테리아는 방어를 맡고, 또 다른 박테리아는 비타민과 호르몬을 공급한다. 스프리빌은 박테리아의 역할이 여기서 그치지 않는다고 본다. "이런 박테리아 중 일부는 지의류 시스템을 하나로 묶어주고, 배양접시 속의 작은 점 하나 이상의 어떤 것을 형성하는 데 꼭 필요하다고 봅니다."

스프리빌은 〈지의류에 대한 기이한 이야기Queer theory for lichens〉라는 논문에 대해 이야기했다. ("구글에 'queer'와 'lichen'을 입력하면 가장 먼저 나옵니다.") 이 논문의 저자는 지의류가 인간으로 하여금 고리타분한 이분법적 프레임에서 벗어나 생각하는 방법을 알려주는 기이한 생명체라고 주장한다. 지의류의 정체성은 미리 정해져 있는 답이 아니라 새로운 질문이라는 것이다. 이어서 스프리빌은 지의류를 설명하는 데 도움이 될 법한 기이한 이론을 만들었다. "인간의 이분법적 사고는 답이 이분법적으로 나오지 않는 질문을 묻기 어렵게 만듭니다. 선정성 煽情性 에 대한 비난 의식이 선정성에 대한 질문을 하기 어렵게 만드는 것처럼 말입니다. 우리는 우리를 둘러싼 문화적 맥락을 바탕으로 질문을 던집니다. 우리는 스스로를 자율적인 개체라고 생각하기 때문에 지의류처럼 복잡한 공생 시스템에 대해서는 질문을 하기가 극도로 어렵습니다. 그러니 설명하기도 어렵죠."[33]

스프리빌은 공생하는 모든 유기체 중에서 지의류가 가장 '외향적'이라고 설명했다. 또한 몸을 공유하는 미생물 공동체로부터 지의류만큼 뚜렷이 구별할 수 있는 다른 유기체도 상상하기 어렵다. 유기체의 생물학적 정체성은 대부분 공생하고 있는 미생물 공생자로부터 따로 떼어 구분할 수 없다. 생태학 또는 생태 환경을 의미하는 영어 단어 'ecology'의 어원은 그리스어 'oikos'인데, 그 뜻은 '집', '가정' 또는 '사는 곳'이다. 우리 몸도 다른 모든 유기체와 마찬가지로, '사는 곳'이다. 생명은 처음부터 지금까지 생물군계 biome 에 둥지를 틀고 있다. 우리는 해부학적 근거로만 정의될 수 없다. 우리는 미생물과 몸을 공유하고 있으며, 우리 몸은 우리 자신의 세포보다 많은 수의 미생물 세포와 함께 이루어져 있기 때문이다. 예를 들어보자. 젖소는 풀을 소화시킬 수 없다. 그러나 젖소의 장 속에 사는 미생물은 그럴 수 있다. 젖소의 몸은 그런 미생물을 잘 보호할 수 있도록 진화했다. 또한 우리는 발달학적으로 정의될 수도 없다. 포유동물처럼 수정란으로부터 시작되는 유기체로서, 우리는 발달 프로그램의 일부를 통제하는 데 공생 파트너에 의지하기 때문이다. 우리를 유전학적으로 정의하는 것도 불가능하다. 우리는 쌍둥이 게놈을 공유하는 세포로 이루어진 몸으로서, '우리만의' DNA와 함께 어머니로부터 여러 미생물 공생 파트너를 물려받으며, 진화 역사의 어느 시점에서 미생물 협력자들은 우리 세포를 자신들의 숙주로 삼아 영원히 안착했기 때문이다. 식물의 엽록체가 그러하듯 우리 세포 속 미토콘드리아는 자신만의 게놈을 가지고 있고, 인간 게놈의 최소한 8퍼센트는 바이러스에서 기원했다(인간도 태중의 태아와 모체 사이에서는 세포 또는 유전물질을 교환할 때 형성되는 '키메라chimera'를 통해 개체 간 세포 교환을 할 수 있다). 면역세포가 '자신self'과 '타자nonself'를 구별하기는 하지만, 그렇다고 면역 시스템으로 개체성을 판별할 수도 없다. 면역 시스템은 외부의 공격자들과 맞서 싸우는 것만큼 우리 몸 안에서 살고 있는 미생물들과의 관계를 유지하는 역할도 하고 있으며 미생물을 막기보다는 미생물이 우리 몸 안에 자리를 잡는 데 도움을 주도록 진화한 것으로 보인다. 자, 이제 우리는 무엇으로 정의될 수 있을까? 아니면 이 모든 정의가 전부 적용될까?[34]

일부 연구자들은 하나의 단위로 행동하는 여러 유기체의 집합을 일컬어 '통생명체holobiont'라는 용어를 쓴다. 'holobiont'라는 단어는 그리스어 'holos'에서 온 말로, '전체whole'를 의미한다. 이 세상의 지의류는 통생명체이며, 부분의 합 이상의 실체다. 공생symbiosis과 생태 환경ecology처럼, 통생명체도 매우 유용한 단어다. 깔끔한 경계선으로 분별되는 자율적인 개체를 설명하는 단어가 있다면 그런 개체가 실제로 존재한다고 생각하기도 쉽다.[35]

통생명체가 유토피아적 개념은 아니다. 협업에는 언제나 경쟁과 협력이 뒤섞여 있다. 모든 공생자의 요구가 잘 조율되지 않는 경우도 많다.

우리 장에 사는 박테리아는 소화 시스템에서 중요한 역할을 하지만, 그 박테리아가 혈류로 섞여들면 치명적인 감염을 일으킨다. 우리는 이런 개념에 익숙하다. 가족은 가족으로 기능하고, 투어 공연을 하는 재즈 그룹은 멋진 공연을 보여주지만, 둘이 더해지면 긴장만 가득할 수도 있다.[36]

우리가 지의류에 대해 이야기하는 것은 하나도 어렵지 않을 수도 있다. 이런 종류의 관계 구축은 아주 오랜 진화론적 격언을 상기시킨다. 사이보그cyborg — 인공두뇌를 가진 유기체cybernetic organism의 줄임말 — 가 살아 있는 유기체와 기술적 장치의 융합을 의미한다면, 우리는 다른 모든 생명 형태처럼 심보그symborg, 또는 공생적 유기체symbiotic organism다. 생명을 공생의 관점에서 본 한 독창적인 논문의 저자들은 이 점에 대해서는 분명한 입장을 표명했다. 그들은 이렇게 선언했다. "개체는 존재했던 적이 없습니다. 우리는 모두 지의류입니다."[37]

주머니 속 바위 부스러기 사이에서

케이퍼호를 타고 떠돌 때, 우리는 해도를 보면서 많은 시간을 보냈다. 해도에는 우리에게 익숙한 바다와 땅의 역할이 뒤바뀌어 있다. 육지는 연갈색의 텅 빈 공간이다. 바다쪽은 여러 곡선과 표시, 섬 주변을 둘러싼 곡선으로 복잡하다. 이목구비 없는 얼굴처럼 어색하고 공허한 육지를 두고 그 주변으로 여러 개의 해로가 가지를 치며 갈라지거나 어디선가 모여 흐른다. 바다는 예측할 수 없는 수로의 네트워크를 통해 움직인다. 어떤 수로는 하루 중 일정한 시간에만 항해가 가능하다. 조수가 좁고 위험한 해협으로 밀려들면, 조류는 사람 키를 넘는 벽을 이루며 일어선다. 두 섬 사이에 난 유난히 까다로운 수로에서는 15미터가 넘는 파도의 소용돌이가 치면서 아름드리 통나무도 꿀꺽 삼켜버린다.

이런 수로에는 대부분 바위가 둘러서 있다. 화강암 절벽이 무너져 바다로 쓸려 들어간다. 절벽 위에 자라던 나무가 대롱대롱 매달려서, 천천히 함께 물에 잠긴다. 해안선, 나무, 이끼 그리고 지의류를 따라 파도가 휩쓸고 지나가며 표석과 암붕, 오랜 세월 빙하가 할퀴고 간 상처를 드러낸다. 이 땅의 대부분이 단단한 바위였다가 천천히 부스러졌다는 사실은 잊기 어렵다. 울퉁불퉁했던 바위 턱은 점점 경사가 심해진다. 형과 나는 종종 그런 바위 턱에서 밤을 보내곤 했다. 한번씩 그러고 나면 며칠이 지나도 바지 주머니에서 바위 부스러기들이 나왔다. 주머니를 뒤집어보면 마치 인간 별똥별이 된 기분이었고, 얼마나 많은 별똥별들이 예상치 못하게 지금 있게 된 그곳에서 또 새로운 생명을 만들까 궁금했다.

균사의
마음

곰팡이가
우리의 마음을 조종한다면

—

우리가 닿을 수 없는 세상이 있다.
그 세상이 말을 한다.
그 세상의 언어가 있다.
나는 그 세상이 하는 말을 전달한다.
성스러운 버섯이 나의 손을 잡고
모든 것을 알고 있는 세계로 이끈다.
나는 그들에게 묻고 그들은 내게 답한다.

마리아 사비나 María Sabina

"'매우 그렇다'에서부터 '전혀 그렇지 않다'까지 5점 척도로 평가한다면, 귀하가 평상시 갖고 있던 정체성을 얼마나 잃어버렸습니까? 순수한 존재를 어느 정도 경험했다고 느낍니까? 더 큰 전체와의 융합을 어느 정도 느낍니까?"

나는 임상 약물 실험부서의 침대에 누워 LSD 여행의 끝을 향해 가면서 이 질문에 대한 답을 찾고 있었다. 사방 벽이 나지막하니 숨을 쉬는 것 같았고, 스크린에 띄워진 단어에 집중할 수가 없었다. 뱃속에서 뭔가가 조용히 부글거렸고, 창밖의 버드나무는 선명한 초록색을 뿜어내며 흔들거렸다.

여러 '마법' 버섯종에 들어 있는 유효성분 실로시빈 psilocybin 처럼, LSD도 도취제 또는 영신제('내면의 신성'을 경험하게 이끄는 물질)로 분류된다. 시청각적 환각과 몽상을 유발하고 인지 작용과 정서적 감응에 강력한 변화를 일으키며 시간과 공간의 감각을 흐리게 만드는 등 다양한 효과를 불러오는 이 화학물질은 평소에 가지고 있던 지각능력을 흐트러뜨리고 의식에 작용하여 평상시에는 알지 못했던 더 깊은 곳까지 닿게 만든다. 이 물질을 써본 많은 사람이 신비로운 경험 또는 신성한 존재와 접촉했던 경험, 자연 세계와의 개방적인 교감, 확실한 경계가 그어져 있었던 자아의 상실감 등을 이야기한다.

내가 적당한 응답을 하기 위해 씨름하고 있던 심리 측정 질문지는 이런 경험을 평가하기 위해 설계된 것이었다. 그러나 어떤 페이지에서는 내 감각을 5점 척도로 평가하려고 하면 할수록 점점 더 혼란스러웠다. 초시간성의 경험을 어떻게 측정하지? 궁극적인 실체와의 합일의 경험을 어떻게 측정할 수 있지? 이런 건 정성적인 문제지 정량적인 문제는 아니잖아? 하지만 과학은 정량적인 건데…….

나는 꿈지럭거리며 숨을 깊이 들이쉬고는, 그 질문에 답하고자 다른 각도에서 접근하려고 해보았다. "당신이 지금 느끼는 신기함과 놀라움은 어느 정도입니까?" 내 아래의 침대가 살짝 움직이는 것 같았고, 피라미 떼들이 순식간에 흩어지듯이 내 머릿속에 모여 있던 여러 생각들이 한꺼번에 흩어져버렸다. "무한대의 경험은 어느 정도라고 보십니까?" 나는 불가능해보이는 임무가 주는 긴장 아래서 신음하는 과학적 절차를 느낄 수 있었다. 주체할 수 없는 웃음의 발작 앞에 나는 결국 참지 못하고 항복하고 말았다. 이런 발작적인 웃음도 LSD가 일으키는 통상적인 효과라고 사전 위험성 고지 때 설명을 들었다. "자신이 어디에 있는지에 대한 감각을 평소에 비해 어느 정도 상실한 것 같습니까?"

겨우 웃음의 발작으로부터 회복한 나는 천장을 올려다보았다. 생각 좀 해보자, 내가 어떻게 여기에 있게 되었지? 한 곰팡이가 마약을 만드는 데 쓰이는 화학물질을 만들도록 진화했다. 이 약물이 정말 우연히 발견되면서 인간은 새로운 경험을 하게 되었다. 약 70년 전, 인간의 정신에 미치는 LSD의 영향은 놀라움, 혼돈, 종교적 광기, 도덕적 공포 그리고 그 사이의 어중간한 모든 것을 불러일으켰다. LSD가 미친 영향은 20세기를 거쳐 꾸준히 정제되었지만, 지워지지 않을 문화적 찌꺼기를 남겼고 우리는 여전히 그 의미를 알아내려 애쓰고 있다. 그 효과는 언제나 그랬듯이 여전히 당황스럽고 혼란스러웠기 때문에, 나는 이를 밝혀내기 위한 임상 실험의 일부로 병실에 누워 있었다.

내가 정신줄을 붙들고 있느라 허우적거리는 것도 당연했다. LSD와 실로시빈은 만물의 개념 중에서도 가장 근본적인 것, 즉 우리 자신에 대한 개념을 포함하여 인간의 개념과 구조를 헝클어놓았다는 점에서 인간의 삶과 복잡하게 얽혀버린 곰팡이다. 실로시빈을 만들어내는 마법의 곰팡이가 고대 이래로 인간 사회의 의식과 영적인 가르침에서 중요한 역할을 하게 된 것은 인간의 정신을 예상 밖의 장소로 이끌어내는 효과 때문이다. 이 화학물질은 심각한 중독 행동, 다른 방법으로는 치유할 수 없는 우울증, 불치병 진단을 받았을 때 따라오는 실존적 번민 같은 증상을 완화시켜주는 강력한 약물이다. 이 약물에는 우리 정신의 경직된 습성을 누그러뜨리는 효과가 있다. 또한 우리 정신의 내면적인 경험을 바꾸어놓은 이 화학물질의 힘은 현대 과학의 틀 안에서 인간 정신의 본질을 이해하는 방식에 변화를 가져오는 데에도 도움을 주었다. 그럼에도 불구하고 이 곰팡이가 왜 이런 능력을 갖게 되었는지는 아직도 호기심과 추측의 원천으로 남아 있다.

나는 눈을 비비고 한쪽으로 돌아누우면서 스크린에 떠 있는 낱말들을 다시 한번 들여다보기 위해 용기를 짜냈다. "경험을 적절한 언어로 표현할 수 없는 느낌은 어느 정도입니까?"

동물을 조종하는 좀비 곰팡이

가장 능수능란하고 창의적으로 동물의 행동을 조종하는 하는 것이 바로 곤충의 몸 안에 사는 곰팡이 집단이다. 이 '좀비 곰팡이'는 숙주의 행동을 자신에게 확실히 이득이 되는 방향으로 조종한다. 곤충의 몸을 가로챔으로써 그 곰팡이는 자신의 포자를 퍼뜨리고 한살이의 주기를 완성하는 것이다.

훌륭한 연구 사례 중의 하나는 오피오코르디셉스 곰팡이*Ophiocordyceps unilateralis*로, 이 곰팡이는 목수개미carpenter ant 주변에서 살아간다. 이 곰팡이에 감염된 개미는 높이에 대한 본능적인 두려움을 잊어버리고 상대적으로 안전했던 자기 둥지를 떠나 가까운 식물을 타고 기어 올라간다. 이런 증상을 '서밋 디지즈summit disease'라고 한다. 때가 되면 곰팡이는 개미가 턱의 힘을 이용해 식물의 어느 한 부분을 '죽어도 놓치지 않을 정도'로 꽉 물고 있도록 — 이른바 '데스 그립death grip' — 만든다. 그러면 개미의 발에서 자라난 균사가 개미의 발이 식물에서 떨어지지 않도록 바느질하듯이 고정시킨다. 그 뒤 곰팡이는 개미의 몸을 먹어치우면서 개미의 머리를 관통해 줄기를 내고, 거기서 개미의 몸을 지나 아래를 향해 포자를 퍼뜨린다. 만약 그렇게 해도 포자가 목표 지점을 놓치면, 이번에는 인계철선 역할을 하는 실을 타고 바깥쪽으로 뻗어나가는 끈적끈적한 포자를 내놓는다.

좀비 곰팡이는 숙주 곤충의 행동을 대단히 정밀하게 제어한다. 오피오코르디셉스는 자실체를 생성하기 좋은 온도와 습도를 갖춘 곳에서 개미

· 개미의 몸에서 자라난 오피오코르디셉스 ·

가 식물을 물고 버티게 만든다. 대개 숲의 바닥으로부터 25센티미터 정도 높이다. 이 곰팡이는 개미가 태양의 방향에 맞추어 행동하게 만드는데, 이 곰팡이에 감염된 개미는 정오에 맞춰서 식물을 문다. 나뭇잎 아랫면은 물지 않고, 감염된 개미의 98퍼센트가 주요 잎맥을 문다.[1]

좀비 곰팡이가 어떻게 숙주 곤충의 마음을 조종할 수 있는지는 오랜 세월 연구자들을 괴롭힌 수수께끼였다. 2017년 곰팡이의 곤충 조종 행동을 연구해온 데이비드 휴즈David Hughes가 이끈 팀은 실험실에서 개미를 오피오코르디셉스에 감염시켰다. 연구자들은 개미가 식물을 깨무는 순간에 개미의 몸을 보존하여 절편으로 만든 다음, 개미의 조직 안에 살고 있는 곰팡이를 3차원 영상으로 재구성해보았다. 이를 통해 연구진은 곰팡이가 개미의 몸에서 어느 정도 인공장기화되어 있다는 사실을 발견했다. 감염된 개미의 생체 총량 중 40퍼센트가 곰팡이였다. 균사가 머리에서부터 다리까지 개미의 체강을 칭칭 휘감고, 개미의 근육섬유와 얽히고, 상호 연결된 균사체 네트워크를 통해 개미의 행동을 조종하고 있었다. 그러나 개미의 뇌에서는 곰팡이가 발견되지 않았다. 이상한 일이었다. 휴즈와 그의 팀은 개미의 뇌에 곰팡이가 없으리라고는 전혀 예상치 못했다. 곰팡이가 개미의 행동을 그토록 섬세하게 조종하려면 당연히 개미의 뇌 속에도 존재하고 있어야 한다고 생각했기 때문이다.[2]

그러나 곰팡이는 약리작용을 통해 개미를 조종하는 것으로 보였다. 연구진은 곰팡이가 개미의 뇌에 물리적으로 존재하지 않으면서도 개미의 근육과 중추신경계에 작용하는 화학물질을 분비함으로써 마치 꼭두각시 인형을 조종하듯 개미의 행동을 조종하는 것이 아닐까 추측했다. 그 약물이 무엇인지는 정확히 밝혀지지 않았다. 어쩌면 곰팡이가 개미의 뇌를 몸으로부터 완전히 단절시키고 근육의 수축을 직접 제어하는 것일지도 모른다. 그러나 무엇도 확실치 않다. 오피오코르디셉스는 스위스 화학자 알베르트 호프만이 LSD를 만드는 데 쓰이는 화합물을 처음으로 분리해낸 맥각균ergot fungi과 계통상 매우 가까운 사이이며, LSD를 뽑아낼 수 있는 여러 화학물질을 생산할 수도 있다. 이런 화합물 그룹을 '맥각 알칼로이드ergot alkaloid'라고 부른다. 오피오코르디셉스의 게놈 중 이 알칼로이드의 생산을 책임지는 부분이 감염된 개미의 몸 안에서 활성화되는 것으로 보아, 이 물질이 개미 행동의 조종에 어떤 역할을 한다고 추측할 수 있다.[3]

어떤 방법을 동원했든 간에, 곰팡이가 개미의 행동에 개입한다는 사실은 놀랍기 그지없다. 10년 이상을 연구하면서 수십억 달러의 비용을 투자하고도 약물을 이용한 인간 행동의 미세 조종 연구는 여전히 이렇다

할 성과를 내지 못하고 있다. 예를 들어 정신병 치료제는 특정 행동을 목표로 하지 않는다. 그저 진정 효과를 낼 뿐이다. 그에 비해 오피오코르디셉스는 개미가 위를 향하도록 식물을 타고 기어 올라가게 하고, 죽어도 떨어지지 않을 만큼 억세게 그 식물을 물게 할 뿐만 아니라 곰팡이가 자실체를 만들기에 가장 적합한 조건을 갖춘 나뭇잎의 특정 부위를 골라서 물게 만든다. 심지어 이 곰팡이의 성공률은 98퍼센트에 달한다. 이를 인간의 정신병 치료제와 비교해보라.

공정을 기하기 위해 덧붙이자면, 다른 여러 좀비 곰팡이와 마찬가지로 오피오코르디셉스도 아주 오랜 세월에 걸쳐서 이런 능력을 정교하게 다듬어왔다. 우리는 감염된 개미의 행동이 남긴 지질학적 흔적을 통해 그 세월을 가늠해볼 수 있다. 나뭇잎 잎맥에 개미가 억세게 물고 늘어졌던 자리에는 특유의 흉터가 남았고, 화석화된 그 흉터를 분석한 결과 이러한 행동의 기원은 4,800만 년 전인 에오세까지 거슬러 올라가는 것으로 밝혀졌다. 곰팡이는 동물에게 정신이 나타나기 시작한 때부터 동물의 정신을 조종해온 것이다.[4]

인간의 정신에 영향을 미치는 버섯

인간이 다른 유기체를 먹음으로써 평소와는 다른 정신 상태를 경험할 수 있다는 사실을 처음 발견한 것은 내 나이 일곱 살 때였다. 부모님과 나, 그리고 내 동생까지 온 가족이 부모님의 친구가 사는 하와이로 여행을 갔다. 그때 만났던 부모님의 친구 테렌스 맥케나Terence McKenna 아저씨는 철학자이자 민족식물학자이면서 또한 괴짜 작가였다. 아저씨는 이른바 향정신성 식물과 곰팡이에 지대한 관심을 갖고 있었다. 봄베이에서는 대마초를 밀수하고, 인도네시아에서는 나비를 수집하고, 캘리포니아 북부에서는 실로시빈 버섯을 길렀다. 우리가 방문했던 당시에는 하와이섬 마우나로아 화산 기슭의, 군데군데 구덩이가 패인 도로를 덜컹거리며 몇 킬로를 달려가야 나오는 외딴 곳에 보태니컬 디멘션Botanical Dimensions이라는 집을 짓고 살았다. 아저씨는 하와이에서 숲속 정원을 일구고, 희귀성 여부를 떠나 동물의 정신에 영향을 미치거나 의학적 효능이 있는 열대지방 식물을 채집해 살아 있는 도서관을 만드는 중이었다. 헛간을 가려면 물방울이 뚝뚝 떨어지는 나뭇잎 아래서 요리조리 그 물방울을 피하고 덩굴식물에 걸려 넘어지지 않도록 조심하면서 바람 부는 숲속 오솔길을 지나가야 했다. 거기서 길을 따라 몇 킬로미터만 내려가면 화산에서 분출되어 흘러내려 온 용암이 바닷물과 만나 부글부글 끓으면서 허연 수증기를 맹렬하게 내뿜었다.

맥케나 아저씨는 실로시빈 버섯에 엄청난 열정을 갖고 있었다. 아저씨는 1970년대 초반에 동생 데니스와 콜롬비아 아마존을 여행하다가 처음으로 그 버섯을 먹게 되었다고 한다. 그 후 '대담하게도' 이 버섯을 규칙적으로 복용한 아저씨는 자신에게 대중 연설에 필요한 재담과 임기응변의 재능이 있음을 발견했다. "수년간 실로시빈 버섯을 먹은 덕에 내 안에 있던 아일랜드인의 기질이 터보 엔진을 단 듯 폭발했다는 걸 깨달았지. 사람들 앞에서 이야기를 하면… 특히 초월성에 대해 말할 때는 말이지, 사람들이 완전히 내 말에 빨려드는 것 같았어." 아저씨가 회고했다. 설득력 있고 전파력 강한 맥케나 아저씨의 음유시인 같은 언변은 칭송하는 사람도 많았지만 비난하는 사람도 비슷하게 많았다.

보태니컬 디멘션에서 며칠을 지내다 나는 열병에 걸렸다. 모기장 안에 누워서 커다란 막자사발에 뭔가를 열심히 갈고 있는 맥케나 아저씨를 물끄러미 바라보던 기억이 난다. 나는 아저씨가 갈고 있는 것이 내 병을 치료할 약인 줄 알고 아저씨에게 뭘 하고 있는 거냐고 물었다. 아저씨는 바보스럽다고 느껴질 정도로 느리고 축 처진 목소리로, 그런 약을 만들고 있는 건 아니라고 말했다. "버섯 중에도 몇 가지 이런 종이 있는데 말이야, 그런 버섯처럼 이 식물도 사람을 꿈꾸게 만들 수 있지. 운이 좋으면 말도 하게 만들 수 있어. 아주 오래전부터 써오던 강력한 약이기는 하지만, 오싹하게 무섭기도 해." 아저씨는 날보고 늘쩍지근한 미소를 지어 보였다. 그러면서 나도 조금 더 크면 직접 그 약을 만들 수 있을 거라고 했다. 나중에 알고 보니 아저씨가 그때 만들던 것은 세이지의 사촌격인 향정신성 식물 살비아 디비노룸*Salvia divinorum*이었다. "하지만 지금은 안 돼." 아저씨가 말했다. 아저씨의 설명은 나를 오싹하게 만들었다.

동물의 세계에서는 중독성이 있는 것을 먹는 사례가 굉장히 많다. 베리를 먹고 술에 취한 듯 몽롱한 상태가 되는 새도 있고, 노래기를 핥아대는 여우원숭이도 있다. 나방은 정신에 작용하는 성분을 가진 꽃에서 꿀을 빨아먹는다. 그러고 보면, 어쩌면 우리는 인간이 되기 전부터 향정신성 약물을 사용하기 시작했는지도 모른다. 하버드대학교 생물학과 교수이자 정신에 작용하는 식물 및 곰팡이 연구의 권위자인 리처드 에반스

· 프실로키베 쿠벤시스 *Psilocybe cubensis* ·

슐츠Richard Evans Schultes 교수는 이런 물질의 효과는 "설명할 수 없는 경우가 많고 정말로 오싹하다"고 썼다. "의심할 바 없이, [이 화합물은] 오래전부터 알려져 있었고 인간이 수많은 시행착오를 거치며 주변의 식물을 이용하던 때부터 경험적으로 이용되어왔다." 이런 물질들 다수가 '기이하고 신비롭고 혼란스러운' 작용을 일으키며, 실로시빈 버섯처럼 인간의 문화와 영적 경험 안에 밀접하게 녹아 있다.

향정신성 성분을 포함하고 있는 곰팡이가 몇 가지 있다. 대표적인 예가 자실체의 갓 부분에 빨간색과 흰색 반점이 찍힌 광대버섯*Amanita muscaria*인데, 시베리아 일부 지역에서는 샤먼이 먹기도 한다. 이 버섯을 먹으면 행복감을 느끼면서 환각을 경험한다. 맥각균은 환각에서부터 발작, 참을 수 없는 열감 熱感 까지 다양하고 소름끼치는 효과를 일으킨다. 불수의근 경련은 맥각병의 주요 증상인데, 인체에서 근육수축을 일으키는 맥각 알칼로이드의 힘은 오피오코르디셉스에 감염된 개미에게서 나타나는 효과의 판박이라 할 수 있다. 르네상스 시대 화가 히에로니무스 보스Hieronymus Bosch가 묘사한 여러 섬뜩한 그림은 맥각중독 증상으로부터 영감을 받았던 것으로 보이며, 일부에서는 14세기부터 17세기까지 번졌던 '무도병dancing mania'도 경련성 맥각중독증이 원인이었다는 가설을 내놓았다.[5] 당시 여러 마을에서 수백 명의 마을 사람들이 며칠씩 쉬지 않고 춤을 추었다고 한다.

가장 오래전부터 실로시빈 버섯을 써왔으며 이 버섯에 대한 기록이 잘 남아 있는 곳은 멕시코다. 도미니크 수도회 수사인 디에고 두란Diego Durán은 1486년 아즈텍 황제의 대관식 때 '신의 몸'이라고 알려진 향정신성 버섯이 식사로 제공되었다고 보고했다. 스페인 국왕의 왕실 의사였던 프란시스코 에르난데스Francisco Hernández는 '먹어도 죽지는 않지만 상당히 오래 지속되는 광중 狂症을 일으키는데 그 증상은 주체할 수 없이 웃음이 터져 나오고 (…) 그렇지 않을 경우에는 눈앞에서 전쟁이나 악마 같이 무시무시한 온갖 환각이 펼쳐지는' 버섯에 대해서 설명했다. 프란시스코 수도회 수사인 베르나르디노 데 사아군Bernardino de Sahagún, 1499~1590은 그 버섯을 먹은 사람의 증상을 다음과 같이 생생하게 묘사했다.

그들은 이 버섯을 꿀과 함께 먹었다. 버섯의 효과가 나타나기 시작하자 어떤 이는 춤을 추고, 어떤 이는 노래를 불렀으며, 어떤 이는 훌쩍훌쩍 울었다. (…) 노래를 부를 마음이 없는 사람은 자기 자리에 앉아 명상을 하는 것처럼 가만히 있었다. 어떤 이는 자신이 죽어가는 환영을 보고는 눈물을 흘렸고, 또 어떤 이는 산채로 야수에게 잡아먹히는 환영을 보았다. (…) 버섯의 중독증상이 사라지자 사람들은 각자 자신이 보았던 환영에 대해 이야기했다.

중앙아메리카에서 버섯을 식용으로 섭취한 기록은 15세기까지 거슬러 올라가지만, 그 지역에서 실로시빈 버섯을 먹기 시작한 것은 그 전부터였음이 확실하다. 기원전 2000년경에 세웠을 것으로 추정되는 버섯 모양의 석상 수백 개와 스페인 정복자들이 남긴, 깃털 달린 신이 버섯을 높이 쳐들고 먹는 모습을 묘사한 기록보다 더 앞선 시대의 기록도 발견되었다.

맥케나 아저씨의 관점에서 보면 사람이 실로시빈 버섯을 먹기 시작한 지는 우리의 예상보다 훨씬 오래되었으며, 인류의 생물학적, 문화적, 영적 진화의 시초부터 있었던 일이었다. 종교 조직, 복잡한 사회조직, 상업과 초기 예술은 5만 년에서 7만 년 전이라는 비교적 짧은 인간의 역사 속에서 시작되었다. 이러한 발전의 기폭제가 무엇이었는지는 아직 아무도 모른다. 일부 학자들은 복잡한 언어의 탄생이 그 원인이라고 지목한다. 또 다른 학자들은 인간의 뇌 구조에 변화를 가져온 유전적 돌연변이 가설을 내세운다. 맥케나 아저씨는 구석기 시대 원시문화의 안개 속에 갇혀 있던 인간에게 자기반성, 언어, 영성의 첫 불꽃을 일으킨 것이 바로 실로시빈 버섯이라고 생각했다. 맥케나 아저씨에게 버섯은 지식의 나무의 원조였다.

알제리 남부 사하라 사막의 건조한 열기에 의해 보존된 동굴화를 본 맥케나 아저씨는 그것이 고대 인류가 버섯을 소비했다는 가장 인상적인 증거라고 여겼다. 기원전 9000년부터 7000년 사이에 그려졌을 것으로 추정되는 타실리Tassili 벽화에는 동물의 머리를 하고 어깨와 팔에서 버섯처럼 생긴 형태가 솟아난 신의 모습이 들어 있다. 맥케나 아저씨는 우리의 선조들이 '버섯이 드문드문 자라는 열대와 아프리카 아열대 초원'을 누비다가 '실로시빈이 들어 있는 버섯을 발견해 그것을 먹으면서 이 버섯을 신격화했다'고 보았다. 암흑이었던 호미니드의 정신세계에 언어, 시, 의식 그리고 사고가 싹트기 시작했던 것이다.

'마약 원숭이stoned ape' 가설에는 여러 변형이 있지만, 대부분의 기원설이 그렇듯 '옳다, 아니다'를 판별하기는 어렵다. 실로시빈 버섯이 식용으로 소비되는 곳에서는 어디서나 추측과 가설이 난무한다. 지금까지 남아 있는 텍스트나 유물은 부족하고, 그나마도 대부분 애매모호하다. 타실리 벽화는 버섯의 신을 표현한 것일까? 그럴 수도 있다. 하지만 아닐 가능성도 배제하지 못한다. 네안데르탈인의 치태, 아이스맨, 그 외에도 잘 보존된 미이라로부터 나온 증거는 버섯을 식용이나 약용으로 썼던 인류의 지식은 수천 년 전으로 거슬러 올라간다는 것을 증명한다. 그러나 실로시빈 버섯의 흔적이 남아 있는 미이라는 발견된 적이 없다. 몇몇 유인원종은 버섯을 먹이로 찾아다니고 실제로 먹기도 한다고 알려져 있지만, 문서로 세밀하게 정리된 사례는 없다. 일부 학자들은 고대 유라시아 사람들이 실로시빈 버섯을 종교의식의 일부로 썼다고 추측하고 있는데, 가장 잘 알려진 예가 고대 그리스에서 치러졌던 비밀의식인 엘레우시스의 신비Eleusinian Mysteries로, 플라톤을 비롯해서 많은 선각자들이 이 의식에 참여했던 것으로 여겨진다. 다만 이 역시 분명한 기록으로 남아 있지는 않다. 그러나 증거의 부재가 곧 부재의 증거일 수는 없다. 여기서 추측이 필요해진다. 실로시빈이라는 터보 엔진 덕에 맥케나 아저씨는 예술의 대가가 되었다.[6]

곰팡이가 동물의 마음을 조종하다

오피오코르디셉스는 적어도 두 가상 괴물의 탄생을 불러왔다. 비디오게임 〈라스트 오브 어스The Last of Us〉의 식인괴수와 소설 《모든 재능을 가진 소녀The Girl with All the Gifts》* 속의 좀비가 바로 그 괴물이다. 이상하게 들릴 수도 있지만, 이 괴물들은 진짜 특별한 케이스다. 진화의 변방에서 얻어진 결과물이라고나 할까. 그러나 오피오코르디셉스는 매우 활발하게 연구가 진행된 사례다. 오피오코르디셉스가 개미에게 하는 것 같은 조작 행위가 특수하지는 않다. 균계 내부의 서로 관련 없는 계통 사이에서 여러 차례 이러한 진화가 발생해왔다. 그리고 곰팡이가 아닌 기생생물 중 많은 수가 숙주의 마음을 조종하는 능력을 가지고 있다.[7]

곰팡이는 숙주의 행동을 조절하는 생화학적 다이얼을 여러 방법으로 조작한다. 어떤 곰팡이는 곤충의 방어 반응을 무력화하는 면역억제제를

---

* 2016년에 동명의 영화가 개봉되었는데, 영화의 한국어판 제목은 〈멜라니: 인류의 마지막 희망인 소녀〉였다.

이용한다. 여기에 쓰이는 화합물 두 가지는 바로 이런 이유로 의약업계에서 중요하게 쓰이게 되었다. 시클로스포린Cyclosporine은 장기이식을 가능하게 해주는 면역억제제다. 마이리오신Myriocine은 블록버스터급 다발성경화증 치료제인 핑고리모드fingolimod가 되었는데, 중국의 일부 지역에서 불로장생의 묘약이라고 불리는, 곰팡이에 감염된 말벌에서 추출된다.

2018년, 캘리포니아대학교 버클리 캠퍼스 연구진은 엔토모프토라Entomophthora의 놀라운 기술을 상세히 밝힌 논문을 발표했다. 엔토모프토라는 파리에 기생하며 파리의 정신을 조종하는 곰팡이다. 이 곰팡이는 오피오코르디셉스와 비슷한 측면이 있어서, 이 곰팡이에 감염된 파리는 높은 곳으로 기어 올라간다. 감염된 파리가 먹이를 먹으려고 주둥이를 쭉 내밀면, 곰팡이에게서 나온 접착제가 파리의 주둥이를 주둥이가 닿는 표면에 철썩 붙여버린다. 그렇게 해놓고 곰팡이는 지방 성분에서부터 시작해 파리의 몸을 야금야금 먹어치우다가 마지막에는 중요한 장기까지 먹어버린다. 파리의 몸을 어느 정도 소화하고 나면, 파리의 등에서 줄기를 뻗어낸 다음 포자를 공기 중에 퍼뜨린다.

연구진은 엔토모프토라 곰팡이가 다른 곰팡이를 감염시키는 것이 아니라 곤충을 감염시키는 바이러스를 갖고 있다는 놀라운 사실을 발견했다. 이 논문의 제1저자는 이 발견을 과학계에서 '가장 기이한 발견 중의 하나라고 보고했다. 이 발견이 '기이하다'는 의미는, 이 곰팡이가 바이러스를 이용해서 동물의 마음을 조종한다는 데 있다. 아직 가설 단계지만 상당히 개연성이 있는 논리다. 엔토모프토라가 기생하고 있는 말벌에 의해 이 바이러스에 감염된 무당벌레는 몸을 부들부들 떨다가 그 자리에 못 박힌 듯 꼼짝도 하지 못하고 말벌의 알을 지키는 경비병 신세가 된다. 마음을 조종하는 바이러스를 이용함으로써, 이 곰팡이는 자신이 깃들고 있는 곤충 숙주의 마음을 조종하는 능력을 굳이 스스로 진화시킬 필요가 없었을 것이다.

좀비 곰팡이 이야기 중에서 가장 기이한 사례 중 하나가 웨스트버지니아대학교의 맷 카슨Matt Kasson과 그의 팀이 수행한 연구에서 나왔다. 카슨은 마소스포라Massospora를 연구하는데, 이 곰팡이에 감염된 매미는 몸의 3분의 1이 부서지면서 꽁지 부분에서 곰팡이의 포자를 퍼뜨린다. 이 곰팡이에 감염된 수컷 매미 ─ 카슨의 말을 빌리자면 '날아다니는 죽음의 후추통' ─ 는 곰팡이에 감염되어 이미 오래전에 생식기가 다 부서지고 흩어졌음에도 불구하고 성적으로 과도하게 활성화되어 성욕이 넘치는 상태가 된다. 이 곰팡이가 숙주의 몸을 파괴하고도 그 몸을 얼마나 교활하게 이용하는지 알 수 있는 대목이다. 몸은 다 망가져 가는데도 이 매미의 중추신경계는 멀쩡하게 작용한다.

2018년, 카슨과 그의 팀은 매미의 부서진 몸에 플러그처럼 박혀 있는 곰팡이의 화학적 프로필을 분석했다. 연구팀은 이 곰팡이가 카티논cathinone을 생산하고 있음을 발견하고 깜짝 놀랐다. 카티논은 오락성 약물인 메페드론과 같은 종류에 속하는 암페타민의 일종이다. 카티논은 카트khat, *Catha edulis* 잎에서 자연스럽게 생겨난다. 카트는 아프리카 동쪽 끝과 중동에서 재배되는 나무인데, 그 자극적인 효과 때문에 사람들이 수백 년 전부터 입에 넣고 씹었다. 카티논은 이 식물 외에는 어디에서도 발견된 바가 없었다. 더욱 놀라운 것은 실로시빈의 존재였다. 실로시빈은 곤충의 몸에 침입한 곰팡이에 가장 흔히 존재하는 화학물질 중 하나지만, 사람이 그 효과를 느끼려면 이 곰팡이에 감염된 매미를 수백 마리는 잡아먹어야 한다. 마소스포라는 실로시빈을 생산하는 것으로 알려진 종과는 진화의 강에서 수억 년의 거리가 있는 전혀 다른 균계에 속한다. 실로시빈이 곰팡이의 진화의 나무에서 그토록 멀리 떨어진 자리에서 나타나, 전혀 다른 상황에서 행동을 조종하는 역할을 해왔다는 사실을 의심하는 사람은 거의 없다.[8]

마소스포라가 환각물질과 암페타민으로 숙주를 취하게 해서 얻는 것은 정확히 무엇일까? 연구진은 이 화학물질이 곰팡이가 곤충을 조종하는 데 일정한 역할을 하고 있다고 추정한다. 그러나 그 메커니즘에 대해서는 정확히 알지 못한다.[9]

곰팡이의 변신 이야기

환각 경험의 원인에는 종종 잡종 또는 이종 간 생성물이 개입되어 있다. 신화나 민담 역시 늑대인간이라든가 켄타우로스, 스핑크스, 키메라 같은 반인반수 이야기로 가득하다. 오비디우스의 《변신 이야기》는 변신하는 상상의 동물을 모아둔 카탈로그나 다름없다. 심지어는 '비온 후에 돋은 곰팡이에서 생겨난 사람'도 있다. 여러 전통 문화에서 반인반수와 같은 혼성 생명체의 존재를 믿고 있으며 유기체 사이의 경계는 유동적이라고 믿는다. 인류학자 에두아르도 비베이로스 데 카스트로Eduardo Viveiros de Castro는, 아마존 지역의 토착 서먼들은 일시적으로나마 다른 동물과 식물의 몸과 마음에 깃들 수 있다고 믿는다는 보고를 내놓기도 했다. 인류학자 레인 윌러슬레브Rane Willerslev는 엘크 사냥을 나갈 때면 엘크처럼 입고 엘크처럼 행동하는 시베리아 북부 유카기르Yukaghir 부족의 전통에 대해 썼다.

이러한 설명은 생물학적 가능성의 한계를 확장하는 것으로 보이며 현대 과학계 내부에서도 보기 드물게 신중하게 받아들여지고 있다. 그러나 공생 연구는 생명이 혼성 생명 형태로 가득 차 있음을 밝히고 있다. 그중 하나가 지의류로, 지의류는 서로 다른 여러 가지 유기체로 구성되어 있다. 사실 모든 식물과 곰팡이 그리고 인간을 포함한 동물도 어느 정도는 하이브리드 생명체라고 보아야 한다. 진핵세포 자체가 하이브리드이며, 우리는 모두 다종다양한 박테리아, 미생물과 몸을 공유하고 있어서 그들이 없으면 정상적으로 성장하거나 행동할 수 없을 뿐만 아니라 번식도 불가능하다. 어쩌면 우리 몸속 유익균 중 많은 수가 오피오코르디셉스처럼 숙주를 조종하는 능력을 가진 기생 생물체일지도 모른다. 동물의 장 속에서 살면서 동물의 신경계에 영향을 미칠 수 있는 화학물질을 생산하는 수십억 개의 박테리아, 곰팡이와 숙주 동물의 행동 사이를 연결하는 연구가 점점 늘어나고 있다. '미생물군계-장-뇌'의 축을 따라 일어나는 장내 미생물과 뇌 사이의 상호작용은 새로운 분야를 탄생시킬 만큼 영향력이 크다. 그러나 심리를 조종하는 곰팡이는 여전히 가장 드라마틱한 혼성 유기체의 사례로 남아 있다. 휴즈의 말을 빌리자면, 감염된 개미는 '개

미의 옷을 입은 곰팡이'다.[10]

이러한 변신을 과학적인 사고의 틀 안에서 이해할 수도 있다. 리처드 도킨스는 《확장된 표현형》에서 유전자는 유기체의 몸을 만드는 명령만 전달하는 것이 아니라고 지적한다. 유전자는 특정 행동을 일으키는 명령도 전달한다. 새의 둥지는 새가 가진 게놈의 외향적 표현의 일부다. 수달의 댐은 비버가 가진 게놈의 외향적 표현의 일부다. 개미의 데스 그립은 오피오코르디셉스 곰팡이가 가진 게놈의 외향적 표현의 일부다. 도킨스는, 유전된 행동일지라도 한 유기체의 외향적 표현 — 이를 '표현형'이라고 한다 — 은 세상을 향해 확장된다고 주장한다.

도킨스는 확장된 표현형이라는 개념에 '엄격한 조건'을 적용했다. 순전히 이론적인 개념이지만, 그는 이 개념이 '매우 제한적인 추론'임을 충실하게 강조한다. 표현형이 지나치게 확장되는 것을 막기 위해서는 세 가지의 중요한 기준이 있다(비버가 만드는 댐이 비버의 게놈의 표현이라면, 댐의 상류를 이루는 연못은 무엇이며, 그 연못에 사는 물고기는 무엇이며…).

첫째, 확장된 기질이 유전되어야 한다. 예를 들어 오피오코르디셉스는 개미를 감염시키고 조종하는 약리적 재능을 대물림한다. 둘째, 확장된 기질은 세대마다 달라야 (변형되어야) 한다. 어떤 오피오코르디셉스는 다른 오피오코르디셉스에 비해 개미의 행동을 더 정교하게 조종한다. 마지막으로 이것이 가장 중요한데, 변형은 유기체의 '적응도fitness'라는 성질로 알려진 생존 능력과 번식 능력에 영향을 주어야 한다. 숙주 곤충의 움직임을 더 정확하게 조종할 수 있는 오피오코르디셉스는 다른 오피오코르디셉스보다 자신의 포자를 더 잘 퍼뜨릴 수 있다. 이 세 가지 조건

— 기질이 유전되고, 변형되며, 그 변형이 유기체의 적응도에 영향을 준다 — 이 충족된다면, 확장된 특질은 자연선택에 따를 것이며 그 특질이 발현된 몸이 진화한 경로와 유사한 경로를 따라 진화할 것이다. 더 튼튼한 댐을 만드는 비버는 살아남을 확률이 더 높고, 따라서 더 튼튼한 댐을 만드는 능력을 물려줄 확률도 높아진다. 그러나 인간이 건설한 댐 — 또는 비슷한 모든 건축물 — 은 확장된 표현형의 일부로 간주되지 않는다. 인간은 우리의 적응도에 직접 영향을 끼치는 특정 구조물을 짓는 본능을 갖고 태어나지 않았기 때문이다.

한편, 서밋 디지즈와 데스 그립은 개미의 행동이 아니라 완전하게 곰팡이의 행동으로 간주된다. 곰팡이는 꿈틀거리는 근육질에 중추신경계까지 갖춘 동물의 몸을 갖고 있지도 않고 걷거나 날거나 입으로 뭔가를 깨무는 능력도 갖고 있지 않다. 그래서 곰팡이는 다른 유기체의 몸을 징발한다. 이 전략은 기가 막히게 맞아 떨어져서, 곰팡이는 급기야 이 전략이 없으면 생존할 수도 없는 지경에 이르렀다. 오피오코르디셉스는 한살이의 어느 한 시기에는 반드시 개미의 몸을 입고 있어야만 한다. 19세기 심령주의자들은 인간 영매에게 죽은 자의 영혼이 씐다고 믿었다. 스스로의 몸이나 목소리가 없는 영혼은 말하고 행동하려면 살아 있는 사람의 몸을 빌려야 한다고 믿었다. 이와 마찬가지로 숙주의 마음을 조종하는 곰팡이는 숙주 곤충에게 씐다. 감염된 개미는 더 이상 개미처럼 행동하지 않고 곰팡이의 영매가 된다. 휴즈가 오피오코르디셉스에 감염된 개미를 '개미의 옷을 입은 곰팡이'라고 말한 것이 바로 이런 맥락에서였다. 곰팡이에게 조종당하는 개미는 세상과의 관계, 다른 개미와의 관계, 그리고 행동의 지침과도 같은 개미의 본디 진화 과정에서 벗어나고, 오피오코르디셉스는 개미의 진화의 과정에 올라탄다. 진화의 과정에 있어서 심리적으로나 행동상으로나 개미가 곰팡이가 되는 것이다.

곰팡이가 불러오는 심오한 신비적 경험

오피오코르디셉스를 포함해 곤충을 조종하는 곰팡이는 그들이 영향을 끼치는 동물에게 해를 입히는 주목할 만한 능력을 발달시켜왔다. 실로시빈 버섯이 인간이 직면한 광범위한 질병을 치유할 놀라운 능력을 가지고 있다는 사실이 여러 연구를 통해 점점 자세히 밝혀지고 있다. 어떤 의미에서는 매우 큰 뉴스다. 2005년부터 치밀하게 통제된 실험과 최신 뇌 스캔 기술이 환각 경험을 과학적인 언어로 해석하는 연구진들을 돕고 있다. LSD를 연구하는 병원을 내 발로 찾아갔던 것도 바로 이런 환각 연구의 새로운 물결 덕분이었다. 이렇게 나온 최신 연구 결과는 1950~1960년대 연구진의 주장을 폭넓게 확인해주었다. 당시의 연구진은 LSD와 실로시빈을 다양한 정신 질환에 효과가 있는 기적의 치료제라고 생각했다. 어떤 의미에서는 현대 과학의 테두리 안에서 이루어진 이런 연구의 상당수가, 그 시작이 언제였는지 알 수 없을 정도로 오래전부터 정신에 작용하는 식물과 곰팡이를 약물 또는 심령술 도구로 사용해온 여러 전통 문화와 그 전통 문화 속에서 잘 알려진 내용들을 폭넓게 인정하는 것이다. 이런 관점에서 보면 현대 과학은 그저 열심히 뒤를 따라가고 있을 뿐이다.

최근에 이루어진 여러 연구 결과는 기존의 약물 치료법 기준에서 보자면 매우 특별하다. 2016년, 뉴욕대학교와 존스홉킨스대학교의 두 자매 연구팀은 말기암 판정을 받은 뒤 불안감, 우울증과 함께 '실존적 고통 existential distress''으로 고생하는 환자들에게 심리치료와 함께 실로시빈을 처방했다. 실로시빈을 1회 투약하자 실험 대상 환자 중 80퍼센트에게서 심리적 증상이 눈에 띄게 감소했고, 그 효과는 투약 후 6개월까지 지속되었다. 실로시빈은 "사기 저하와 무기력감을 감소시키고 정신적 건강을 증진시켰으며 삶의 질을 높여주었다." 실험 참가자들은 "강렬한 기쁨, 행복감, 사랑을 느꼈다"라고 묘사했으며, "혼자 고립되었다는 느낌에서 사람들과 서로 연결되어 있다는 느낌으로 바뀌었다"고 설명했다. 70퍼센트 이상의 실험 참가자들이 이때의 경험을 평생 가장 의미 있는 경험 다섯 가지 중 하나로 꼽았다. "그게 무슨 의미냐고 물을 수도 있겠죠." 두 연구 중 한 연구에서 수석 연구자였던 롤랜드 그리피스Roland Griffiths가 인터뷰에서 말했다. "처음에는 저도 그 환자들이 애초에 너무 무기력한 삶을 살고 있었던 건 아닐까 의심했습니다. 하지만 아니었어요." 참가자들은 실험에서의 경험을 자신의 첫 아이가 태어나던 순간 또는 부모가 세상을 떠나던 순간과 비교했다. 이 두 연구는 현대 의학 역사상 가장 효과적인 심리치료 연구 중 하나로 여겨진다.

사람의 정신과 인격에 심대한 변화가 찾아오는 경우는 흔치 않으므로

---

* 사람이 자신의 죽음을 예감할 때 경험하는 괴로움.

이런 급격한 변화가 그토록 짧은 기간에 찾아왔다는 사실이 놀라울 따름이다. 그러나 이런 결과가 극단적으로 이례적이지는 않다. 최근의 몇몇 연구에서도 사람의 정신, 외모 그리고 생각에 드라마틱한 효과를 일으켰다는 결과가 보고되었다. 여러 연구팀이, 내가 앞서 논쟁의 여지가 있음을 제기했던 심리 측정 설문을 이용해서 실로시빈이 일으켰다고 믿을 만한 경험을 '신비적'인 것으로 분류했다. 신비적인 경험에는 경외심, 타인과 상호 연결되어 있다는 느낌, 시공간을 초월한다는 느낌, 현실의 본질에 대한 심오하고 직관적인 이해, 깊은 사랑과 평화 및 기쁨의 느낌 등이 포함된다. 때로는 자아의 경계가 사라진 느낌도 포함한다.

실로시빈은 사람의 정신에 오래도록 지속되는 인상을 남길 수 있다. 마치 《이상한 나라의 앨리스》에 나오는, '몸뚱이가 사라지고도 오랫동안 남아 있는' 체셔캣의 웃는 얼굴처럼 말이다. 한 연구에서, 실험에 자원한 심신이 건강한 참가자에게 실로시빈을 고용량으로 단 1회 투약했더니 새로운 경험에 대한 개방적인 자세가 더 확대되었고, 심리적인 건강도 강화되었으며 삶에 대한 만족도도 높아진 것으로 나타났다. 뿐만 아니라 이러한 변화는 대부분 1년 이상 지속되었다. 알코올 중독자의 금주와 흡연자의 금연에도 실로시빈이 도움이 된다는 것을 밝혀낸 연구도 있다. 다른 연구에서도 참가자들이 스스로 자연 세계와 연결되어 있다는 느낌이 강해지고, 그러한 느낌이 장기간 지속된다는 결과를 얻었다.[11]

최근에 돌풍을 일으키고 있는 실로시빈 연구에서 몇 가지 테마가 나타나기 시작했다. 가장 흥미로운 부분은 실로시빈 실험 참가자들이 자신의 경험을 이해하는 방식이다. 마이클 폴란이 《마음을 바꾸는 법How to Change Your Mind》에서 밝혔듯이, 실로시빈을 복약한 사람들은 대부분 자신의 경험을 현대 생물학의 기계론적인 언어로 설명하거나, 자신의 뇌 속에 떠돌아다니는 분자의 행동으로 해석하지 않는다. 그 반대다. 폴란은 자신이 인터뷰한 사람들 중 대다수가 "철벽같은 유물론자 또는 무신론자로 출발했다. (…) 그러나 그들 중 일부는 우리가 아는 것 이상의, 물리적 우주를 초월한 '저 너머의' 무언가가 틀림없이 존재한다는 믿음을 갖게 하는 '신비로운 경험'을 했다." 이는 새로운 수수께끼였다. 어떤 화학물질이 심오하고 신비로운 경험을 이끌어낼 수 있다는 사실은 현대의 지배적인 과학적 견해, 즉 우리의 주관적 세계는 우리 뇌의 화학적 활동에 뿌리를 두고 있으며 영적 믿음과 영성의 경험도 결국은 물질적이고 화학적인 현상에서 출발한다는 주장을 뒷받침하는 것으로 보인다. 그러나 폴란이 지적하듯이, 이와 같은 경험은 너무도 강력해서 사람들로 하여금 비물질적인 현실, 다시 말해 종교적 믿음의 원천이 존재한다고 굳건히 믿게 한다.[12]

우리의 자아가 더 넓어진다면

오피오코르디셉스와 장내 미생물은 동물의 몸속에 살면서 그 동물의 정신에 영향을 끼치고 화학물질의 분비를 실시간으로 미세하게 조종한다. 실로시빈 버섯은 이런 경우는 아니다. 하지만 합성 실로시빈을 사람에게 주입하면 완전히 똑같은 심리적, 영적 효과를 이끌어낼 수 있다. 어떻게 그럴 수 있을까?

일단 체내로 들어가면, 실로시빈은 실로신이라는 화학물질로 바뀐다. 실로신은 평상시 세로토닌이라는 신경전달물질에 의해 자극을 받는 수용체를 자극함으로써 뇌의 활동을 일으킨다. 우리 몸에서 가장 널리 쓰이는 화학적 메신저를 모방함으로써, 실로신은 LSD처럼 우리의 중추신경계에 침투하고, 우리 몸 안에서 흐르는 전기신호의 경로에 직접적으로 간섭하며 심지어 뉴런의 성장과 구조까지 변화시킬 수 있다.

실로시빈이 어떻게 신경의 활동패턴을 변화시키는지는 2000년대 후반에야 정확히 밝혀졌다. 베클리/임페리얼 환각 연구 프로그램은 피실험자에게 실로시빈을 투약한 뒤 그들의 뇌 활동을 면밀히 모니터했다. 결과는 매우 놀라웠다. 과학계에서는 사람의 정신과 인지작용에 드라마틱한 영향을 미치는 만큼, 실로시빈이 뇌 활동을 증가시킬 것으로 예측했다. 그러나 결과는 그렇게 나타나지 않았다. 오히려 핵심적인 특정 부분의 활동을 감소시켰다.

실로시빈에 의해 감소되는 뇌 활동의 유형은 디폴트 모드 네트워크Default Mode Network, DMN라 불리는 것의 기초를 형성한다. 우리가 어떤 것에도 집중하고 있지 않거나 우리 정신이 한가하게 쉬고 있을 때, 자기 회상에 빠져 있을 때, 과거를 돌아보거나 미래를 계획할 때, 이럴 때 DMN이 활성화된다. DMN은 연구자들 사이에서 뇌의 '수도首都' 또는 '사장님'으로 불렸다. 학생들이 시끄럽게 떠들고 장난치는 교실에서 질서를 유지하려 애쓰는 선생님처럼, 대뇌가 폭발적으로 활동할 때 DMN은 조용히 질서를 유지하는 것으로 알려져 있다.

이 연구는 강력한 '자아붕괴감' 또는 '자기상실감'을 보고했던 피실험자들의 DMN 활동이 실로시빈 투약으로 인해 극적으로 감소했음을 보여주었다. DMN이 차단되면 뇌의 활동은 고삐 풀린 말처럼 폭주한다. 서로 멀리 떨어져 있었던 활동 네트워크가 촘촘히 연결된다. 환각 경험을 다룬 독창적인 저서 《지각의 문》에서 올더스 헉슬리가 썼던 은유적인 표현에 따르면, 실로시빈은 우리 의식의 '잠금 밸브'를 차단해버린다. 그래서 그 결과는? '무제한의 인지 작용'이다. 베클리/임페리얼 환각 연구 프로그램의 연구진은 사람의 정신을 변화시키는 실로시빈의 능력이 바로 이러한 대뇌의 흐름의 상태와 관련이 있다고 결론지었다.

뇌 영상 연구는 환각이 우리 몸에 어떻게 작용하는지를 설명한다. 그러나 참가자의 감정에 대해서는 잘 설명하지 못한다. 결국 환각을 직접 경험하는 것은 사람이지 뇌가 아니다. 그리고 실로시빈 치료 효과의 토대가 되는 것도 정확히 말하자면 인간의 경험이다. 말기암 환자에 대한 실로시빈의 효과를 측정한 여러 연구에서, 우울감과 불안감이 가장 극적으로 나타난 사람들은 강한 신비적 체험을 고백한 사람들이었다. 마찬가지로 실로시빈과 흡연 중독 관계 연구에서 가장 긍정적인 결과를 나타낸 환자는 강력한 신비적 경험을 겪은 사람들이었다. 실로시빈은 생화학적으로 작용했다기 보다는 자신의 삶과 행동을 새로운 각도에서 바라볼 수 있도록 마음을 여는 버튼을 누름으로써 효과를 끌어낸 것으로 보인다.

이러한 결과는 현대적인 환각 연구의 첫 물결이 일었던 20세기 중반에 수행된 LSD나 실로시빈 연구 결과와 상당 부분 일치한다. 1950년대에 LSD의 효과를 연구했던 캐나다의 정신의학자 어브램 호퍼Abram

Hoffer는, "우리는 처음부터 치료의 핵심 요소는 화학물질이 아니라 경험이라고 생각했다"고 말했다. 지금이야 지극히 상식적인 이야기로 들리지만, 당시에 지배적이었던 기계론적인 의학의 관점에서는 매우 급진적인 주장이었다. 적절한 공구를 이용해 고장 난 기계를 수리하듯이, 우리 몸을 이루고 있는 물질stuff을 치료하기 위해서는 약물이든 수술 도구든 간에 또 다른 물질stuff을 써야 한다는 것이 당시의 관행 — 지금도 상당 부분 남아 있는 — 이었다. 약물은 의식이 있는 정신을 완전히 우회하는 약리 회로를 통해 작용한다는 것이 일반적으로 알려진 상식이었다. 약물은 수용체에 영향을 미치고, 수용체는 증상에 변화를 일으킨다. 반면에 실로시빈은 LSD나 다른 환각제처럼 정신을 통해 작용하는 것으로 보인다. 이제 표준적인 회로가 확장된다. 약물은 수용체에 작용하고, 수용체는 정신의 변화를 촉발하며, 이 변화는 증상의 변화를 이끌어낸다. 환자의 환각 경험 자체가 치유인 것처럼 말이다.

존스홉킨스대학교의 정신의학자 매슈 존슨Matthew Johnson의 말을 빌리자면, 실로시빈 같은 환각제는 "사람들로 하여금 약에 취하게 함으로써 불만족스러운 상태로부터 빠져나오게 만든다. 말 그대로 시스템 리부팅이다. (…) 환각제는 우리가 현실을 체계화하는 데 이용하던 정신적인 모델을 놓아버릴 수 있도록 정신적인 유연성의 창을 열어준다." 약물중독처럼 굳어버린 습관 또는 우울증으로부터 생긴 '질긴 비관주의'도 부드러워진다. 인간의 경험을 체계화하는 범주를 유연하게 함으로써, 실로시빈 같은 환각제는 새로운 인식의 가능성을 열어줄 수 있다.

인간의 가장 강건한 심리 모델 중 하나가 자아감이다. 실로시빈을 비롯한 환각 성분이 바로 이 자아감을 교란한다. 일부에서는 이런 현상을 자아 붕괴ego dissolution라고 부른다. 또 어떤 이들은 자신이 어디서 끝나고 주변이 어디서 시작되는지에 대한 식별력을 잃었다고 보고했다. 인간이 그토록 의존해왔던, 잘 방어된 '자아'가 완전히 사라질 수 있으며 오락가락 흔들리거나 타자 속으로 차츰 녹아들 수도 있다. 그 결과는? 더 큰 어떤 것과의 합일, 그리고 자신과 세계에 대한 새로운 관계감이다. 지의류에서부터 균사체의 경계확장 행동에 이르기까지 많은 사례에서 곰팡이는 우리에게 익숙했던 정체성과 개별성의 개념에 도전장을 내밀었다. 실로시빈을 만들어내는 버섯과 LSD 역시 그러하다. 그러나 이들은 가장 내밀한 환경, 즉 우리 정신의 내면을 그 환경으로 하고 있다.

정신을 조종하는 버섯의 정체

오피오코르디셉스의 경우, 이 곰팡이에 감염된 개미의 행동은 곰팡이의 행동으로 간주될 수 있다. 데스 그립, 서밋 디지즈 같은 증상은 곰팡이의 확장된 특질, 확장된 표현형의 일부다. 그렇다면 실로시빈 버섯으로 인한 인간의 의식과 행동의 변성도 곰팡이의 확장된 표현형의 일부라고 생각할 수 있을까? 오피오코르디셉스의 확장된 행동은 나뭇잎 뒷면에 화석화된 흉터로 이 세상에 흔적을 남긴다. 이에 비추어 실로시빈 버섯의 확장된 행동은 제례, 의식, 영가, 그 외 우리의 변성된 상태로부터 비롯된 문화적, 기술적 부산물의 형태로 세상에 흔적을 남긴다고 생각할 수 있을까? 오피오코르디셉스와 마소스포라가 곤충의 몸을 입듯이 실로시빈 버섯은 우리의 정신을 입는 걸까?

테렌스 맥케나는 이런 관점을 매우 적극적으로 옹호했다. 충분히 많은 양을 섭취하면, 이 버섯은 '냉정한 밤의 마음으로 담담하고 분명하게, 그리고 설득력 있게 스스로에 대해' 말할 수 있으리라고 그는 주장했다. 곰팡이나 버섯은 세상을 주무를 손이 없다. 그러나 화학적 메신저인 실로시빈은 인간의 몸과 두뇌, 그리고 감각을 빌려 생각하고 말할 수 있다. 맥케나는 곰팡이가 우리의 정신을 입고, 우리의 감각을 점령해서 바깥 세상에 대한 지식을 나눠준다고 생각했다. 우리 인간이 가지고 있는 파괴적인 습관을 완화하기 위해 버섯은 실로시빈을 이용해 인간에게 영향을 미칠 수 있었다. 맥케나에게 이는 인간이나 버섯이 혼자서 해낼 수 있는 것보다 '훨씬 더 풍요롭고 독특한' 가능성을 약속하는 공생 관계였다.

도킨스가 상기시키듯이, 우리가 어디까지 갈 수 있느냐는 우리가 어디까지 상상하느냐에 달려 있다. 또한 우리가 어디까지 상상하느냐는 우리가 우리의 편견을 어떻게 정립하느냐에 달려 있다. "우리는 세상을 맑은 날 한낮에 보이는 그 모습으로만 생각하지." 철학자 노스 화이트헤드 North Whitehead는 옛 제자 버트런드 러셀에게 이렇게 말했다. "나는 세상의 모습은 우리가 이른 아침 깊은 잠에서 깨어나 처음 보았을 때의 그 모습이라고 생각한다네." 화이트헤드의 말대로 생각하자면, 도킨스는 맑은 날 한낮에 상상했다. 그는 확장된 표현형에 대한 자신의 상상이 '엄격한 규칙에 따라 빈틈없이 통제'되고 있음을 확실히 하기 위해 엄청난 공을 들였다. 그는 표현형이 몸 바깥까지 확장될 수 있음을 분명히 했다.

게다가 그의 표현형은 아무리 확장되어도 거침이 없다. 반면에 맥케나는 동이 트는 새벽에 상상했다. 그가 내세우는 조건은 훨씬 더 엄격하고, 그의 설명은 덜 치밀하다. 이 두 극단 사이에 가능성 있는 주장의 영역이 존재한다.

실로시빈 버섯은 어떻게 도킨스의 엄격한 '세 가지 조건'과 맞섰을까?

실로시빈을 생산하는 버섯의 능력은 유전되는 것이 분명하다. 또한 버섯의 종마다 다르고, 개체마다 다른 능력이다. 그러나 환각, 신비적 경험, 자아 붕괴, 자아감 상실처럼 버섯화된 상태가 곰팡이의 확장된 표현형의 일부로 간주되기 위해서는 핵심적인 마지막 조건이 충족되어야 한다. 조화롭게 '더 나은' 변성 상태 — 그것이 무슨 의미든 상관없이 — 를 만들어내는 버섯이라면 자신의 유전자를 더 성공적으로 후대에 물려주어야 한다. 버섯 개체마다 인간에게 미치는 영향이 달라야 하고, 더 완전하고 바람직한 경험을 제공하는 기질이 그렇지 못한 기질을 희생시킨 대가로 이익을 얻어야 한다.

한눈에 보아도 이 세 번째 조건이 방향을 결정하는 것으로 보인다. 실로시빈을 생산하는 버섯은 인간의 행동에 영향을 미칠 수도 있다. 그러나 오피오코르디셉스와 달리 우리 몸에서 살지는 않는다. 게다가 맥케나의 추측은 실로시빈의 무대에 인간은 늦게 도착했다는 사실과 잘 부합하지 않는다. 실로시빈은 호모속이 진화하기 수천만 년 전부터 버섯으로부터 만들어지고 있었다. 최초의 '마법' 버섯의 기원에 대해서 지금까지 가장 믿을 만한 추정은 약 7,500만 년 전으로 거슬러 올라간다. 실로시빈을 만들어내는 버섯의 진화의 역사 중 90퍼센트 이상이 인간이 나타나기 전이었으며 인간이 없는 상태에서도 그 버섯은 거침없이 진화했다. 그 버섯이 정말 인간의 변성 상태로부터 어떤 이득을 얻는다면, 그토록 오랜 세월 동안 인간이 없는 지구에서 그렇게 성공적으로 진화해오지는 못했을 것이다.[13]

그렇다면 실로시빈은 자신을 만들 능력을 진화시킨 버섯을 위해 무엇을 해주는 걸까? 애초에 무슨 이유로 실로시빈이 만들어졌을까? 이는 수십 년 전부터 균학자들과 마법의 버섯에 열광하는 사람들 모두가 품고 있는 의문이다.

어쩌면 인간이 등장하기 전까지 실로시빈은 자신을 생산하는 버섯을 위해 전혀 아무것도 하지 않았을 가능성도 있다. 버섯과 식물에는 부차적인 대사산물로서 벤치를 지키는 후보 선수 역할을 하면서 생화학적 배경 속에 축적된 화합물이 많다. 때로는 이런 '2차적인 화합물'이 궁합이 잘 맞는 동물을 만나거나, 서로 어울리지 않는 동물을 만나거나, 그 화합물을 죽이는 동물을 만나기도 하는데, 그 화합물들은 이 시점부터 버섯에게 이득을 챙겨주면서 진화론적으로 적응하게 된다. 그러나 때로는 한참 뒤에나 유용성 여부가 판명될 생화학적 변형 이상의 어떤 것도 하지 않는다.

2018년에 실로시빈이 자신을 만들어내는 곰팡이에게 정말 이익을 준다는 것을 암시하는 두 건의 연구 결과가 발표되었다. 실로시빈을 만드는 곰팡이종의 DNA 분석 결과, 실로시빈을 만드는 능력은 한 번 이상 진화를 겪었다. 더 놀라운 사실은 실로시빈을 만드는 데 필요한 유전자 클러스터가 진화의 경로를 거치면서 수차례 수평적인 유전자 전달로 여러 계통의 곰팡이 사이를 이동했다는 점이다. 앞에서도 말했듯이, 수평적인 유전자 전달이란 유전자와 그 유전자를 통해 발현되는 특질이 생식행위와 번식 없이 한 유기체에서 다른 유기체로 이동하는 것을 말한다. 박테리아의 세계에서는 일상적으로 일어나는 현상 — 또한 항생제 내성이 매우 빠른 속도로 확산될 수 있는 이유 — 이지만, 버섯을 형성하는 곰팡이에게서는 드문 일이다. 게다가 대사 유전자의 복잡한 클러스터가 종과 종 사이를 건너뛰면서 변함없이 유지되기는 더 힘들다. 실로시빈 유전자 클러스터가 수평 이동을 하면서도 변형되지 않고 원래의 형태를 유지한다는 사실로 판단하건대, 실로시빈 유전자는 그 유전자가 발현되는 모든 곰팡이에게 의미 있는 이점일 것이다. 만약 그렇지 않았다면 그 형질은 금방 사라져버렸을 것이다.

그 이점이란 과연 무엇이었을까? 실로시빈 유전자 클러스터는 썩은 나무나 동물의 배설물 같은 곳에서 서식하며 비슷한 생애주기를 가진 곰팡이의 종 사이를 건너 다녔다. 이런 서식지는 또한 '곰팡이를 먹거나 곰팡이와 경쟁하는' 수많은 곤충들의 집이기도 하며, 이 곤충들은 모두 실로시빈의 잠재적인 신경학적 능력에 민감했을 것이다. 실로시빈의 진화론적 가치는 어쩌면 동물의 행동에 영향을 미치는 능력에 있을지도 모른다. 그러나 '어떻게'는 아직 분명하지 않다. 곰팡이와 곤충은 복잡하고 오랜 역사를 공유하고 있다. 오피오코르디셉스나 마소스포라 같은 곰팡이는 곤충을 죽인다. 어떤 곰팡이는 엄청나게 긴 진화의 길 위에서 목수개미나 흰개미처럼 자신과 함께 사는 곤충과 협력해왔다. 어떤 경우든, 곰팡이는 곤충의 행동을 바꿔놓는 데 화학물질을 이용한다. 심지어 마소스포라는 자기 목적을 달성하기 위해 실로시빈을 이용할 정도다. 그렇다면 실로시빈은 어떤 방식으로 작용했을까? 이 부분에서 주장이 갈라진다. 실로시빈을 소비하는 유기체에서 실로시빈의 효과를 관찰하는 방식을 그대로 인간에게 적용할 필요는 없다. 인간은 적어도 자신의 경험에 대해 이야기하고 심리측정 설문에 응답할 수 있으니까. 실로시빈이 곤충의 정신에 어떻게 작용하는지를 밝혀낼 수 있는 가능성이 얼마나 될까? 이런 주제에 대한 동물 연구는 매우 드물기 때문에 그 가능성을 점치기는 더욱 어렵다.[14]

실로시빈은 해충이 달라붙지 못하도록 곰팡이가 해충의 혼을 빼놓으려고 만들어낸 퇴치제일까? 만약 그렇다면 아주 효과적이지는 않은 것 같다. 각다귀와 파리 중에는 늘상 마법의 버섯을 제집 삼아 사는 종이 있다. 고둥과 민달팽이 중에는 마법의 버섯을 먹고도 이렇다 할 부작용을 나타내지 않는 종이 있다. 목수개미는 일정한 종류의 실로시빈 버섯을 일부러 찾아서 먹거나 제 둥지로 끌고 가기도 한다. 이런 관찰 결과를 놓고 일부 학자는 실로시빈이 억제제가 아니라 일종의 미끼이며, 그 과정은 정확히 알 수 없으나 곤충의 행동을 곰팡이에게 유익하도록 바꿔놓는 역할을 하는 게 아닐까 하는 생각을 갖게 되었다.[15]

그 대답은 아마 중간지대 어디쯤에 있을 것이다. 실로시빈 버섯이 일부 동물에게는 독성을 갖는다 하더라도, 그 독성에 내성을 키운 동물에게는 좋은 먹잇감이 될 수 있다. 예를 들어 일부 파리종은 알광대버섯 death cap mushroom의 독성에도 내성을 가지고 있으며, 그 결과 거의 독점적으로 알광대버섯에 접근할 수 있다. 이런 실로시빈 내성 곤충이 그 버섯의 포자를 퍼뜨리는 데 도움을 주는 걸까? 다른 해충을 막아주기도 하고? 우리는 아직도 머리를 굴리며 추측만 할 뿐이다.

영혼이 산산이 부서지는 경험

실로시빈이 생겨난 후 처음 수백만 년 동안 실로시빈이 곰팡이의 이익에 어떻게 봉사했는지 우리는 영영 알 수 없을지도 모른다. 그러나 과거보다 조금 발전된 시각에서 보면, 실로시빈과 사람의 정신 사이의 상호작용은 실로시빈을 만들어내는 버섯이 진화하는 운명을 바꿔놓은 것이 분명하다. 퇴치제로서의 역할은커녕 — 한 번의 여행*에 필요한 적정 복용량의 1,000배 정도를 먹어야 과다복용의 가능성이 있다 — 실로시빈은 인간으로 하여금 그것이 들어 있는 버섯을 찾아다니게 만들었고, 이곳저곳으로 가지고 다니게 만들었으며, 그 버섯을 재배할 방법까지 궁리하게 만들었다. 그렇게 인간은 바람에 실려 머나먼 곳까지 대량으로 흩어질 수 있는 버섯의 포자가 더 멀리까지, 사방으로 퍼져 나가는 데 도움을 주었다. 어디든 서너 시간만 놓아두면 버섯 하나가 뿌려놓은 포자가 두껍고 검은 얼룩을 만들 수 있다. 새로운 동물과 마주치자, 한때는 해충의 접근을 막는 역할을 했던 화학물질이 단 몇 번의 민첩한 변화 끝에 반

---

* 실로시빈의 1회 복용량을 가리킬 때 '한 번의 여행에 필요한 양'이라고 말한다. 실로시빈을 복용하고서 체험하게 되는 환각을 '여행'으로 비유하는 것이다.

짝반짝 빛을 내는 미끼로 둔갑했다. 세상에 알려지지 않은 어두운 구석에서 수십 년 만에 국제적인 스타덤에 오르기까지 마법의 버섯이 지나온 경로는 인간과 곰팡이의 기나긴 역사에서 가장 드라마틱한 스토리다.[16]

1930년대에 하버드대학교의 식물학자 리처드 에번스 슐츠는 스페인의 수사들이 쓴 15세기판 '신의 몸flesh of god'에 대한 글을 읽고 호기심을 느꼈다. 운 좋게 오늘날까지 전해진 몇 가지 자료에 따르면, 중앙아메리카 일부 지역에서는 실로시빈 버섯이 문화적, 영적 중심으로까지 받들어졌던 것이 분명했다. 토착신의 손에 놓일 정도로 성스러운 대접을 받았고, 사람들은 이 버섯을 먹음으로써 이 버섯이 성스러운 제물이라는 의식을 더욱 강하게 가지게 되었다. 그러면서 이 버섯은 점점 더 중요해졌다.

현대의 멕시코에도 이 버섯이 자라고 있는 것을 볼 수 있을까? 슐츠는 멕시코의 한 식물학자로부터 은밀하게 귀띔을 받았고, 1938년에 실로시빈 버섯을 찾으러 와하카 북동부 오지의 계곡으로 떠났다(알베르트 호프만이 스위스의 한 제약회사 연구소에서 맥각균으로부터 LSD를 분리하는 데 처음으로 성공했던 바로 그해였다). 슐츠는 마자텍 사람들 사이에서 버섯을 먹는 관습이 여전히 남아 있음을 확인했다. 쿠란데로Curandero, 즉 치료사들은 병자를 치료하고, 잃어버린 물건의 위치를 알아내고, 어려움에 처한 사람들에게 조언을 하기 위해 정기적으로 버섯을 먹고 철야 기도를 했다. 이들이 사는 부락 주변에는 버섯이 흔했다. 슐츠는 표본을 수집하고 거기서 발견한 것들을 논문으로 펴냈다. 그는 이 버섯을 먹음으로써 사람들은 "환희에 들떠서 횡설수설하며 (⋯) 밝고 환한 색깔로 펼쳐지는 환상적인 환영을 보았다"고 썼다.

1952년, 아마추어 균학자이자 J. P. 모건 은행의 부행장이었던 고든 와슨Gordon Wasson은 시인이자 학자인 로버트 그레이브스Robert Graves 로부터 슐츠의 보고서를 언급한 편지 한 통을 받았다. 와슨은 향정신성 '신의 몸'에 대한 소식에 한껏 매료되어 그 버섯을 직접 찾아보고자 와하카로 여행을 떠났다. 와슨은 거기서 마리아 사비나María Sabina라는 치료사를 만났는데, 그녀는 그를 버섯 철야 기도에 초대해주었다. 와슨은 그 경험을 '영혼이 산산이 부서지는' 경험이었다고 묘사했다. 1957년에 그는 이때의 경험에 대한 회고담을 《라이프》에 기고했다. 기고문의 제목은 〈마법의 버섯을 찾아서: 환영을 보게 하는 이상한 버섯을 먹는 인디언들의 고대 의식에 참가하기 위해 멕시코의 산악지대로 간 뉴욕의 은행가〉였다.

와슨의 기사는 센세이션을 일으켰고 수백만 명의 독자들이 그 기사를 읽었다. 이 무렵은 LSD의 향정신 작용 성분이 알려진 지 14년이 지난 시점이었고, 그 효과를 연구하는 활동적인 연구 집단이 있었다. 그럼에도 불구하고 와슨의 회고담은 환각을 일으키는 향정신성 물질에 대한 글이 일반 대중에게까지 전달된 첫 번째 사례였다. '마법의 버섯'은 그야말로 하룻밤 사이에 익숙한 일상용어 — 그리고 어떤 목적지로 가기 위한 통로 개념 — 가 되었다.[17]

상황은 빠르게 돌아갔다. 호프만은 와슨의 원정대에 참여했던 한 사람으로부터 마법의 버섯 샘플을 받았다. 그는 곧 그 유효성분을 확인하고 합성하여 '실로시빈'이라고 명명했다. 1960년대에 존경받는 하버드의 학자였던 티머시 리어리Timothy Leary가 친구로부터 마법의 버섯 이야기를 듣고 직접 체험해보기 위해 멕시코로 갔다. 그의 경험, 즉 '환영幻影의 항해'는 그에게 심대한 영향을 끼쳤으며, 그는 '완전히 다른 사람'이 되어 돌아왔다. 하버드에 돌아온 그는, 그 버섯의 경험으로부터 영감을 받아 자신이 연구하던 프로그램을 집어치우고 하버드 실로시빈 프로젝트를 꾸렸다. 그는 그때의 전환적인 경험에 대해 "멕시코에서 버섯 일곱 개를 먹은 후, 나는 그 이상하고 심원한 경지를 탐험하고 묘사하는 데 나의 모든 시간과 기운을 쏟았다"고 썼다.

리어리의 방식은 논쟁을 불러왔다. 그는 하버드를 떠나 문화적 혁신과 영적 계몽이 환각제를 통해 달성될 수 있다는 비전을 널리 확산시키려 진력을 다했으나 오명만 얻었을 뿐이다. TV나 라디오 프로그램에 출연한 그는 LSD의 복음을 전파하며 LSD의 유익한 면을 이야기했다.《플레이보이》와의 인터뷰에서는 평균적인 양의 LSD만으로도 여성에게 1,000번의 오르가즘을 경험하게 할 수 있다고 말하기도 했다. 리어리의 자극적인 선동으로부터 일부 영향을 받은 1960년대 반문화 운동이 그 모멘텀을 물려받았다. 1967년, 환각제 운동psychedelic movement의 '대제사장'이 된 리어리는 샌프란시스코에서 열린 휴먼 비-인Human Be-In 축제에 몰려든 수만 명의 청중 앞에서 연설했다. 그 직후 엄청난 반발과 비난 속에서 LSD와 실로시빈은 불법화되었다. 1960년대 말, 환각제의 효과를 파헤치려던 거의 모든 연구가 중단되거나 지하로 숨어들었다.

불법이 된 곰팡이

실로시빈과 LSD 불법화는 실로시빈 버섯의 진화의 역사에 새로운 장의 시작으로 기록되었다. 1950년대와 1960년대에 있었던 환각제 연구는 대부분 LSD나 알약 형태의 합성 실로시빈이었고, 상당수가 호프만이 스위스에서 생산한 것이었다. 그러나 1970년대 초반에 이르자 실로시빈과 LSD의 법률적 부담 때문에, 한편으로는 희소성 때문에 마법의 버섯에 대한 관심이 증가했다. 1970년대 중반에는 실로시빈을 생성하는 버섯종이 미국에서부터 호주에 이르기까지 세계 곳곳에서 새롭게 발견되었다. 그러나 야생 버섯의 공급은 계절적, 지리적 요인에 제약을 받을 수밖에 없었다. 1970년대 초반, 콜롬비아에서 돌아온 테렌스 맥케나와 데니스 맥케나 형제는《실로시빈: 마법의 버섯 재배 가이드Psilocybin: Magic Mushroom Grower's Guide》라는 짧은 책을 펴냈다. 아주 얇은 이 책에서, 맥케나 형제는 항아리와 압력밥솥만 있으면 창고나 헛간에서도 누구나 무제한으로 강력한 환각제를 만들 수 있다고 설명했다. 방법도 잼을 만드는 것보다 약간 더 복잡한 정도였고, 심지어는 생전 처음 해보는 초보자라도 금방 '연금술로 만들어낸 금덩어리'에 파묻히게 될 거라고 장담하기도 했다.

실로시빈 버섯 재배를 시도한 사람이 맥케나 형제가 처음은 아니었지만, 특별한 실험 장비 없이 대량으로 버섯을 재배할 수 있는 믿을 만한 방법을 공개한 것은 이들이 처음이었다. 이 책은 날개 돋친 듯이 팔렸고, 첫 출판 후 5년 만에 10만 부 이상이 팔렸다. 이 책은 DIY 진균학이라는 새로운 분야를 개척했고, 폴 스태미츠Paul Stamets라는 미국의 젊은 균학자에게 영향을 주었다. 스태미츠는 실로시빈 버섯 네 종을 새로이 발견했으며 실로시빈 버섯을 구별하는 법에 대한 책을 쓰기도 했다.

스태미츠는 이미 다양한 식용 버섯과 의료용 버섯을 재배하는 새로운 방법을 연구하는 중이었고, 1983년에는 한층 더 간략하게 발전시킨 재배법을 소개한《버섯을 기르는 사람The Mushroom Cultivator》이라는 책을 펴내기도 했다. 1990년대에 마법의 버섯을 기르는 사람들이 모인 온라인 포럼이 결성되면서, 몇몇 네덜란드 기업가들이 법의 허점을 찾아 실로시빈 버섯을 공개적으로 판매할 수 있는 방법을 알아냈다. 그러자 식용 버섯을 재배해 슈퍼마켓에 납품하던 네덜란드의 버섯 재배업자들이 환각제 버섯 생산으로 방향을 바꾸었다. 2000년대 초반에 이르면 이 광풍은 잉글랜드까지 번져서 싱싱한 실로시빈 버섯이 런던 번화가에서 버젓이 팔릴 정도가 되었다. 2004년에는 캠든 버섯 회사 한 곳에서만도 매주 100킬로그램의 싱싱한 버섯을 출하했다. 2만 5,000번 여행을 할 수 있는 분량이었다. 얼마 지나지 않아 싱싱한 실로시빈 버섯을 사고파는 행위는 불법이 되었지만, 비밀은 이미 공공연하게 퍼져나간 뒤였다. 요즈음에는 '물만 타면' 되는 키트 제품도 온라인으로 손쉽게 구매할 수 있다. 버섯도 품종 사이에서 경계선을 넘으면 새로운 변종이 생긴다. '골든 티처Golden Teacher', '맥 케나이Mc Kennai' 등은 모두 미묘하게 다른 효과를 나타낸다.

인간이 실로시빈 버섯을 찾아다니는 한, 그래서 그 버섯의 포자를 충실하게, 더 멀리까지 퍼뜨리는 한, 버섯은 인간의 정신을 주무르는 능력으로부터 이득을 얻는다. 1930년대 이후 이러한 이득은 수십 배나 증가했다. 와슨이 멕시코로 여행을 가기 전에는 중앙아메리카 원주민 외에 실로시빈 버섯의 존재를 아는 사람이 손에 꼽을 정도였다. 그러나 그들이 다녀간 후로 20년 만에 북아메리카에서 이 버섯의 재배에 대한 새로운 역사가 펼쳐졌다. 원래는 생존에 불리한 기후 조건임에도 불구하고 일반 가정의 찬장, 침실, 창고 같은 곳에서, 열대에서나 서식하던 버섯이 새로운 삶을 살게 되었다.

슐츠의 첫 논문이 발표된 1930년대 이후 에콰도르의 열대우림에서 자라는, 실로시빈을 생산하는 지의류를 포함해 200종 이상의 새로운 실로시빈 생산 버섯종이 발견되고 기록되었다. 강우량만 충분하다면 이 버섯이 자라지 못하는 환경은 거의 없는 것으로 판명되었다. 한 연구자가 말하듯이, "균학자가 많은 곳이면 어디든 실로시빈 버섯도 풍부하게 자란다." 가이드북을 통해, 사람들은 몇 십 년 전만해도 있는지조차 몰랐던 실로시빈 버섯을 찾아내고 구별하여 채취할 ― 따라서 사방으로 퍼뜨릴 ― 수 있게 되었다. 이 버섯 중에서 일부 종은 어지러운 장소를 좋아해서, 인간들이 시끌벅적한 잔치를 벌이고 난 뒤에 그 자리를 쉽게 차지하고 들어오는 것 같다. 스태미츠가 비꼬듯 말한 것처럼, 이 버섯들은 "공원, 택지개발지역, 학교, 교회, 골프 코스, 산업단지, 보육원, 정원, 고속도로 휴게소, 정부 청사, 법원뿐만 아니라 심지어는 감옥까지도 가리지 않는다."

곰팡이가 만들어내는 경험

지난 수십 년 간 일어난 사건을 통해 우리는 도킨스가 제시했던 세 번째 조건을 만족시키는 데 더 가까이 다가갔을까? 이 버섯들이 사람의 뇌를 빌려 생각하고, 사람의 의식을 빌려 경험할 수 있는 걸까? 버섯에 취한 사람은 오피오코르디셉스에 감염된 개미처럼 진짜 버섯의 기운에 휘둘려서 버섯이 원하는 대로 행동하게 되는 걸까?

우리의 변성 상태를 버섯의 확장된 표현형으로 설명한다면, 버섯을 먹은 사람은 자신이 먹은 버섯의 번식 활동에 기여해야 한다. 그러나 그런 것 같지는 않다. 실로시빈 버섯 중에서도 소수만이 인간에 의해 재배되고 있고, 어떤 품종을 재배할 것인지는 재배의 난이도와 수확량에 따라 달라진다. 향정신 작용이 '더 뛰어난' 품종을 그렇지 않은 품종보다 우선해서 선택한다고 단언할 수 없다. 가장 큰 문제는 모든 인간이 한꺼번에 멸종한다 해도 대부분의 실로시빈 버섯은 끄떡없이 생존하리라는 것이다. 실로시빈을 생산하는 버섯이라도 오피오코르디셉스가 개미의 변성된 행동에 온전히 의지하는 것처럼 인간의 변성 상태에만 온전히 의지하지는 않는다. 수천만 년 동안 버섯은 인간이 없는 지구에서도 완벽하게 잘 자라고 번식해왔으며, 아마 앞으로도 그러할 것이다.

그 사실이 정말 중요할까? 1992년에 슐츠와 호프만은 이렇게 썼다. "혹자는 실로시빈과 실로신을 분리함으로써, 멕시코의 버섯들이 마법을 잃어버렸다고 생각할지도 모른다." 실로시빈을 생산하는 버섯을 집에서도 기를 수 있게 되었고, 암스테르담의 공장에서는 수백 킬로그램의 버섯을 기를 수 있게 되었다. 뇌를 스캔할 필요가 있을 때는 버섯으로부터 분리한 실로시빈을 써서 DMN을 무력화시킬 수도 있다. 이제 신비적 경험, 경외심, 자아감각 상실 등은 병원의 병상에서도 이끌어낼 수 있다. 이런 지점에 얼마나 가까이 가야 실로시빈이 인간의 정신에 영향을 미치는 과정을 제대로 이해할 수 있을까?

슐츠와 호프만에게 그 답은 '그다지 확률이 높지 않다'는 것이다. 신비적 경험은 정의상 합리적 설명에 대한 저항이다. 이런 경험은 심리 측정 설문의 숫자로 된 척도에 잘 들어맞지 않는다. 뒤죽박죽이고 횡설수설이다. 그러나 신비적 경험이 일어나는 것은 분명하다. 슐츠와 호프만이 말했듯이, 실로시빈과 실로신의 구조를 파악하기 위한 과학적인 연구는 '버섯의 마법적인 성분이 두 결정 화합물의 성질이라는 것을 보여주었을 뿐'이다. 그 발견은 질문 하나를 길 위에 툭 던져놓은 것과 별반 다를 바가 없다. "이 버섯이 인간의 정신에 미치는 효과는 그 버섯 자체만큼이나 불가해하고 마술적이다."[18]

실로시빈 버섯의 효과는 엄격한 의미에서 보자면 확장된 표현형으로 간주할 수 없을지도 모른다. 그렇다면 테렌스 맥케나의 추측을 무시해도 될까? 성급한 판단을 내릴 필요는 없다. 미국의 철학자이자 심리학자 윌리엄 제임스William James는 1902년에 이렇게 썼다. "정상적으로 깨어 있는 의식은 유일하고 특별한 유형의 의식이며, 영화의 한 장면처럼 두드러지는 의식을 제외하면, 거의 모두가 완전히 다른 의식의 잠재적인 형태로 남아 있다." 어떤 버섯은 인간으로 하여금 익숙한 맥락에서 벗어나 완전히 다른 의식의 형태로, 궁극적으로는 새로운 의심의 끝까지 이

끝지만 우리는 아직도 그 이유를 잘 모르고 있다. "우주의 전체성에 대한 어떤 설명도 이러한 의식의 형태를 완전히 무시할 만큼 궁극적일 수 없다"고 제임스는 결론지었다.

연구자에게든 환자에게든 아니면 그저 관심을 가진 구경꾼에게든, 이 버섯의 화학물질에 대해 궁금한 부분은 바로 그 버섯으로부터 비롯되는 경험이다. 버섯에 대한 맥케나의 왕성한 추측은 정신적, 생물학적 가능성의 한계를 더 확장시킬 수도 있다. 그러나 바로 그 점이 핵심이다. 인간의 정신에 대한 실로시빈의 효과는 가능성의 한계를 확장시킨다. 마자텍 문화에서는 버섯이 말을 하는 것이 자명하다고 여긴다. 버섯을 먹은 사람이라면 누구나 직접 경험하기 때문이다. 관습적으로 영신제를 생산하는 식물 또는 버섯을 사용하는 수많은 전통문화가 공통적으로 보이는 관점이 있다. 전통적인 환경에서 이런 식물과 버섯을 사용하는 요즈음 사람들 중 많은 수가 공통적으로 이야기하는 관점이기도 한데, 그들은 '자아'와 '타자'의 경계가 희미해지는 경험, 그리고 다른 유기체와 '융합되는' 경험을 했다고 고백했다.

이런 세계는 맑은 날 정오에 보이는 세계일까? 아니면 우리가 깊은 잠에서 깨어난 첫 새벽에 보이는 세계일까? 어쩌면 모두가 동의할 수 있는 지점이 있을지도 모른다. 버섯이 실제로 사람을 통해 말을 하고 우리의 감각을 점령하는 것이 사실이든 추측에 불과한 것이든, 우리의 생각과 믿음에 대한 실로시빈 버섯의 효과는 현실이다. 버섯이 우리의 정신을 입고 우리의 의식 속에서 물장구를 칠 수 있다고 상상한들, 우리가 볼 수 있는 것이 무엇이겠는가? 버섯에 대한 노래도 있고, 버섯의 모양대로 만든 석상도 있고, 버섯을 그린 그림도 있으며, 버섯이 등장하는 신화와 전설도 있다. 또한 버섯을 찬양하는 의식도 있고, DIY 균학자들이 모인 글로벌 커뮤니티는 집에서 버섯을 재배할 수 있는 새로운 방법을 개발하고 있으며, 폴 스태미츠처럼 균학의 복음을 전파하는 사람들은 수많은 청중 앞에서 버섯이 어떻게 세상을 구할 수 있는지를 설파한다. 그리고 사람들은 버섯과 영어로 소통할 수 있다고 주장하는 테렌스 맥케나 같은 사람에게 열광한다.

· 가시환각버섯 ·

뿌리가
생기기 전

식물보다 앞서
길을 낸 개척자

—

너는 나에게서 벗어날 수 없을 거야.

그는 나를 나무로 만들 거야.

나에게 안녕이라고 말하지 마.

하늘을 나에게 설명해줘.

톰 웨이츠 Tom Waits

캐슬린 브레넌 Kathleen Brennan

6억 년 전 쯤 언젠가, 녹조류가 얕은 민물에서 올라와 육지에 안착했다. 바로 그 녹조류가 지상의 모든 식물의 조상이었다. 식물의 진화는 지구의 모양과 지구를 둘러싼 대기를 바꿔놓았으며 생명의 역사에서 가장 중요한 변화를 불러왔다. 생물학적 가능성도 천지개벽에 가까웠다. 오늘날 지구상에 존재하는 모든 생명의 80퍼센트가 식물이며, 식물은 거의 모든 유기체의 생명을 지탱하는 먹이사슬의 기반이다.

식물이 등장하기 전, 육지는 타들어가는 황무지였다. 환경은 극단을 오갔다. 기온은 열탕과 냉탕을 급하게 오갔고, 풍경은 돌과 먼지뿐이었다. 흙이라고 할 수 있는 것은 없었다. 영양분은 돌과 광물 속에 갇혀 있었고, 기후는 건조했다. 그렇다고 지상에 생명이 전혀 없었다는 뜻은 아니다. 지각은 광합성 박테리아, 극한 서식 조류로 이루어져 있었고, 곰팡이는 공기 중에서 떠돌았다. 지상의 가혹한 환경 때문에 지구상의 생명체는 압도적으로 수중에 몰려 있었다. 수온이 높고 수심은 얕은 바다와 초호礁湖에 조류와 동물이 모여 살았다. 몸길이가 수 미터에 이르는 바다전갈은 해저를 누비고 다녔다. 삼엽충은 모종삽처럼 생긴 주둥이로 침니가 쌓인 해저를 파헤치며 움직였다. 외로운 산호들은 암초를 형성했다. 연체동물이 번성했다.

바다에 비해 적대적인 환경임에도 육지는 이를 극복할 수 있는 광합성 유기체에게는 놓칠 수 없는 기회를 제공했다. 햇살은 바닷물에 걸러지지 않은 채 와닿았고, 이산화탄소도 쉽게 얻을 수 있었다. 햇빛과 이산화탄소를 먹고 사는 유기체에게는 더할 나위 없는 이점이었다. 그러나 육상 식물의 조상인 조류에게는 뿌리가 없었고, 따라서 물을 저장하거나 이동시킬 수단도, 딱딱한 땅에서 영양소를 뽑아낸 경험도 없었다. 그렇다면 조류는 지상으로의 이 위험한 탈출을 어떻게 감행했을까? 기원의 스토리를 짜 맞추는 문제에서 학자 간의 합일점을 찾기는 어렵다. 증거는 항상 부족하고, 남아 있는 증거의 조각마저 관점마다 다르게 해석되기 일쑤다. 그러나 생명의 초기 역사를 둘러싼 논쟁이 서서히 달구어지는 가운데, 학계의 한 가지 컨센서스가 눈에 띈다. 조류가 지상에 안착할 수 있었던 것은 곰팡이와 관계를 맺기 시작한 덕분이었다.[1]

일찍이 시작된 조류와 곰팡이의 연합 관계는 지금 우리가 '균근 관계mycorrhizal relationships'라 부르는 것으로 진화했다. 오늘날 모든 식물종의 90퍼센트 이상이 균근에 의지해 살아간다. 균근 관계는 예외적인 관계가 아니라 예외 없는 기본에 가까운 관계다. 식물에 있어서 균근은 열매, 꽃, 잎, 숲, 심지어는 뿌리보다도 중요한 부분이다. 식물과 균근은 이 밀접한 동반자 관계 — 협력과 갈등, 경쟁으로 완전해지는 — 를 통해 우리의 과거, 현재 그리고 미래를 뒷받침하는 집단적인 번성을 가능케 했다. 그들이 없는 세상은 생각조차 할 수 없는데도, 우리는 그들에 대해 생각조차 거의 하지 않고 살아간다. 이런 무시의 대가는 분명하게 드러난 적이 없었다. 그러나 이런 태도를 유지한 채로 살아갈 수는 없다.[2]

곰팡이를 만나 움트는 싹

앞에서 보았듯이, 조류와 곰팡이는 서로 짝을 맺으려는 경향이 있다. 이들의 연합은 여러 형태로 이루어진다. 지의류도 한 예다. 해초 — 이 역시 조류다 — 가 또 다른 예다. 파도에 실려 해변에 쌓이는 해초는 곰팡이에서 영양을 섭취할 뿐만 아니라 스스로 건조해지지 않도록 유지하는 데에도 곰팡이에 의존한다. 하버드 연구진이 공생하지 않고 자유롭게 생활하는 곰팡이와 조류를 함께 놓아두자 보들보들한 초록색 덩어리가 생겨났다. 곰팡이와 조류가 생태학으로 잘 맞아서, 양쪽 중 어느 한쪽도 혼자서는 부를 수 없는 신진대사의 '노래'를 함께 부르게 된다면 이 두 유기체는 완전히 새로운 공생 관계로 연합한다. 이런 의미에서 식물을 탄생시킨 곰팡이와 조류의 결합은 더 큰 스토리의 일부, 즉 진화의 후렴구라고 할 수 있다.

지의류를 구성하는 파트너들은 원래 각자의 몸과는 다른 새로운 몸을 만드는 반면, 균근 관계의 파트너들은 그렇지 않다. 식물은 그대로 식물이고, 균근은 그대로 균근으로 남는다. 때문에 하나의 식물이 여러 종류의 곰팡이와 동시에 관계를 맺거나, 한 종류의 곰팡이가 여러 종류의 식물과 관계를 맺는 다소 난잡한 관계가 형성된다.

이 관계가 번성하기 위해서는 식물도 곰팡이도 대사 작용의 궁합이 잘 맞아야 한다. 이런 관계는 아주 낯익다. 광합성을 통해 식물은 대기 중의 탄소를 거둬들이고, 대신 당과 지질처럼 식물 이외의 거의 모든 생명체에게 꼭 필요한, 에너지가 풍부한 탄소화합물을 만들어낸다. 식물의 뿌리 안에서 자람으로써, 균근은 그 에너지원에 가장 먼저 접근할 수 있는 특권을 누린다. 거기서 먹이를 얻는 것이다. 그러나 광합성만으로는 생명을 유지하기에 충분하지 않다. 식물과 곰팡이에게는 에너지원 이상의 것이 필요하다. 물과 미네랄은 미세극공과 전하를 띤 공동, 미로처럼 얽힌 썩은 뿌리가 가득한 흙에서 얻어야 한다. 곰팡이는 이 거친 땅의 능숙한 방랑자이며 식물은 할 수 없는 방법으로 먹이를 찾아낸다. 곰팡이를 자기 뿌리에 살게 함으로써 식물은 그러한 영양원에 훨씬 더 쉽게 접근할 수 있다. 그래서 그 영양분을 빨아들인다. 파트너를 맞아들임으로써 식물은 인공장기 곰팡이를 얻고, 곰팡이는 인공장기 식물을 얻는다. 양쪽 모두 다른 쪽을 자신의 활동 영역을 넓히는 데 이용한다. 이것이 바로 린 마굴리스가 '오래도록 지속되는 낯선 자의 친밀함'이라고 말한 관계다. 물론 파트너가 된 식물과 곰팡이에게는 상대방이 더 이상 낯설지 않다. 뿌리 안을 들여다보면 이는 더욱 분명해진다.

뿌리는 세상을 현미경 밑에 끌어다 놓는다. 나는 수 주간 현미경으로 뿌리만 들여다보며 지냈다. 어떤 때는 마음을 홀딱 빼앗긴 채 황홀해하다가, 어떤 때는 또 짜증이 밀려오기도 했다. 싱싱하고 가느다란 뿌리를 접시 물에 담가놓고 보면 뿌리에 달린 균사가 보인다. 염료를 희석한 물에 뿌리를 넣고 끓인 다음 짓찧어서 슬라이드에 올려놓고 보면 서로 얽히고 설킨 것들이 보인다. 균사는 갈라지고 합쳐지다가 식물 세포 안에서 필라멘트의 가지치기 전쟁을 벌이며 분출한다. 식물과 곰팡이는 서로를 꽉 붙들고 놓아주지 않는다. 이들보다 더 내밀한 관계는 상상하기 힘들다.

현미경으로 본 가장 기이한 장면은 먼지처럼 작은 씨앗dust seeds이 싹을 틔우는 모습이었다. 식물 씨앗 중에서는 가장 작은 종류다. 미세한 털이나 눈썹 끝처럼 맨눈으로 겨우 보일까말까 할 정도의 크기로, 난초를 비롯한 일부 식물이 이런 씨앗을 만든다. 무게는 거의 0이고, 바람이나 빗물을 타고 쉽게 퍼져나가지만 곰팡이를 만나기 전에는 발아하지 않는다. 실제로 이 씨앗의 발아를 보려고 나는 오랜 시간 공을 들였다. 작은 비닐봉지에 든 씨앗 수천 개를 흙 속에 묻어두었다가, 몇 달 후 싹을 틔웠을까 싶어서 파보기도 했다. 몇 알을 유리 접시에 올려놓고 가느다란 바늘로 헤집으면서 혹시나 하는 마음으로 생명의 징후를 찾아보았다. 며칠 후, 드디어 찾던 것을 발견했다. 씨앗 몇 알이 이제 막 생기기 시작해 통통하게 부풀어 올라 접시 안에서 밖으로 뻗어 나오는 끈끈한 균사와 얽혀 있었다. 발달이 시작된 뿌리 안에서 균사는 매듭이나 코일처럼 얽혔다. 생식 현상은 아니었다. 곰팡이와 식물 세포가 융합해서 유전정보의 풀을 만든 것이 아니었다. 하지만 분명 번식에는 유리했다. 서로 다른 두 생명체가 만나 하나로 합쳐졌고, 새로운 생명을 구축하는 데 협력하고 있었다. 곰팡이와 분리된 미래의 식물을 상상하는 것은 부조리했다.

식물은 뿌리가 없다

균근 관계가 애초에 어떻게 시작되었는지는 분명하지 않다. 어떤 이들은 이 두 생명체의 첫 만남이 물속에서 무질서하게 이루어졌을 것이라고 추측한다. 뻘밭 같은 호숫가 또는 강가로 밀려 올라온 조류 속에 먹이와 은신처를 구하던 곰팡이가 있었다는 것이다. 어떤 이들은 그게 아니라 이미 지상에 도달해 있던 곰팡이에 조류가 이끌려 왔다고 추측한다. 리즈대학교의 교수 케이티 필드Katie Field는 어느 이야기가 맞든 간에 "조류와 곰팡이는 이미 서로에게 의존하고 있었다"고 주장한다.

필드는 오늘까지 살아 있는 가장 오래된 계통의 식물을 연구해온 뛰어난 실험주의자다. 필드의 연구팀은 방사능 추적자radioactive tracer를 이용해 고대 기후를 모방한 생육 상자 내부에서 곰팡이와 식물 사이에 일어나는 교환을 측정했다. 이들의 공생 방식으로부터 식물과 곰팡이가 육상으로 이동하던 초기에 서로를 향해 어떤 행동을 했는지 실마리를 찾을 수 있었다. 화석 역시 이들의 초기 연합에 대한 놀라운 일면을 볼 수 있게 해주었다. 약 4억 년 전의 생명체로 추정되는, 그 안에 틀림없는 균근의 흔적을 간직하고 있는 화석 표본이 나타났다. 깃털 모양의 열편 feathery lobe은 오늘날과 비슷한 모양이었다. "실제로 식물 세포 안에서 살고 있는 곰팡이를 볼 수 있습니다." 필드는 감탄했다.[3]

최초의 식물은 뿌리도 없고 특별한 구조도 갖추지 못한 초록색 조직 덩어리에 불과했다. 시간이 흐르면서 그 초록색 덩어리가 응축되어 기관이 생기기 시작했고, 그 조직이 곰팡이 동지를 수용했으며, 곰팡이는 흙속에서 영양분과 물을 끌어다 주었다. 진화의 결과 첫 뿌리가 나타났을 즈음, 균근은 조류와 곰팡이가 지상으로 올라온 후에 생겨난 모든 생명의 뿌리를 이루었다. 균근mycorrhiza이라는 이름이 정확하게 말해주고 있다. "균mykes에 이어 뿌리rhiza가 생겨났다."

그로부터 수억 년이 흐른 오늘날, 식물은 더 가늘어지고 더 빨리 성장하며 식물이라기보다 곰팡이처럼 행동하는 기회주의적인 뿌리를 갖도록 진화했다. 그러나 그렇게 진화한 뿌리도 땅속을 탐색하는 데에는 곰팡이를 넘어설 수 없다. 균근 균사mycorrhizal hyphae는 가장 가느다란 뿌리보다도 50배나 가늘고 그 길이도 식물 뿌리의 100배까지 더 길어질 수 있다. 균사는 뿌리보다 먼저 생겼고, 뿌리보다 더 멀리 나아간다. 몇몇 연구자들은 여기서 한 발 더 나간다. "식물은 뿌리가 없습니다." 학부 시절, 은밀한 비밀을 털어놓듯 말하는 교수의 말에 강의실 안의 학생들이 모두 깜짝 놀랐다. "식물이 가진 것은 균뿌리, 즉 균근입니다."[4]

균근 곰팡이mycorrhizal fungi는 너무나 풍성하게 퍼져 있어서 토양 속 생체 총량의 3분의 1에서 2분의 1을 차지한다. 숫자로 살펴보면 그 크기는 실로 천문학적이다. 지구 전체를 따졌을 때, 지표에서부터 10센티미터 깊이까지의 흙에 들어 있는 균근 균사의 총길이는 우리 은하의 폭의 절반에 가깝다(균사의 길이 4.5×10^{17}킬로미터, 우리 은하의 폭 9.5×10^{17}킬로미터). 이 균사를 나란히 붙여서 평면을 꽉 채운다고 하면, 그 넓이는 지구의 마른 땅 전체를 2.5번 덮고도 남는 넓이에 이른다. 그러나 곰팡이는 가만히 있지 않는다. 균근 균사는 한쪽에서는 죽고 다른 한쪽에서는 빠른 속도로, 즉 매년 죽은 균사의 10~60배가 다시 자라난다. 이렇게 자라는 길이를 누적하면 우리가 알고 있는 우주의 지름을 훌쩍 뛰어넘는다(균사 4.8×10^{10}광년, 우리가 아는 우주의 지름 9.1×10^{9}광년). 지구상에 균근 곰팡이가 등장한 지는 5억 년이 넘었고, 서식지가 지표에서 깊이 10센티미터의 흙으로만 제한되는 것이 아닌 만큼, 이 숫자는 과소평가되었음이 틀림없다.

서로 관계를 유지하면서 식물과 균근 곰팡이는 각각 양극단에서 행동한다. 식물의 새싹은 빛과 공기를 상대하는 반면, 곰팡이와 식물의 뿌리는 땅속을 상대한다. 식물은 빛과 이산화탄소를 당과 지질의 형태로 저장한다. 균근 곰팡이는 돌과 부패중인 물질 속에서 영양분을 뽑아낸다. 곰팡이는 두 개의 틈새를 지배한다. 곰팡이의 한살이 중 일부는 식물 내부에서 일어나고, 나머지는 흙 속에서 진행된다. 곰팡이는 탄소가 식물의 생애주기로 진입하는 지점에 자리를 잡고서 대기와 대지의 관계를 공고하게 유지한다. 식물의 잎과 줄기에 가득 모여 있는 공생균처럼, 지금도 균근 곰팡이는 식물이 가뭄과 열기를 비롯해 지상에서 살기 시작한 순간부터 피할 수 없는 스트레스를 해결하는 데 도움을 준다. 우리가 '식물'이라고 부르는 것은 사실상 조류를 기르도록 진화된 곰팡이이며, 또한 곰팡이를 기르도록 진화된 조류다.

반지의 제왕에 등장한 균근 곰팡이

균근이라는 용어는 1885년 독일의 생물학자 알베르트 프랑크 — 그보다 8년 전, 지의류에 흠뻑 빠져서 공생symbiosis 라는 용어를 만들어냈던 바로 그 알베르트 프랑크 — 가 만들어냈다. 프랑크는 그 뒤 프루시아 왕국 농림부 장관으로 임명되어 '트러플 재배의 가능성을 진전시킬' 책임을 맡았다. 이를 계기로 프랑크는 토양에 관심을 갖게 되었다. 그 후는 물론 그 이전에도, 트러플은 그로 하여금 땅속의 곰팡이에 관심을 갖도

· 식물의 뿌리 안에 들어 있는 균근 곰팡이 ·

록 유혹했다.

프랑크는 트러플 재배에는 별로 성공을 거두지 못했지만, 순전히 호기심으로 나무뿌리와 트러플 균사 사이의 얽힘을 생생하고 자세하게 문서로 남겼다. 그의 그림은 낭상체 안에서 지면을 뚫고 나오려는 듯 꿈틀거리는 균사와 단단히 얽혀 있는 뿌리 끝을 보여준다. 프랑크는 이들의 밀도 높은 연합에 놀랐고, 식물의 뿌리와 식물의 동반자인 곰팡이 사이의 관계는 기생 관계라기보다는 상호호혜적인 것일지도 모른다는 주장을 내놓았다. 공생 관계를 연구하는 과학자들이 대부분 그런 것처럼, 프랑크도 균근 연합을 설명하기 위한 비슷한 사례로 지의류를 끌어다 썼다. 프랑크의 관점에서, 식물과 균근 곰팡이는 '친밀하고 호혜적인 의존관계'로 묶여 있었다. 균근 균사체는 마치 '보모' 같은 역할을 해서, '나무가 흙으로부터 필요한 모든 영양분을 뽑아 올릴 수 있게' 해주었다.

시몬 슈벤데너의 지의류 2생명체가설이 그랬듯이, 프랑크의 주장에 대해서도 격렬한 반박이 이어졌다. 프랑크의 주장을 비판하는 이들에게 공생이 상호호혜적 관계, 즉 상리공생일 수도 있다는 주장은 감성적인 환상에 불과했다. 어느 한 파트너가 이득을 본다면 거기에는 대가가 따르기 마련이다. 이들은 상호호혜적으로 보이는 공생 관계도 실제로는 갈등이 존재하는, 위장된 기생 관계일 뿐이라고 보았다.

그러나 수없이 쏟아지는 비판에도 굴하지 않고, 프랑크는 식물과 식물의 보모 역할을 하는 '곰팡이'의 관계를 이해하기 위해 10년의 세월을 바쳤다. 그는 소나무 묘목을 이용해 정밀한 실험을 설계했다. 묘목 중 일부는 멸균 토양에 기르고, 나머지는 근처의 소나무 숲에서 퍼온 흙에 기른 것이다. 숲에서 퍼온 흙에 기른 묘목은 흙 속의 곰팡이와 관계를 맺으면서 멸균 토양에서 기른 묘목보다 더 크고 건강하게 자랐다.[5]

프랑크의 발견은 평소에 식물과 나무에 각별한 관심을 가지고 있던 J. R. R. 톨킨의 눈길을 끌었다. 그리하여 균근 곰팡이는《반지의 제왕》에도 등장하게 되었다.

"나무를 사랑하는 너희들 작은 정원사들아, 너희에게 줄 것은 작은 선물뿐이니 (…) 이 상자 안에 내 과수원 흙이 들어 있다 (…) 이 상자를 소중히 간직하고 고향으로 돌아가면, 너희에게 보상이 있을 것이다. 너희들 보기에는 버려진 황무지처럼 보일지라도, 중간계에는 이 흙을 뿌리기만 하면 너희들의 정원처럼 함박꽃이 피어나는 땅이 있을 것이다." 요정 갈라드리엘이 호빗 샘 갬지에게 말했다.

기나긴 여정을 마치고 드디어 고향으로 돌아온 샘은, 샤이어가 완전히 폐허가 되었음을 발견했다.

샘 갬지는 아름다웠던 나무나 특별히 사랑받던 나무가 죽은 자리에 묘목을 심고, 갈라드리엘이 준 흙을 그 뿌리를 덮은 흙 위에 뿌려주었다. (…) 겨우내 샘은 인내심을 가지고 밖에 나가 묘목이 어떻게 되었는지 둘러보고 싶은 마음을 꾹 눌러 참았다. 봄은 터무니없어 보였던 그의 소망을 무색하게 했다. 마치 시간이 서둘러 지나간 듯, 20년이 1년 만에 다 지나갈 것처럼 나무는 싹을 틔우고 쑥쑥 자라났다.

생명의 진화를 가져온 균근 관계

톨킨이 묘사한 장면은 어쩌면 3억~4억 년 전 데본기의 식물 성장 속도를 바탕으로 한 것인지도 모른다. 그 무렵 지상에 자리를 잡고서 풍부한 햇빛과 이산화탄소를 마음껏 빨아들이던 식물은 지구상 어느 곳에서나 잘 자랐고 그 어느 때보다도 빠른 속도로 더 크고 더 복잡한 형태로 진화했다. 1미터 크기로 자라던 나무가 수백만 년 동안 진화하면서 30미터까지 자라게 되었다. 식물이 폭발적으로 진화한 기간에 대기 중 이산화탄소량은 90퍼센트가 감소하면서 지구의 냉각기를 불러왔다. 식물과 곰팡이의 연합이 이 거대한 지구 대기의 변화에 중요한 역할을 했던 걸까? 필드를 포함한 여러 연구자들은 가능한 이야기라고 생각한다.[6]

"육상 식물이 복잡한 구조로 빠르게 진화하던 시기에 지구 대기에서 이산화탄소량이 급격하게 감소했습니다." 필드가 설명했다. 식물 생산성의 폭발적인 증가는 식물의 균근 파트너에 따라 결정되었다. 예측할 수 있는 사건이기도 했다. 식물이 성장하는 데 가장 큰 제약은 영양분인 인의 부족이다. 균근 곰팡이가 가장 잘 하는 것 — 가장 탁월한 대사의 '노래' — 중 하나가 흙 속에서 인을 캐내 식물에 전달하는 일이다. 인을 충분히 흡수한 식물은 더 잘 자란다. 식물이 잘 자랄수록 대기 중의 이산화탄소를 더 많이 흡수한다. 식물이 더 많이 살면 더 많은 식물이 죽고, 따라서 더 많은 이산화탄소가 토양과 퇴적물 속에 묻힌다. 더 많은 이산화탄소가 묻히면 공기 중의 이산화탄소는 더 줄어든다.

인은 이야기의 일부에 불과하다. 균근 곰팡이는 산과 고압을 이용해 단단한 바위도 파고 들어간다. 데본기의 식물들은 균근 곰팡이의 도움으로 칼슘이나 규소 같은 무기물을 흡수할 수 있었다. 바위 속에서 밖으로 노출된 이 무기물들은 대기 중에서 이산화탄소를 빨아들인다. 그렇게 해서 만들어진 화합물인 탄산염과 규산염은 바다로 흘러가 해양 유기체의 껍데기를 만드는 데 쓰인다. 유기체가 죽으면 껍데기는 바다 밑으로 가라앉아 수백 미터 두께의 퇴적층을 이루면서 거대한 탄소 매장지가 형성된다. 이 모든 과정이 더해져서 기후변화가 시작된다.

균근 곰팡이가 고대 기후에 미친 영향을 측정할 수 있을까? "가능할 수도 있고 불가능할 수도 있죠." 필드가 대답했다. "최근에 제가 시도해보았습니다." 필드는 리즈대학교의 펠로우 연구원인 생물지질화학자 벤저민 밀스Benjamin Mills와 협업으로 실험을 진행했다. 벤저민 밀스는 기후

와 대기 구성 성분을 예측하는 컴퓨터 모델링 작업을 했다.[7]

기후 모델을 만드는 연구자는 많다. 일기예보 전문가와 기후 과학자는 미래의 시나리오를 예측하는 데 디지털 시뮬레이션을 이용한다. 지구가 과거 겪었던 중대한 변화를 재구성하려는 과학자도 마찬가지다. 모델에 숫자를 바꿔 입력하면 지구 기후의 역사에 대한 여러 가정을 테스트해볼 수 있다. 이산화탄소를 올리면 어떻게 되지? 식물이 흡수하는 인의 양을 줄이면 어떻게 될까? 모델이 실제로 일어났던 일을 알려주지는 못하지만, 어떤 요소가 차이를 만들어내는지는 말해줄 수 있다.

필드가 연락을 해왔을 때 밀스의 모델에는 균근 곰팡이가 포함되어 있지 않았다. 식물이 흡수할 수 있는 인의 양만 변화시킬 수 있었다. 그러나 균근 곰팡이를 포함하지 않고서는 식물이 인을 실제로 얼마나 흡수할 수 있는지 예측할 수 있는 방법이 없었다. 여기서 필드가 도움을 주었다. 반복해서 진행한 실험에서, 필드는 균근 관계의 결과는 생육 상자 속의 기후 조건에 따라 달라진다는 사실을 발견한 바 있었다. 어떤 식물은 균근 관계에서 더 큰 이득을 얻지만, 어떤 식물은 그보다 못한 이득을 얻었다. 이런 특성을 필드는 '공생 효율symbiotic efficiency'이라고 이름 붙였다. 식물이 공생 효율이 높은 균근 파트너를 만나면 더 많은 인을 흡수할 수 있고 따라서 더 크게 자랄 수 있다. 필드는 4억 5,000만 년 전, 대기 중 이산화탄소 성분비가 지금보다 몇 배나 더 높았을 때 균근 교환 효율이 얼마나 높았을지 추산할 수 있었다.

필드의 측정치를 이용해 모델에 균근 곰팡이를 추가하자, 밀스는 공생 효율을 높이거나 내리는 것만으로 지구 전체의 기후를 변화시킬 수 있음을 발견했다. 대기 중 이산화탄소와 산소의 양, 그리고 지구 기온, 이 모든 것들이 균근 교환의 효율에 따라 달라졌다. 필드의 데이터를 기반으로 볼 때, 균근 곰팡이는 데본기 식물계의 폭발적인 확장 이후 이산화탄소의 급격한 감소에 일정한 역할을 했을 것이다. "이거야말로, 와우! 잠깐, 잠깐만! 하고 외치게 되는 순간이죠." 필드가 말했다. "우리가 얻은 결과는 균근 관계가 지구상의 수많은 생명체의 진화에 중요한 역할을 했음을 알려줍니다."

미각으로 확인하는 곰팡이의 개성

그들은 실험을 계속했다. 구약성경 이사야서에 "모든 고기는 풀이다"라는 구절이 있다. 이 구절은 오늘날 우리가 생태학적이라고 표현하는 논리를 바탕으로 한다. 모든 동물의 몸에서 풀이 고기가 된다. 그러나 꼭 거기서 머물 이유는 없다. 풀은 그 뿌리에 곰팡이가 함께 살아주어야만 풀이 된다. 이 말인즉슨, 모든 풀은 곰팡이라는 뜻이 아닐까? 만약 모든 풀이 곰팡이고, 모든 고기가 풀이라면, 결국 모든 고기는 곰팡이일까?

완전히 그렇다고 할 수는 없을지라도, 어느 정도는 일리가 있는 것 같다. 균근 곰팡이는 식물이 흡수하는 질소의 80퍼센트, 인의 거의 100퍼센트를 책임진다. 곰팡이는 아연이나 구리 같이 식물에게 꼭 필요한 영양분도 공급해준다. 또한 물을 끌어다 주고 가뭄에도 버틸 수 있도록 도와준다. 지구상에 생명이 생긴 이래 늘 그래왔다. 그 보상으로 식물은 거뒤들인 탄소의 30퍼센트까지 균근 파트너에게 나누어준다. 어느 시점에서 식물과 곰팡이 사이에 정확히 무엇이 오가는지는 어떤 식물과 어떤 곰팡이가 만나느냐에 따라 달라진다. 식물이나 곰팡이가 되는 데에도 여러 방법이 있으며, 균근 관계를 형성하는 데에도 다양한 방법이 있다. 그 방법은 조류가 지상에 처음 올라온 이래 서로 다른 여러 계통의 곰팡이가 적어도 여섯 번 이상 진화시켜온 삶의 방식이다. 한 번 이상 진화할 기회에 도전한 여러 특질 — 선충을 사냥하는 능력, 지의류를 형성하는 능력, 동물의 행동을 조종하는 능력 — 이 그렇듯이, 이 곰팡이가 우연히 승리의 전략에 마주치게 되었다는 느낌을 피하기는 어렵다.[8]

식물의 곰팡이 파트너는 식물의 생장과 목질, 엽육, 과육에도 분명한 영향을 미친다. 몇 년 전, 균근 관계를 주제로 한 컨퍼런스에서 여러 종류의 서로 다른 균근 곰팡이를 매치시켜 딸기를 기르는 실험을 한 연구자를 만났다. 똑같은 품종의 딸기라도 다른 종류의 곰팡이를 파트너로 삼으면 맛이 달라질까? 블라인드 테스트를 해본 결과 파트너 곰팡이가 다르면 과일의 향미가 달라진다는 결과를 얻었다. 어떤 곰팡이는 향을 더 강하게 하고, 어떤 곰팡이는 과즙을 더 풍부하게 하며, 어떤 곰팡이는 맛을 더 달게 했다.

이듬해에도 같은 실험을 진행했지만 예기치 못한 기후의 영향으로 균근 곰팡이의 영향을 제대로 판별할 수 없었다. 그러나 몇 가지 놀라운 효과가 드러났다. 어떤 종류의 곰팡이와 함께 자라는 딸기 꽃에는 뒤영벌이 많이 몰려드는 반면, 다른 종류의 곰팡이와 함께 자라는 딸기 꽃에는 뒤영벌이 덜 몰려들었던 것이다. 또 딸기의 모양도 어떤 곰팡이와 짝을 이루었느냐에 따라 달라졌다. 어떤 균근은 딸기를 더 먹음직스럽게 보이게 만드는 반면, 어떤 균근은 덜 먹음직스럽게 보이는 딸기를 만들었다.

곰팡이 파트너의 정체에 민감한 것은 딸기만이 아니다. 화분에 심은 금어초에서부터 숲속의 터줏대감 자이언트 세콰이어에 이르기까지 대부분의 식물은 땅 속의 균근 곰팡이의 무리에 따라 다른 모습으로 자란다. 예를 들어 바질은 어떤 계통의 균근과 함께 자랐느냐에 따라 만들어지는 아로마 오일의 프로필이 달라진다. 어떤 곰팡이는 단맛이 더 많은 토마토를 만들고, 어떤 곰팡이는 펜넬(회향풀), 코리앤더(고수), 민트(박하)의 아로마 오일 성분을 다르게 만든다. 어떤 곰팡이는 상추잎에서 철과 카로티노이드의 농도를 더 높이고, 어떤 곰팡이는 아티초크 꽃머리의 항산화 활동을 더 강력하게 만들거나 세인트존스워스와 에키네시아에 함유된 의학적 성분의 농도를 높여준다. 2013년, 이탈리아 연구진은 서로 다른 균근의 무리와 함께 자란 여러 종류의 밀로 빵을 구웠다. 그 빵을 이탈리아 브라에 있는 미식과학대학University of Gastronomic Sciences에서 전자 코electronic nose와 열 명의 '잘 훈련된 테스터'로 구성된 심사위원단에게 내놓고 심사를 진행했다. (논문의 저자들은 각각의 테스터가 '최소한 2년 이상 감각 평가의 경험을 가진' 확실한 사람들이었다고 단언했다.) 수확에서부터 시식에 이르기까지 거쳐야 했던 수많은 단계 — 도정, 분쇄, 혼합, 제빵, 그리고 효모 첨가 — 를 감안하면 매우 놀랍게도 패널과 전자 코가 모두 각기 다른 밀가루로 구운 빵을 구별해냈다. 더 촘촘하고 튼튼한 균근 곰팡이 무리와 함께 자란 밀로 만든 빵은 '향미의 강도'가 더 높았고, '탄성과 바삭함'에서도 더 높은 점수를 얻었다. 꽃 냄새를 맡아보고, 줄기,

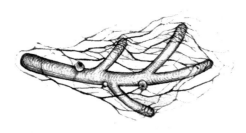

· 균근의 말단 ·

잎, 껍질을 씹어보고, 열매로 담근 술을 맛보는 식으로 테스터가 판별할
수 있는 식물의 땅속 균근 파트너의 특징은 몇 가지나 될까? 나는 그게
종종 궁금했다.

식물과 곰팡이 사이에 지배권은 누구에게 있을까

"토양을 이루는 구성요소 사이에서 힘의 균형을 유지하는 메커니즘은
얼마나 섬세한가." 균학자 메이블 레이너Mabel Rayner가 1945년에 균근
관계에 대해 쓴 책《나무와 독버섯Trees and Toadstools》에서 쓴 말이다.
종류가 다른 균근 곰팡이는 바질 잎의 향기를 바꾸고, 모양이 다른 딸기
를 생산한다. 하지만 어떻게? 곰팡이 파트너 중에도 '더 나은' 곰팡이가
있을까? 식물 파트너 중에도 '더 나은' 식물이 있는 걸까? 식물과 곰팡이
는 여러 파트너의 차이를 스스로 아는 걸까? 레이너의 책이 출간된 이래

수십 년이 지났지만, 우리는 식물과 균근 곰팡이가 공생의 균형을 유지하는 섬세한 행동을 이제 겨우 이해하기 시작했을 뿐이다.

사회적 상호관계는 필수적이다. 여러 진화심리학자들에 따르면, 인간이 복잡한 사회적 상황을 헤쳐 나갈 수 있는 것은 대뇌와 유연한 지능 덕분이라고 한다. 아무리 작은 것이라도 상호작용은 변화하는 사회적 환경 속에 뚜렷하게 새겨진다. 《챔버스 어원사전Chambers Dictionary of Etymology》에 따르면, '얽히다'라는 뜻을 가진 영어 단어 'entangle'은 원래 인간의 상호작용, 또는 '복잡한 사건'에 대한 개입을 설명하는 데 쓰이다가 나중에야 다른 뜻을 갖게 되었다. 우리 인간이 지금처럼 영리한 존재가 된 것은 우리가 감당하기 벅찰 정도로 복잡다단한 상호관계 속에 얽혀 살기 때문이라고 진화심리학자들은 주장한다.

식물과 균근 곰팡이는 뇌라고 할 만한 기관이나 지능이라고 인정할 수 있을 만한 특징을 갖고 있지 않지만, 매우 복잡하게 얽혀 살아가며 그로써 발생하는 복잡한 사건들을 감당할 여러 방법을 발전시켜왔다. 식물은 곰팡이 파트너의 감각 세계에서 일어나는 현상으로부터 얻은 정보에 따라 행동한다. 마찬가지로 곰팡이는 식물 파트너의 감각 세계에서 일어나는 현상으로부터 얻어진 정보에 따라 행동한다. 식물의 싹과 잎은 15~20가지에 이르는 정보를 이용해 공기를 탐색하고 주변 환경의 연속적이고 미세한 변화에 대응하며 행동을 조율한다. 수천에서 수십억 개의 뿌리 말단이 토양을 탐색하는데, 각각의 뿌리 말단은 서로 다른 여러 곰팡이종과 동시에 연결될 수 있다. 한편 균근 곰팡이는 영양원을 탐색해 그 영양원을 마음껏 흡수하고, 곰팡이든 박테리아든 또 다른 미생물이든 다른 종류의 미생물과 섞여 양분을 흡수하고, 사방으로 뻗어 있는 제 몸의 네트워크에 그 양분을 전달한다. 정보는 막대한 수의 균사 정단을 지나가며 집적되어야 하는데, 균사 정단은 어느 순간에나 여러 개체의 식물 사이를 연결하며 수천 미터를 기어가듯 퍼져나간다.

암스테르담자유대학교 교수 토비 키어스Toby Kiers는 식물과 곰팡이가 어떻게 '힘의 균형'을 유지하는지를 연구한다. 키어스의 연구팀은 방사능 표지를 이용하거나 분자에 발광 태그를 붙이는 방법으로 식물 뿌리에서 균사로 이동하는 탄소와 곰팡이에서 식물 뿌리로 이동하는 인을 추적했다. 이 흐름을 세밀하게 측정한 결과, 연구팀은 양쪽 파트너의 거래 방식을 어느 정도 설명할 수 있었다. 식물과 균근 곰팡이는 녹록치 않은 거래 환경을 어떻게 헤쳐 나가는지 키어스에게 물었다. 그녀는 우습다는 듯이 말했다. "우리도 그 세상에서 벌어지는 복잡한 현상을 제대로 알 수 있었으면 좋겠어요. 그 두 파트너 사이에 거래가 이루어지고 있다는 건 우리도 압니다. 문제는, 그들의 거래 전략이 어떻게 변할지 우리가 예측할 수 있느냐 하는 겁니다. 그건 정말 어마어마한 연구 대상이에요. 하지만 못할 것도 없죠, 안 그래요?"

키어스의 발견은 식물과 곰팡이가 맺고 있는 관계의 통제권이 어느 한쪽에 완전히 장악되지 않는다는 사실을 보여준다. 이는 실로 놀라운 일이다. 그들은 양보하고 타협하며 복잡한 거래 전략을 펼친다. 실험을 통해, 키어스는 식물 뿌리가 인을 더 많이 공급해주는 종류의 곰팡이에게 편파적으로 많은 탄소를 공급할 수 있음을 발견했다. 식물로부터 더 많은 탄소를 얻어간 곰팡이는 그 보상으로 더 많은 인을 가져다주었다.

어떻게 보면 이 교환은 자원의 이용 가능성에 따른 협상의 결과라고 할 수 있었다. 키어스는 이러한 '호혜적 보상'이 오랜 진화의 시간 속에서 식물과 곰팡이의 협력 관계를 안전하게 유지시켜 주었다는 가설을 내놓았다. 두 파트너가 교환을 함께 통제하므로, 어느 한쪽이 배타적으로 자기만의 이익을 위해 그 관계를 남용할 수는 없기 때문이다.[9]

식물과 곰팡이 모두가 이 관계에서 이득을 얻어가지만, 어떤 종류의 식물과 곰팡이냐에 따라 공생의 방식이 달라진다. 어떤 곰팡이는 다른 곰팡이보다 협조적인 파트너가 되고, 어떤 곰팡이는 덜 협조적인 파트너가 되어서 식물 파트너에게 인을 나누어주기보다는 혼자서 '저장'하기를 좋아한다. 하지만 이런 저장 강박성을 가진 곰팡이도 항상 저장에만 몰두하는 것은 아니다. 그들의 행동은 융통성이 있어서, 주변에서 일어나는 현상과 상대방에 따라 계속 협상이 진행된다. 이런 행동의 배경과 진행에 대해 우리가 아는 것은 별로 많지 않다. 그러나 매순간 식물과 곰팡이는 몇 가지 선택권을 가진다. 선택에는 결정이 따르기 마련이다. 그 결정이 인간의 의식과 비슷하게 연속성을 가진 의식 속에서 이루어지든, 컴퓨터 알고리즘 같이 비연속적인 의식 속에서 이루어지든, 아니면 그 둘 사이의 어디에선가 이루어지든, 결정은 결정이다.[10]

식물과 곰팡이에게는 뇌가 없는데도 결정을 하느냐고 물었다. "저는 항상 결정decision이라는 표현을 씁니다. 여러 선택지가 있으면, 일단 정보를 모은 다음 그 정보를 바탕으로 선택지 중 하나를 선택해야 합니다. 우리가 하는 일 중 많은 부분이 마이크로 스케일의 결정에 대한 연구라고 생각해요." 이러한 선택의 과정을 펼쳐볼 수 있는 여러 방법이 있다.

"균사 정단에서 내리는 결정이 모두 절대적일까요?" 키어스가 생각에 골몰한 얼굴로 물었다. "아니면 상대적인 결정일까요? 만약 상대적이라면, 그 결정은 네트워크 전체에서 벌어지고 있는 다른 현상에 의존해서 내려질 공산이 크겠죠."

이런 의문을 가지고, 인간 사회의 부의 불평등에 대한 토머스 피케티의 논문을 읽은 키어스는 곰팡이 네트워크 내부에서 불평등의 역할에 대해 숙고하기 시작했다. 그녀의 연구팀은 한 종류의 균근 곰팡이를 인이 불평등하게 공급되는 환경에 노출시켜 보았다. 균사의 한쪽은 커다란 인 조각에 접근할 수 있게 하고, 다른 쪽은 아주 작은 인 조각에 접근하게 두었다. 키어스는 이런 불평등이 같은 네트워크에 속한 서로 다른 부분의 거래 결정에 어떤 영향을 미칠지 흥미롭게 지켜보았다. 몇 가지 눈에 띄는 패턴이 나타났다. 인이 부족한 균사 네트워크에서는 식물이 더 비싼 '값'을 치렀다. 다시 말해 식물이 받는 인 한 단위당 더 많은 단위의 탄소를 공급했던 것이다. 인을 더 쉽게 얻을 수 있는 쪽에서는 곰팡이가 더 낮은 '교환 비율'로 탄소를 받아갔다. 인의 '값'은 우리에게 익숙한 수요와 공급의 법칙에 따라 정해지는 것으로 보였다.

가장 놀라운 것은 곰팡이가 네트워크 전체에서 거래 행동을 조율하는 방식이었다. 키어스는 '싸게 사서 비싸게 판다'는 전략을 알아볼 수 있었다. 곰팡이는 힘차게 움직이는 미세소관 '모터'를 이용해서, 인이 풍부해 싼 값으로 식물과 거래해야 하는 영역으로부터 인이 귀해 수요가 높고 따라서 비싼 값으로 거래할 수 있는 영역으로 인을 힘차게 운반했다. 이렇게 함으로써 곰팡이는 인을 더 유리한 교환 비율로 더 많이 거래할 수

있었고, 그 보상으로 더 많은 탄소를 얻을 수 있었다.[11]

이런 행동은 어떻게 제어되는 걸까? 곰팡이는 자기 네트워크의 각 부분에서 교환 비율이 다르게 적용된다는 사실을 감지하고 그 시스템을 유리하게 이용하기 위해 적극적으로 인을 운반하는 걸까? 아니면 기계적으로 인이 풍부한 영역에서 희귀한 영역으로 나르다가 때때로 식물로부터 더 큰 보상을 받거나 혹은 별다른 보상 없이 지나가거나 하는 걸까? 우리는 아직도 확실한 답을 얻지 못했다. 그러나 키어스의 연구는 식물과 곰팡이의 교환의 복잡성을 어느 정도 규명하고 복잡한 문제의 해법이 어떻게 도출될 수 있는지 보여준다. 식물과 곰팡이의 이러한 모든 행동에서는 일반적인 패턴이 드러난다. 어떤 식물 또는 곰팡이가 어떻게 행동하느냐는 그들이 누구와 파트너를 형성하고 있으며 어디에서 살고 있는가에 따라 달라진다. 균근 관계는 한쪽 극단에 기생 관계, 다른 쪽 극단에 상호주의적 협업관계가 있는 연속선이라고 이해할 수 있다. 식물은 어떤 조건에서는 곰팡이 파트너로부터 이득을 얻지만 또 다른 조건에서는 이득을 얻지 못한다. 인을 충분히 공급하면서 식물을 기르면, 그 식물은 곰팡이 파트너를 고르는 데 덜 까다로워진다. 협조적인 곰팡이와 또 다른 협조적인 곰팡이를 함께 기르면, 그들은 덜 협조적으로 변할 수도 있다. 똑같은 곰팡이, 똑같은 식물도 다른 조건에 놓이면 다른 결과를 가져온다.

발밑에서 일어나는 아주 작은 스케일의 사건들

나와 협업중인 연구진 중 한 사람인 마르부르크대학교의 한 교수가 어렸을 적에 보았던 조각 작품 이야기를 해주었다. 〈수직 대지의 킬로미터 The Broken Kilometer in New York 〉라는 제목의 그 조각 작품은 1킬로미터 길이의 황동관을 수직으로 땅속에 묻은 설치미술 작품이었다. 작품에서 관객이 볼 수 있는 부분은 황동관의 맨 끝부분, 지상의 평면에 노출되어 동전처럼 평평한 원으로 보이는 부분밖에 없었다. 그 교수는 그 작품을 보고 현기증을 느꼈다. 마치 육지의 대양 속 깊은 곳까지 들여다보면서 그 수면 위에 둥둥 떠 있는 느낌이었다고 한다. 그 경험은 그로 하여금 평생토록 뿌리와 균근 곰팡이의 매력에 빠져들게 만들었다. 나 역시 내 발 밑에서 바글거리며 이어지고 있는 균근 관계의 복잡성 ─ 수 킬로미터를 뻗어나가며 얽혀 있는 생명 ─ 을 생각할 때면 그와 비슷한 현기증을 느낀다.

그 현기증은 아주 작은 스케일에서 아주 큰 스케일로 옮겨갈 때, 세포 수준에서 일어나는 현미경적 거래 결정에서 지구와 대기, 지구상에서 자라고 있는 3조 그루 이상의 나무, 토양 속에서 천을 짜듯 서로 촘촘히 얽혀 1,000조 마일 이상의 길이로 퍼져 있는 균근 곰팡이로 시선을 옮길 때도 일어난다. 이렇게 큰 숫자를 만나면 인간의 정신도 균형을 잘 잡지 못한다. 그러나 균근 관계의 이야기는 매우 큰 스케일에서 매우 작은 스케일로, 마치 바이킹을 타듯이 급상승과 급강하를 반복하며 우리를 어지럽게 만든다.

스케일은 균근 연구에서 중요한 이슈다. 균근 관계는 우리가 볼 수 없는 곳에서 이루어진다. 그것을 경험하거나, 보거나, 만져보기도 어렵다. 따라서 균근 행동에 대한 대부분의 지식이 잘 통제된 실험실이나 온실 같은 환경에서 나온다. 이렇게 발견된 것들을 실제 세계의 생태계까지 확대 적용하는 것이 언제나 가능한 것은 아니다. 대부분의 경우에 우리가 볼 수 있는 부분은 전체 그림에서 극히 작은 일부에 불과하다. 그 결과 연구자들은 균근 곰팡이가 실제로 지금 무엇을 하고 있는가 보다는 무엇을 할 수 있는가를 더 많이 알고 있다.

세밀하게 제어된 조건에서도 균근이 순간순간 실제로 어떻게 행동하는지를 포착하기는 매우 어렵다. 키어스의 연구와는 대조적으로, 식물과 곰팡이의 교환은 우리가 합리적인 거래 전략이라고 볼만한 규칙을 따르는 것 같아 보이지는 않는다. 우리의 지식에 어딘가 빠진 부분이 있는 것 같지만 아무도 확실하게 답할 수 없다. 우리는 식물과 곰팡이 사이의 화학적 교환이 정확히 어떻게 일어나는지, 세포 수준에서 어떻게 제어되는지에 대해서는 아는 바가 거의 없다. "우리는 균근 네트워크 안에서 물질이 어떻게 이동하는지를 알아내려고 하고 있어요. 그 과정을 영상으로 촬영하려고 노력 중이죠. 식물과 곰팡이의 네트워크에서 벌어지는 현상은 정말 대단합니다. 하지만 이 연구는 매우 까다롭고, 그래서 나는 연구자들이 왜 곰팡이가 아닌 다른 유기체를 연구하고 싶어 하는지 이해할 수 있어요." 키어스가 말했다. 많은 균학자가 키어스가 보이는 기대와 절망을 공통적으로 느낀다.[12]

식물과 곰팡이의 연합에 대해 다른 방식으로 생각할 수 있을까? 그 현기증을 가라앉힐 다른 방법이 있을까? 내 동료 중 일부는 균근에 대한 열정을 보다 직관적으로 분출한다. 그들 중 몇 사람이 버섯 채취에 큰 관심을 지니고 있는데, 그들은 트러플에서 그물버섯, 꾀꼬리버섯, 송이에 이르기까지 여러 버섯을 찾으러 다니면서 균근 관계에 보다 자연스럽게 다가간다. 또 다른 친구들은 현미경 속의 균근 곰팡이를 들여다보며 시간을 보낸다. 해양생물학자들이 다이빙을 하러 가는 것과 비슷하다. 현미경을 들여다보는 친구들은 몇 시간씩 흙을 체로 쳐서 균근의 포자를 걸러내기도 한다. 균근 포자는 현미경으로 보면 마치 물고기 알처럼 빛나는 알록달록한 알갱이다. 파나마에서 함께 지냈던 동료 하나는 아주 노련한 포자 수집가였다. 어느 저녁, 우리는 곰팡이 포자와 크래커 부스러기, 그리고 사우어 크림으로 간식을 만들었다. 말하자면 일종의 균근 캐비어였는데, 그 크기가 너무 작아서 우리는 현미경을 들여다보며 간식을 만들고 핀셋으로 집어서 입에 넣어야 했다. 균근 캐비어를 만들면서 우리가 배운 건 많지 않았지만, 중요한 건 그게 아니었다. 균근 캐비어 만들기는 아주 작은 스케일의 세상에서 큰 세상으로 빠져나올 때 느끼는 현기증 속에서 균형을 유지하는 데 도움이 되는, 일종의 연습이었다. 중간에 어떠한 매개체나 조정자 없이 우리의 실험 대상과 직접 접촉한 매우 드문 순간 중의 하나였다. 균근 곰팡이는 기계덩어리가 아니라 살아 있는 생명체다. 모두가 알다시피 사람이 기계나 개념을 먹을 수는 없기 때문이다. 다만 우리가 아직도 그 생명의 방식을 속속들이 이해하지 못하고 있을 뿐이다.

균근이 식물의 서식지를 결정하다

식물은 가장 쉬운 방법을 택해 생존한다. 지하 세계에서 펼쳐지던 균근 광시곡이 인간의 일상생활까지 울려 퍼지게 되는 계기는 대개 식물을 통해서다. 곰팡이와 뿌리 사이에서 오가는 셀 수 없이 많은 미시적 상호 작용은 식물의 형태, 생장, 맛, 그리고 냄새로 나타난다. 알베르트 프랑크처럼 샘 갬지도 균근 관계가 어린나무에서 어떤 결과로 나타나는지를 직접 자기 눈으로 목격했다. 마치 시간이 단축된 것처럼 "어린나무가 싹을 틔우고 쑥쑥 자라기 시작했다." 식물을 먹을 때, 우리는 균근 관계의 결과물을 맛본다. 화분, 꽃밭, 정원 또는 도심 공원에서 식물을 기르는 것은 균근 관계를 함께 육성하는 것이다. 거기서 스케일을 더 키워 보면 식물과 곰팡이가 내리는 미시적인 거래 결정이 지구상의 모든 대륙 전체에 우거진 숲의 구성원을 결정하는 셈이 된다.

마지막 빙하기는 약 1만 1,000년 전에 끝났다. 로렌타이드 빙상이 후퇴하자, 북미 대륙의 육지 수백만 킬로미터가 드러났다. 그 후로 수천 년에 걸쳐 숲은 북쪽을 향해 확장되었다. 꽃가루의 기록을 추적하면, 각기 다른 수종의 이식 연대기를 재구성할 수 있다. 너도밤나무, 오리나무, 소나무, 전나무, 단풍나무는 매년 100미터 이상의 속도로 빨리 퍼져나갔다. 반면에 플라타너스, 떡갈나무, 자작나무, 히코리 등은 1년에 10미터 정도의 속도로 느리게 퍼져나갔다.

이렇게 각기 다른 수종들은 변화하는 기후에 어떻게 적응할까? 곰팡이와 식물의 조상 사이의 관계 덕분에 식물은 마른 땅에 올라올 수 있었다. 균근 관계는 그 관계가 시작된 지 수백만 년이 지난 후에도 식물이 지상에서 이동하는 데 계속해서 모종의 역할을 했던 걸까? 가능한 일이다. 식물도 곰팡이도 서로를 유전적으로 물려받지는 않는다. 그 둘은 연합하는 경향을 물려받을 뿐, 고대로부터 있어왔던 다른 공생의 기준으로 보면 개방적인 관계를 유지한다. 육지에 올라와서 살기 시작한 초기에 그랬듯이, 식물은 주변에 무엇이 있느냐에 따라서 관계 설정이 달라진다. 곰팡이도 마찬가지다. 이런 면은 어떻게 보면 한계 — 적합한 곰팡이를 찾지 못한 식물의 씨앗은 살아남지 못할 확률이 높다 — 일 수도 있지만, 관계를 재형성하는 능력 또는 완전히 새로운 관계를 발생시키는 능력 덕분에 식물과 곰팡이라는 두 파트너는 변화하는 환경에 대응할 수 있는 것이다. 브리티시컬럼비아대학교 연구진은 2018년에 나무의 이식 속도가 균근의 기질에 따라 달라질 수 있다는 연구 결과를 내놓았다. 일부 수종은 다른 수종에 비해 균근 관계가 매우 밀접해서, 동시에 여러 종류의 서로 다른 곰팡이와 관계를 형성할 수 있다. 로렌타이드 빙상이 후퇴할 때 이식 속도가 빨랐던 수종은 그렇지 않았던 수종보다 균근 관계가 더 친밀했다. 이런 수종은 새로운 환경에 도달했을 때 적합한 곰팡이를 만날 확률이 훨씬 높다.

식물의 잎이나 새싹에서 사는 곰팡이 — 식물공생균이라고 알려진 — 도 그에 못지않게 식물이 새로운 장소에 적응하는 능력에 크나큰 영향을 미친다. 염분이 있는 해변의 흙에서 풀을 뽑아 원래의 식물공생균 없이 기르다가 다시 염분이 있는 땅에 옮겨 심으면 살아남지 못한다. 지열이 뜨거운 토양에서 서식하는 풀도 마찬가지다. 연구자들이 이 두 가지 풀의 식물공생균을 바꿔치기해서 해변에 서식하는 풀은 지열이 뜨거운 토양에서, 지열 뜨거운 토양에서 자라던 풀은 해변에서 길렀다. 그러자 각각 서식지에서 생존하는 습성이 바뀌었다. 원래 해변에서 자라던 풀은 염분이 들어 있는 토양에서는 더 이상 살지 못한 대신 지열이 뜨거운 토양에서는 잘 자랐다. 원래 뜨거운 토양에서 자라던 풀은 더 이상 뜨거운 지열을 버티지 못하는 대신 해변의 염분 섞인 토양에서 잘 자랐다.

어떤 식물이 어디서 잘 자랄지는 곰팡이가 정한다. 곰팡이는 식물 집단을 서로 격리시킴으로써 새로운 종의 진화를 촉진할 수도 있다. 로드 하위 아일랜드Lord Howe Island는 길이 9킬로미터, 폭 1킬로미터의 작은 섬으로, 호주와 뉴질랜드 사이에 있다. 이 섬에는 과거 어느 시점에 분기한 두 종의 야자수가 서식한다. 그중 한 종인 벨모어 센트리 야자, 즉 호야 벨모레아나Howea belmoreana는 산성 화산토에서 자라고, 자매종인 켄챠 야자, 호야 포스테리아나Howea forsteriana는 백악질 토양에서 자란다. 켄챠 야자가 어쩌다가 그렇게 정반대의 토양에서 서식하게 되었는지는 식물학자들 사이에서 오랫동안 풀리지 않는 수수께끼였다. 2017년에 임페리얼칼리지 런던의 연구자들이 출판한 한 논문에서 이 수수께끼의 답은 균근 곰팡이에서 대부분 찾을 수 있음이 밝혀졌다. 연구진은 이 두 종의 야자수가 각기 다른 곰팡이 커뮤니티와 연합했음을 발견했다. 켄챠 야자는 알칼리성 백악질 토양에서 살 수 있게 해주는 곰팡이와 관계를 형성할 수 있다. 그러나 그런 관계를 형성하는 습성 때문에 조상들이 살던 화산토양의 균근 곰팡이와는 관계를 형성하기 어려워졌다. 이로 미루어 켄챠 야자는 오로지 백악질 토양의 곰팡이로부터만 이득을 취하고,

벨모어 센트리 야자는 오로지 화산 토양에 사는 곰팡이로부터만 이득을 취한다는 것을 알 수 있다. 서로 다른 곰팡이가 지배하는 서로 다른 '섬'에 사는 것처럼 되어버린 두 종류의 야자수는 시간이 흐르면서 두 개의 종으로 분리되었다.

식물과 균근 곰팡이가 서로의 관계를 재형성하는 능력은 매우 심오한 의미를 갖는다. 인간도 이런 스토리에 익숙하다. 인류의 역사를 통틀어, 우리는 다른 유기체와의 파트너십을 통해 인간과 인간 이외의 종 모두의 영역을 함께 확장시켜왔다. 인간이 옥수수와 관계를 맺기 시작하면서 새로운 형태의 문명이 나타났다. 인간과 말 사이의 관계는 새로운 형태의 교통 기관을 만들어냈다. 인간과 효모의 관계는 새로운 형태의 알코올 생산과 유통을 가능케 했다. 각 경우마다 인간과 인간이 아닌 파트너는 제각각 새로운 가능성을 정의했다.

식물과 균근 곰팡이가 그러하듯이 말과 인간도 별개의 유기체로 남아 있지만, 양쪽 모두 협력하는 유기체를 지향하는 조상들의 경향을 그대로 대물림하고 있다. 인류학자 나타샤 마이어스Natasha Myers와 카를라 후스타크Carla Hustak는 '바깥을 향한 회전'이라는 의미를 지닌 '진화evolution'라는 단어로는 다른 유기체의 삶 속으로 말려들어 가려는 유기체의 태세를 포착하지 못한다고 주장한다. 마이어스와 후스타크는 '안을 향해 회전하면서 말려들어가는' 경향을 묘사하려면 '내전內轉, involution'이라는 용어가 더 적당하다고 제안한다. 그들의 관점에서 보면, 내전이라는 개념이 '서로 함께 더불어 살아가기 위한 방법을 끊임없이 창조해내는' 유기체들의 '밀고 당기기'를 더 확실하게 포착한다. 식물이 식물로 진화하던 5,000만 년 동안 뿌리 시스템을 빌려 쓸 수 있었던 것도 바로 다른 유기체의 삶 속에 스스로 말려들어 가는 경향 덕분이었다. 독자적인 뿌리 시스템을 갖추고 있는 오늘날에도, 거의 모든 식물이 여전히 땅속의 삶을 유지하는 데에는 균근 곰팡이에게 의지한다. 내전의 경향이 곰팡이로 하여금 광합성 조류의 능력을 빌려서 대기 중의 이산화탄소를 흡수할 수 있게 해주었다. 곰팡이는 지금도 그 방법을 버리지 않았다. 균근 곰팡이는 식물의 씨앗 속에 들어가 있지 않으므로 식물과 곰팡이는 그들의 관계를 끊임없이 형성하고 재형성해야만 한다. 내전은 현재진행형이며 무차별적이다. 서로 협력해 모든 참여자들이 원래의 한계를 뛰어넘어 그 바깥을 유랑한다.

재앙에 가까울 정도로 환경이 급변하면 많은 생명체가 새로운 환경에 대한 식물과 곰팡이의 적응력에 의존한다. 오염되거나 황폐화된 땅이든 도시의 초록 지붕처럼 전에 없던 새로운 환경에서든 마찬가지다. 대기 중 이산화탄소량의 증가, 기후변화와 오염, 이 모든 요소들이 식물의 뿌리와 곰팡이 파트너 사이에서 일어나는 현미경적인 거래 결정에 영향을 미친다. 옛날부터 그래왔듯이, 이러한 거래 결정의 영향은 스케일이 확대되고 생태계와 대륙 전체로까지 확산된다. 2018년 발표된 한 대규모 연구는, 유럽 전체에서 나무의 건강이 심각하게 악화된 현상은 질소 오염으로 인한 나무와 균근 관계의 파괴에 그 원인이 있다고 주장했다. 인류세Anthropocene에 형성된 균근의 연합 관계는 악화되고 있는 기후 위기에 대한 인류의 적응력을 대부분 결정하게 될 것이다. 그 가능성과 함정이 가장 잘 드러나고 있는 분야가 농업이다.[13]

균근의 공생에 인류의 미래가 달려 있다

"인류의 건강과 웰빙은 균근 연합의 효율성에 달려 있을 수밖에 없다." 현대적인 유기농 운동의 창시자이자 균근 곰팡이에 대한 열정적인 대변인인 앨버트 하워드Albert Howard의 말이다. 1940년대에 이미 하워드는 화학비료가 '비옥한 토양과 그 토양으로부터 양분을 얻는 나무의 결혼'을 의미하는 균근 연합을 붕괴시킬 것이라고 주장했다. 또한 그들의 관계를 붕괴시키면 그 여파는 매우 널리 전파될 것이라고 보았다. '살아 있는 균사'를 끊어버리면 토양의 건강이 해를 입을 수 있다. 결과적으로 작물의 건강과 생산성이 저하될 것이고, 그 작물을 먹고 사는 동물과 사람의 건강도 나빠질 수밖에 없다. "인류가 가진 가장 중요한 자산 — 비옥한 토양 — 을 보존할 수 있는가?" 하워드가 물었다. "이 질문에 대한 답에 문명의 미래가 달려 있다."

하워드의 말은 다소 극적이지만, 이 질문은 80년간 우리의 삶에 더 깊이 파고들었다. 어떻게 보면 현대적인 산업형 농업은 그동안 매우 효율적이었다. 작물 생산량은 20세기 후반에 두 배로 증가했다. 그러나 생산량에만 몰두한 나머지 비용이 치솟았다. 농업은 대규모 환경 파괴를 불러왔고, 지구온난화 가스의 4분의 1이 농업으로부터 비롯되었다. 엄청난 양의 살충제를 쓰는데도 매년 작물의 20~40퍼센트가 질병과 해충으로 죽는다. 20세기 후반 50년 동안 비료 사용량은 자그마치 700배나 증가했음에도, 지구 전체의 농작물 생산량 그래프는 수평선을 그리고 있다. 전 세계적으로 1분마다 축구장 30개 면적의 표토表土가 침식되어 사라진다. 식품의 3분의 1이 버려지고 있지만, 2050년이면 작물수요는 두 배가 될 것이다. 위기의 심각성을 과장하기가 오히려 힘든 상황이다.

균근 곰팡이가 그 해답의 일부가 될 수 있을까? 어쩌면 미련한 질문일 수도 있겠다. 균근 관계는 식물만큼이나 오래된 것이고 수억 년 동안 지구의 미래를 만들어왔다. 알았든 몰랐든, 균근 관계는 우리가 먹거리를 마련하려는 노력 속에 항상 존재해왔다. 지구상 거의 모든 곳에서 수천 년 동안 전통적인 농업 관행은 토양의 건강을 돌보았고, 간접적으로 식물과 곰팡이의 관계가 건강하게 유지되도록 도와주었다. 그러나 20세기를 거치면서 인간의 무지가 문제를 낳았다. 1940년 당시 하워드가 가장 우려했던 점은 산업형 농업 기술이 '토양의 생명력'을 전혀 고려하지 않은 채 개발되고 있다는 것이었다. 하워드의 우려는 빗나가지 않았다. 토양을 거의 무생물로 취급함으로써, 농업 관행은 우리가 생존을 위해 먹는 생명체들을 지켜주던 땅속 세상을 가차 없이 파괴해버렸다. 20세기 의학도 마찬가지다. 의학은 '세균germ'과 '미생물microbe'을 같은 것으로 치부해버리는 실수를 저질렀다. 토양 유기체 중에서 어떤 것들은 우리 몸에 들어오면 질병을 일으키는 것도 사실이다. 그러나 대부분은 그렇지 않다. 장내 미생물의 생태계를 붕괴시키면 우리 몸 전체의 건강이 위태로워진다. 인간이 겪는 질병 중에서 우리 몸속의 '세균'을 죽이는 과정에서 생기는 질병이 점점 많아지고 있다. 토양 미생물 — 지구의 장내 미생물 — 의 풍요로운 생태계를 파괴하면 작물의 건강도 위태로워진다.

2019년, 취리히의 아그로스코프Agroscope*가 논문을 발표했다. 이 논문을 쓴 연구진은 유기농법과 '집약적인' 농법이 각각 작물의 뿌리에 형성되는 곰팡이의 집단에 미치는 영향, 즉 파괴의 정도를 비교해보았다. 연구진은 곰팡이의 DNA 염기서열을 해독하는 방법으로 여러 종의 곰팡이가 서로 얽혀 있는 네트워크를 재구성해서 보여줄 수 있었다. 그들은 유기농법과 비유기농법 사이의 '놀라운 차이'를 발견했다. 유기농법으로 농사를 짓는 땅에서는 균근 곰팡이의 양도 훨씬 많았을 뿐만 아니라 곰팡이의 집단이 훨씬 복잡하게 얽혀 있었다. 유기농법 토양에서는 스물일곱 가지 '핵심적인 곰팡이'들이 매우 높은 밀도로 연결되어 있는 반면, 비유기농법 토양에서는 단 한 종도 발견되지 않았다. 다른 많은 연구도 비슷한 결과를 보고했다. 경운법과 화학비료 시비, 살균제 도포 등을 동원한 집약적 농업은 균근의 수를 감소시키고 곰팡이 집단의 구조를 변화시킨다. 반면에 그보다 훨씬 지속가능한 농법인 유기농법은 다양한 균근 집단을 활성화시키고 토양 속 균사의 양도 훨씬 풍부하게 만든다.

그게 왜 중요할까? 농업과 관련된 이야기의 상당수는 생태계의 희생과 연결된다. 밭을 만들기 위해 숲을 없애고, 밭을 더 늘리기 위해 관목 울타리까지 없앤다. 토양 미생물도 균근과 같은 신세일까? 만약 인간이 밭에 비료를 뿌려 식물에 자양분을 공급한다면, 균근 곰팡이가 할 일을 인간이 대신하는 게 아닐까? 지금까지 우리가 땅속의 곰팡이를 지나치게 많이 만들어왔다면, 곰팡이에 대해 걱정할 게 뭐란 말인가?

---

* 스위스 연방정부가 설립한 식품 및 농업 연구기관.

균근 곰팡이는 식물에게 자양분을 공급하는 것 이상의 일을 한다. 아 그로스코프 연구진은 균근 곰팡이를 핵심 유기체라고 부르지만, 어떤 이들은 '생태계 엔지니어'라고 부른다. 균근 균사체Mycorrhizal mycelium는 흙이 흩어지지 않고 서로 뭉쳐 있도록 붙들어주는, 살아 있는 접착제다. 만약 흙에서 곰팡이를 제거한다면 흙은 바스스 부서져서 흩어져버린다. 균근 곰팡이는 토양이 흡수할 수 있는 물의 양을 증가시키고, 빗물에 씻겨 흘러가버리는 영양분의 양을 50퍼센트까지 감소시킨다. 토양에서 발견되는 탄소 — 놀랍게도 식물과 대기 중에서 발견되는 탄소를 모두 합친 양의 두 배에 가깝다 — 중에서 상당한 비율이 균근 곰팡이에 의해 생산되는 단단한 유기화합물 속에 갇혀 있다. 균근의 통로를 통해 토양 안에서 흐르는 탄소는 복잡하고 섬세한 먹이그물을 지탱한다. 건강한 흙한 찻숟가락 속에는 수십만 킬로미터에 이르는 균사 외에도 지금까지 지구상에서 살았던 사람의 수를 모두 합한 것보다 더 많은 수의 박테리아, 원생생물, 곤충, 절지동물이 있다.

바질, 딸기, 토마토, 밀을 대상으로 한 실험결과가 보여주듯, 균근 곰팡이는 수확량을 증가시킬 수도 있다. 또한 잡초에 대한 작물의 경쟁력을 키워주고, 식물의 면역 시스템을 튼튼하게 함으로써 질병에 대한 저항력을 강화시킨다. 작물이 가뭄과 열의 영향을 덜 받게 해주고, 염분과 중금속에 대한 저항력을 강하게 해준다. 심지어 해충을 방어하는 화학물질의 생산을 촉진시켜 해충의 공격에 맞서 싸울 힘도 키워준다. 식물이 균근 곰팡이로부터 얻어가는 이득을 꼽자면 끝이 없이 이어진다. 균근 관계가 식물에게 주는 이득의 사례를 밝힌 문헌은 차고 넘친다. 그러나 이러한 지식을 실천으로 옮기는 것이 언제나 쉽지는 않다. 우선, 균근의 협업이 항상 작물의 생산량을 증가시키지만은 않는다. 때로는 감소시키기도 한다.

케이티 필드는 농업에서 발생하는 문제에 대해 균근을 활용한 해법을 찾고 있는 연구자다. "균근 관계 전체가 굉장히 유연하고 언제든지 변화가 일어날 수 있기 때문에, 우리가 생각했던 것보다 환경의 영향을 훨씬 크게 받습니다. 작물이 영양분을 흡수하는 것을 곰팡이가 도와주지 않는 경우도 많아요. 균근 관계의 결과는 대단히 가변적입니다. 어떤 곰팡이냐, 어떤 식물이냐, 그리고 그들을 둘러싼 환경이 어떤 환경이냐에 따라 완전히 달라집니다." 필드가 설명했다. 다른 연구들도 필드의 이야기와 비슷하게 균근 관계의 예측불가능성을 보고하고 있다. 우리는 지금까지 엄청난 양의 비료를 주면서 오로지 밀이 빨리 자라기만을 기대해왔다. 그 결과 밀을 곰팡이와 협력할 능력을 거의 잃어버린 '반푼이' 식물로 만들고 말았다. "곰팡이가 이런 식용작물을 식민지화했다는 사실은 아주 작은 기적에 불과합니다." 필드가 말했다.

균근 관계의 미묘함은 가장 확실한 외부로부터의 개입 — 식물에 균근 곰팡이와 다른 미생물이 보충되는 것 — 이 두 가지로 나뉠 수 있음을 의미한다. 《반지의 제왕》에서 샘 갬지가 발견했듯이, 토양 미생물의 집단을 식물에 제공하면 작물과 나무의 성장을 촉진하고 황폐화된 땅에서 생명을 되살리는 데 도움이 된다. 그러나 이 방법의 성공 여부는 생태적 적합성에 따라 결정된다. 식물에게 맞지 않는 균근을 제공하면 식물에게 득이 되기보다는 오히려 해가 된다. 더욱 우려되는 것은, 기회감염 균종 opportunistic fungal species을 새로운 환경에 옮겨놓으면 그 환경에서 원래 서식하던 곰팡이를 밀어내고 예상치 못한 생태적 결과를 낳을 수도 있다는 것이다. '한 방에 모든 문제를 해결해주는 만병통치약'을 절대 선으로 간주하는 마케팅 환경에서, 고속으로 성장하고 있는 상업적인 균근 생산업체들이 이 문제를 제대로 고려하리라고 기대하기는 어렵다. 시장이 급속도로 팽창하면서 휴먼 바이오틱스 시장에서 팔리고 있는 미생물 균주는 적합성 때문이 아니라 제조시설에서 생산하기 쉽기 때문에 선택된 것들이 대부분이다. 아무리 현명하게 한다고 해도, 어떤 환경에 미생물 균주를 심는 데에는 한계가 있다. 다른 모든 유기체처럼 균근 곰팡이도 적당한 환경이 제공되어야만 잘 자란다. 토양 속의 미생물 집단도 지속적으로 모였다가 흩어지기를 반복하기 때문에, 적합하지 않은 환경이 계속된다면 함께 모여 있는 상태를 오래 유지하지 못한다. 식물에 대한 미생물의 개입이 효율적이려면, 농법에 있어서 심대한 변화가 필요하다. 손상된 장내 유익균의 건강을 회복하기 위해서는 식단이나 생활 습관에 적지 않은 변화가 있어야 하는 것과 마찬가지다.[14]

이 문제를 다른 각도에서 접근한 연구진도 있다. 만약 인간이 경솔하게 장애를 일으키는 곰팡이와 공생 관계를 형성하는 변종 작물을 만들어냈더라도, 우리는 상황을 되돌려 고기능성 공생 관계를 형성하는 작물을 만들어낼 수 있다. 필드는 이런 방식을 취했고, 보다 협력적인 식물의 변종, 즉 '곰팡이와 놀라운 협력 관계를 형성하는 슈퍼 작물의 새로운 세대'를 개발할 수 있기를 바라고 있다. 키어스 역시 이러한 가능성에 관심을 가지고 있지만, 곰팡이의 관점에서 문제를 조망하고 있다. 공생 관계에 더 협력적인 식물을 길러내는 것보다는 더 이타적으로 행동하는 곰팡이를 길러내는 데 몰두하는 것이다. 즉 자기 몫을 덜 쌓아두고 자신에게 필요한 것보다 식물에게 필요한 것을 더 우선시하는 균주를 찾는 것이다.

개체의 시작과 끝은 어디일까

1940년, 하워드는 균근 관계에 대해 '완벽하게 과학적인 설명'이 부족하다고 고백했다. 과학적 설명은 지금도 완벽과는 거리가 멀지만, 환경 재앙의 위기가 심각해지자 균근 곰팡이를 이용해 농법과 산림 관리 방법을 바꾸고 황폐해진 환경을 복구할 수 있다는 기대감은 높아지고 있다. 균근 관계는 지상에 생명체가 존재하기 시작했을 때, 황폐하고 바람이 거센 지상의 환경을 이겨내고자 생겨났다. 식물이 먼저 곰팡이를 기르는 법을 배웠는지, 반대로 곰팡이가 먼저 식물을 기르는 법을 터득했는지는 알 수 없지만, 식물과 곰팡이가 함께함으로써 농업이 시작되었다. 어느 쪽이 먼저였든, 우리는 식물과 곰팡이가 서로를 더 잘 길러낼 수 있도록 우리의 행동을 바꾸어야 한다는 과제에 직면해 있다.

카테고리에 대한 몇 가지 의문을 해결하지 않고서는 멀리 나아갈 수 없을 것 같다. 식물을 다른 개체와 깔끔한 선으로 경계 지을 수 있는 자율적이고 독립적인 개체로만 파악한다면 파괴적인 혼란을 불러올 수도 있다. 이론가인 그레고리 베이트슨은 이렇게 썼다. "지팡이를 든 시각 장애인을 생각해 봅시다. 그 시각 장애인이라는 개인은 어디서 시작되는 걸까요? 지팡이 끝일까요? 지팡이 손잡이일까요? 아니면 지팡이 끝부터 손잡이 사이의 중간지점 어디서부터일까요?" 철학자 모리스 메를로퐁티Maurice Merleau-Ponty도 그보다 30년 전에 비슷한 사고실험을 했다. 메를로퐁티는 지팡이를 든 사람의 지팡이가 그저 단순한 물체는 아니라는 결론을 내렸다. 지팡이는 그 주인의 감각을 연장시켜주고 감각기관의 일부가 되는, 의수나 의족 같은 인공장구와 비슷하다. 개인으로서의 한 사람이 어디서 시작하고 어디서 끝나는가는 언뜻 보이는 것처럼 단순하게 대답할 수 있는 문제가 아니다. 균근 관계도 비슷한 문제를 던진다. 우리가 한 그루의 나무를 생각할 때, 그 나무의 땅속 뿌리에서부터 무질서하게 바깥쪽을 향해 뻗어 나가는 균근의 네트워크를 무시할 수 있을까? 반대로, 그 나무의 뿌리에서부터 사방으로 기어가듯 얽히고설키며 뻗어나간 네트워크를 나무의 일부라고 간주한다면, 어디서 멈춰야 할까? 나무뿌리와 균사를 코팅하듯 감싸고 있는 끈끈한 막을 따라 오밀조밀 몰려있는 박테리아는 어떻게 해야 하나? 그 나무의 곰팡이 네트워크와 융합되어 있는 이웃 곰팡이 네트워크는? 그리고, 아마도 이것이 가장 당황스러운 의문일 텐데, 그 나무와 같은 곰팡이 네트워크를 공유하고 있는 다른 나무는 어떻게 생각해야 할까?

우드와이드웹

땅속에서 그물처럼
얽혀 있는 식물

점점, 그 관찰자는 이 유기체들이
서로 선형으로 연결된 것이 아니라
그물처럼, 얽히고설킨 직물처럼
연결되어 있음을 깨닫는다.

알렉산더 폰 훔볼트 Alexander von Humboldt

퍼시픽 노스웨스트*의 숲은 눈이 시리도록 푸르다. 그래서 수북하게 쌓인 바늘 같은 전나무 낙엽을 뚫고 고개를 쑥 내민 하얀 식물의 무리가 놀라웠다. 유령 같은 이 식물에는 잎이 없다. 하얀 찰흙을 담배 파이프 모양으로 빚어 거꾸로 땅에 박아 놓은 듯한 모습을 하고 있다. 원래 잎이 돋아 있어야 할 줄기를 작고 섬세한 비늘이 덮고 있다. 다른 식물은 도저히 자랄 수 없을 정도로 짙은 그늘이 드리운 깊은 숲에서 싹을 틔우고, 버섯처럼 조밀한 군집을 이루어 서식한다. 만약 꽃처럼 보이는 것이 달려 있지 않았다면, 웬만한 사람들은 버섯이라고 생각할 것이다. 이 식물의 이름은 수정란풀Monotropa uniflora, 식물이 아닌 척 하고 있는 식물이다.

수정란풀은 오래전에 광합성 능력을 포기했다. 그와 함께 잎과 초록색도 잃었다. 하지만 어떻게 그럴 수 있었을까? 광합성은 애초에 식물이 식물일 수 있는 가장 중요한 능력이다. 식물이라면 절대 타협할 수 없는 본질이기도 하다. 그런데도 수정란

---

* 서쪽으로 태평양을 접하고 동쪽으로 로키산맥으로 둘러싸인 북아메리카 북서부 지역.

풀은 광합성을 버렸다. 먹이를 먹지 않고, 대신 털 속에 품고 있는 광합성 박테리아로부터 에너지를 얻는 원숭이를 상상해보라. 얼마나 황당한 상상인가!

수정란풀은 곰팡이에서 해답을 찾았다. 대부분의 녹색식물처럼, 수정란풀도 균근 곰팡이에게 생명을 의지한다. 그러나 이들의 공생 관계는 좀 다르다. '정상적인' 녹색식물은 곰팡이에게 에너지가 풍부한 탄소화합물을 당이나 지질의 형태로 내주고 그 대신 곰팡이를 통해 토양 속의 무기영양소를 얻어간다. 수정란풀은 이 거래를 살짝 변형했다. 수정란풀은 균근 곰팡이로부터 탄소와 무기영양소를 모두 받아간다. 그리고 아무것도 주지 않는 것으로 보인다.

그렇다면 수정란풀이 가져가는 탄소는 어디서 난 것일까? 균근 곰팡이는 모든 탄소를 녹색식물로부터 얻어간다. 즉 수정란풀의 생명을 유지해주는 탄소는 결국 균근 네트워크를 공유하고 있는 다른 식물로부터 온 것일 수밖에 없다. 만약 공유하고 있는 곰팡이의 연결체를 통해 녹색식물로부터 수정란풀에게 탄소가 흘러가지 않는다면, 수정란풀은 살아남을 수 없었을 것이다.

수정란풀은 오랜 세월 식물학자들을 당혹스럽게 했다. 19세기 후반 이 식물이 어떻게 존재할 수 있는가 하는 문제를 끌어안고 씨름하던 러시아의 한 식물학자가, 곰팡이의 연결체를 통해 식물끼리 물질을 주고받는다는 가설을 처음 내놓았다. 그의 아이디어는 이목을 끌지 못했고 무명의 문헌 속에 갇힌 채 흔적도 없이 묻혀버렸다. 수정란풀의 수수께끼는 75년의 세월을 더 잠들어 있다가 1960년에 이르러서야 스웨덴의 식물학자 에리크 비요르크만Erik Björkman에 의해 긴 잠에서 깨어났다. 비요르크만은 수정란풀 근처의 나무에 방사성 당분을 주사해서 수정란풀 주변에 방사능 물질이 축적되는 현상을 관찰했다. 곰팡이를 통로로 식물 사이에 물질이 이동한다는 것을 보여준 첫 실험이었다.[1]

· 수정란풀 *Monotropa uniflora* ·

수정란풀은 식물학자들에게 완전히 새로운 가능성을 열어주었다. 1980년대 이후 수정란풀은 비정상적인 식물이 아님이 분명해졌다. 대부분의 식물은 여러 종의 균근 파트너와 문란하게 관계를 맺는다. 균근 곰팡이 역시 여러 식물과 관계를 맺는다. 각각 별개의 곰팡이 네트워크가 서로 합쳐지기도 한다. 그래서 그 결과는? 광대하고 복잡하며 협력적인 균근 네트워크의 공유 시스템이 탄생하는 것이다.

그물처럼 얽히고설킨 나무의 네트워크

"우리가 걷고 있는 이 땅속 어디에나 균근과 나무뿌리가 연결되어 있다는 걸 생각하면 짜릿하지 않나요?" 토비가 감격스럽다는 듯이 말했다. "어마어마한 네트워크죠. 저는 모두가 그걸 연구하지 않는다는 게 믿어지지 않아요." 나도 같은 심정이었다. 수많은 유기체가 상호작용을 한다.

누가 누구와 상호작용을 하는지 지도를 그려보면 커다란 네트워크가 나타난다. 그러나 곰팡이의 네트워크는 식물과 식물 사이의 물리적인 연결을 만들어낸다. 전자가 서로 아는 스무 명의 지인들이 연결되어 있는 네트워크라면, 후자는 순환 시스템을 공유하는 스무 명의 지인들이 연결되어 있는 네트워크이므로 차이가 있다. 여기서 공유되는 균근 네트워크 — 이 분야 연구자들 사이에서 '공유 균근 네트워크'라고 알려져 있는 — 는 가장 기본적인 생태학의 원칙, 유기체 사이의 관계에 대한 원칙을 구체적으로 보여준다. 훔볼트의 '그물처럼 얽히고설킨 직물' — 유기체들이 도저히 빠져나올 수 없게 촘촘히 얽혀 있는 — 이라는 표현은 자연 세계의 '살아 있는 모든 것'을 의미한다. 균근 네트워크는 그 그물과 직물을 현실로 만든다.

수정란풀이라는 배턴을 이어받아 들고 뛴 사람은 영국의 학자 데이비드 리드David Read 였다. 리드는 균근 생물학 역사상 가장 뛰어난 연구자이면서 이 주제에 관한 완벽한 교과서의 공동저자다. 균근 연합에 대한 연구 업적으로 기사 작위를 받았으며 왕립학회 회원이 되었다. 미국의 동료학자들에게 '두드 경Sir Dude'이라고 불리는 리드는 매력적이지만 불같은 성정을 지닌 사람으로, 동료 연구자들로부터 '한 성깔'이라는 별명으로 불리기도 한다.

1984년, 리드와 그의 동료들은 평범한 녹색식물 사이에서 곰팡이의 연결체를 통해 탄소가 이동하는 현상을 처음으로 확실하게 보여주었다. 과학자들은 1960년대의 수정란풀 연구 이후 그러한 이동이 있을 수 있다는 가설을 이미 세웠다. 그러나 그때의 연구에서는 방사성 당분이 나무의 뿌리에서 흘러나와 토양으로 흡수되었다가 다른 나무의 뿌리에서 다시 흡수된 것이 아님을 확실하게 보여줄 수 없었다. 다시 말해, 탄소가 곰팡이라는 통로를 통해 직접 식물에서 다른 식물로 이동했다는 사실을 아무도 증명하지 못했다.

리드는 탄소가 한 식물에서 다른 식물로 이동하는 현상을 관측할 방법을 고안해냈다. 먼저 '공여 식물'과 '수혜 식물'을 나란히 짝을 지어 균근 곰팡이가 있는 흙에서, 그리고 균근 곰팡이가 없는 흙에서 각각 한 쌍씩 길렀다. 6주 후, 공여 식물에 방사성 이산화탄소를 주사했다. 그런 다음 나무를 뽑아서 뿌리를 방사성 촬영 필름에 노출시켰다. 균근 곰팡이가 없는 흙에서 기른 나무는 공여 식물의 뿌리에서만 방사능이 확인되었다. 곰팡이 네트워크가 형성될 수 있는 흙에서 자란 나무들은 공여 식물의 뿌리, 균근 네트워크, 수혜 식물의 뿌리에서 모두 방사능이 확인되었다. 리드의 실험은 결정적인 진전을 이루어냈다. 식물 간 탄소 이동이 수정란풀 같은 식물에서만 있는 특이한 현상이 아님을 보여주었다. 그러나 더 큰 의문이 남았다. 리드의 실험은 모든 조건이 통제된 실험실 안에서 이루어진 것이었으므로, 실험실 밖, 자연환경에서도 식물 간 탄소 이동이 일어난다는 확실한 증거가 되지 못했다.[2]

13년 후인 1997년, 캐나다에서 박사학위 과정에 있던 수잰 시머드 Suzanne Simard가 식물은 자연환경에서도 탄소를 주고받는다는 주장을 처음으로 내놓았다. 시머드는 숲에서 자라는 나무를 방사성 이산화탄소에 노출시켰다. 2년 후, 그녀는 균근 네트워크를 공유하는 자작나무에서 전나무로 탄소가 이동했지만, 자작나무나 전나무와 균근 네트워크를 공유하지 않는 삼나무로는 탄소가 이동하지 않았다는 사실을 발견했다. 전나무에서 발견된 이산화탄소의 양 — 자작나무가 흡수한 탄소량의 약 6퍼센트 — 을 시머드는 유의미하다고 판단했다. 시간이 흐르면 이러한 탄소의 이동이 나무의 삶에 차이를 만들어내리라고 기대할 수 있다. 한발 더 나아가, 전나무 묘목에 그늘이 짙게 드리우고 — 광합성 작용이 제한되고 탄소 공급이 감소한다 — 자작나무에는 덜 드리울 경우, 자작나무에서 전나무로 더 많은 탄소가 이동했다. 탄소는 식물 사이에서도 탄소량이 많은 곳에서 적은 곳으로 '아래를 향해' 이동하는 것으로 보였다.[3]

시머드의 발견은 주목을 끌었다. 그녀의 연구는 《네이처》의 게재 논문으로 선정되었고, 편집자는 리드에게 비평을 의뢰했다. 리드는 자신의 비평문 〈묶어주는 끈The Tie That Bind〉에서 시머드의 연구가 "숲 생태계를 새로운 관점에서 볼 것을 요구한다"고 말했다. 이 제호 표지에 리드와 《네이처》 편집장이 논의해 만든 새로운 문구가 커다랗게 인쇄되었다. "우드와이드웹Wood Wide Webs."

영화 〈아바타〉를 탄생시킨 식물 네트워크

리드와 시머드 그리고 1980년대와 1990년대의 연구가 있기 전에, 식물은 경계가 분명한 개체성을 가진 실체로 간주되었다. 물론 그때도 어떤 종의 나무는 다른 종의 나무와 뿌리가 서로 융합되는 뿌리접root graft을 형성한다는 사실이 알려져 있었다. 그러나 뿌리접은 매우 드문 현상이고, 대부분의 식물 집단은 자원을 두고 경쟁하는 개체로 이루어져 있다고 여겨졌다. 하지만 시머드와 리드의 연구 결과는 식물이 그렇게 깔끔하게 개별화된 개체라고 보는 것이 타당하지 않을 수도 있음을 의미했다. 리드가 《네이처》에 쓴 비평에서 밝혔듯이, 식물 사이에서 자원이 이동할 수도 있다는 사실은 식물 사이의 경쟁을 강조하기보다 집단 내부에서 자원의 분배를 강조하는 것이 옳을 수도 있다는 뜻이었다.[4]

시머드는 현대 네트워크 과학의 발달에 있어 중요한 순간에 자신의 발견을 발표했다. 인터넷을 구성하는 케이블과 라우터의 네트워크는 1970년대 이래 계속 확장되어왔다. 월드와이드웹 — 인터넷의 하드웨어에 의해 구축이 가능한, 웹페이지와 웹페이지 사이의 링크에 기반을 둔 정보 시스템 — 은 1989년에 발명되었고, 2년 후부터 공개되어 누구나 사용할 수 있게 되었다. 미국과학재단이 인터넷에 대한 스튜어드십을 포기한 1995년 이후 인터넷은 걷잡을 수 없는 속도로 확산되었고 탈중앙화되었다. 네트워크 과학자 얼베르트라슬로 버러바시Albert-László Barabási는 "네트워크가 대중의 의식에 자리 잡기 시작한 것이 바로 1990년대 중반이었습니다"라고 설명했다.

1998년, 버러바시와 그의 동료들은 월드와이드웹의 지도를 만드는 프로젝트에 돌입했다. 이때까지 인간 생활에 네트워크가 광범위하게 스며들어 있음에도 불구하고 과학자들에게는 복잡한 네트워크의 구조와 성질을 분석할 만한 마땅한 도구가 없었다. 네트워크 모델을 연구하는 수학 분야인 그래프 이론만으로는 현실 세상에서 나타나는 네트워크 행동을 설명할 수 없었고, 많은 의문이 답을 찾지 못한 채 남아 있었다. 감염병과 컴퓨터 바이러스는 어떻게 그렇게 빨리 퍼질 수 있을까? 왜 어떤 네트워크는 대량 붕괴에도 불구하고 그 기능이 멈추지 않는가? 그러던 중 버러바시의 월드와이드웹 연구에서 새로운 수학적인 도구가 나타났다. 인간의 이성 관계에서부터 유기체 사이의 생화학적 상호작용에 이르기까지 다양한 네트워크의 행동을 지배하는 핵심적인 원칙 몇 가지가 드러난 것이다. 버러바시는 월드와이드웹이 "스위스 시계보다는 세포 또는 생태학적 시스템과 더 많은 공통점을 가진 것으로 보인다"라고 말했다. 신경과학, 생화학, 경제 시스템, 감염병, 웹 서치 엔진, 대부분의 AI의 기반이 되는 머신 러닝 알고리즘, 천문학, 우주 자체의 구조, 은하단과 성간가스로 연결된 우주 웹에 이르기까지, 어떤 연구 분야에서든 네트워크 모델을 쓰면 그 안에서 벌어지는 현상을 설명할 수 있을 확률이 높다.

시머드의 논문과 우드와이드웹이라는 절묘한 개념에 자극을 받은 리드는 "공유 균근 네트워크라는 전체적인 개념이 전방위적으로 확산되었다"라고 설명했다. 결국 그 개념은 제임스 캐머런 감독의 영화 〈아바타〉에서 현란한 형광빛을 뿜어내는, 지하에서 식물들이 서로 연결되어 살아 있는 네트워크의 형태로 우리 눈앞에 나타났다. 리드와 시머드의 연구는 몇 가지 새롭고 흥미로운 의문을 던져주었다. 탄소 외에 또 무엇이 식물 사이에 전달되는가? 이 네트워크의 영향은 숲 전체 또는 생태계 전체로 확산될 수 있는가? 이 네트워크가 있을 때와 없을 때의 차이는 무엇인가?

땅속의 송이를 찾는 비결

자연에 공유 균근 네트워크가 널리 퍼져 있다는 사실을 부정하는 사람은 없다. 식물과 곰팡이는 서로 얽히고설켜 가며 관계 맺기를 좋아하고, 균사 네트워크는 언제든지 서로 합칠 준비가 되어 있다. 공유 균근 네트워크는 피할 수 없는 현상이다. 그러나 이 네트워크가 중요한 역할을 한다고 모든 과학자가 확신하는 것은 아니다.

한편, 1997년 《네이처》에 시머드의 논문이 실린 후로 많은 연구진들이 식물 사이에서 오가는 물질을 측정했다. 어떤 연구진은 탄소뿐만 아니라 유의미한 양의 질소와 인 그리고 수분이 곰팡이 네트워크를 통해 식물 사이를 오간다는 것을 확인했다. 2016년, 숲 면적 1헥타르당 280킬로그램의 탄소가 곰팡이 연결망을 통해 식물과 식물 사이를 오갈 수 있음을 발견했다. 280킬로그램은 실로 엄청난 양이다. 1헥타르 면적의 숲에서 1년 동안 뿜어내는 탄소량 전체의 4퍼센트에 해당하고, 평균적인 가정의 일주일치 에너지를 공급하기에 충분하다. 이 발견은 공유 균근 네트워크가 생태계에서 매우 중요한 역할을 담당하고 있음을 의미한다.[5]

반면 다른 연구진들은 식물 사이의 물질 이동을 관찰하는 데 실패했다. 그렇다고 공유 균근 네트워크가 어떠한 역할도 하지 않는다는 의미로 받아들일 수는 없다. 이미 형성되어 있던 거대한 곰팡이 네트워크에 이제 막 자라기 시작하는 묘목을 꽂아놓는다고 그 묘목의 균근 네트워크를 성장시키기 충분한 탄소가 금방 공급되기는 힘들기 때문이다. 그러나 이를 두고 식물 간 물질 이동이 모든 생태계, 모든 곰팡이에 일반적으로 나타나지는 않는다는 뜻으로 해석할 수는 있다. 어떤 식물의 '독점적인' 단일 균근 파트너가 그 식물에 해줄 수 있는 것보다 공유 균근 네트워크가 훨씬 더 많은 것을 해주지는 않는 것처럼 보이는 상황도 많다.[6]

공유 균근 네트워크의 행동은 가변적이리라고 기대하는 사람도 있을 수 있다. 균근 관계의 유형도 매우 다양하고, 곰팡이의 집단이 다르면 그 행동 패턴도 다를 수 있다. 게다가 식물과 곰팡이의 공생 행동이라 할지라도 그들이 처한 상황에 따라 행동은 크게 달라질 수 있다. 따라서 학계 내부에서 다양한 실험 결과를 바탕으로 여러 의견이 제시되었다. 어떤 이들은 공유 균근 네트워크가 존재하지 않았다면 나타날 수 없었을 상호작용이 균근 네트워크의 존재로 인해 발생했다는 증거를 발견하고, 이에 기반해 공유 균근 네트워크가 생태계의 행동에 심대한 영향을 줄 수 있다고 결론내렸다. 그러나 다른 학자들은 같은 증거를 달리 해석했다. 반대 의견을 내놓은 학자들은 공유 균근 네트워크에는 독특한 생태적 가능성이 존재하지 않으며, 식물이 뿌리와 숨 쉴 공간의 공유보다 균근 네트워크 공유가 더 중요하지는 않다는 결론을 내렸다.[7]

수정란풀이 이 논쟁의 방향을 정하는 데 도움을 준다. 사실 이 논쟁의 매듭을 짓는다고 할 수도 있다. 수정란풀은 전적으로 공유 균근 네트워크에 의존한다. 이 주제를 꺼내자 리드는 단호한 태도를 취했다. "곰팡이 통로를 통한 식물 간 물질 이동이 아무런 의미도 없다는 주장은 전적으로 터무니없는 이야기입니다." 수정란풀은 온전히 받기만 하는 수혜자이며, 공유 균근 네트워크가 독특한 생명의 방식일 수도 있다는 사실을 보여주는 증거다.

수정란풀은 '균타가영양체mycoheterotroph'로 알려져 있다. 'myco'는 '균'을, 'hetero'는 '타자'를, 'troph'는 '먹이를 먹여주는 자'를 의미한다. 즉 '타자인 균으로부터 영양분을 공급받는 개체'라는 뜻이다. 이 식물은 햇 빛으로부터 스스로 에너지를 만들어내지 못하고 다른 곳에서 얻어온다. 이토록 카리스마적인 식물에게 주어진 이름치고는 어울리지 않는다. 파 란색 꽃봉오리가 달린 균타가영양체 보이리아를 연구했던 파나마에서, 나는 이 식물을 '균타체*'라고 줄여서 불렀다. 그래도 어울리지 않기는 마 찬가지였다.

이렇게 살아가는 식물이 수정란풀과 보이리아뿐만은 아니다. 식물종 의 약 10퍼센트가 그런 방식으로 살아간다. 지의류와 균근 관계처럼, 균 타가영양체는 진화의 산물이며 식물계에서 최소한 마흔여섯 개의 독립 적인 계통으로 갈라져 있다. 수정란풀이나 보이리아처럼, 어떤 균타체는 광합성을 전혀 하지 않는다. 또 다른 종류는 어릴 때는 균타체로 살지만 더 자라면 공여자가 되면서 광합성을 하기 시작한다. 케이티 필드의 말 을 빌리자면 '지금 얻어먹고 나중에 갚는' 생존 방식이다. 리드가 내게 말 했듯이, 모두 합해 2만 5,000종이 있는 난초 — '지구상에서 가장 거대하 고, 아마도 가장 성공적인 식물 집단' — 는, 지금 얻어먹고 나중에 갚든 지금 얻어먹고 나중에도 또 얻어먹든 생장하는 동안 어느 단계에선가는 균타체로 산다. 균타체가 자신의 이익을 위해 네트워크를 계속해서 속여

---

* 원문은 'mycohets'. 사전에는 나오지 않는, 저자가 만들어낸 말로 의미를 살려 '균타체'라는 용어를 만들어 대응시켰다.

넘긴다는 사실은 네트워크를 속이기가 그다지 어렵지 않다는 의미일 수도 있다. 사실 리드를 비롯한 여러 연구자는 균타체가 그들만의 독립적인 영역에 존재하지는 않는다고 본다. 균타체는 공생 연속체의 극단에 놓여 있을 뿐이다. 나중에 갚는 방법을 잊어버리고 영원히 얻어먹기만 하는 구두쇠다. 지금 얻어먹고 나중에 갚는 난초는 시머드의 전나무 묘목처럼 공생의 연속체에서 중간 어디쯤에 놓여 있다.[8]

균타체는 정말 놀랍다. 주류의 흐름과 반대로 행동하는 이들은 주변의 식물 사이에서 단연 눈에 띈다. 초록색일 필요도, 잎이 달릴 필요도 없는 균타체는 진화의 여정에서 미적으로 새로운 방향을 걸었다. 보이리아 중에는 전체가 샛노란 종도 있다. 스노우 플랜트*Sarcodes sanguinea*라는 식물은 밝고 진한 빨간색인데, 미국의 박물학자 존 뮤어John Muir는 1912년에 "마치 활활 타오르는 불기둥 같다"라고 썼다. 스노우 플랜트는 "캘리포니아에 서식하는 어떤 식물보다도 관광객의 시선을 사로잡는다 (⋯) 그 색이 너무나도 강렬하게 사람의 피에 호소한다." (뮤어는 자연이 연주하는 '천 개의 음률'이라고 읊었지만, 스노우 플랜트의 경우는 그 말이 문자 그대로 들어맞는지 직접 관찰하지는 않았다.) 현미경 아래서 막 덩어리지며 싹이 트는 스노우 플랜트의 먼지처럼 작은 씨앗을 보았을 때 나는 크게 놀랐다. 파리 국립자연사박물관 교수인 마크앙드레 셀로스Marc-André Selosse는 열다섯 살 때 보았던 눈부시게 하얀 균타체 난초의 모습이 평생토록 공생의 매력에 빠지게 한 시초였다고 말했다. 그 난초는 식물과 곰팡이의 생명이 얼마나 불가분의 관계인지를 늘 상기시켜주었다. "그 난초의 기억은 지금까지도 내 커리어와 함께 하고 있습니다." 그는 애정 어린 눈빛

으로 말했다.[9]

내가 균타체에 흥미를 갖게 된 것은 땅속에서 펼쳐지는 곰팡이의 한살이에 대해 균타체가 가지는 의미 때문이다. 정글 속 왁자지껄한 식물 한살이의 한복판에서, 보이리아는 공유 균근 네트워크가 훌륭하게 기능하고 있다는 상징이었다. 숲속에 우드와이드웹을 까는 것이 그들이 살 수 있는 방식이다. 복잡하고 성가신 실험을 할 필요 없이, 보이리아는 식물 사이에서 유의미한 양의 탄소가 오가는지를 측정할 수 있게 해주었다. 나는 오레곤주에서 송이를 캐는 친구와 이야기를 하던 중 그 아이디어를 얻었다. 송이는 균근 곰팡이의 자실체이며 때로는 숲에서 표토를 뚫고 올라오기도 전에 채취된다. 송이를 채취할 때 어디서부터 시작하면 좋을지 알려주는 단서가 있다. 송이는 수정란풀의 사촌인 균타체와 연합한다. 학명이 알로트로파 비르가타*Allotropa virgata*인 이 균타체는 줄기에 빨간색과 흰색 줄무늬가 있어서 '막대사탕'이라는 별명으로 더 잘 알려져 있다. 막대사탕은 오직 송이와만 연합한다. 따라서 막대사탕이 있는 곳에는 반드시 송이균, 즉 송이가 있다. 다른 많은 균타체와 마찬가지로, 막대사탕도 땅속 균근의 세계를 들여다보는 잠망경의 역할을 한다.

균타체가 오랫동안 인류의 관심을 끌어왔다는 사실을 감안하면, 균타체의 존재가 무엇을 의미하는지 인류가 오래전에 이미 알고 있었으리라고 기대할 만하다. 막대사탕이 말 그대로 어떤 지표라면, 그래서 송이 채취꾼이 송이균의 지하 네트워크를 찾아내는 데 썼다면, 수정란풀은 생물학자들에게 개념적인 지표로 역할을 해왔다. 지의류는 일반적인 공생에 대한 관문 유기체였다. 이와 마찬가지로 수정란풀은 공유 균근 네트워크에 대한 관문 유기체였다. 수정란풀의 독특한 외형은 대량의 물질이 공유 곰팡이 네트워크를 통해 식물 사이를 이동한다는 것을 암시했다.

균근 네트워크의 식물은 이타적인가

모든 물리적 시스템에서 에너지는 '아래를 향해' 흐른다. 어떤 에너지든 남는 곳에서 모자라는 곳을 향해 이동하는 것이다. 열은 뜨거운 태양으로부터 차가운 우주 속으로 여행한다. 트러플의 향기는 농도가 짙은 곳에서 옅은 곳으로 퍼져나간다. 적극적으로 이동시킬 필요가 없다. 에너지의 경사가 있는 한, 에너지는 하나의 에너지원(위)에서 흡수원(아래)으로 이동한다. 이때 두 지점 사이의 경사가 얼마나 가파른지가 중요하다.

대부분의 경우, 균근 네트워크를 통한 자원의 이동은 아래를 향한다. 즉 큰 식물에서 작은 식물로 이동한다. 큰 식물일수록 더 많은 자원을 가지고 있으며 뿌리 시스템도 더 잘 발달되어 있고, 햇빛과도 더 가깝다. 뿌리 시스템이 덜 발달되어 있고 그늘에서 자라는 작은 식물에 대해 큰 나무는 영양원이다. 작은 나무는 흡수원이다. 지금 얻어먹고 나중에 갚는 난초는 흡수원으로 출발해서 한참 자란 후에는 영양원으로 탈바꿈한다. 수정란풀, 보이리아 같은 균타체는 영원히 흡수원으로 남아 있다.[10]

크기가 전부는 아니다. 영양원과 흡수원의 관계는 연결된 식물의 활동에 따라 바뀔 수 있다. 시머드가 전나무 묘목에 그림자가 지게 하자 — 광합성 능력을 저하시킴으로써 더 강력한 탄소 흡수원으로 만든 것 —

자작나무 공여 식물로부터 더 많은 탄소를 받아갔다. 다른 사례의 연구진은 죽어가는 나무에서 곰팡이 네트워크를 공유하고 있는 건강한 나무로 인이 이동하는 것을 관찰했다. 죽어가는 나무가 영양원, 살아 있는 나무가 흡수원이 된 것이었다.

캐나다의 숲에서 자작나무와 더글러스 전나무를 연구한 또 다른 사례에서, 식물의 성장이 멈추는 겨울을 제외하고 봄부터 가을 사이에 탄소 이동의 방향이 두 번이나 바뀌는 현상이 관찰되었다. 상록수인 전나무는 광합성을 하고 잎이 없는 자작나무는 막 꽃망울을 터뜨리기 시작하는 봄이면 자작나무는 흡수원이 되어 탄소가 전나무에서 자작나무로 흘렀다. 자작나무 잎이 무성해지고 전나무는 그늘에 가려지는 여름이면 탄소 흐름의 방향이 바뀌어서 자작나무에서 전나무로 흘렀다. 자작나무 잎이 떨어지는 가을이면, 탄소는 다시 전나무에서 자작나무로 흘렀다. 양분은 풍족한 곳에서 부족한 곳으로 흘렀다.

수수께끼 같은 행동이었다. 가장 기본적인 문제는 이런 것이다. 왜 식물이 양분을 곰팡이에게 주어서 이웃 식물, 즉 잠재적인 경쟁자에게 흘러가도록 두는가? 처음에는 이타주의로 해석되었다. 하지만 진화론은 이타주의를 인정하지 않는다. 이타주의적 행동은 공여자의 희생을 담보로 수혜자가 이득을 얻는 것이기 때문이다. 공여 식물이 자신을 희생시켜 경쟁자를 돕는다면, 공여 식물의 유전자는 다음 대로 이어질 확률이 떨어진다. 이타주의자의 유전자가 다음 대로 이어지지 못한다면 이타주의적 행동도 곧 사라진다.

이 막다른 골목을 빠져나갈 몇 가지 방법이 있기는 하다. 그중 하나가

공여 식물의 비용은 사실 비용이 아니라는 생각이다. 많은 식물이 다양한 방법으로 햇빛을 접한다. 그런 식물에게 탄소는 한정된 자원이 아니다. 어떤 식물이 가진 잉여 탄소가 균근 네트워크로 흘러들고 그 네트워크를 통해 많은 식물에게 '공공재'로 쓰인다면 이타주의라는 딱지는 피할 수 있다. 공여 식물이든 수혜 식물이든 누구에게도 비용은 발생하지 않기 때문이다. 또 하나의 가능성은 주는 식물과 받는 식물 모두 이득을 본다는 관점이다. 다만 이득을 보는 시점이 다를 뿐이다. 난초가 '지금' 얻어먹지만 '나중에' 갚는다면 누구에게도 비용이 전가되지 않는다. 자작나무도 봄에는 전나무로부터 탄소를 얻어가면서 이득을 보지만, 햇살이 풍성해져서 활엽수의 잎이 무성해지고 전나무가 그 그늘에 가려지는 한여름이면 전나무가 자작나무로부터 탄소를 얻어갈 것이 틀림없다.[11]

또 다른 각도에서 보는 시각도 있다. 진화론적인 관점에서, 자신을 희생하더라도 가까운 친척을 돕는 것이 그 식물의 이익에 부합할 수 있다는 것이다. '혈연 선택kin selection'이라고 부르는 현상이다. 같은 부모 나무로부터 번식한 더글라스 전나무의 형제 묘목 여러 쌍과 전혀 혈연관계가 없는 남남 묘목 여러 쌍 사이에서 오가는 탄소의 양을 비교함으로써 혈연선택의 가능성을 조사한 여러 연구가 있었다. 이 실험에서도 탄소는 많은 곳, 즉 더 나이가 많고 잘 자란 공여 식물에서 어리고 작은 수혜 식물로 흘러갔다. 그러나 남남 묘목들 사이보다 형제 묘목 사이에서 더 많은 탄소가 이동한 경우가 있었다. 형제 묘목의 쌍은 남남 묘목의 쌍보다 더 많은 곰팡이 네트워크를 형성했고, 그들 사이에서 탄소가 이동할 수 있는 통로를 더 많이 만들었다.[12]

식물중심적인 시각에서 벗어나면

이 수수께끼를 푸는 가장 빠른 방법은 관점을 바꾸는 것이다. 지금까지 공유 균근 네트워크에 대한 모든 이야기에서 주인공은 식물이었다. 곰팡이는 식물과 연결되어 있는 경우에만 이야기에 등장했고, 식물과 식물 사이를 이어주는 파이프 정도로만 인식되었다. 식물과 식물 사이에서 물질을 옮겨주는 배관 시스템 정도의 역할로만 설명되었던 것이다.

이런 관점을 식물중심주의라고 한다. 식물중심적 관점은 현상을 왜곡할 수 있다. 인간이 식물에 대해 무지한 이유는 식물보다 동물에 집중하기 때문이다. 곰팡이보다 식물에 집중하면 곰팡이에 무지해진다. "많은 사람들이 필요 이상으로 이 네트워크에 공을 들인다고 생각해요." 셀로스가 말했다. "어떤 사람은 나무들이 집단으로부터 보살핌을 받거나 경쟁에서 물러난 개체로부터 양보를 받는다고 말하고, 어린 나무는 온실에서 자라는 것처럼 묘사합니다. 그러면서 무리 속에서 살아가는 나무들의 생명은 큰 대가 없이 아주 쉽게 이어질 수 있는 것처럼 말합니다. 나는 이런 관점이 별로 마음에 들지 않습니다. 곰팡이를 파이프라인 취급하니까요. 그건 현상을 올바로 보는 관점이 아닙니다. 곰팡이는 나름의 관심을 가진 살아 있는 유기체입니다. 시스템의 적극적인 참여자예요. 아마도 곰팡이에 비해 식물이 관찰하기 쉽기 때문에 네트워크를 식물중심적인 관점에서 보게 되었을 거예요."

나도 이에 동의한다. 우리는 곰팡이보다는 식물을 더 자주 접하기 때문에 식물중심주의에 쉽게 빠진다. 식물은 만져볼 수도 있고 맛을 볼 수도 있다. 반면 균근 곰팡이는 눈에 잘 드러나지 않는다. 우드와이드웹의 언어도 식물중심주의에서 벗어나지 못한다. 이 네트워크에서 식물은 웹 페이지 또는 노드에 비유되고 곰팡이는 그 노드를 서로 이어주는 하이퍼 링크로 비유하는 은유법이 우리가 식물중심주의에 빠져 있음을 반증한 다. 인터넷을 구성하는 하드웨어의 언어에서도 식물은 라우터, 곰팡이는 케이블에 비유된다.

그러나 곰팡이는 수동적인 케이블과는 거리가 멀다. 우리가 지금까지 보아왔듯이 균사 네트워크는 복잡한 공간 감각 문제를 해결할 수 있고, 자기 주변으로 물질을 운반하는 능력을 아주 섬세하게 발달시켜왔다. 물 질이 곰팡이 네트워크를 통해 위에서 아래로, 영양원에서 흡수원으로 흐르는 경향은 분명하지만, 그 운반이 수동적인 확산의 형태로만 일어나 는 경우는 극히 드물다. 수동적인 확산은 속도가 너무 느리다. 균사 내부 의 세포 흐름은 빠른 속도의 운반을 가능케 하며, 비록 이 흐름이 궁극적 으로는 영양원과 흡수원 사이에서의 역학에 의해 제어되지만, 곰팡이는 길이 자람, 부피 자람, 네트워크의 가지치기 또는 다른 네트워크와의 융 합 등을 통해 그 흐름의 방향을 좌우할 수 있다. 자기 네트워크 안에서의 흐름을 제어하는 능력이 없다면, 버섯의 생장이라는 섬세한 군무를 포함 해 곰팡이의 한살이 대부분이 불가능해질 것이다.

곰팡이는 자신의 네트워크를 통해 자신의 방식대로 물질의 운반을 관 리할 수 있다. 키어스의 연구에서 알 수 있듯이, 곰팡이는 다른 식물보 다 더 협조적인 식물에게는 '보상'을 한다든지, 자신의 조직 안에 무기질 을 '저장'한다든지 또는 '교환 비율'을 최적화하기 위해 양분을 자기 주변으로 이동시키는 등의 방법으로 자신의 거래 패턴을 제어한다. 균근 네트워크의 양분 불균형에 대한 키어스의 연구에서, 인은 풍족한 영역에서 부족한 영역으로 경사도를 따라 움직인다. 그러나 수동적인 확산에 비해 훨씬 빠른 속도로 이동한다. 아마도 곰팡이의 미세소관 '모터'의 추진력을 이용해 이동시키기 때문일 것이다. 이렇게 능동적인 운반 시스템은 곰팡이로 하여금 영양원과 흡수원 사이의 경사도의 크기에 상관없이, 심지어는 동시에 양방향으로 네트워크의 어느 방향으로나 물질을 이동시킬 수 있게 해준다.

우드와이드웹이라는 은유가 문제라고 보는 데에는 다른 이유도 있다. 우드와이드웹이 단 한 가지 종류로만 존재한다는 생각은 오해다. 곰팡이는 식물과 연결되어 있든 아니든 간에 서로 얽히고설킨 그물망을 만들어낸다. 공유 균근 네트워크는 식물이 함께 얽힌 곰팡이 네트워크라는 특별한 케이스일 뿐이다. 생태계는 유기체들을 꿰매주는 비균근 균사체의 그물망으로 얽혀 있다. 예를 들어 린 보디가 연구한 부패균은, 수 킬로미터를 뻗어가며 놀라운 네트워크를 만들어내는 뽕나무버섯이 그러하듯이, 생태계 전반에서 매우 넓은 영역을 차지하고 있으면서 썩어가는 나뭇잎과 떨어진 나뭇가지를 연결하고 썩어가는 나무 밑동과 썩어가는 뿌리를 연결한다. 이 균은 다른 종류의 우드와이드웹을 만든다. 이 웹은 나무를 살리는 웹이 아니라 죽은 나무를 먹어치우는 웹이다.

우드와이드웹의 모든 링크는 제 나름의 생명을 가지고 있는 곰팡이다. 곰팡이는 아주 작은 한 점이지만 큰 차이를 만든다. 우리가 곰팡이를 능동적인 참여자로 보면 모든 것이 달라진다. 곰팡이의 관점에서 보는 시각은 공유 균근 네트워크가 누구의 이해에 부합하느냐에 대한 의문을 푸는 데 도움을 준다. 그 이득은 누가 챙기는가?

네트워크에 포함된 다양한 식물들을 살아 있게 해주는 균근 곰팡이는 유리한 고지를 점하고 있다. 식물 파트너의 다양한 포트폴리오는 균근 곰팡이가 죽지 않게 보호해준다. 여러 포기의 난초에 생명을 의지하는 곰팡이가 있는데 그중 한 포기의 난초가 아직 너무 어려서 탄소를 공급해줄 수 없다면, 균근 곰팡이는 그 난초가 충분히 자라서 곰팡이에게 이득을 줄 수 있을 때까지 어린 난초의 생명을 보호한다. 난초가 '지금' 얻어먹게 하고 '나중에' 갚게 하는 것이다. 곰팡이 중심적 시각으로 보면 이타주의의 문제도 피해갈 수 있다. 이 시각은 곰팡이를 전면에, 그리고 중심에 세운다. 곰팡이를 자신의 필요에 따라 식물 사이의 상호작용을 중재할 수 있는 엉킨 그물망의 브로커로 보는 것이다.

균근 네트워크는 언제나 식물에 이익이 되는가

곰팡이 중심적 시각을 갖든 식물중심적 시각을 갖든, 균근 네트워크를 공유하는 것이 식물에 명백한 이득이 되는 상황은 매우 흔하다. 다른 식물과 네트워크를 공유하는 식물은 공유 네트워크에 속하지 않은 다른 식물에 비해 더 빨리 자라고 더 끈질기게 살아남는다. 이러한 사실은 우드 와이드 웹을 식물이 영양분을 두고 서로 경쟁하는 경직된 위계 구조로부터 자유로운, 보살핌과 나눔 그리고 상호 협조의 공간으로 보는 시각을 뒷받침한다. 이런 해석은 인터넷을 20세기의 틀에 박힌 권력 구조에서 탈피해 디지털 유토피아로 가는 길이라고 열렬히 환호하던, 1990년대의 인터넷을 향한 몽상적인 환상과는 다르다.

인간의 사회와 같은 생태계는 1차원적인 경우가 거의 없다. 리드 같은 연구자들은 흙에 대한 유토피아적 상상을 두고 인간의 가치를 비인간 시스템에 제멋대로 투사한 것이라고 느낀다. 반면에 키어스 같은 연구자는 리드와 같은 이들이 협업이란 경쟁과 협력의 융합임을 여러 방면에서 무시한다고 주장한다. 곰팡이 유토피아가 안고 있는 중심적인 문제는, 인터넷이 그러하듯 공유 균근 네트워크가 항상 이득이 되기만 하는 것은 아니라는 사실이다. 우드와이드웹은 식물, 곰팡이 그리고 박테리아의 상호작용에 대한 복잡한 증폭기다.

식물이 공유 균근 네트워크에 참여함으로써 이익을 얻는다는 사실을 확인한 대부분의 연구는 특정한 타입의 균근 곰팡이, 즉 외생 균근 곰팡이ectomycorrhizal fungi와 적절한 온도에서 관계를 형성하는 나무를 대상으로 실험한 경우였다. 다른 타입의 균근 곰팡이는 다르게 행동할 수도 있다. 어떤 경우에는 식물이 자기만의 배타적인 곰팡이 네트워크를 갖고 있든 아니면 공유 균근 네트워크에 속해 있든 그 식물에 별 차이가 없는 것처럼 보이기도 한다. 그러나 공유 네트워크에 속해 있는 곰팡이는 더 많은 수의 식물 파트너와 접할 때 더 큰 이득을 누린다. 식물의 경우, 공유 네트워크에 속하는 것이 식물 자신에게 직접적인 해가 되기도 한다. 곰팡이는 흙으로부터 얻은 무기질 공급을 직접 제어하므로, 식물 파트너에게 선별적으로 무기질을 공급할 수도 있다. 탄소를 더 많이 제공하는 식물에게 곰팡이가 더 많은 무기질을 제공하는 것이다. 이러한 비대칭성은 큰 식물과 작은 식물이 공유 네트워크에 속해 있을 때 작은 식물에 대한 큰 식물의 경쟁 우위를 심화시킬 수 있다. 이 상황에서 작은 식물은 네트워크에 뭔가 기여할 수 있게 되거나 그동안 비대칭적으로 많은 양의 양분을 뽑아가던 큰 식물이 그 양을 줄일 때에만 이득을 얻는다.

하지만 공유 균근 네트워크의 역할을 분명하게 해석하기 어려운 경우도 있다. 많은 종의 식물이 근거리에서 자라는 다른 식물의 생장을 방해하거나 죽이는 화학물질을 생산한다. 정상적인 경우 이런 물질이 흙을 통해 이동하는 속도는 매우 느리고, 독성을 가질 정도의 농도를 끝까지 유지하지 못할 수도 있다. 그러나 경우에 따라서 식물이 독성 방해물질을 주위로 전파시키는 데 균근 네트워크가 '곰팡이 전용도로' 또는 '초고속도로'를 제공하여 주위 식물의 생장을 방해하는 데 일조하기도 한다. 한 실험에서는 호두나무의 낙엽에서 분비된 독성 화합물질이 균근 네트워크를 통해 토마토 뿌리 주변에 농축되면서 토마토의 생장을 방해하는 것이 확인되었다.

다시 말해 우드와이드웹은 에너지가 풍부한 탄소화합물이든 무기질이든 수분이든, 양분의 이동통로 이상의 역할을 한다. 독성물질 외에도 식물의 생장과 발달을 제어하는 호르몬도 공유 균근 네트워크를 통해 이동할 수 있다. 여러 종의 곰팡이에서 DNA가 들어 있는 세포핵과 바이러스나 RNA 같은 유전인자들이 균사를 통해 자유롭게 이동한다. 이제 막 탐색되기 시작한 가능성이기는 하지만, 유전물질이 곰팡이 채널을 통해 식물 사이를 이동할 수도 있다.

식물을 넘어 곤충에까지 영향을 미치는 네트워크

우드와이드웹의 가장 놀라운 성질은 식물 이외의 다른 유기체까지 포섭하는 방식이다. 곰팡이 네트워크는 박테리아가 흙 속의 장애물을 우회해서 이동할 수 있는 고속도로가 되어준다. 일부 경우에는 포식성 박테리아가 균사 네트워크를 이용해 먹잇감을 사냥한다. 어떤 박테리아는 균사 안에서 살아가면서 곰팡이의 생장을 강화하고 대사 작용을 촉진하며 필수 비타민을 생산하고, 심지어는 곰팡이와 식물 파트너의 관계에까지 영향을 미친다. 균근 곰팡이의 일종인 굵은대곰보버섯*Morchella crassipes*은 실제로 자신의 네트워크 안에 박테리아를 기른다. 곰팡이가 박테리아를 '심고' 길러서 수확한 뒤 소비하는 것이다. 네트워크 전체를 보면 노동을 책임지는 부분이 따로 있다. 어디선가는 곰팡이가 먹이를 생산하고, 어디선가는 그 먹이를 소비한다.

이보다 더 터무니없어 보이는 가능성도 있다. 식물이 일종의 화학물질을 방출하는 것이다. 예를 들어 진딧물의 공격을 받은 완두콩은 진딧물 때문에 생긴 상처에서 휘발성 화합물을 방출해 공기 중에 퍼지게 하고, 이 화합물은 기생말벌을 유혹해 진딧물을 잡아먹게 한다. 이러한 '정보화학물질infochemical' — 식물의 상태에 대한 정보를 전달하기 때문에 이런 이름이 붙었다 — 은 식물이 자기 몸의 서로 다른 부분끼리, 또는 다른 유기체와 커뮤니케이션을 하는 여러 방법 중 하나다.

정보화학물질이 공유 균근 네트워크를 통해 땅속에서 식물들 사이를 이동할 수 있을까? 스코틀랜드 애버딘대학교의 루시 길버트Lucy Gilbert

와 데이비드 존슨David Johnson은 바로 이 의문에 사로잡혀 있었다. 이 의문을 풀기 위해 두 사람은 정교한 실험을 계획했다. 완두콩을 두 집단으로 나누어 한쪽은 자유롭게 공유 균근 네트워크를 형성하도록 하고, 다른 한쪽은 미세 나일론 망사를 이용해 네트워크 형성을 차단했다. 나일론 망사는 물과 화학물질은 통과시키지만, 곰팡이가 다른 식물과 직접 접촉하는 것은 가로막았다. 완두콩이 자라자 진딧물을 풀어 네트워크에 속한 완두콩 한 포기를 공격하게 했다. 이 단계에서 완두콩 포기마다 비닐봉투를 씌워서 공기를 통한 정보화학물질의 전파를 차단했다.

길버트와 존슨은 자신들이 세웠던 가설을 분명하게 확인할 수 있었다. 진딧물에 감염된 완두콩과 공유 균근 네트워크를 통해 연결되어 있던 식물들은 자신이 직접 진딧물의 공격을 받지 않았음에도 불구하고 방어용 휘발성 화합물의 생산을 폭발적으로 증가시켰다. 이 식물들로부터 방출된 휘발성 화합물의 보이지 않는 구름은 기생말벌을 끌어들이기에 충분했다. 이로써 곰팡이 채널을 통한 식물 사이의 정보교환이 실제 자연환경에서도 중요한 역할을 한다는 사실을 알 수 있었다. 길버트는 이 실험이 '완전히 새로운' 발견이었다고 설명했다. 이 실험으로 공유 균근 네트워크의 알려지지 않았던 역할이 발견되었기 때문이다. 공여 식물이 수혜식물에게 영향을 끼칠 수 있을 뿐만 아니라 그 영향은 휘발성 화합물의 형태로 수혜 식물 너머 더 멀리까지 확산되는 것이다. 공유 균근 네트워크는 두 식물 사이의 관계에만 영향을 미치는 것이 아니라 그들을 공격하는 진딧물, 그리고 그들과 동맹관계인 기생말벌에게까지 영향을 미친다.

2013년 이후 길버트와 존슨의 발견이 비정상적인 현상이 아님이 밝혀졌다. 유사한 현상이 애벌레의 공격을 받은 토마토, 나방의 공격을 받은 더글러스 전나무와 소나무 묘목 사이에서도 발견되었다. 이들의 연구는 매우 흥미롭고 신선한 가능성을 열어주었다. 나와 이야기를 나누었던 많은 연구자들이 균근의 행동 중에서 곰팡이 네트워크를 통한 식물 커뮤니케이션이 가장 흥미로운 부분이라는 데 의견을 같이했다. 그러나 훌륭한 실험들은 그들에게 답보다 더 많은 질문을 남겼다. "실제로 식물은 무엇에 반응하고, 곰팡이는 실제로 무엇을 하고 있는 걸까요?" 존슨은 계속 생각했다.

한 가지 가설은, 정보화학물질이 공유 균근 네트워크를 통해 이동한다는 것이다. 식물이 지상에서의 커뮤니케이션에 정보화학물질을 이용할 줄 안다는 사실을 감안하면, 이 가설은 여러 후보 중에서도 가장 그럴듯해 보인다. 균사를 따라 흐르는 충격전파도 가능성이 있는 또 하나의 가설이다. 스테판 올손과 그의 동료 신경과학자들은 균근 곰팡이를 포함하여 일부 곰팡이의 균사체가 자극에 민감한 전기활동의 파동을 전달할 수 있음을 발견했다. 식물 또한 자기 몸의 서로 다른 부분들끼리 커뮤니케이션을 하는 데 전기신호를 이용한다. 전기신호가 식물에서 곰팡이로 그리고 다시 식물로 전달될 수 있는지 조사하는 건 큰 문제가 아니지만 아직 이 문제를 조사한 사람은 없다. 그러나 길버트는 단호하다. "우리는 아직 모릅니다. 이런 신호가 존재한다는 것 자체가 새로운 발견입니다. 우리는 새로운 연구의 시작점에 서 있을 뿐입니다"라고 말했다. 그녀에게는 이 신호의 본질을 밝히는 것이 급선무다. "식물이 무엇에 대해 반응하는 것인지를 알지 못하고서는 이 신호가 어떻게 제어되는지, 실제로 어떻게 보내지는지에 대한 의문에 답할 수 없습니다."[13]

아직도 밝혀야 할 문제가 많다. 만약 온실 속 화분에서 자라는 작은 완두콩에 연결된 곰팡이 네트워크를 통해 정보가 전달된다면, 실제 자연의 생태계에서는 어떤 일이 벌어지고 있는 걸까? 공기 중에서 식물 사이의 화학적 단서와 신호가 왁자지껄하게 떠도는 것과 비교해 곰팡이 통로의 역할은 얼마나 큰 걸까? 곰팡이 네트워크를 통해 지하에서 얼마나 멀리까지 정보가 이동할 수 있을까? 존슨과 길버트는 여러 가지 식물을 쇠사슬처럼 연결해 정보가 연속적으로 전달될 수 있는 일종의 릴레이 시스템을 만들어 정보가 전달되는지를 실험해보았다. 이 실험 결과의 생태학적 의미는 매우 컸지만, 존슨은 신중하다. "실험실에서 발견한 사실을 온갖 나무가 서로 이야기하고 정보를 주고받는 숲 전체로 확대하는 건 무리한 도약입니다. 하지만 사람들은 작은 화분에서 일어난 일을 생태계 전체로 곧장 확산시키려 합니다."

곰팡이를 중심으로 생각하면 해답이 보인다

우드와이드웹을 연구하는 모든 연구자에게, 곰팡이 네트워크를 통해 정확히 무엇이 식물 사이를 이동하고 있는지 확인하는 건 매우 까다로운 과제다. 이들이 개념상의 막다른 골목에 막히는 까닭은 아직 알려진 정보가 부족하기 때문이다. 예를 들어 식물 사이에서 정보가 어떻게 이동하는지를 알지 못하고는 공여 식물이 능동적으로 경고 메시지를 '발신'하는 것인지 또는 수혜 식물이 단지 이웃이 겪고 있는 스트레스를 엿들어서 알게 되는 것인지 알 수 없다. '엿듣기' 시나리오가 맞다면 발신자 입장에서의 의도적인 행동이라고 지목할 만한 것이 없다. 키어스가 설명했듯이, "만약 어떤 나무가 해충의 공격을 받았다면, 그 나무는 나무의 언어로 비명을 지를 겁니다. 그리고 공격에 맞대응할 화학물질을 방출하겠죠." 이 화학물질이 넘쳐서 네트워크를 통해 한 그루의 나무에서 다른 나무로 충분히 흘러갈 수 있다. 그러나 이 경우 능동적으로 발신되었다고 볼만한 것이 없다. 수혜 식물은 어쩌다가 알게 되었을 뿐이다. 존슨도 똑같은 비유를 했다. 사람의 세상에서도 누군가가 비명을 지를 수 있다. 그러나 그 비명이 꼭 다른 사람에게 무언가를 경고하기 위한 행동은 아니다. 물론 누군가의 비명을 들으면 누구나 멈칫하거나 가던 길을 멈추거나 소리가 나는 쪽을 돌아보거나 하는 식으로 행동의 변화를 겪는다. 그렇다고 비명을 들은 사람에게서 일어나는 행동의 변화가 전적으로 비명을 지른 사람의 의도라고 볼 수는 없다. "어떤 특별한 상황에 대한 누군가의 반응을 어쩌다 엿들은 것뿐입니다."

지나치게 시시콜콜 따진다고 생각할 수도 있지만, 식물과 곰팡이 간 네트워크의 상호작용을 어떻게 해석하느냐에 따라 결과의 차이는 크다. 어느 관점에서 보든 자극은 한 나무에서 다른 나무로 이동하고, 자극을 받은 나무는 공격에 대비할 수 있다. 만약 나무가 메시지를 발신하는 거라면 그 메시지를 신호로 간주할 수도 있다. 메시지를 보낸 나무 주변의 다른 나무들이 메시지를 엿듣는 거라면 그 메시지는 단서에 가깝다.

공유 균근 네트워크의 행동을 어떻게 해석하느냐는 민감한 문제다. 일부 연구자들은 우드와이드웹의 일반적인 모습을 어떻게 그려야 하는가에 대해 고민한다. "식물이 이웃한 식물에게 반응할 수 있다는 사실을 발견했다고 해서 그것이 곧 식물 사이에 이타적 네트워크가 작동한다는 의미는 아닙니다." 존슨이 말했다. 식물이 서로 대화하고 긴급한 위험을 서로 경고한다는 생각은 식물을 의인화한 망상에 가깝다. "그런 사고방식이 매력적이기는 하지만, 알고 보면 전혀 얼토당토않은 소리입니다." 존슨이 말했다.

식물의 커뮤니케이션을 사람의 비명에 비유하는 것도 온전한 설명은 못 된다. 비명도 두 가지 종류로 나누어볼 수 있다. 인간은 위험에 처했을 때, 충격을 받았을 때, 고통을 받을 때 그리고 팔짝 뛸 정도로 신이 났을 때도 비명을 지른다. 또 자신이 처한 위험을 다른 사람에게 경고하기 위해서도 비명을 지른다. 비명을 지른 사람에게 직접 물어본들 언제나 원인과 결과를 딱 잘라 구분하기는 쉽지 않다. 하물며 식물의 경우라면 말할 것도 없다. 어쩌면 진딧물의 공격을 받은 완두콩이 다른 완두콩에게 경고를 한 것인지, 아니면 주변에 있던 완두콩이 그 완두콩의 화학적 비명을 엿들은 것인지는 본질적인 질문이 아닌지도 모른다. "우리가 연구해야 하는 것은 그 서사입니다. 저는 언어를 넘어서서 그 현상을 이해하려고 노력하고 있습니다." 다시 한번 말하거니와, 이런 행동이 애초에 왜 시작되었느냐를 묻는 것이 더 현명하다. 이 행동에서 누가 이득을 보는가?

신호든 단서든, 그것을 받는 완두콩은 그 메시지로부터 이득을 얻을 것이 분명하다. 진딧물이 그 완두콩에 도달했을 때쯤이면 이미 방어기제를 작동시켰을 테니까. 그러나 이웃 완두콩에게 메시지를 보낸 완두콩에게도 그 행동이 이득이 되는 것은 무슨 이유에서인가? 여기서 우리는 또다시 이타주의의 함정에 빠진다. 이 미로에서 빠져나오는 가장 빠른 방법은 관점을 바꿔보는 것이다. 곰팡이가 자신이 함께 살고 있는 여러 포기의 완두콩에게 경고의 메시지를 전달하는 것이 곰팡이에게는 왜 이득이 되는가?

만약 어떤 곰팡이가 여러 포기의 완두콩에 연결되어 있는데, 그들 중 한 포기가 진딧물의 공격을 받는다면, 곰팡이도 그 완두콩 못지않게 피해를 입는다. 만약 그 곰팡이와 연결된 완두콩 집단 전체가 경계의 수준을 높인다면, 한 포기의 완두콩이 방출하는 것보다 훨씬 많은 양의 정보화학물질을 방출해서 동맹인 기생말벌을 더 신속하게 끌어들일 수 있을 것이다. 여기서 곰팡이가 그 정보화학물질을 더 증폭시킬 수 있는 능력이 있다면 곰팡이는 그 능력을 통해 이득을 얻을 수 있다. 물론 이 능력으로부터 완두콩도 이득을 얻지만, 완두콩은 비용을 지불하지 않는다. 마찬가지로 아픈 식물로부터 건강한 식물로 스트레스 신호가 전달될 때, 건강한 식물이 건강한 상태를 유지하도록 돕는 것이 곰팡이에게도 이득이다. "숲에서 다른 나무에게 양분을 나눠주는 것처럼 보이는 나무를 보았다고 상상해보세요." 길버트가 설명했다. "나라면, A 나무가 아프고 B 나무는 아프지 않다는 것을 발견한 곰팡이가 B 나무에게 줄 양분의 일부를 A 나무에게 더 준 것이라고 생각할 거예요. 곰팡이의 관점에서 보면 모든 것이 설명됩니다."

자연의 네트워크에 존재하는 허브

공유 균근 네트워크에 대한 연구는 대부분 식물의 쌍으로 연구 대상을 제한한다. 리드는 한 식물의 뿌리에서 다른 식물의 뿌리로 이동하는 방사성 물질의 이미지를 만들어냈다. 시머드는 공여 식물에서 수혜 식물로 흐르는 방사능 지표를 추적했다. 그녀는 연구의 범위를 소수의 식물로 국한한 뒤에야 이런 실험을 할 수 있었다. 그러나 우드와이드웹은 사실 수백, 수천 미터, 어쩌면 그보다 훨씬 멀리까지 뻗어갈 가능성을 가지고 있다. 그러면 어떻게 될까? 바깥을 내다보자. 키 큰 나무, 키 작은 관상수, 잔디, 넝쿨, 꽃. 누가 누구에게 어떻게 연결되어 있나? 우드와이드웹을 지도처럼 그리면 어떤 모양일까?

공유 균근 네트워크의 구조에 대한 지식이 없으면 거기서 어떤 현상이 펼쳐지는지 이해하기 어렵다. 우리는 양분과 정보화학물질이 많은 곳에서 부족한 곳으로, 아래를 향해 흐른다는 사실을 알고 있다. 그러나 영양원과 흡수원이 등장인물의 전부는 아니다. 우리 몸에서 뛰는 심장은 혈압이 높은 곳과 낮은 곳을 만들어냄으로써 혈류가 '아래를 향해' 흐르게 만든다. 영양원과 흡수원 사이의 역학은 혈류가 순환하는 이유를 설명해주지만, 혈액이 왜 지금과 같은 방식으로 각각의 장기와 조직으로 전달되는지는 설명해주지 못한다. 그 이유는 혈관에 있다. 혈관이 얼마나 굵은지, 얼마나 가지를 많이 뻗었는지, 우리 몸속에서 어떤 경로를 만들었는지, 이 모든 것이 서로 관련이 있다. 균근 네트워크에서도 마찬가지다. 물질은 그것이 흐를 수 있는 네트워크가 없다면 영양원에서 흡수원으로 도달할 수 없다.

2000년대 후반에 공유 균근 네트워크의 공간적 구조를 밝힌 논문이 단 두 편 발표되었는데, 시머드의 제자 중 한 명이었던 케빈 베일러Kevin Beiler는 그 두 논문 모두의 공동저자다. 베일러는 상대적으로 단순한 생태계를 선택했다. 다양한 수령의 더글러스 전나무로 구성된 브리티시컬럼비아의 한 숲이 그가 선택한 생태계였다. 베일러는 또한 이 연구에 인간의 친자검사와 비슷한 기술을 접목시켰다. 35×35미터 크기의 땅 안에서 각 전나무와 곰팡이의 개체의 유전자 지문을 식별해서, 어떤 개체가 어떤 개체와 연관이 있는지를 정확하게 파악해냈다. 이 방법은 보기 드물게 세밀한 과정을 밟아야 했다. 많은 연구가 어떤 식물의 종이 어떤 곰팡이종과 상호작용하는지를 들여다보았지만, 거기서 더 나아가 각 개체가 다른 개체와 실제로 어떻게 연결되어 있는지를 들여다본 경우는 없었다.[14]

베일러의 지도는 놀라움을 안겨주었다. 곰팡이 네트워크는 수십 미터를 뻗어 나갔다. 그러나 나무는 균일하게 연결되어 있지 않았다. 어린 나무는 연결이 매우 적은 반면, 수령이 높은 나무는 훨씬 많이 연결되어 있었다. 가장 연결이 잘 되어 있는 나무는 다른 나무 마흔일곱 그루와 연결되어 있었고, 조사 면적을 넓히면 250그루 이상과 연결되었다. 네트워크 전체를 훑어가며 어떤 나무가 어떤 나무와 연결되어 있나 짚어가다 보면 ─ 이는 물론 식물중심적 방식이다 ─, 모든 나무가 다른 나무와 고르게 연결되어 있지 않다는 사실을 알게 된다. 나무들은 아주 잘 연결된 늙은 나무 몇 그루를 중심으로 작은 네트워크를 이루고 있었다. 이런 나이 든 나무, 즉 네트워크의 '허브hub'를 통해 세 단계 안에 어떤 나무에도 도달할 수 있다.

버러바시와 그의 동료들이 최초의 월드와이드웹 지도를 펴냈던 1999년에도 비슷한 패턴이 발견되었다. 웹페이지는 다른 웹페이지와 연결되어 있지만, 모든 웹페이지가 똑같은 수의 링크를 갖고 있지는 않았다. 절대다수의 웹페이지들이 소수의 페이지와만 연결되어 있었다. 아주 소수의 페이지들이 극단적으로 잘 연결되어 있을 뿐이었다. 링크가 많은 페이지와 적은 페이지의 링크 수의 차이는 매우 컸다. 웹상에서 링크의 80퍼센트 가량이 15퍼센트의 웹페이지에 연결되어 있었다. 세계의 항공여행 루트, 뇌의 신경 네트워크 등 다른 유형의 네트워크에서도 유사한 패턴이 발견되었다. 각각의 경우에서 잘 연결된 허브를 통하면 몇 단계 만에 네트워크를 가로지를 수 있었다. 질병, 뉴스, 패션 등이 매우 빠른 속도로 전 세계에 전파될 수 있는 이유가 바로 '척도 독립성scale-free'이라고 알려진 네트워크의 이러한 성질에 있다.

어린 나무가 짙은 그늘에서도 살아남을 수 있는 이유, 정보화학물질이 숲속을 가로질러 퍼져나갈 수 있는 이유도 바로 공유 균근 네트워크의 척도 독립성 때문이다. "어린 묘목은 복잡하고, 종횡으로 연결된 안정적인 네트워크에 매우 빠른 속도로 결합될 겁니다." 베일러가 설명했다. "그렇게 되는 것이 묘목의 생존 가능성을 높여주고 숲의 탄성력을 증가시키는 길이죠." 그러나 어느 정도까지만 그렇다고 볼 수 있다. 우드와이드웹이 공격의 목표가 되기 쉽게 만드는 것도 바로 그 척도 독립성이기 때문이다. 구글과 아마존 그리고 페이스북을 하루아침에 업계에서 퇴출시켜버리거나 세계 최대 항공사 세 곳을 폐업시켜버리면 우리는 아수라장이 된 세상을 마주하게 될 것이다. 거대한 허브 나무를 선택적으로 제거 — 벌목업체들이 가장 값나가는 목재를 얻기 위해 쓰는 방법이다 — 하면 심각한 붕괴가 일어나기 시작할 것이다.[15]

여기서 작동되는 근본적인 법칙은 없다. 척도 독립성은 성장 중인 네트워크라면 어디서든 나타난다. "세상에서 나타나는 대부분의 네트워크는 성장 과정의 결과라고 할 수 있습니다." 버러바시가 설명했다. 새로운 노드node가 생기면 연결이 덜 된 노드보다 연결이 잘된 노드에 연결되기 쉽다. 따라서 연결이 많은 오래된 노드는 더 많은 링크를 가질 확률이 높다. 베일러는 이렇게 설명했다. "균근 네트워크는 '전파'의 과정으로 볼 수 있습니다. 바탕이 되는 나무가 있고, 거기서부터 네트워크가 시작되는 겁니다. 다른 나무와의 링크가 더 많은 나무는 더 많은 링크를 더 빨리 축적해 갑니다."

이 말이 곧 우드와이드웹의 구조가 세상의 다른 웹들과 유사하다는 의미일까? 그럴 가능성도 있다. 그러나 아직은 그렇다고 확신할 만큼 많은 네트워크를 그려보지 못했다. 화분 속의 식물 한 포기로부터 생태계 전체로 외삽해 결론을 추정하는 것은 위험하다. 35×35미터의 작은 숲으로부터 결론을 확장하는 것도 마찬가지다. 식물이 되는 것도, 곰팡이가 되는 것도 여러 과정이 있다. 어떤 식물은 수천 종의 곰팡이와 관계를 형성할 수 있고, 어떤 식물은 열 가지도 안 되는 곰팡이와 관계를 형성하면서 자기 종 내부의 식물과만 파벌적인 관계를 맺는다. 어떤 곰팡이의 균사는 다른 균사체 네트워크와 쉽게 융합해 더 큰 합동 네트워크를 형성하고, 또 어떤 곰팡이는 스스로 고립 생활을 택한다. 파나마에서, 나는 보이리아가 단 한 종의 곰팡이에만 의존해 살아가지만 보이리아의 배타주의가 그 파트너에게까지 적용되지는 않는 사실을 발견했다. 보이리아의 파트너 곰팡이는 숲에 서식하는 거의 모든 종의 평범한 나무들과 관계를 형성함으로써, 보이리아가 연결될 수 있는 나무의 수를 가능한 한 최대로 확장시켜주었다. 같은 숲에 사는 다른 균타체들은 다양한 종의 곰팡이와 연합하는, 보이리아와는 다른 전략을 가지고 진화해왔다.[16]

베일러가 연구 대상으로 선택한 아주 작은 면적의 숲에서조차 맞출 수 없는 퍼즐 조각이 여럿이었다. 베일러의 지도는 나무와 곰팡이가 어떻게 연결되어 있는지를 보여주지만, 그들이 실제로 무엇을 하고 있는지는 알려주지 않는다. "나는 단지 한 종의 나무와 두 종의 곰팡이를 보았을 뿐입니다. 숲 전체의 생태계는 근처에도 가보지 못한 겁니다." 베일러가 회상했다. "조그마한 창으로 아주 크고 넓은 시스템을 그저 흘끗 훔쳐본 것뿐이죠. 내가 설명한 것은 실제로 숲속을 이어주고 있는 연결망의 극히 일부분일 뿐입니다."

균근 네트워크와 뇌의 신경 네트워크의 유사성

보이리아는 복잡한 뿌리 시스템을 만들 능력을 잃어버렸다. 지금은 뿌리가 필요하지 않다. 공유 균근 네트워크가 뿌리 역할을 하기 때문이다. 원래 뿌리가 있던 자리에 손가락처럼 굵은 조직이 생겼다. 그 조직을 잘라보면, 보이리아의 세포 안에서 서로 단단히 얽혀서 밖으로 터져 나올 것 같은 균사가 드러난다. 때로는 아예 땅속에 뿌리를 뻗지도 않고 흙바닥 위에 살짝 올라앉은 것 같은 형태로 놓여 있다. 보이리아를 따는 건 어렵지 않다. 곰팡이와의 연결이 금방 꺾인다. 그렇게 아무렇지도 않게 식물의 생명선을 잘라버릴 수 있다는 게 이상하게 느껴질 정도다. 네트워크에 얼마나 잘 연결되어 있느냐가 보이리아의 생명을 좌우하지만, 물리적인 연결은 무척 약하다. 아무리 작은 식물이라 할지라도, 그 식물의 생명을 유지하는 데 필요한 물질이 그렇게 연약한 통로를 통해 오간다는 사실이 나는 종종 경이롭게 느껴진다.

균근 네트워크에 대한 연구가 대부분 그렇듯이, 보이리아를 연구하자면 일단 그 식물의 개체를 수집해야 하고, 따라서 우드와이드웹과의 연결을 끊어야 한다. 나는 며칠씩 그 작업을 했다. 그러면서 내가 연구하고 있는 바로 그 연결망의 일부를 훼손시켜야 하는 아이러니에 대해 생각했다. 식물학자들은 종종 자신이 이해하고자 하는 유기체를 파괴해야 하는 경우가 있다. 나는 그렇게 생각하면서 그 상황에 익숙해지려고 노력했다. 그러나 어떤 네트워크를 연구한다는 명분으로 그 네트워크를 훼손하는 행위가 부조리하게 느껴지는 것은 어쩔 수 없었다. 물리학자인 일리야 프리고진Ilya Prigogine 과 이사벨 스텡거스Isabelle Stengers 는 그 구성 요소를 보겠다고 복잡한 시스템을 분해하는 행위는 만족할 만한 설명을 얻지 못하고 끝나는 경우가 종종 있다고 지적했다. 그 조각들을 다시 조립해서 원래의 상태로 복원시킬 방법을 아는 경우가 드물기 때문이다. 우드와이드웹은 특히나 더 어려운 난제다. 자연 상태의 흙 속에서 다수의 식물과 곰팡이가 어떻게 상호작용을 유지하는지는 차치하고, 균사체 네트워크가 어떻게 자신들의 행동을 조율하고 어떻게 네트워크끼리 서로 메시지를 주고받는지도 우리는 아직 확실히 알지 못한다. 그러나 균사체 네트워크가 고정적이고 독립적인 '개체'가 아니라 현재진행형으로 이루어지는 현상이라는 것까지는 깨달았다. 우리는 균사체 네트워크가 다른 네트워크와 융합하기도 하고, 자기 네트워크의 일부를 가지 치듯이 차단하기도 하며, 진행 방향을 바꾸기도 하고 화학물질을 방출하기도 하고 반응하기도 한다는 것을 안다. 균근 곰팡이는 식물과의 연결을 형성하기도 하고 재형성하기도 하며, 얽혔다가 풀렸다가 다시 얽히기도 한다는 것을 안다. 간단히 말해, 우드와이드웹은 보일 듯 말 듯 변화를 일으키며 뒤집고 뒤집히기를 멈추지 않는 역동적인 시스템이라는 것을 우리는 안다.

이렇게 느슨한 방식으로 행동하는 존재들을 '적응형 복잡계complex adaptive systems'라고 한다. 구성 부분에 대한 지식만으로는 그 행동을 예측하기 어렵기 때문에 복잡하고, 새로운 형태로 스스로 조직을 바꾸거나 환경에 대한 대응 행동을 한다는 점에서 적응형이다. 모든 유기체와 마찬가지로 우리도 적응형 복잡계다. 월드와이드웹도 마찬가지다. 뇌, 흰개미 군집, 벌 군집, 도시, 금융시장도 적응형 복잡계의 예가 된다. 적응형 복잡계 안에서는 아주 작은 변화만으로도 시스템 전체를 조망해야만 알아차릴 수 있는 커다란 효과를 불러온다. 원인과 결과 사이에 깔끔하고 분명한 화살표가 그려지는 경우는 아주 드물다. 그 자체로는 눈에 띄지 않을 수도 있는 자극이 종종 놀라운 반응의 소용돌이를 몰고 온다. 이러한 역동적인 비선형 과정의 유형으로 가장 크게 실감할 수 있는 예가 금융위기다. 재채기, 오르가즘도 여기에 속한다.

그렇다면 공유 균근 네트워크는 어떻게 바라보는 것이 최선인가? 우리가 다루고 있는 것이 무엇일까? 슈퍼 유기체? 아니면 대도시? 살아 있는 인터넷? 숲을 키우는 유치원? 흙 속의 사회주의? 숲속 주식시장의 거래소에서 곰팡이가 바쁘게 움직이는 후기 자본주의의 탈규제화된 시장? 어쩌면 균근 영주가 식물 농노를 착취해 자신들의 탐욕을 채우는 곰팡이 봉건주의인지도 모른다. 어느 것 하나 문제가 아닌 것이 없다. 모두가 문제다. 우드와이드웹이 던지는 의문은 지금보다 훨씬 더 많은 등장인물이 나타나야 답을 찾을 수 있다. 우리에게는 상상의 도구가 필요하다. 공유 균근 네트워크가 복잡한 생태계 안에서 실제로 어떻게 행동하는지 — 무엇을 할 수 있는지가 아니라 실제로 무엇을 하고 있는지 — 를 이해하려면, 우리가 잘 알고 있는 다른 적응형 복잡계를 연구했던 것 같은 방법으로 공유 균근 네트워크를 다시 생각해볼 필요가 있을지도 모른다.

시머드는 숲속 공유 균근 네트워크와 동물의 뇌 속 신경 네트워크를 비교했다. 그녀는 곰팡이 네트워크에 의해 연결된 생태계 안에서 복잡한 행동이 어떻게 일어나는지를 이해하는 데 도움이 될 도구를 신경과학 분야가 마련해줄 수 있다고 주장했다. 신경과학은 균학이 몰두해온 것보다 더 오랜 세월 동안, 역동적이고 자기조직적인 네트워크가 어떻게 복잡하고 적응적인 행동을 할 수 있는가에 대한 의문에 몰두해왔다. 시머드의 논지는 균근 네트워크가 뇌라는 뜻이 아니다. 뇌의 네트워크와 균근 네트워크는 여러 측면에서 다르다. 한 가지 예를 든다면, 뇌는 여러 종의 유기체에 속한 것이 아닌 단 하나의 유기체에만 속한 세포로 이루어져 있다. 뇌는 또한 해부학적으로도 제한된 공간 안에 구속되어 있으며 곰팡이 네트워크의 공간적인 확장성을 갖고 있지 않다. 그럼에도 불구하고 이 두 네트워크의 유사성은 매우 흥미롭다. 뇌과학이 수십 년 먼저 시작되었고 더 풍족한 연구자금을 누리고 있지만, 우드와이드웹과 뇌를 연구하는 과학자들이 해결해야 할 과제는 서로 다르지 않다. "뇌과학자들은 뇌 절편을 만들어서 신경 네트워크의 지도를 만들죠." 버러바시가 재미있다는 듯이 말했다. "그렇게 따지면 생태학자들은 숲의 절편을 만들어야 식물 뿌리와 곰팡이가 어디에서 누구와 어떻게 연결되어 있는지를 정확히 볼 수 있는 거예요."[17]

시머드는 뇌과학과 균근 네트워크 사이에 정보의 측면에서 분명히 중첩되는 부분이 있다고 말한다. 뇌의 활동 네트워크도 A 지점으로부터 B 지점까지 적은 수의 단계를 거쳐 정보가 전달되도록 아주 잘 연결된 몇 개의 모듈을 가진 척도 독립성을 보인다. 균근 네트워크처럼 뇌도 새로운 환경에 처하면 스스로를 재배열 또는 '적응적으로 재배선'한다. 곰팡이 네트워크에서 사용가치가 떨어지는 균사체 일부를 쳐내듯이, 뇌도 사용빈도가 떨어지는 신경 경로는 거두어들인다. 곰팡이와 나무뿌리 사이의 연결이 그러하듯이, 뉴런과 뉴런 또는 시냅스와 시냅스 사이도 새롭게 연결되고 강화된다. 신경전달물질이라고 알려진 화학물질이 시냅스를 통해 흐르면서 이 신경에서 저 신경으로 정보가 이동한다. 마찬가지로 곰팡이에서 식물로, 또는 식물에서 곰팡이로 균근 '시냅스'를 통해 화학물질이 이동하고, 때로는 정보도 전달된다. 아미노산인 글루타메이트와 글리신은 식물의 주요 신호 분자이면서 동물의 뇌와 척수에서 가장 흔한 신경전달물질이기도 한데, 식물과 곰팡이의 연결지점에서도 그 두 유기체 사이를 넘나드는 것으로 알려져 있다.

그러나 아직까지 우드와이드웹의 행동은 명확하지 않으며, 우드와이드웹과 인터넷, 우드와이드웹과 정치와의 유사성이 제한적인 것처럼, 우리 뇌와의 유사성도 제한적으로만 인정된다. 그러나 이러한 네트워크들은 스스로를 조율하며, 곰팡이 채널을 통해 식물과 식물 사이에서 메시지 또는 신호가 어떻게 전달되든, 우드와이드웹은 서로 중첩되면서 바깥쪽으로 더 멀리 확장될 수 있는 유연한 경계를 가지고 있다. 균사체 안에서 이리저리 옮겨 다니는 박테리아도 이 네트워크에 포함된다고 볼 수 있다. 진딧물, 완두콩이 방출한 휘발성 화합물의 유혹에 몰려든 기생말벌도 그 일부다. 범위를 더 넓히면 인간도 포함된다. 알든 모르든, 우리는 식물과 상호작용을 하기 시작한 순간부터 균근 네트워크와도 상호작용을 하고 있는 것이다.[18]

우리가 이런 은유로부터 벗어나, 지금까지의 닳고 닳은 인간 토템에 기대지 않으면서 우드와이드웹에 대해서 말하고, 스스로의 고정관념 밖에서 생각할 수 있을까? 공유 균근 네트워크를 앞서 나가는 답이 아니라 그저 의문으로 계속 둘 수 있을까? "나는 이제야 그 시스템을 보려고 노력하고 있으며 지의류를 지의류로 두려고 하고 있다." 우드와이드웹에 대한 논의는 종종 토비 스프리빌의 이야기로 돌아오곤 한다. 스프리빌은 지의류와 공생하는 새로운 파트너를 계속 발견하고 있다. 우드와이드웹을 우리가 그 안에서 걸어 다닐 수 있는 거대한 지의류라고 생각하면 여기저기서 제시되고 있는 다양하고 폭넓은 은유와도 썩 잘 맞아떨어지겠지만, 우드와이드웹은 지의류가 아니다. 그럼에도 불구하고 나는 스프리빌의 인내심으로부터 배울 게 있다고 생각한다. 우리가 과연 한 걸음 물러서서 그 시스템을 바라보면서 마치 돌림노래를 부르며 우리의 집과 이 세상을 만들고 있는 듯한 식물과 곰팡이와 박테리아의 조잘거림을 그들에게 그대로, 다른 어떤 것과도 다르게 그대로 맡겨둘 수 있을까? 그렇게 한다면 우리의 마음에는 어떤 영향을 줄까?

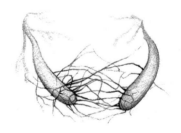

풀뿌리
균학

세상을 구하는 곰팡이

세상을 잘 이용하려면,
세상과 그 안에서 살아가는 우리의 시간을 남용하는 짓을 멈추려면,
우리는 세상 속에서 우리라는 존재를 다시 공부해야 한다.

어슐러 르 귄 Ursula Le Guin

나는 부패가 진행 중인 나무 부스러기 속에 벌거벗은 몸으로 들어가 누웠다. 목 언저리까지 나무 부스러기로 덮였다. 속은 뜨거웠고, 삼나무 향기와 낡은 책 냄새가 섞여서 올라왔다. 나는 등을 대고 기댄 채 묵직한 무게를 느끼며 눈을 감았다.

내가 있던 곳은 캘리포니아의 한 발효욕장으로 일본 밖에서 발효욕을 즐길 수 있는 세계 유일의 장소였다. 대팻밥, 톱밥 등 나무 부스러기가 축축하게 젖은 채 산처럼 쌓여 있었다. 2주 동안 부패시킨 후, 내가 도착하기 일주일 전에 삽으로 떠서 커다란 나무 욕조로 옮겨 또 일주일을 숙성시켰다. 욕조는 이제 제대로 발효된 상태였다. 오직 물질의 맹렬한 분해 에너지만으로 뜨겁게 달궈져 있었다.

강렬한 열기 때문이었는지, 나는 졸기 시작했다. 나는 나무를 분해하는 곰팡이를 생각했다. 썩어가는 나무 부스러기 밑에서 푹 익혀지고 있는 신세가 아니라면 세상 만물이 부패하는 사실이 얼마나 당연히 여겨질까. 우리는 부패가 남겨놓은 세상에서 숨 쉬며 살아간다. 나는 차가운 물을 마시고 눈꺼풀에 맺힌 땀을 떨어버리려고 눈을 연신 깜빡거렸다. 세상이 잠시라도 부패를 멈춘다면 지구에는 머지않아 죽은 사체로 이루어진 수십 킬로미터 높이의 산이 생길 것이다. 그러면 인간들은 위기네 재앙이네 하며 호들갑을 떨겠지만, 곰팡이에게는 절호의 기회일 것이다.

나는 점점 더 나른하고 무감각해졌다. 곰팡이가 지구의 극적인 변환기에 번성한 것은 한두 번이 아니었다. 곰팡이는 생태계 붕괴 상황에서도 언제나 살아남은 생존의 베테랑이다. 대재앙에 가까운 변화의 시기에도 견뎌내는, 심지어는 오히려 더 번성하는 곰팡이의 능력은 곰팡이의 결정적인 특징 중 하나다. 곰팡이는 창의적이고 유연하며 협업에 뛰어나다. 지구상의 수많은 생체들이 인간의 활동으로부터 위협받고 있는 상황에서, 인간이 곰팡이를 파트너 삼아 위기의 지구에 적응할 방법을 배울 수는 없을까?

썩어가는 대팻밥에 목까지 파묻힌 한 사람이 정신 몽롱한 상태에서 지껄이는 헛소리 정도로 들릴 수도 있지만, 점점 숫자가 늘고 있는 풀뿌리 균학자들이 바로 이렇게 생각하고 있다. 많은 공생 관계가 위기의 시기에 이루어진다. 지의류의 조류 파트너는 곰팡이와 짝을 이루지 못하면 마른 바위 표면에서 살아남을 수 없다. 그렇다면 우리도 곰팡이와 새로운 관계를 개척하지 못한다면 손상된 지구에서의 삶에 적응할 수 없는 게 아닐까?

곰팡이가 미처 분해하지 못한 나무

3억 6,000만 년 전부터 2억 9,000만 년 전 사이 석탄기, 질퍽질퍽한 열대지역에서 최초의 목질 식물이 생겨나 균근 곰팡이 파트너의 도움을 받으며 멀리멀리 퍼져나갔다. 이 숲은 번성했다가 죽었고, 그 과정에서 대기 중의 이산화탄소를 엄청나게 빨아들였다. 수천만 년이 흐르는 동안, 죽은 식물들은 분해되지 않고 그대로 쌓였다. 죽었지만 썩지 않은 숲이 켜켜이 쌓이면서 그 숲이 빨아들였던 이산화탄소도 그대로 갇혀버렸고, 대기 중 이산화탄소량은 뚝 떨어졌다. 지구는 냉각기에 접어들었다. 식물이 불러온 기후 위기에 식물이 가장 큰 피해를 입었다. 석탄기 우림 붕괴라 불리는 멸종의 시기에 어마어마한 면적의 열대 숲이 완전히 사라졌다. 숲은 어쩌다가 기후변화를 불러오는 오염물질이 되었을까?[1]

식물의 입장에서 숲은 과거에도 그랬지만 지금도 아주 영리하고 혁신적인 구조를 가지고 있다. 식물 생명체들이 번성하자 햇빛을 두고 경쟁이 격렬해지면서 식물의 키는 자꾸자꾸 커졌다. 식물의 키가 커지면 커질수록 그 키를 지탱할 구조가 필요해졌다. 이 문제의 해결책이 바로 '숲'이었다. 오늘날 해마다 150억 그루 이상의 나무가 벌채되지만, 지금도 지구의 숲에는 약 3조 그루 이상의 나무가 자라고 있다. 나무는 지구 상에서 살아가는 모든 생명체의 총 무게 중에서 60퍼센트를 차지하며, 300기가톤의 탄소를 흡수한다.[2]

나무는 합성물질이다. 목질 식물이든 아니든 모든 식물 세포에 들어 있는 특징적인 물질인 섬유소, 즉 셀룰로스cellulose는 지구를 구성하는 물질 중의 하나이면서 가장 풍부한 중합체이기도 하다. 또 하나의 물질인 목질소, 즉 리그닌lignin은 두 번째로 풍부하다. 리그닌은 나무를 나무로 만들어주는 중요한 물질이다. 리그닌은 셀룰로스보다 질기고 구조가 복잡하다. 셀룰로스는 질서정연하게 연결된 포도당 분자의 사슬로 이루어진 반면, 리그닌은 분자 고리가 아무렇게나 뭉쳐 있는 형태다.

오늘날까지도 리그닌을 제대로 분해할 수 있는 유기체는 소수에 불과하다. 지금까지 리그닌 분해에 가장 성공한 유기체는 백색부후균white rot fungi이다. 이 곰팡이가 목질을 분해하면 나무가 하얗게 탈색되기 때문에 이런 이름이 붙었다. 살아 있는 생명체가 화학반응을 진행할 때 쓰이는 생물학적 촉매인 효소는 대부분 특정한 형태의 분자에만 반응한다. 리그닌 앞에서는 이런 방법이 통하지 않는다. 리그닌의 화학적 구조는 너무나 불규칙하기 때문이다. 백색부후균은 형태에 구애받지 않는 비정형성효소를 써서 이 난제를 극복했다. 이 '과산화효소'는 '자유 라디칼free radical'이라는 고반응성 분자를 폭포수처럼 방출해서 리그닌의 단단한 구조를 깨뜨리고 '효소 연소enzymatic combustion' 과정을 진행시킨다.

곰팡이는 천재적인 분해자다. 그러나 곰팡이의 여러 가지 생화학적 능력 중에서도 가장 인상 깊은 것이 목질 속 리그닌을 분해하는 이 백색부후균의 능력이다. 자유 라디칼을 방출하는 능력을 바탕으로, 백색부후균에 의해 생산된 과산화효소는 '유리기radical chemistry'라 알려진 과정을 수행한다. '라디칼radical'이라는 이름은 그 과정을 잘 말해준다. 이 효소는 탄소가 지구상에서 거쳐 가는 순환주기를 영원히 바꿔놓았다. 오늘날 곰팡이에 의한 분해 — 주로 목질 식물을 분해한다 — 과정은 가장 큰 탄소배출원으로, 매년 85기가톤의 탄소를 대기 중으로 방출한다. 2018년, 인간이 화석연료를 태울 때 배출된 이산화탄소는 10기가톤이었다.[3]

석탄기에 해당하는 수천만 년 동안 숲이 분해되지 못한 이유는 무엇이었을까? 이 질문에 대한 답은 여러 가지가 있다. 어떤 과학자들은 기후

요인을 지적한다. 열대우림은 물이 고여 질펙질펙한 땅이었다. 나무가 죽으면 산소가 없는 늪 속으로 깊이 가라앉았고, 백색부후균은 거기까지 따라갈 수 없었기 때문에 나무가 분해되지 않고 쌓였다는 것이다. 또 다른 과학자들은 석탄기에 리그닌이 처음 등장했을 때는 백색부후균이 아직 리그닌을 분해할 수 없었고, 수백만 년 동안 진화를 거듭한 후에야 리그닌 분해 능력을 갖추게 되었다고 주장한다.[4]

그렇다면 분해되지 않은 나무가 쌓인 엄청난 면적의 숲은 어떻게 되었을까? 아마도 죽은 나무는 우리가 상상할 수 없을 만큼 엄청난 높이로 쌓였을 것이다.

그렇게 해서 생겨난 것이 석탄이다. 인류 문명의 산업화는 곰팡이가 닿지 못해 썩지 못했던 식물의 유산이 가진 힘을 이용함으로써 가능했다. (기회만 주어지면 곰팡이는 석탄도 분해할 수 있다. '석유균kerosene fungus'이라는 이름의 곰팡이는 항공기 연료탱크 속에서 무성하게 자란다.) 석탄은 자연의 역사 속에서 곰팡이의 부재를 상징한다. 석탄의 존재는 곰팡이가 없었다는 기록이며, 곰팡이가 소화하지 못했다는 기록이다. 석탄이 만들어진 이후로는 거의 모든 유기물이 곰팡이의 영향력에서 벗어나지 못했다.

백색부후균에 파묻힌 내 몸은 20분 정도 지나자 유리기가 내는 열에 천천히 달구어졌다. 내 피부는 열 때문에 녹는 것 같았고, 나는 내 몸의 시작이 어디이고 끝이 어디인지도 분간하지 못할 정도로 몽롱해졌다. 대신 누군가에게 포근히 안겨 있는 느낌, 주체할 수 없는 행복감을 느꼈다. 석탄이 그토록 뜨거운 열을 낼 수 있는 것도 당연하다. 본질적으로 석탄은 아직 타지 않은 나무니까. 석탄을 태우는 것은, 곰팡이가 효소작용으로 연소시킬 수 없었던 물질을 물리적으로 연소시키는 것이다. 곰팡이가 화학적으로 분해하지 못했던 것을 열로써 분해시키는 것이다.

균학에 대한 비전문가들의 공로

나무가 곰팡이의 영향권에서 벗어나기는 어려워도, 곰팡이가 인간의 눈길에서 벗어나는 것은 늘 있는 일이다. 2009년, 균학자 데이비드 혹스워스David Hawksworth는 균학을 '관심 받지 못하는 메가 사이언스'라고 불렀다. 동물학과 식물학은 이미 수세대 전부터 대학에서 별도의 학과로 독립되었다. 그러나 곰팡이 연구는 식물학에 뭉뚱그려진 채로 있고, 오늘날까지도 독립적인 분야로 인정조차 받지 못하고 있다.

물론 '관심 받지 못한다'는 주장은 상대적인 견해다. 중국에서는 수천 년 전부터 곰팡이를 중요한 식품원료이자 약물로 취급해왔다. 오늘날 지구상에서 생산되는 버섯의 75퍼센트 — 중량으로 따지면 4,000만 톤 — 가 중국산이다. 중부 유럽과 동유럽에서도 버섯은 문화적으로 중요한 역할을 해왔다. 독버섯으로 인한 사망사고로 버섯에 대한 한 국가의 관심도를 측정한다면, 미국에서는 한 해 한두 명 정도가 독버섯을 잘못 먹고 죽지만 러시아와 우크라이나에서는 2000년 한 해에만 200명이 죽었다는 사실을 비교해보자.

그럼에도 불구하고 지구상 대부분의 국가에서 혹스워스의 말은 사실에 해당한다. 2018년 출판된 최초의 세계균류상태보고서는 국제자연보호연맹IUCN이 멸종위기종 적색 리스트를 작성하기 위해 2만 5,000종의 식물과 6만 8,000종의 동물을 조사, 평가했지만 곰팡이는 고작 57종만이 평가되었음을 지적했다. 혹스워스는 곰팡이에 대한 무관심을 해결할 방법으로 몇 가지 대안을 제시한다. 그중 가장 눈에 띄는 것이 '아마추어 균학자들에게 재량권을 주기 위해 필요한 자원'을 증가시켜야 한다는 제안이다. 그가 중요하게 생각하는 것은 아마추어 균학자의 수다. 여러 과학 분야에 헌신적이고 재능 있는 아마추어 과학자들의 네트워크가 있지만, 균학 분야의 아마추어 과학자들은 특히 더 뛰어나다. 균학 연구에서 이들을 제외한 다른 우회로는 찾을 수 없는 경우가 많다.

풀뿌리 과학 운동이라는 말이 적절치 못하게 들릴 수도 있지만, 매우 뿌리 깊은 전통을 가지고 있다. 살아 있는 유기체를 다루는 '전문적인' 학술 연구는 19세기에 이르러서야 제대로 모멘텀이 붙기 시작했다. 과학의 역사에 기록된 중요한 발전의 상당수가 아마추어 과학자들의 열정으로 대학이라는 정식 연구기관 바깥에서 이루어졌다. 과학의 전 분야가 고도로 전문화되고 세분화된 지금도 과학 연구의 새로운 방법들이 폭발적으로 생겨나고 있다. 1990년대 이래로 '해커 스페이스', '메이커 스페이스'와 보조를 함께 하는 '시민 과학 프로젝트'가 증가하면서 헌신적인 비전문가들이 연구 프로젝트를 수행할 기회를 마련해주고 있다. 이런 실천가들을 뭐라고 부르는 게 어울릴까? 공공 과학자? 시민 과학자? 평범한 전문가? 그냥 아마추어?[5]

피터 맥코이Peter McCoy는 힙합 아티스트이자 독학 균학자, 인류가 직면한 기술적, 생태학적 문제에 균학을 이용한 해결방법을 찾기 위해 활동하는 풀뿌리 균학Radical Mycology이라는 조직의 설립자다. 균학에 대한 선언문이자 가이드북이며 재배법 설명서이기도 한 저서 《풀뿌리 균학Radical Mycology》에서 설명했듯이, 맥코이의 목표는 '사람들의 균학 운동'을 일으켜서 '균을 재배하고 균학을 응용하게 하는 것'이다.

풀뿌리 균학은 1970년대에 테렌스 맥케나와 폴 스태미츠의 미치광이버섯 재배에서 시작된 DIY 균학 운동의 일부였다. 이 운동은 해커 스페이스, 크라우드 소싱 방식으로 진행하는 과학 프로젝트, 온라인 포럼 등과 함께 하면서 현대적인 형태를 갖추었다. 이 운동의 무게중심은 여전히 북미대륙 서부해안에 남아 있지만, 풀뿌리 균학 조직은 여러 대륙, 여러 나라로 빠르게 퍼져나갔다. 영어 'radical'이라는 말은 '뿌리'라는 뜻의 라틴어, 'radix'에서 온 말이다. 문자 그대로 번역한다면, 'radical mycology'의 주요 관심사는 균사체의 기반, 또는 곰팡이의 '풀뿌리'에 있다고 할 수 있다.

맥코이가 온라인 균 학교, 마이코로고스Mycologos를 설립한 것도 바로 이러한 풀뿌리 균학 마니아를 위해서다. 균학에 대한 지식은 접근하기 어렵거나 이해하기 어려운 경우가 많다. 맥코이의 임무는 그러한 정보를 소화하기 쉬운 형태로 만들어 널리 전파함으로써 인간과 곰팡이의 관계를 재정립하는 것이었다. "나는 국경 없는 풀뿌리 균학자 팀이 세계 곳곳을 여행하며 각자가 가진 기술을 공유하고 곰팡이를 연구할 새로운 수단을 발견하기를 꿈꾼다. 풀뿌리 균학자 한 명이 열 명을 가르치고, 그 열 명이 각각 열 명씩을 가르치면 백 명이 되고, 곧 천 명으로 퍼져나간다. 마치 균사체가 퍼져나가듯이."

쓰레기를 재창조하는 곰팡이의 연금술

2018년 가을, 나는 격년제로 열리는 풀뿌리 균학 컨버전스Radical Mycology Convergence에 참가하기 위해 오레곤주 시골의 한 농장으로 여행을 떠났다. 그곳에서 500명 이상의 곰팡이 마니아, 버섯 재배업자, 아티스트, 한창 열정이 뜨거운 아마추어, 사회 운동가, 생태 운동가 등을 만났다. 야구 모자를 쓰고 운동화를 신고 두꺼운 안경을 쓴 맥코이가 기조연설로 분위기를 잡았다. 연설 제목은 '해방 균학Liberation Mycology'이었다.

재배 규모가 크든 작든, 곰팡이를 재배하려는 사람은 먹성 좋은 곰팡이의 식욕을 만족시키기 위해 후각을 날카롭게 발달시켜야 한다. 버섯을 키워내는 대부분의 곰팡이는 인간이 만든 폐기물에서 잘 자란다. 쓰레기에서 환금성 작물을 기르는 것은 현대판 연금술과 같다. 곰팡이는 마이너스 자산으로 가치 있는 상품을 만들어낸다. 쓰레기를 만들어내는 사람에게도 이익, 곰팡이를 기르는 사람에게도 이익, 곰팡이 자체에도 이익이다. 여러 산업의 비효율이 버섯 재배자에게는 축복이다. 농업은 특히나 많은 폐기물을 만들어낸다. 야자수와 코코넛 오일 농장은 생산된 생물자원의 95퍼센트를 폐기물로 배출한다. 설탕 농장은 83퍼센트를 내다 버린다. 도시 생활도 별반 다르지 않다. 멕시코시티에서 배출하는 고형폐기물 중 5~15퍼센트가 기저귀다. 연구자들은 가장 소비량이 많은 버섯 중 하나인 느타리버섯도 쓰고 버린 기저귀를 먹이로 잘 길러낼 수 있음을 발견했다. 기저귀를 먹이로 두 달 동안 느타리버섯을 기른 후 플라스틱 커버를 벗기면 처음 공급했던 기저귀 무게에서 85퍼센트가 줄어들었다. 폐기된 기저귀를 두 달 동안 그대로 둘 때에는 고작 5퍼센트의 무게가 줄어들 뿐이었다. 게다가 이렇게 기른 버섯은 사람이 먹어도 질병의 위험이 없고 건강에 문제가 없을 만큼 품질이 좋았다. 이와 비슷한 프로젝트가 인도에서도 진행되고 있다. 농업 폐기물로 — 효소로 물질을 연소함으로써 — 느타리버섯을 재배하면 열로 연소시켜야 할 생물자원이 줄어들고 따라서 공기의 질이 개선된다.

인간이 만든 쓰레기가 곰팡이의 관점에서는 기회일 수 있다는 사실은 크게 놀랍지도 않다. 곰팡이는 생물종 전체의 75퍼센트에서 많게는 95퍼센트까지 사라진 대멸종을 다섯 번이나 견디고 살아남았다. 어떤 곰팡이는 그런 재앙의 시기에 오히려 더 무성했다. 공룡이 멸종되고 숲이 대량으로 파괴되었던 백악기 제3기 대멸종 이후, 분해해야 할 죽은 나무가 풍부한 환경 속에서 곰팡이는 폭발적으로 증가했다. 방사능 입자가 방출한 에너지를 제거하는 방사능 제거 곰팡이Radiotrophic fungi는 체르노빌의 폐허에 무성할 뿐만 아니라 곰팡이의 긴 역사와 인간의 짧은 핵기술

· 농업 폐기물로 기르는 느타리버섯 *Pleurotus ostreatus* ·

의 역사에 최근에 진입한 새로운 참여자이기도 하다. 히로시마가 원자폭탄 투하로 완전히 파괴된 후, 그 폐허 속에서 가장 먼저 나타난 생명체는 송이였다는 보고도 있다.

곰팡이는 먹이를 가리지 않는 편이지만, 때로는 꼭 분해해야 할 필요가 없으면 분해하지 않는다. 맥코이는 한 워크숍에서, 세상에서 가장 흔한 쓰레기 중 하나인 담배꽁초를 느타리버섯 균사체가 소화시킬 수 있도록 훈련시킨 사례를 들려주었다. 인간이 내버리는 담배꽁초는 매년 75만 톤이 넘는다. 피우지 않은 담배는 시간이 흐르면 분해되지만, 피우다 버린 담배꽁초는 독성 잔류물에 찌들어 있기 때문에 분해과정이 더디다. 맥코이는 처음에는 다른 먹이로 느타리버섯을 기르다가 조금씩 담배꽁초로 바꾸는 방법으로 느타리버섯을 훈련시켰다. 시간이 흐르자 느타리버섯은 담배꽁초만을 먹이로 살아남는 방법을 터득했다. 저속촬영 동영상을 보면, 타르로 얼룩진 담배꽁초가 가득한 병에서 균사체가 천천히 위로 뻗어 오르는 장면을 볼 수 있다. 얼마 지나지 않아 병 주둥이 부근에서 통통한 느타리버섯이 터져 나올 듯이 자란다.

사실 이 과정은 '학습'이라기보다 '기억'에 가깝다. 곰팡이는 필요하지 않은 효소는 생산하지 않는다. 효소, 또는 대사 과정 전체가 곰팡이의 게놈 안에 동면 상태로 수세대에 걸쳐 잠들어 있을 수 있다. 느타리버섯 균사체가 담배꽁초를 소화시키기 위해서는 그동안 쓰지 않았던 대사 능력을 잠에서 깨워야 했을 것이다. 아니면 평소 다른 작용에 쓰이던 효소를 새로운 작용에 썼던 것일 수도 있다. 리그닌 과산화효소처럼, 곰팡이가 만들어내는 효소 중에는 용도가 특정되어 있지 않은 것이 많다. 즉 하나의 효소가 다목적으로 쓰일 수 있다는 뜻이고, 따라서 곰팡이는 비슷한 구조를 가진 서로 다른 화합물을 물질대사로 변화시킬 수 있다는 의미다. 그렇게 되면 여러 종류의 독성물질 — 담배꽁초 속의 물질을 포함해서 — 들이 리그닌 분해의 부산물처럼 되는 것이다. 이런 의미에서 느타리버섯 을 사람이 피우다 버린 담배꽁초를 먹고 자라도록 적응시키는 것은 느타 리버섯에게 그리 어렵지 않은 과제 하나를 주는 것과 마찬가지다.

풀뿌리 균학의 대부분은 백색부후균의 유리기에 의해 가능했다. 그 러나 어떤 곰팡이종이 무엇을 대사 작용으로 분해할 수 있는지 예측하 는 것이 항상 쉬운 일은 아니다. 맥코이는 제초제 글리포세이트를 몇 방 울 떨어뜨린 배양접시에서 여러 계통의 느타리버섯 균사체를 길러본 경 험을 이야기해주었다. 그중 일부 균사체는 제초제를 피해서 뻗어갔지만, 일부는 제초제를 그대로 통과했다. 또 다른 일부는 제초제 가장자리까지 자라다가 더 이상의 생장을 멈추었다. "그렇게 생장을 멈추었던 균사체 는 일주일쯤 지나자 그 제초제를 분해하는 방법을 터득했어요." 맥코이 의 회상이다. 그는 곰팡이를 화학결합을 풀 수 있는 효소 열쇠꾸러미를 가진 교도소 간수에 비유했다. 곧바로 쓸 수 있는 열쇠를 가지고 있는 곰 팡이도 있다. 그렇지 않은 곰팡이는 그 열쇠가 자신의 게놈 안 어딘가에 있기는 하지만, 일단 새로운 물질을 피해보려고 한다. 또 다른 곰팡이는 열쇠꾸러미를 뒤져 이 열쇠 저 열쇠를 꽂아보면서 맞는 열쇠를 찾느라 일주일을 보낸다.

다른 많은 DIY 균학 운동가들처럼, 맥코이도 스태미츠를 보고 곰팡 이에 대한 열정을 키우기 시작했다. 1970년대에 실로시빈 버섯 연구로 영향력을 갖게 된 스태미츠는 그 후로 곰팡이를 널리 알리는 전도사이자 업계의 거물이라는 독특한 인물로 성장했다. 그가 〈버섯으로 세상을 구하는 여섯 가지 방법〉이라는 제목으로 진행했던 TED 강연 영상은 수백만 회의 조회수를 기록했다. 그가 경영하는, 수백만 달러의 가치를 가진 균 관련 기업인 펑기 퍼펙티Fungi Perfecti는 항바이러스 인후 스프레이에서부터 버섯으로 만든 애견 간식에 이르기까지 다양한 제품을 생산, 판매한다. 《세계의 실로시빈 버섯Psilocybin Mushrooms of the World》을 포함하여 버섯을 구별하고 재배하는 방법을 다룬 여러 저서는 지금도 셀 수 없이 많은 균학자들과 풀뿌리 과학자들, 그 외에도 버섯에 관심을 가진 많은 사람에게 중요한 안내서가 되고 있다.

십대 시절까지 스태미츠는 말더듬이로 고생을 했다. 그런데 어느 날, 마법의 버섯에서 추출한 특효약을 먹고는 높은 나무꼭대기로 올라갔다가 때마침 천둥 번개와 함께 불어 닥친 폭풍우에 갇혀버렸다. 나무에서 내려온 그는 말더듬이 증상이 사라졌음을 발견했다. 그 후로 스태미츠는 변했다. 에버그린스테이트칼리지에서 학부 과정으로 균학을 공부하고는, 곰팡이에 대한 연구와 사업에 일생을 바쳤다. 스태미츠 본인은 풀뿌리 균학과 제휴하지 않았다. 그러나 맥코이처럼 곰팡이와 관련된 메시지를 가능한 한 많은 청중에게 전달하고자 노력한다. 그의 웹사이트에 들어가 보면, 그에게서 영감을 받아 농업 폐기물로 느타리버섯을 재배하는 방법을 개발했다는 시리아의 한 농부의 편지가 포스팅되어 있다. 이 농부는 벌써 6년째 계속되고 있는 봉쇄 조치와 아사드Assad 정권의 폭력을 피해 집이나 건물의 지하에서 버섯을 기르는 방법을 1,000명이 넘는 사람들에게 가르쳤다. 그들에게 버섯은 중요한 먹거리가 되었다.

대학의 생물학과 밖에서 곰팡이라는 주제를 대중화하는 데 누구보다 공이 큰 사람이 바로 스태미츠라고 말해도 과장이 아니다. 그러나 학계와 그의 관계는 그리 단순하지 않다. 다소 선정적인 주장에서부터 억지스러운 면이 없지 않은 이론에 이르기까지, 스태미츠가 보여준 행보는 과학자의 그것과는 거리가 있었다. 그러나 엉뚱하고 이단아 같은 그의 방식이 남다르게 효과적이었다는 것도 부인할 수 없다. 때로는 그의 열정적인 노력이 엉뚱한 문제를 불러오기도 한다. 언젠가 스태미츠가 대학 교수인 한 지인으로부터 불평을 들었던 경험을 이야기한 적이 있다. "폴, 당신 때문에 큰일 났어요. 우리가 할 일은 효모를 연구하는 건데, 이 학생들은 세상을 구하겠답니다. 어쩔 거예요?"

오염된 생태계를 복원시키는 곰팡이

곰팡이가 세상을 구할 수 있는 방법에는 여러 가지가 있는데, 그중 하나가 오염된 생태계의 복원을 돕는 것이다. 그 과정을 균류정화 mycoremediation라고 한다. 곰팡이가 환경 정화를 위한 협업 과정의 파트너가 되는 것이다.

인간은 이미 수천 년 전부터 물체를 분해하는 데 곰팡이를 이용해왔다. 우리 장 속에 살고 있는 다양한 장내 미생물은, 우리가 스스로 소화시킬 수 없는 음식물을 섭취하기 위해 미생물을 끌어들인 순간이 진화의 역사 속에 존재했음을 기억하게 한다. 직접 미생물을 우리 몸속으로 끌어들일 수 없을 때는 우리 몸 대신 술통, 항아리, 퇴비 더미, 산업용 발효기 등에 외주를 주었다. 인간의 생명은 술을 비롯해 간장, 백신, 페니실린, 탄산음료에 쓰이는 구연산에 이르기까지 온갖 종류의 곰팡이를 이용한 외부소화의 형태에 의존하고 있다. 서로 다른 두 유기체가 둘 중 어느 누구도 혼자서는 부를 수 없는 물질대사의 '노래'를 함께 부르기로 하는 이런 친구 맺기는 가장 오랜 진화의 원칙 중 하나다. 균류정화는 그저 특별한 케이스일 뿐이다.

게다가 이런 친구 맺기는 매우 큰 가능성을 안고 있다. 곰팡이는 독성이 가득한 담배꽁초와 제초제 글리포세이트 외에도 여러 종류의 오염물질에 대한 엄청난 식욕을 갖고 있다. 스태미츠는 자신의 저서 《뛰는 균사체Mycelium Running》에서 워싱턴주의 한 연구기관과 미국 국방부가 손을 잡고 무시무시한 신경독을 분해할 방법을 연구한 사례를 썼다. 그들이 연구한 신경독은 디메틸 메틸포스포네이트 또는 DMMP라고 알려진 화학물질로, 1980년대 말 사담 후세인이 이란-이라크 전쟁 당시 개발, 제조했던 VX가스의 맹독성 성분이다. 스태미츠는 동료에게 스물여덟 종의 곰팡이를 보내서 DMMP의 농도를 조금씩 높여가며 이 곰팡이에 노출시키게 했다. 6개월 후, 스물여덟 종 중 두 종의 곰팡이가 DMMP를 주요 영양원으로 소비하는 법을 '배웠다.' 둘 중 하나가 트라메테스Trametes 또는 구름버섯turkey tail 이고 나머지 하나가 실로시베 아주레센스Psilocybe azurescens로, 실로시빈을 가장 활발하게 생산하는 종이었다. 실로시베 아주레센스는 스태미츠가 그보다 몇 해 전에 발견한 종이었는

데, 줄기가 희미하게 푸른빛을 띠고 있어서 그런 이름이 붙었다(그는 나중에 이 버섯의 이름을 따서 아들의 이름도 아주레우스Azureus라고 지었다)*. 두 종 모두 백색부후균이다.

균학 문헌에는 이런 사례가 무수히 많다. 곰팡이는 토양이나 수로 속에 존재하면서 인간을 비롯한 여러 생명체를 위협하는 흔한 오염물질을 변환시킬 수 있다. 클로로페놀 같은 살충제의 독성을 제거하고, 합성염료, TNT나 RDX 같은 강력한 폭발물, 원유, 플라스틱, 그리고 항생제에서부터 합성 호르몬에 이르기까지, 그리고 오수처리장에서 제거되지 않는 인간과 가축용 약물 등 수많은 물질을 분해할 수 있다.

근본적으로, 곰팡이는 환경을 복원하는 데 최고의 능력을 가진 유기체다. 균사체는 수십억 년에 걸친 진화의 역사에서 단 한 가지 목적만을 위해 단련되었다. 바로 소비다. 균사체는 몸을 가진 식욕 그 자체다. 석탄기에 식물의 붐이 일기 전 수억 년 동안 곰팡이는 다른 유기체가 남긴 부산물을 분해할 방법을 찾으면서 생명을 이어갔다. 곰팡이는 균사의 고속도로를 놓아서 그 고속도로가 없었다면 닿을 수 없었던 곳까지 박테리아가 이동할 수 있게 함으로써 분해의 속도를 더욱 증가시킬 수도 있었다. 그러나 분해는 전체적인 이야기의 일부분에 불과하다. 곰팡이의 조직 내부에 축적된 중금속은 안전하게 제거될 수 있다. 그물처럼 얽힌 조밀한 균사체는 물을 거르는 필터로도 쓰일 수 있다. 균류여과mycofiltration 과정은 E.콜리 같은 감염성 질병을 없애거나 스펀지가 물을 빨아들이듯 중

---

* 'azure'는 라틴어로 푸른색을 의미한다.

금속을 흡수할 수도 있다. 핀란드의 한 기업이 폐전자제품에서 금을 회수하는 데 이 방법을 쓰고 있다.

그러나 이러한 가능성에도 불구하고, 균류정화는 쉽게 접목할 수 있는 대안이 아니다. 어떤 곰팡이종이 배양접시 안에서 보여주는 행동이 오염된 생태계의 격렬한 환경에서도 그대로 재연되리라고 기대할 수는 없기 때문이다. 산소나 추가적인 영양원처럼 곰팡이에게도 필요한 것이 있고, 우리는 그런 요소를 고려해야 한다. 게다가 분해는 여러 단계를 거쳐 진행되고, 곰팡이와 박테리아가 연달아가며 배턴을 이어받아 이루어지는 과정이다. 곰팡이가 할 일을 하고 떠난 자리를 박테리아가 이어받아 과정을 마무리하거나 그 반대의 순서로 진행되기도 한다. 실험실에서 훈련된 곰팡이종이 새로운 환경에서도 능숙하게 문제를 처리하고 변화를 일으킬 수 있으리라는 상상은 순진한 발상이다. 균류정화가 안고 있는 문제는 양조장 주인이 안고 있는 문제와 비슷하다. 조건이 적당하게 맞지 않으면 효모는 술통 속에 든 포도즙의 설탕을 알코올로 변화시키지 못한다. 균류정화에서는 오염된 생태계가 술통이고, 우리가 그 안에 들어 있는 포도즙이다.

맥코이는 풀뿌리 경험주의에 기반한 풀뿌리 접근법을 주창했다. 나는 그의 주장에 동의할 수 없었다. 균류정화 분야에는 제도적인 부양책이 필요하다는 생각이 들었다. 각자 취향대로 진행하는 가내수공업 같은 방식도 나쁘지는 않지만 대규모의 체계적인 연구가 필요했다. 균류정화 분야도 다른 모든 분야와 마찬가지로 대표적인 프로젝트, 대규모 연구자금, 제도적 뒷받침이 없이는 앞으로 나아갈 수 없다. 취미 삼아 버섯과 곰팡이를 연구하는 풀뿌리 과학자들이 아무리 뜨거운 열정을 가지고 헌신적으로 임한다고 해도 필요한 것을 제대로 갖추거나 신뢰할 만한 전진을 이루어내기는 어렵다.

그러나 나는 곧, 맥코이가 이런 방식을 선호하는 이유가 제도적인 연구를 무시하기 때문이 아니라 그런 기회가 없었기 때문이라는 것을 깨달았다. 균류정화에는 많은 요소가 필요하다. 생태계는 복잡하고, 모든 문제, 모든 조건을 한꺼번에 해결해줄 만병통치약 같은 곰팡이는 없다. 결과의 측정과 평가가 가능하고 필요할 때 즉각적으로 시행이 가능한 균류정화 과정을 개발하려면 대규모 투자가 유치되어야 하는데, '정화'라는 문제를 다루는 분야에서는 흔치 않은 일이다. 어떤 기업이든 무언가를 정화하는 일은 법적 의무이기 때문에 어쩔 수 없이 하는, 그다지 탐탁지 않은 과업이다. 실험적이거나 대안적인 해법에 관심을 기울이는 기업은 거의 없다. 게다가 기존의 생태정화 시장도 성숙 단계에 있는 상황이다. 정화업체들은 오염된 흙을 수천 톤씩 파내서는 다른 장소로 옮긴 후 태워버린다. 이런 방식은 많은 비용을 소모하고 생태계의 교란을 불러오지만, 이를 대체할 다른 방법을 구하는 일을 긴급하다고 여기는 사람은 없다.

풀뿌리 균학자들은 자신들의 손으로 직접 문제를 해결하는 수밖에 다른 선택지가 거의 없었다. 2000년대 초부터 스태미츠의 열렬한 복음주의에 감동 받은 사람들이 곰팡이를 이용한 해법을 테스트하기 위해 몇 가지 프로젝트를 진행했다. 비교적 오래된 조직인 코리뉴얼CoRenewal은 셰브론Cheveron사가 에콰도르의 아마존에서 26년 동안 원유를 뽑아낸 뒤 방치한 원유 추출 찌꺼기의 독성을 곰팡이의 해독능력을 이용해 제거하는 방법을 연구하고 있다. 오염된 지역의 파트너들과 손을 잡은 연구진과 과학자들은 미생물 집단과 그 지역의 오염된 흙에서 발견된 '석유를 먹는' 곰팡이종에 대한 기초적인 연구를 진행하는 중이다. 이 연구는 해당 지역에서 서식하는 곰팡이종을 이용해 그 지역의 문제를 해결하고자 하는 향토 균학자들의 고전적인 풀뿌리 균학이다. 또 다른 사례도 있다. 캘리포니아의 한 풀뿌리 조직이 느타리버섯Pleurotus 균사체로 속을 가득 채운 짚을 땅속에 수 마일에 걸쳐 깔아서 2017년 산불로 파괴된 가옥에서 빗물과 함께 흘러나오는 독성물질을 정화하려는 시도를 하고 있다. 2018년, 기름이 유출된 덴마크의 한 항구에서는 그 기름을 흡수하기 위해 느타리버섯 균사체를 안에 채운 부유 유책floating boom을 설치했다. 이런 프로젝트는 대부분 이제 시작에 불과하고, 다른 것들은 아직도 개발이 진행 중이다. 아직은 어떤 것도 완전한 단계에 도달하지 못했다.

균류정화 방법이 제대로 자리를 잡은 것일까? 그렇다고 말하기는 아직 너무 이르다. 그러나 우리가 만들어 놓은 독성 물질의 웅덩이 가장자리에 서서 발을 동동 구르고 있는 지금, 나무를 분해하는 몇몇 곰팡이의 능력을 중심으로 한 풀뿌리 균학의 해법에서 희망의 빛이 보이는 것은 분명하다. 우리가 지금까지 나무에서 에너지를 뽑아 쓰는 데 가장 보편적인 방법은 '태우는 것'이었다. 연소 역시 풀뿌리 해법 중 하나다. 그리고 우리를 난관에 빠뜨린 것도 바로 이 에너지, 즉 석탄기에 번성한 식물의 화석화된 잔여물이다. 번성했던 나무와 그 나무의 잔여물에 진화론적으로 반응해온 백색부후균의 유리기가 지금 우리의 문제 해결에도 도움이 될까?

풀뿌리 균학의 잠재력

맥코이에게 풀뿌리 균학은 특정 장소의 특정 문제에 대한 해결책 이상의 의미를 갖는다. 널리 퍼진 풀뿌리 실천가들의 네트워크는 또한 곰팡이에 대한 전체적인 지식의 수준을 발전시키는 데 앞장서고 있다. 유용한 신종 곰팡이를 발견하거나 분리하는 것이 그러한 발전을 이끄는 여러 과정 중의 하나다. 오염된 환경에서 분리된 곰팡이는 그 환경에서의 오염물질을 소화시키는 방법을 이미 터득했을 수도 있고, 따라서 그 환경에 적응한 생물종으로서 문제를 재조정한 뒤 거기서 번성할 수도 있다. 파키스탄의 한 연구팀은 이슬라마바드에 있는 쓰레기 매립지의 토양을 분석해 폴리우레탄 비닐을 분해하는 곰팡이종을 발견했다.

곰팡이종을 크라우드 소싱한다는 것이 믿어지지 않을 수도 있지만, 이런 방법으로 여러 번 중요한 발견이 이루어지기도 했다. 항생제 페니실린을 대량생산할 수 있었던 것도 다수확 품종 페니실린 곰팡이가 발견된 덕분이었다. 1941년, 실험실 보조였던 메리 헌트Mary Hunt가 일리노이주의 한 시장에서 썩어가는 멜론에 핀 '예쁜 황금색 곰팡이'를 발견했다. 그 이전까지 페니실린은 생산비가 매우 비싸서, 웬만한 사람은 쓸 수 없는 약이었다.

새로운 곰팡이를 발견하는 것도 쉽지는 않지만, 곰팡이를 분리해내고 그 곰팡이가 무엇을 할 수 있는지 테스트하는 것은 훨씬 더 어렵다. 헌트가 그 곰팡이를 발견하기는 했지만, 실험실에서 여러 가지 실험을 거쳐야 했다. 내가 맥코이의 방식에 의문을 갖는 것도 바로 이 부분이다. 풀뿌리 균학자가 잘 갖춰진 시설 없이 어떻게 새로운 곰팡이종을 분리하고 배양할 수 있었을까? 정화된 공기가 펌핑되는 멸균 작업대, 초순수 화학물, 실험실 안에서 조용히 돌아가는 고가의 기계들. 현실 세계에서 크든 작든 어떤 발전이 이루어지려면 이런 것들이 필요하지 않겠는가?

나는 좀 더 알아보고 싶어서 뉴욕 브루클린에서 주말마다 열리는 맥코이의 버섯재배 강습을 들어보았다. 강습에는 여러 직종의 사람들이 모여들었다. 아티스트, 교사, 도시계획가, 컴퓨터 프로그래머, 대학 강사, 기업가, 셰프 등. 맥코이는 배양접시, 낟알이 든 비닐봉투가 수북하게 쌓여 있고 주사기와 수술 칼이 든 상자 — 현대의 버섯 재배가들에게 꼭 필요한 장비 — 가 차곡차곡 쌓인 테이블 뒤에 서 있었다. 난로 위에는 커다란 솥에서 목이버섯이 물컹물컹해지도록 물과 함께 끓고 있었다. 우리는 차 마시는 시간에 머그컵에 그 목이버섯차를 나누어 마시기도 했다. 그 강습은 풀뿌리 균학의 생장점이었다. 혹은 여러 생장점 중 하나였거나.

주말 강습을 들으면서, 아마추어 버섯재배는 거침없이 확산되고 있는 분야임을 분명히 느낄 수 있었다. 활발하게 활동하는 곰팡이 마니아들의 매우 잘 연결된 네트워크는 곰팡이에 대한 지식의 생산에 가속도를 붙이고 있었다. DNA 시퀀싱 같은 기술은 여전히 아무나 접근할 수 없는 것이지만, 최근의 발전된 기술 덕분에 10년 전만 같았어도 불가능했던 실험을 해볼 수 있게 되었다. 주방 싱크대에서 마법의 버섯을 기르는 사람들이 찾아낸 방법들은 대부분이 독창적이지만 거창한 첨단기술을 요구하지 않는 것들이다. 또 이들이 찾아낸 방법의 상당수는 테렌스 맥케나와 폴 스태미츠가 가이드북에 소개한 내용을 약간씩 개선하거나 개조한 것이다. 곰팡이로 세상을 변화시키겠다는 맥코이의 비전에는 공동체의 공동 실험공간이 필요했지만, 사실 많은 발견이 그런 공간이 없이도 활용 가능했다.

가장 혁신적인 사건은 2009년에 일어났다. 핸들 히피3handle hippie3이라는 익명으로만 알려진, 마법 버섯 재배 포럼인 mycotopia.net의 설립자가 감염의 두려움 없이 곰팡이, 즉 균을 기를 수 있는 방법을 고안했다. 이 사건이 모든 것을 바꿔 놓았다. 감염은 모든 곰팡이 재배자에게 공공의 적이었다. 갓 멸균된 물질은 생물학적인 진공상태라고 할 수 있다. 갓 멸균된 물질을 공기 중에 내어 놓으면 생명체가 몰려든다. 아마추어 버섯 재배자들도 히피3의 '인젝션 포트ingenction port' 방법을 이용하면 고가의 키트나 복잡한 과정 따위는 무시할 수 있다. 주사기와 개량된 잼 병만 있으면 된다. 이 정보는 순식간에 퍼졌다. 맥코이가 볼 때 이 방법은 균학의 역사에서 가장 중요한 발전 ─ '실험실 없이 얻은 실험 결과' ─ 이며 버섯재배법을 영원히 바꿔놓았다. 그는 씩 웃더니 들고 있던 주사기 속의 액체를 살짝 분사하며 말했다. "히피3에게 경배!"

나는 한 무리의 마이코해커mycohacker들이, 맥코이의 느타리버섯 균사체가 글리포세이트 웅덩이의 가장자리에서 멈칫멈칫하며 시간을 보냈던 것처럼, 문젯거리를 앞에 두고 해법이 발견될 때까지 여러 효소를 가지고 실험하는 모습을 상상하며 웃음이 나왔다. 맥코이는 풀뿌리 균학자들이 집에서도 곰팡이를 기를 수 있게 훈련을 시켰다. 훈련이 끝나면 그들은 원하는 곰팡이 품종을 가지고 인간이 만들어낸 또 다른 독성물질을 분해할 수 있도록 훈련시켰다. 다른 분야에 비하면 연구에 대한 동인은 적음에도 불구하고 이 분야는 매우 빠른 속도로 발전했다. 나는 수많은 곰팡이 마니아들이 100만 달러의 상금이 걸린 대회 장소에 북적북적할 정도로 모여서, 자신이 집에서 키운 곰팡이 품종을 가지고 맹렬한 독성을 가진 폐기물을 분해하기 위해 경쟁하는 모습을 그려보았다.[6]

아직도 지켜보아야 할 것은 많다. 풀뿌리든 아니든, 균학은 아직 유아기를 벗어나지 못했다. 인간이 식물을 기르거나 일정한 목적을 위해 재배하기 시작한 것은 1만 2,000년 전부터였다. 하지만 곰팡이는? 버섯재배에 대한 가장 이른 기록이라고 해야 중국에서 2,000년 전에 기록된 문헌이다. 1000년경에 우산쿵Wu San Kwung이라는 사람이 표고버섯 — 백색부후균의 한 종류 — 기르는 법을 개발했다고 하며, 중국 전역의 사찰에서 매년 그를 기리는 제사를 지낸다고 한다. 19세기 후반, 파리의 지하를 파내려가 그물처럼 촘촘히 이어놓은 카타콤에서도 버섯을 재배하는 수백 명의 농부들이 매년 수천 톤의 '파리' 버섯을 생산했다. 그러나 실험실에서 개발된 재배기술은 그로부터 100년이 지난 후에야 널리 알려졌다. 히피3의 인젝션 포트 방법을 비롯해, 맥코이가 가르치는 기술 중 일부도 개발된 지 10년 남짓밖에 되지 않았다.[7]

맥코이의 강습은 기대감과 설레임, 자축의 분위기 속에서 서로 아이디어를 주고받으며 끝났다. "재미있는 방법도 많지만, 우리가 아직 모르는 것도 많습니다." 그는 수강생들을 향한 격려와 동기를 부여하고자 하는 마음이 섞인 표정으로 미소 지으며 말했다.

흰개미의 탁월함

곰팡이는 존재가 시작된 순간부터 지금까지 늘 '뿌리로부터의 변화'를 일으켜왔다. 인간은 이 이야기에서 한참 나중에야 등장한다. 수억 년 동안 많은 유기체들이 곰팡이와 풀뿌리 친구 맺기를 해왔다. 식물과 균근 곰팡이의 관계처럼, 곰팡이가 다른 생명체와 맺은 관계의 상당수가 생명의 역사에서 대변혁의 순간을 만들었고, 세상을 바꾸는 결과를 가져왔다. 오늘날에는 인간 외에도 복잡한 방식으로 곰팡이를 기르는 유기체가 많은데, 그로부터 혁신적인 결과물이 만들어지기도 한다. 이런 관계를 고대로부터 있어왔던, 풀뿌리 균학의 전조였다고 볼 수 있을까?[8]

아프리카에 서식하는 흰개미의 일종인 마크로테르메스*Macrotermes*는 더욱 놀라운 사례다. 다른 흰개미와 마찬가지로 마크로테르메스도 삶의 대부분을 숲에서 먹이를 찾아다니며 보내지만, 그렇게 찾은 먹이를 자신이 직접 먹어서 소화시키지는 못한다. 대신 테르미토미세스*Termitomyces*라는 백색부후균의 한 종류를 길러서 그 먹이를 소화하게 한다. 흰개미는 나무를 씹어서 걸쭉한 죽처럼 만든 다음 곰팡이 밭에 뿌려놓는다. 곰팡이는 유리기를 이용해 흰개미가 뱉어놓은 나무죽을 분해한다. 흰개미는 그 뒤에 남은 퇴비를 먹는다. 곰팡이를 기르기 위해 마크로테르메스는 탑처럼 높은 둥지를 짓는데, 높은 것은 9미터에 이르고, 이 흰개미의 둥지 중에서 어떤 것은 지은 지 2,000년이 넘는 것도 있다. 목수개미의 사회처럼, 마크로테르메스 흰개미의 사회도 다른 어떤 곤충의 사회보다 복잡하다.

마크로테르메스의 둥지는 아주 거대한 외부장기, 흰개미가 스스로 분해할 수 없는 물질을 분해해주는 신진대사 보조기관이라고 할 수 있다. 그들이 기르는 곰팡이처럼, 마크로테르메스도 개체성의 개념이 모호하다. 흰개미 개체는 사회를 떠나서는 살 수 없다. 흰개미 사회는 곰팡이밭과 그들의 먹이를 제공해주는 다른 미생물을 떠나서는 유지될 수 없다. 이들의 관계는 매우 생산적이다. 아프리카 열대 숲에서 분해된 나무의 대부분은 마크로테르메스의 둥지를 거친 것이다.

인간은 물리적인 연소라는 방법으로 리그닌 속에 축적된 에너지를 뽑아 쓰지만, 마크로테르메스는 백색부후균을 이용해 그 에너지를 화학적으로 연소시킨다. 풀뿌리 균학자들이 원유나 담배꽁초를 분해시키기 위해 느타리버섯을 동원한 것처럼 흰개미는 백색부후균을 동원한다. 그들보다는 좀 덜 급진적인 풀뿌리 균학자들은 와인이나 된장, 치즈를 발효시키기 위해 술통이나 항아리 속의 곰팡이에게 물질대사를 아웃소싱한다. 그러나 누가 먼저 곰팡이를 이용했느냐는 물어볼 필요도 없다. 마크로테르메스는 호모 사피엔스보다 2,000만 년이나 앞서서 곰팡이를 기르기 시작했다. 게다가 테르미토미세스 곰팡이에 대해 말하자면, 흰개미의 재배기술은 인간의 그것을 뛰어넘는다. 테르미토미세스는 섬세한 곰팡이다(그리고 지름이 1미터 이상 자라기도 하기 때문에, 세상에서 가장 큰 버섯 중 하나다). 그러나 오랜 세월에 걸쳐 노력했음에도 불구하고, 인간은 아직까지 이 버섯의 재배법을 찾아내지 못했다. 이 곰팡이는 흰개미의 박테리아 공생자와 흰개미둥지의 구조가 복합적으로 만들어내는 섬세한 균형 속에서만 자란다.

인간들은 흰개미에 대한 지식을 완전히 잊어버리지 않았다. 백색부후균의 유리기와 그 놀라운 힘은 오랜 세월 인간의 삶 속에 녹아 있었다. 흰개미는 미국에서만도 매년 15억에서 20억 달러 가치의 자산을 소비한다는 보고가 있다. (리사 마고넬리Lisa Margonelli는 《언더버그Underbug》에서, 북미의 흰개미들은 대부분 마치 의도적인 아나키스트나 반자본주의 정서를 가진 것처럼 개인들의 '사유재산'을 먹어치운다고 설명했다.) 2011년 인도에서는 한 은행을 조용히 습격한 흰개미 떼가 1,000만 루피의 지폐를 먹어치운 일도 있었다. 달러로 환산하면 22만 5,000달러였다. 곰팡이와의 파트너십이라는 테마를 살짝 비틀어서, 스태미츠의 '곰팡이가 세상을 구하는 여섯 가지 방법' 중 하나에는 질병을 일으키는 곰팡이를 변조시켜서 흰개미의 면역체계를 우회하도록 한 후, 흰개미 군집을 제거하는 방법도 들어 있다(말라리아 모기 박멸의 가능성을 보여주고 있는 곰팡이 메타리지움 *Metarhizium*과 똑같은 곰팡이다).[9]

인류학자 제임스 페어헤드James Fairhead는 마크로테르메스 흰개미가 토양을 '일깨운다'는 이유로 아프리카 서부의 많은 농부들이 이 흰개미를 응원한다고 설명했다. 이 흰개미의 둥지를 짓는 데 사용된 흙은 사람이 먹거나 상처에 바르기도 하는데, 여러 가지로 유용한 면이 있다고 한다. 이 흙은 미네랄 공급원이 되거나 독성물질을 해독하거나 항생제의 역할도 한다는 것이다. 마크로테르메스는 둥지 안에 항생제를 만들어내는 박테리아, 스트렙토미세스*Streptomyces*를 기른다. 마크로테르메스와 곰팡이의 관계를 인간이 정치적인 목적의 무기로 활용했던 사례도 있다. 20세기 초 서아프리카 해안지역 주민들이 점령군인 프랑스 육군의 전초기지에 마크로테르메스 흰개미를 몰래 풀어놓았다. 파트너 곰팡이의 왕성한 식탐에 자극을 받은 흰개미는 막사뿐만 아니라 문서까지 잘근잘근 씹어 파괴해버렸다. 프랑스군 유격대는 재빨리 진지를 포기했다.

서아프리카 지역의 여러 문화에서 흰개미는 영적 계급으로 볼 때 인간보다 높은 자리에 있다. 어떤 문화에서는 마크로테르메스를 인간과 신 사이의 메신저로 숭배하기까지 한다. 다른 문화에서도 신이 우주를 창조할 수 있었던 것은 흰개미의 도움이 있었기 때문이라고 믿을 정도다. 이런 신화에서 마크로테르메스는 단지 유기체나 물체를 분해하는 존재에 그치지 않는다. 마크로테르메스는 상상을 초월할 정도로 스케일이 큰 건축가다.

· 마크로테르메스 흰개미 ·

곰팡이로 집을 지을 수 있다면

곰팡이를 분해할 때뿐만 아니라 무언가를 만드는 데에도 쓸 수 있다는 생각이 세계 곳곳에서 고개를 들고 있다. 포타벨로portabello 버섯의 바깥 층으로 만든 물질은 리튬 배터리 속의 흑연을 대체할 물질로 꼽힌다. 몇몇 곰팡이의 균사체는 흉터를 제거하는 데 쓰이는 이식용 인공 피부로 효과가 높다. 미국에서는 에코베이티브 디자인Ecovative Design 이라는 회사가 균사체를 이용해 여러 가지 물질을 만들어내고 있다.

나는 업스테이트 뉴욕에 있는 에코베이티브의 제조시설과 연구시설을 방문해보았다. 로비에 들어서자마자 나는 균사체로 만든 제품으로 둘러싸였다. 판자, 벽돌, 음향 제어 타일, 와인병 포장용 성형패키지 등이 있었다. 제품들 모두가 밝은 회색을 띠었고, 카드보드 같이 거친 질감을 갖고 있었다. 균사체로 만든 조명갓과 의자 옆에는 마찬가지로 균사로 만든 말랑말랑하고 조그마한 정사각형의 스펀지가 가득 든 상자가 놓여 있었다. 그 옆에는 곰팡이 가죽 한 장이 있었다. 마치 무슨 TV 드라마 속에 빨려 들어간 느낌이었다. 모든 것이 정교한 계산 아래 빈틈없이 돌아가도록 짜여 있는, 곰팡이가 어떻게 세상을 구하는지를 보여주는 우스꽝스럽고 해학적인 TV 프로그램 속에 들어가 있는 것 같았다.

에코베이티브의 젊은 CEO인 에벤 베이어Eben Bayer는 손가락으로 균사 조각을 쿡쿡 찌르고 있는 나를 보고 말했다. "델Dell 은 이런 포장재로 서버를 포장해서 배송합니다. 델에서 주문받는 물량이 매년 50만 개가량 됩니다." 그가 의자를 가리켰다. "안전하고 건강하고 지속가능한,

'길러서 쓰는 가구grown furniture'죠." 의자의 안장은 균사 가죽이 씌워져 있고, 안에는 균사 스폰지로 충전되어 있다. 이 의자를 주문하면 균사 포장재로 포장되어 배송된다. 균류정화가 인간 행동의 결과물을 분해하는 것이라면, '균류직조법mycofabrication'은 처음부터 우리가 사용하고자 하는 소재의 유형을 새롭게 만들어내는 것이다. 분해에 대한 음양의 관계라고 할 수 있겠다.

오레곤주와 브루클린에서 만났던 풀뿌리 균학자들처럼, 에코베이티브는 곰팡이의 먹이 생태를 이용해 농업 폐기물의 순환과정을 바꾸어 놓았다. 이 변화는 폐기물 생산자, 곰팡이 재배자 그리고 곰팡이까지, 이 모두에게 이익이 되는 윈-윈-윈 과정이었다. 베이어는 아주 오래전부터 기업의 오염물 배출을 막겠다는 야망을 가지고 있었다. 에코베이티브가 기르는 포장용 소재는 플라스틱을 대체하도록 설계한 것이다. 이 회사에서 만든 건축 소재는 벽돌, 콘크리트 그리고 파티클 보드를 대체할 수 있다. 가죽과 비슷한 섬유는 동물의 가죽을 대체한다. 버려지는 폐기물로 일주일 안에 100제곱피트의 균사 가죽 한 장을 만들 수 있다. 쓰임을 다하고 나면 이렇게 생산된 균사 제품은 그대로 썩어서 없어지거나 퇴비로 활용될 수 있다. 에코베이티브의 제품들은 가볍고, 방수, 방염이 가능하다. 구부리는 힘에 대해서는 콘크리트보다 강하고 압축력에 대해서는 나무보다 강하다. 단열 기능은 폴리스티렌보다 높고, 며칠만 시간이 있으면 조그만 정육면체 스펀지 조각의 형태로 무제한으로 길러낼 수 있다(호주의 한 연구진은 트라메테스 균사에 빻은 유리 가루를 섞어 흰개미가 꼬이지 않는 벽돌을 개발하고 있다. 흰개미를 먹어치우는 곰팡이를 이용한 스태미츠의 벽돌

보다 발전된 것이다).[10]

이미 많은 사람들이 균사 소재를 눈여겨보고 있다. 디자이너 스텔라 매카트니Stella McCartney는 에코베이티브의 방식으로 기른 곰팡이 가죽을 디자인에 쓰고 있다. 에코베이티브는 이케아와도 긴밀히 협력하고 있는데, 이케아는 그동안 사용하던 폴리스티렌 포장재를 균사 포장재로 대체하기 위한 방법을 찾고 있다. NASA의 연구진은 미생물을 이용한 구조물 건축술인 '마이코텍처mycotecture'에 관심을 갖고 이 방법을 달에서의 건축에 이용할 수 있을지 검토하고 있다. 에코베이티브는 최근 미국 국방부 산하 연구기관인 고등연구계획국DARPA으로부터 1,000만 달러의 연구기금을 지원받았다. DARPA는 손상을 입으면 스스로 수리하고 쓰임이 다하면 분해되는 균사 소재 막사를 짓는 데 관심을 갖고 있다. 병사들을 위한 건물을 만들기 위해 균사를 기르는 것은 베이어의 애초 계획에는 없던 것이지만 충분히 응용이 가능하다. "이 기술로 재해 지역의 임시 보호시설도 지을 수 있습니다. 균사를 이용하면 정말 적은 비용으로 많은 사람에게 집을 지어줄 수 있어요." 베이어가 말했다.

기본적인 아이디어는 간단하다. 균사는 스스로 밀도가 높은 섬유조직을 자아낸다. 그리고는 살아 있는 균사체가 바싹 말라서 죽은 물질이 된다. 최종 제품은 균사체를 어떻게 생장하도록 유도하느냐에 달려 있다. 벽돌과 포장재는 균사체가 틀 속에 꽉 채워진 축축한 톱밥 슬러리slurry를 통해 흐르는 동안 형성된다. 순수한 균사체로는 잘 구부러지고 잘 휘어지는 유연한 소재를 만든다. 여기에 무두질을 하면 균사 가죽이 얻어진다. 건조시키면 운동화 안창에서부터 부두의 부표에 이르기까지 폼

foam으로 만들던 것들을 모두 만들 수 있다. 맥코이와 스태미츠가 곰팡이에게 새로운 물질대사 행동을 길들였다면, 베이어는 새로운 형태로 생장하도록 길들인다. 균사체는 신경독이 고인 웅덩이든 조명갓 모양의 틀속이든 언제나 새로운 환경에 스스로를 몰입시키며 적응한다.[11]

베이어와 나는 몇 개의 문을 더 지나서 비행기도 조립할 수 있을 만큼넓은 격납고 같은 공간으로 들어갔다. 우드칩과 다른 여러 원료물질이활송 장치를 타고 미끄러져 커다란 드럼통 속으로 쏟아져 들어갔다. 원료물질은 컴퓨터에 의해 혼합 비율이 세밀하게 조정되고, 그 과정은 가지런히 늘어선 컴퓨터 스크린에 나타났다. 6미터 길이의 거대한 아르키메데스 스크루*가 톱밥이 든 공간을 가열하거나 냉각시키면서 시간당 반톤의 비율로 톱밥이 이동하도록 조절했다. 탑처럼 높이 쌓인 플라스틱주형은 생장실에서 10미터 높이의 건조대로 보내졌다. 생장실 내부의 미기후는 디지털로 제어되고 있었다. 조도, 습도, 온도, 산소량, 이산화탄소량 등 모든 미기후 변수가 정교하게 프로그램된 사이클에 따라 조정되었다. 인간이 현대적인 기술로 복사한 마크로테르메스 흰개미의 둥지였다.

에코베이티브의 생장 시설처럼, 마크로테르메스의 둥지도 곰팡이의생장 조건에 맞추어 미기후를 정교하게 제어한다. 흰개미는 굴뚝, 통로시스템 내부의 터널을 열거나 닫음으로써 온도, 습도, 산소와 이산화탄소의 양을 조절한다. 사하라 사막 한가운데서도 흰개미는 곰팡이가 자라는 데 부족함이 없도록 서늘하고 습도가 높은 환경을 유지한다.

---

* 아르키메데스가 물을 높은 곳으로 끌어올리기 위해 발명한 장치.

마크로테르메스의 둥지에서 자라는 곰팡이처럼, 에코베이티브에서 키우는 곰팡이도 백색부후균의 일종이다. 대부분의 제품은 가노데르마 Ganoderma 균사체로 키우는데, 이 종의 자실체는 영지버섯이다. 그 외에도 플레우로토스 균사체와 트라메테스 균사체를 기른다. 트라메테스 균사체의 자실체는 운지버섯이다. 맥코이가 글리포세이트와 담배꽁초를 소화시킬 수 있도록 훈련시킨 곰팡이가 바로 플레우로토스, 즉 느타리버섯이었다. 트라메테스는 스태미츠와 동료들이 VX가스의 독성 선구물질을 소화하도록 훈련시킨 곰팡이였다. 곰팡이 품종마다 어떤 독성물질을 어떻게 소화시킬지 모두 다르듯이, 품종에 따라 자라는 속도와 그 균사체가 만들어내는 물질도 다르다.[12]

에코베이티브는 균사체로 여러 가지 상품을 만드는 과정으로 특허를 냈으며, 매년 400톤 이상의 가구와 포장재를 길러내고 있다. 그러나 균사 소재 물질의 주요 생산자가 되느냐의 여부는 이 기업의 비즈니스 모델에 중요한 포인트가 아니다. 에코베이티브의 길러서 쓰는Grow It Yourself, GIY 키트에 대한 라이선스 계약을 맺은 개인이나 기업은 31개국에 흩어져 있다. 소비자는 GIY 키트로 가구에서부터 서핑보드까지 다양한 물건을 길러낼 수 있다. 조명도 인기가 높다(머시룸MushLume 이라는 조명이 이미 출시되어 있다). 네덜란드의 한 디자이너는 균사 소재의 슬리퍼를 디자인한다. 미국 해양대기청National Oceanic and Atmospheric Administration은 쓰나미 감지 장치를 바다 위에 띄워주는 플라스틱 소재의 부표를 균사 소재 부표로 대체했다.[13]

균사체로 구조물을 만들고자 하는 보다 야심찬 계획이 바로 곰팡이 건축Fungal Architecture, 줄여서 FUNGAR이다. FUNGAR는 과학자와 디자이너가 모여 구성한 국제적인 컨소시엄으로, 균사 소재 재료와 곰팡이 '컴퓨팅 서킷' 등 오로지 곰팡이 소재만을 결합해 빛, 온도, 오염을 감지하고 반응하는 건축물을 탄생시키는 것이 이들의 목표다. 이 컨소시엄을 이끄는 과학자 중 한 명인 앤드류 아다마츠키는 비표준전산연구소에서 연구하고 있으며, 균사에 흐르는 전기 임펄스를 이용해 균사체 네트워크를 정보처리에 쓸 수 있다고 주장한다. 균사체 네트워크는 살아 있을 때에만 전기 임펄스를 만들어낸다는 점이 아다마츠키가 해결해야 할 난제다. 아다마츠키는 살아 있는 균사체가 전기전도성 입자를 흡수하도록 만들면 이 문제를 해결할 수 있을 것으로 기대하고 있다. 죽어서 건조되면, 이 균사체 네트워크는 균사 전선, 트랜지스터, 콘덴서로 구성된 전기회로를 구성하게 된다. '건물의 구석구석을 채우는 컴퓨팅 네트워크가 되는 것이다.

에코베이티브의 생산 시설을 둘러보다 보니, 한 줌의 백색부후균이 할 수 있는 일이 무궁무진하겠구나 하는 느낌을 떨쳐버릴 수 없었다. 물론 백색부후균은 소재로 쓰이기 전에 죽는다. 그러나 식욕은 충분히 만족한 다음, 수천 파운드의 멸균된 새로운 톱밥 속으로 들어간 다음의 일이다. 말 그대로, 그리고 상징적으로, 세상 곳곳으로 곰팡이 포자를 퍼뜨린 맥코이와 풀뿌리 균학자들처럼, 에코베이티브도 몇몇 곰팡이종을 세계적으로 확산시키는 데 일조했다. 곰팡이는 이제 '기술'이 되었고, 인간과 새로운 유형의 관계를 맺은 파트너가 되었다.

에코베이티브가 다져온 관계가 어디서 어떤 결과로 나타날지 예측하기는 아직 너무 이르다. 식물의 에너지에 접근하는 문제라면, 흰개미 마크로테르메스는 3,000만 년 전에 이미 특수목적 생산시설 속에서 백색 부후균을 대량으로 길러왔다. 마크로테르메스와 테르미토미세스는 이제 어느 한쪽이 없으면 다른 한쪽도 살아남을 수 없을 만큼 오랜 세월을 함께 살아왔다. 균류직조 기술이 인류를 상호의존적인 공생 관계로 이끌 것인지 여부는 아직 미지수다. 그러나 지구가 처해 있는 위기가 곰팡이의 잠재력에 고개를 돌릴 수밖에 없도록 만드는 것은 명백한 사실이다. 다시 한번 말하거니와, 인간이 만든 쓰레기의 산은 곰팡이의 먹이로 재창조되고 있다. 입소문이 중요한 반전을 가져오기도 한다. 나는 곰팡이에 대한 소문이 어떤 결과를 가져올지 곰곰 생각해보기 시작했다.

곰팡이로 세상을 구하는 방법

곰팡이에 대한 소문에 가장 정통한 사람을 꼽는다면, 그건 단연코 폴스태미츠다. 나는 곰팡이에 대한 그의 열정과, 인류는 새롭고 특별한 방식으로 곰팡이와 파트너가 되어야 한다고 설득하려는 시도가 어쩌면 무슨 곰팡이에 감염되어서 그런 게 아닐까 하는 생각까지 했다. 나는 캐나다 서부해안에 있는 그의 집으로 그를 만나러 갔다. 그의 집은 화강암 절벽 위에서 바다를 내려다보고 있었다. 지붕은 버섯의 주름같이 생긴 들보가 떠받치고 있었다. 열두 살 때부터 〈스타트렉〉의 열성 팬이었던 스태미츠는 자신의 집에 스타십 아가리콘Starship Agarikon 이라는 이름을 붙였다. 아가리콘은 북서태평양의 숲에서 자라는 약용 목재부후균인 라리시포메스 오피시날리스*Laricifomes officinalis*의 다른 이름이다.

나는 십대 시절부터 스태미츠를 알고 있었고, 곰팡이에 대한 나의 관심에는 그가 큰 역할을 했다. 그를 만날 때마다 나는 그가 들려주는 곰팡이에 대한 새로운 소식에 큰 자극을 받곤 했다. 균학에 대한 이야기를 시작하면 그는 점점 더 빠른 속도로 온 세계의 균학과 곰팡이 관련 새 소식을 폭포수처럼 쏟아내기 시작한다. 한번 시작되면 도무지 말을 자르고 들어갈 틈이 없을 정도로 열변을 토해낸다. 그의 세계에서는 곰팡이를 이용한 해법들이 봇물 터지듯이 흘러넘친다. 내가 그에게 풀리지 않는 수수께끼를 던져주면, 그는 곰팡이를 이용해 그 수수께끼를 분해하거나, 중독시키거나, 치료할 수 있는 새로운 방법을 내놓는다. 대개의 경우, 그는 애머두amadou — 백색부후균의 일종인 말굽버섯*Fomes fomentarius*으로 만든 펠트 비슷한 소재 — 로 만든 모자를 쓰고 있다. 그에게 딱 어울리는 모자다. 애머두는 인류가 아주 오래전부터 불을 피우는 용도로 써왔다. 5,000년 전에 죽어 빙하에 갇히는 바람에 온전한 미이라로 보존된 아이스맨의 유물에서도 이 곰팡이가 발견되었다. 열 연소의 도구였던 이 곰팡이는 인간이 풀뿌리 균학을 이용한 가장 오래된 사례 중 하나다.

내가 방문하기 얼마 전, 스태미츠는 TV 시리즈 〈스타트렉: 디스커버리〉의 제작진으로부터 연락을 받았다. 그들은 스태미츠의 연구에 대해 더 자세히 알고 싶어 했다. 스태미츠는 곰팡이로 세상을 구하는 방법에 대해 그들에게 브리핑해 주겠다고 약속했다. 그 이듬해 방영된 〈스타트렉: 디스커버리〉는 균학과 관련된 테마로 도배되다시피 했다. 영리한 우주균학자 폴 스태미츠 중위라는 새로운 캐릭터가 등장했는데, 그는 인류가 연이어 몰아닥친 절정의 위기에 대항해 싸울 때 인류를 구할 강력한 기술을 개발하는 데 곰팡이를 이용한다. 어디로든 연결되는 무한개의 도로, 은하 간 균사체 네트워크를 이용함으로써 (극 중의) 스태미츠와 그의 팀은 '균사체 비행기'를 타고 빛보다 빠른 속도로 여행할 방법을 궁리한다. 균사체에 한번 푹 빠진 후 스태미츠는 완전히 매혹되었고 사람이 바뀌었다. "나는 평생을 균사체가 무엇인지 바닥부터 알아내려고 혼신의 힘을 다했어요. 나는 네트워크를 봤어요. 그런 것이 있으리라고는 꿈도 꾸지 못했던 거대한 가능성의 우주를 본 겁니다."

(현실의) 스태미츠가 〈스타트렉〉 팀과 협업함으로써 풀고자 했던 문제 중의 하나는 균학에 대한 사람들의 무지였다. 예술은 생명을 모방하고, 생명은 예술을 모방한다. 극 중에 등장하는 우주균학자 영웅을 통해 젊은 세대에게 곰팡이가 얼마나 흥미진진한 존재인지를 알림으로써 곰팡이 연구의 미래를 바람직하게 만들어갈 수 있을지도 모른다. (현실의) 스태미츠에게는 곰팡이에 대한 관심의 폭증이 '위기에 빠진 지구를 구할지

· 느타리버섯 *Pleurotus ostreatus* ·

도 모를' 균학 기술 개발의 엔진에 고성능 연료를 쏟아붓는 게 될 것이다.

스타십 아가리콘에 도착했더니, 스태미츠는 밀폐용기 하나와 푸른색 플라스틱 접시 하나를 가지고 씨름을 하고 있었다. 그가 발명했다는 양봉 먹이 공급기의 프로토타입이라고 했다. 밀폐용기 안에는 설탕과 곰팡이 추출물이 섞인 물이 들어 있는데, 이 물이 접시 위에 방울방울 떨어지면 벌이 통로를 따라 날아와서 접시 주변에 몰려들었다. 그 먹이 공급기는 스태미츠의 최신 발명품이었고, 버섯이 세상을 구할 일곱 번째 방법이었다. 스태미츠의 기준에서 보아도 이 프로젝트는 대서특필될 만했다. 그의 최신 연구, 워싱턴주립대학교 벌연구소의 곤충학자들과 공동 연구한 논문은 유명 학술지 《네이처 사이언티픽 리포트Nature Scientific Reports》에 실렸다. 그와 연구팀은 몇몇 백색부후균의 추출물이 벌의 폐사율을 크게 줄일 수 있음을 보여주었다.

세계 식량 생산량의 3분의 1이 동물, 특히 꿀벌의 힘을 빌린 수분에 의존하고 있으므로 꿀벌 개체 수의 가파른 감소세는 인류를 위태롭게 하는 수많은 위협 중의 하나다. 이러한 군집붕괴현상을 불러오는 여러 이유 중의 하나가 살충제 남용, 그리고 또 한 가지가 서식지 파괴다. 그러나 가장 은밀하고 파괴적인 적은 바로아 응애varroa mite, 바로아 디스트럭터Varroa destructor라는 학명이 딱 들어맞는 해충이다. 바로아 응애는 벌의 몸에서 체액을 빨아먹는 기생충일 뿐만 아니라 치명적인 바이러스를 옮기는 매개체다.

목재부후균은 항바이러스 화합물을 풍부하게 갖고 있으며 그중 대다수는 이미 오래전부터, 특히 중국에서 약물로 쓰여왔다. 911 사건 이후 스태미츠는 미국 국립보건원, 국방부와 협력해왔다. 국방부에서는 생물학적 테러가 발생할 경우, 바이러스 폭풍과의 전투에 맞설 화합물을 찾는 프로젝트 바이오실드Project BioShield에 스태미츠의 협력을 요청했다. 그동안 테스트한 수천 가지의 화합물 중에서 스태미츠가 목재부후균으로부터 추출한 화합물이 천연두, 헤르페스, 독감 등 다수의 치명적인 바이러스에 가장 강력한 효과를 보였다. 그는 오래전부터 이 추출물을 사람이 쓸수 있는 형태로 만들기 위해 애쓰고 있었다. 평기 퍼펙티를 수백만 달러짜리 기업으로 키운 것도 따지고 보면 대부분 이 화합물 덕분이다. 그러나 이 물질을 벌을 치료하는 데 쓰자는 것은 훨씬 신묘한 아이디어였다.[14]

벌의 바이러스 감염에 대한 곰팡이 추출물의 효과는 분명했다. 벌이 먹을 설탕물에 애머두(또는 포메스Fomes)와 영지버섯(가노데르마, 에코베이티브에서 소재를 생장시키는 데 쓰는 종) 추출물 1퍼센트를 섞어주면 날개 기형 발생을 80분의 1로 줄일 수 있다. 애머두 추출물은 시나이 호수 바이러스Lake Sinai virus를 거의 90분의 1 수준으로 줄여주고, 영지버섯 추물은 이 바이러스를 4만 5,000분의 1 수준으로 줄여준다. 워싱턴 주립대 곤충학자이자 스태미츠의 공동연구자 중 한 사람인 스티브 셰퍼드Steve Sheppard는 꿀벌의 생명을 이렇게 크게 연장할 수 있는 다른 물질은 본 적이 없다고 고백했다.

스태미츠는 어쩌다가 이런 아이디어를 얻었는지 말해주었다. 어느 날 멍하니 정신을 놓고 있었는데, 마치 검은 하늘에서 번갯불이 갈라지듯이 갑자기 여러 갈래의 생각들이 확 떠올랐다. 만약 곰팡이 추출물에 항바이러스 성분이 들어 있다면, 그 추출물로 벌꿀을 고생시키는 바이러스들을 없애줄 수 있지 않을까? 그는 1980년대 후반 본인이 기르던 벌꿀통에서 나온 벌들이 정원 한구석에 쌓인 채 부패해가는 나무칩에 몰려가서는 그 밑에 있는 균사체를 먹으려고 나무칩을 헤집는 장면을 본 적이 있었다. "이거야!" 스태미츠는 무릎을 탁 쳤다. "벌을 살릴 방법을 찾았어!" 도저히 풀 수 없을 것 같던 문제를 끌어안고 수십 년이나 씨름한 그에게는 감격스러운 순간이었다.

〈스타트렉〉 팀이 스태미츠를 빌려간 이유는 어렵지 않게 알 수 있다. 그의 서사 스타일은 미국의 블록버스터 영화에서도 직설적으로 드러난다. 그는 멸망이 확실시되는 결정적인 순간에 지구를 구하도록 운명 지어진 곰팡이 영웅을 여럿 만들어냈다.

> 전례 없는 수준의 바이러스 폭풍이 지구의 식량안보를 위협한다. 결정적인 꽃가루 매개자들이 바이러스를 옮기는 기생충의 위협과 싸운다. 그 싸움에서 진다면 전 세계가 기아로 고통받게 된다. 세계의 미래는 균형에 달려 있다. 하지만 잠깐! 혹시? 그렇다! 이번에도 곰팡이가 인간 협력자 스태미츠와 함께 지구를 구하러 달려온다.

목재부후균이 만들어내는 항바이러스 화합물은 정말 꿀벌을 구할 수 있을까? 스태미츠의 발견은 그럴 가능성이 높다는 증거지만, 곰팡이 추출물이 장기적으로도 군집붕괴현상을 감소시킬 수 있는지는 또 다른 문제다. 바이러스는 벌이 안고 있는 많은 문제 중 하나에 불과하다. 곰팡이의 항바이러스 기능이 다른 나라, 다른 환경에서도 똑같이 작용할지는 아직 모른다. 더 중요한 것은, 벌 군집을 구하려면 스태미츠의 해법이 널리 채택되어야 한다는 점이다. 스태미츠는 수백만의 시민 과학자들이 함께 노력한다면 가능한 일이라고 믿는다.

지구를 위기에서 구해낼 곰팡이

나는 워싱턴주의 올림픽 반도에 있는 스태미츠의 생산시설을 방문했다. 낡은 기차선로에서 몇 킬로미터 떨어진 곳에 비행기 격납고처럼 생긴 커다란 건물이 여럿 모여 있고, 주변은 숲으로 둘러싸여 있었다. 그곳은 스태미츠가 연구에 쓰일 곰팡이를 기르고 추출물을 뽑아내는 곳이었다. 곧 그곳에서 대량 생산을 시작해 시장에 널리 공급할 예정이었다. 꿀벌에 관한 연구논문이 출판되고 몇 달 동안 양봉 먹이 공급기 '비머시룸드 피더BeeMushroomed Feeder'의 주문이 밀려들었다. 스태미츠 혼자서는 그 수요를 따라갈 수가 없어서 다른 사람이 생산할 수 있도록 3D 프린트 디자인을 공개할 예정이다.

나에게 생산시설을 안내해줄 운영이사 한 사람을 만났다. 공장에서는 엄격하게 드레스코드를 지켜야 했다. 신발은 신을 수 없고, 실험복을 입어야 하며, 머리에는 망을 써야 했다. 수염이 있는 사람은 수염에도 망을 씌워야 했다. 우리는 오염물질이 가득한 외부 공기의 유입을 최대한 막아주는 특수 이중문을 통과해서 안으로 들어갔다.

자실체 방은 따뜻하고 습해서 공기가 탁하게 느껴지는 바람에 오래 있기 힘들었다. 벽에는 선반이 있고, 그 선반 위에는 투명한 비닐로 제작된 봉지가 줄지어 놓여 있었다. 그 봉지 안에서 균사체가 삐죽삐죽 튀어나오느라 버둥거리는 것처럼 보였다. 껍질에서 갈색 윤기가 자르르 흐르는 나무 같은 영지버섯에서부터 은은한 크림색 산호같이 보이는 노루궁뎅이버섯lion's mane mushroom도 있었다. 영지버섯 자실체 방에는 포자가 가득해서, 보드랍고 눅눅하면서 알싸한 포자의 맛이 입안에서 느껴질 정도였다. 몇 분 지나자 내 손에 포자가 달라붙어 커피 얼룩 같은 갈색 점이 생겼다.

인간들은 다시 한번 곰팡이의 네트워크에 새로운 먹이를 투입하려 애쓰고 있었다. 지구의 위기가 곰팡이에게는 다시 한번 기회가 되고 있었다. 독성 폐기물의 웅덩이 가장자리에서 느타리버섯이 마주쳤던 과제처럼, 풀뿌리 균학의 해법은 새로운 것을 창조하기보다 잊었던 것을 다시 기억해내는 데 있다. 느타리버섯의 게놈 어딘가에 그 일을 해낼 효소가 있을 것이다. 어쩌면 느타리버섯은 과거에 언젠가 그 일을 했는지도 모른다. 해본 적이 없었다 해도 새로운 목표에 부합하도록 자신을 재조정할 수 있을 것이다. 마찬가지로, 우리에게 닥친 급박한 문제들에 대한 과거로부터의 새로운 해법을 기억나게 할 곰팡이의 능력 또는 관계가 생명의 역사 어딘가에서 잠자고 있을지도 모른다. 나는 꿀벌 이야기를 떠올렸다. 스태미츠의 '유레카'는 그가 수십 년 전에 보았던 한 장면 — 곰팡이를 이용해 스스로 치료하는 꿀벌 — 을 떠올리는 순간에 찾아왔다. 곰팡이를 이용해 꿀벌을 치료하는 방법은 스태미츠가 발견한 게 아니었다. 꿀벌과 곰팡이가 함께 했던 역사의 어느 축축한 구석에서 바이러스를 물리치기 위해 애쓰던 꿀벌의 업적이었다. 그의 꿈속 세상의 정신적이고 영적인 퇴비 더미 속 깊은 곳 어딘가에서, 스태미츠는 물질대사를 통해 옛 풀뿌리 균학의 해법을 새로운 것으로 바꿔놓았다.

나는 3미터 높이의 선반이 빼곡히 들어찬 생장실로 걸음을 옮겼다. 그곳은 곰팡이집fungus comb이었다. 솜털 같은 균사체 블록이 들어 있는 봉지 수천 개가 선반을 채우고 있었다. 어떤 것은 하얗고, 어떤 것은 노르스름하고, 어떤 것은 살짝 주황색이었다. 공기를 걸러주는 정화기만 멈춘다면 균사가 먹이를 관통해 수백만 킬로미터를 뻗어 나가며 내는 소리가 들릴 것 같았다. 수확이 끝나면 균사체 봉지를 알코올이 가득 든 커다란 통에 넣고 꿀벌의 병을 고치는 데 쓰일 추출물을 뽑는다. 다른 많은 풀뿌리 균학의 해법이 그렇듯 이 방법도 아직은 불확실하다. 상호 공존의 가장 확실한 방법인 공생 관계의 첫 유아기를 향한 아주 작은 한 발자국에 불과하다.

곰팡이를
이해한다면

술을 빚는
효모의 신비

—

어떤 이야기가 이야기를 하고,
어떤 개념이 개념을 생각하는지,
어떤 시스템이 시스템을 시스템화하는지가 중요하다.

도나 해러웨이Donna Haraway

인간과 가장 친밀한 역사를 가진 곰팡이는 효모다. 효모는 우리 피부에서도, 우리 폐에서도, 그리고 우리 식도와 우리 몸의 모든 구멍에서도 산다. 우리 몸은 이 효모 집단을 통제하도록 진화해왔으며 긴긴 진화의 역사를 통틀어 항상 그렇게 그들을 통제해왔다. 인류의 문화 역시 수천 년 동안 우리 몸 밖에서, 술통과 항아리 안에 효모를 가두고 통제하는 복잡한 방법을 발전시켜왔다. 오늘날 효모는 세포생물학과 유전학에서 가장 널리 쓰이는 표본 유기체 중 하나다. 효모는 가장 단순한 형태의 진핵생물이며 인간 유전자의 상당수가 효모의 유전자와 동등하다. 1996년, 제빵과 양조에 쓰이는 효모 사카로미세스 세레비지에 *Saccharomyces cerevisiae* 의 게놈이 진핵생물 중 처음으로 시퀀싱되었다. 2010년 이후 노벨 생리의학상의 4분의 1 이상이 효모 관련 연구에 수여되었다. 그러나 미생물로서의 효모가 발견된 것은 19세기였다.

인류가 정확히 언제부터 효모를 이용하기 시작했는지는 분명하지 않다. 최초의 증거라고 볼 수 있을 만한 흔적은 9,000년 전 중국으로 거슬러 올라간다. 그러나 케냐에서는 10만 년 전에 쓰였던 것으로 추정되는 석기가 전분을 함유한 곡물이 묻은 채로 발굴되었다. 전분 곡물의 형태로 보아, 그 석기는 아프리카에서 술을 담그는 야자나무, 히파이네 페테르시아나*Hyphaene petersiana*를 다루는 데 쓰였던 것으로 보인다. 아프리카에서는 지금도 이 야자나무로 술을 담근다. 당분이 든 액체를 하루 이상 그대로 두면 스스로 발효되기 시작한다는 점을 감안하면, 인류가 술을 담그기 시작한 것은 그보다 훨씬 오래전이었을 가능성도 있다.

효모는 당분이 알코올로 변화하는 과정을 묵묵히 지켜본다. 인류학자 클로드 레비스트로스는 효모가 인류 역사에서 또 하나의 드라마틱한 문화적 변화를 지켜보았다고 주장했다. 인류가 수렵채집인에서 농경인으로 변화하는 과정을 지켜보았다는 것이다. 레비스트로스는 꿀이 발효되어 만들어지는 꿀술이 최초의 알코올 음료였을 것이라고 추측하면서 '자연' 발효에서 속을 파낸 나무통 같은 것을 이용해 문화적인 '양조'로 변모하는 과정을 상상했다. 만약 꿀이 '저절로' 발효되었다면 그 알코올은 자연의 일부였겠지만, 인간이 속을 파낸 나무통 속에 꿀을 넣고 발효시켰다면 그것은 문화의 일부였다고 보는 것이다(이를 조금만 확장해보면, 마크로테르메스 흰개미와 목수개미는 인간보다 수백만 년 앞서서 자연을 문화로 변모시켰다고 말할 수 있다는 점에서 '자연'과 '문화'의 구분은 매우 흥미롭다).

꿀술에 대한 레비스트로스의 주장은 맞을 수도, 틀렸을 수도 있다. 그러나 현대의 양조용 효모와 비슷한 효모는 양과 염소가 가축화된 시기와 같은 시기에 등장했다. 인류는 약 1만 2,000년 전부터 농경 생활을 해왔다. 우리가 신석기 혁명이라고 부르는 이 사건은, 적어도 부분적으로는 효모에 대한 문화적 반응으로 이해할 수 있다. 인류가 유목 생활을 버리고 정착 사회로 정주하기 시작한 것은 빵 혹은 술 때문이었다(빵보다 술이 먼저라는 가설이 1980년대 이후 학자들 사이에서 서서히 응집력을 발휘하고

· 양조용 효모, 사카로미세스 세레비지에*Saccharomyces cerevisiae* ·

있다). 빵이든 술이든, 효모는 초기 농경 사회의 주요한 수혜자였다. 빵이나 술을 만들기 위해서, 인간은 자신의 배를 채우기 전에 효모의 배를 먼저 채워주어야 했다. 생활 영역이 농경지에서 도시로 발전하고 부를 축적하며, 곡물상이 등장하고 또 새로운 질병의 출현에 이르기까지 농경과 연관된 문화의 발달은 효모와 인간이 공유한 문화의 일부를 형성한다. 이렇게 생각하면 우리가 효모를 길들인 것이 아니라, 효모가 우리를 길들였다는 생각을 떨쳐버릴 수가 없다.[1]

인류 문화의 보이지 않는 참여자

나와 효모의 관계는 나의 대학 시절에 큰 변혁을 겪었다. 내 이웃에게 남자 친구가 있었는데, 이 친구는 자주 내 이웃의 집에 놀러왔다. 그런데 이 친구가 올 때마다 그 집 주방 창틀에 비닐 랩을 덮은 커다란 플라스틱 믹싱 볼이 나타났다. 믹싱 볼 안에는 정체 모를 액체가 들어 있었다. "술이에요." 이웃 남자가 설명해주었다. 친구가 프랑스령 기아나에서 감옥살이를 할 때 감옥에서 알코올을 만드는 법을 배웠고, 그 비법을 그 남자에게 전수해주었다는 뒷이야기가 이어졌다. 나는 그 이야기에 솔깃해서 나도 알코올 직접 만들어볼 생각에 사방에서 믹싱 볼을 모아들였다. 알코올 만들기는 의외로 간단했다. 필요한 모든 일은 효모가 다 했다. 효모는 너무 뜨겁지 않은 따뜻한 온도를 좋아하고, 어둠 속에서 더 활발하게 증식한다. 발효는 따뜻한 설탕 용액에 효모를 첨가하면서 시작된다. 산소가 없으면 효모는 당분을 알코올로 바꾸면서 이산화탄소를 배출한다. 효모가 먹을 당분이 떨어지거나 효모가 알코올의 독에 죽어버리면 발효는 멈춘다.

나는 사과주스를 믹싱 볼에 붓고, 제빵용 효모 분말을 2~3티스푼 뿌려준 뒤 내 침실의 난방기 옆에 두었다. 거품이 보글보글 올라오더니, 씌워둔 비닐 랩이 풍선처럼 봉긋하게 부풀었다. 가끔씩 가스가 새어나올 때마다 알코올 냄새가 점점 더 진해졌다. 더는 궁금증을 참을 수 없었던 나는 그 믹싱 볼을 파티에 들고 갔는데, 술은 순식간에 동이 나버렸다. 보통 술보다 단맛이 약간 더 강했지만 마실 만했고, 취하는 정도로 보아서는 도수 높은 맥주와 비슷했던 것 같다.

그 후로 나의 '양조' 실력은 일취월장하여 빠르게 발전해갔다. 2~3년 후, 술을 익힐 대형 양조통이 여러 개로 늘어났다. 50리터짜리 양동이까지 동원해 고문서에서 찾아낸 레시피로 술을 만들기 시작했다. 1669년에 출판된 《케넬름 딕비 경의 내실The Closet of Sir Kenelm Digby》에서는 향신료를 가미한 꿀술과 중세 '그루트 에일gruit ale'의 제조법을 찾아 냈다. 나는 집 근처 늪에서 따온 늪도금양bog myrtle으로 이 술을 만들었 다. 그다음에는 산사나무 와인, 쐐기풀 맥주, 그리고 17세기에 윌리엄 버틀러William Butler 박사가 기록한 의료용 에일 맥주도 만들었다. 버틀 러 박사는 제임스 1세의 주치의였는데, 그는 자신의 맥주가 '런던 대역병 London' plague'에서부터 홍역, 그 외에도 '다양한 질병'을 치료하는 치료 제라고 썼다. 내 방에는 거품이 부글부글 올라오는 액체가 가득 든 술통 이, 그리고 옷장에는 다 익은 술이 든 술병이 빼곡하게 들어찼다.[2]

나는 똑같은 과일에 여러 군데서 모아온 효모 배양균으로 따로따로 술 을 담갔다. 어떤 술은 풍부하고 향이 좋았다. 어떤 술은 탁한 듯하면서 감칠맛이 있었다. 또 어떤 술은 고린내가 나거나 송진을 녹인 듯 코를 찌 르는 냄새에 쓴맛이 났다. 악취와 향취는 그야말로 한 끗 차이였다. 하지 만 상관없었다. 술 담그기는 나를 곰팡이의 보이지 않는 세계로 이끌어 주었고, 나는 그저 사과 껍질에 있는 효모와 낡은 책장에 밤새 놓아둔 설 탕물 접시에서 건져낸 효모 사이의 차이를 맛볼 수 있다는 게 흐뭇할 뿐 이었다.

효모가 가진 변형의 힘은 오래전부터 성스러운 기운, 혼 또는 신으로 의인화되었다. 효모는 어떻게 이런 대접에서 벗어날 수 있었을까? 알코 올과 알코올에 의한 취기는 인간이 터득한 가장 오래된 마법이었다. 보 이지 않는 힘이 과일에서 술을 만들어내고, 곡물에서 맥주를 만들어내 고, 꿀에서 꿀술을 만들어냈다. 이 액체는 우리의 정신을 흔들었으며, 인 류의 문화 속에 여러 형태로 자리를 잡았다. 때로는 축제의식과 정치적

술수에 동원되기도 하고, 노동자에게 임금으로 지급되기도 했다. 그에 못지않게 오래전부터 술은 우리의 감각을 무력화하고, 야수성으로 회귀하게 하였으며 희열을 좇게 했다. 효모는 인류의 사회질서를 구축하면서 동시에 허물기도 한다.

5,000년 전에 맥주 제조법을 기록으로 남긴 고대 수메르인들은 발효의 여신 닌카시Ninkasi를 섬겼다. 《이집트 사자의 서The Egyptian Book of the Dead》를 보면, '빵과 맥주를 주시는 분'에게 바치는 기도문이 있다. 남아메리카 초르티Ch'orti족 사람들은 발효의 시작을 '선한 영靈의 탄생'으로 간주했다. 고대 그리스인들이 숭배했던 디오니소스는 술, 양조, 광기, 취기와 인간이 재배하는 모든 과일의 신으로, 인간의 문화적인 카테고리를 강화시키면서 동시에 약화시키기도 하는 알코올의 힘을 의인화한 존재다.

오늘날 효모는 인슐린에서부터 백신에 이르기까지 수많은 약물을 생산하는 데 쓰이는 생물공학적 도구가 되었다. 에코베이티브와 협력해 균사 가죽을 생산하는 기업인 볼트 스레드Bolt Threads는 효모를 유전공학적으로 가공해 거미 명주를 생산한다. 효모의 대사과정을 변형시켜 목질 식물 원료로부터 뽑아낸 당분으로 바이오 연료를 만드는 연구도 진행 중이다. 한 팀은 Sc2.0을 연구 중이다. Sc2.0은 사람이 만든 합성 효모인데, 처음부터 인간이 설계한 유기체이기 때문에 엔지니어의 생각에 따라 어떤 조합의 합성물로도 생산할 수 있는 인공 생명체다. 이 모든 사례에서 효모와 효모의 변형력은 천연 유기체와 배양 유기체, 즉 스스로 조직화하는 유기체와 기계가 만든 유기체 사이의 경계를 모호하게 한다.

직접 양조를 해보면서 나는 효모 배양균의 미세한 밀고 당기기도 양조 기술의 일부라는 것을 깨달았다. 발효는 길들여진 분해 과정, 다른 옷을 입은 부패 과정이다. 발효가 성공적으로 끝나면 술이 제대로 만들어진다. 그러나 곰팡이가 개입되는 대부분의 과정이 그렇듯이 결과는 장담할 수 없다. 청결하게 관리하고 온도를 유지하고 성분 함량에 유의하면서 — 발효가 제대로 이루어지게 하려면 모두가 중요한 요소다 — 발효 과정을 올바른 방향으로 이끌 수 있었지만, 나는 절대로 강압적으로 재촉하지 않았다. 덕분에 결과는 언제나 놀라웠다.

역사 기록에 나오는 술은 마시는 재미가 있다. 꿀술은 사람을 웃게 만든다. 그루트 에일은 사람을 수다쟁이로 만든다. 버틀러 박사의 에일 맥주는 독특한 황금의 숙취를 유발한다. 또 어떤 술은 병 속에 갇힌 파괴의 신이라고 할 수 있다. 그 효과가 어떻든 나는 역사 기록에 나오는 양조 과정을 직접 경험해보는 데 큰 매력을 느꼈다. 역사 문헌 속의 양조 레시피는 지난 수백 년 동안 효모가 인간의 삶과 정신에 어떻게 스스로를 각인시켰는지 보여주는 기록이다. 이런 기록의 책갈피마다 효모는 말 없는 동반자이며 인류 문화의 보이지 않는 참여자다. 이런 레시피는 궁극적으로 물질이 어떻게 분해되는지 알려주는 이야기였다. 나는 거기서 우리가 어떤 이야기를 통해 세상을 이해하는지가 중요하다는 것을 깨달았다. 곡물에 대해서 들은 이야기로 우리는 빵이나 맥주를 선택하게 된다. 우유에 대해서 들은 이야기는 요거트나 치즈를 선택하게 한다. 사과에 대해 들은 이야기는 애플 소스 혹은 애플 사이다를 선택하게 한다.

곰팡이는 숭배의 대상이었나

효모는 미생물이고, 따라서 살다가 죽는 과정을 통해 두꺼운 서사적 퇴적물을 만들기 쉽다. 자라서 버섯이 되는 곰팡이는 대개 쉽게 이해할 수 있다. 버섯은 맛있지만 독성이 있거나 반대로 병을 치료할 수도 있고, 배를 불릴 수도 있지만 헛것을 보게 만들 수도 있다는 사실을 인류는 아주 오래전부터 알고 있었다. 동아시아의 시인들은 수백 년 전부터 버섯과 버섯의 맛에 대한 시를 읊었다. "오, 송이여! / 너를 만나기 전의 설렘이란." 17세기 일본의 시인 야마구치 소도 山口素堂 는 송이를 이렇게 찬양했다. 반면에 유럽의 시인과 작가들은 다소 모호한 태도를 취했다. 알베르투스 마그누스Albertus Magnus는 13세기에 쓴 저서 《식물에 관하여 De Vegetabilibus 》에서 버섯은 '습한 성질'을 갖고 있어서 "머릿속에서 생각이 통하는 통로를 막아 (먹은 사람을) 미치게 할 수도 있다"고 경고했다. 존 제라드John Gerard는 1597년에 쓴 글에서 독자들에게 버섯을 가까이하지 말라고 경고하며 이렇게 썼다. "먹어서 좋은 버섯은 드물고 대부분 사람의 숨을 막히게 하거나 질식시킨다. 따라서 나는 그 이상하고 질깃질깃한 식감을 가진 것을 먹기 좋아하는 사람에게 가시덩굴 속에서 꿀을 빨다가는 가시에 찔리거나 할퀴게 된다는 것을 명심하라고 말하고 싶다." 그러나 인간들은 버섯을 완전히 끊을 수 없었다.

1957년 고든 와슨 ─ 1957년 《라이프》에 기고한 글로 마법의 버섯을 유명하게 만든 장본인 ─ 과 그의 아내 발렌티나는 모든 문화를 '호균성mycophilic', 즉 곰팡이를 좋아하는 성질을 가진 문화와 '혐균성

mycophobic', 곰팡이를 싫어하는 문화로 이분하는 시스템을 만들었다. 와슨은 오늘날 버섯을 대하는 문화적인 태도가 고대에 있었던 사이키델릭 버섯 숭배자들의 '현대판'이라고 생각했다. 호균성 문화는 버섯을 숭배하던 문화의 후예다. 혐균성 문화는 버섯의 힘을 악마적이라고 간주하던 문화의 후예다. 야마구치 소도가 송이를 예찬하는 시를 쓴 것이나 테렌스 맥케나가 고용량의 실로시빈 버섯을 섭취했을 때의 이점을 널리 전파한 것도 호균성 문화였기에 가능했을 것이다. 혐균성 문화는 버섯의 섭취나 이용을 불법화하려는 도덕적 광기에 기름을 붓거나 알베르투스 마그누스와 존 제라드로 하여금 '낯설고 질깃질깃한 식감을 가진 것'의 위험성을 노골적으로 경고하게 했다. 호균성 문화와 혐균성 문화 모두가 사람의 생명에 미치는 버섯의 영향력은 인정하고 있었다. 그리고 그 힘을 각기 다른 방식으로 이해했다.[3]

우리는 늘 유기체들을 의문스러운 카테고리로 욱여넣는다. 그렇게 하는 것이 유기체를 이해하는 방법이라고 생각하는 것이다. 19세기만 해도 박테리아와 곰팡이는 식물로 분류되었다. 비록 1960년대에 이르러서야 독립을 이루었지만, 오늘날에는 둘 다 독립적인 '계'에 속한다. 기록된 인간의 역사에서는 곰팡이가 실제로 무엇인지에 대해서 통일된 의견이 거의 없었다.

아리스토텔레스의 제자 테오프라스토스Theophrastus는 트러플에 대해서 글을 쓰기는 했지만 '트러플이 무엇인가'가 아니라 '트러플은 무엇이 아닌가'에 대해 썼다. 그는 트러플이 뿌리도 없고, 줄기도 없고, 가지도 없으며 봉오리도, 잎도, 꽃도, 심지어는 열매도 없다고 썼다. 뿐만 아니라 껍질도, 수액도, 섬유도, 잎맥도 없다고 썼다. 다른 고전 작가들의 주장에 따르면, 버섯은 번갯불이 땅에 꽂히는 순간에 저절로 생겨났다. 그 밖의 다른 사람들은 땅의 부산물, 혹은 '자연의 파생물'이라고 보았다. 현대적인 분류법을 고안한 스웨덴의 식물학자 칼 린네는 1751년에 이렇게 썼다. "균목order of fungi은 아직도 혼돈 그 자체다. 식물학자들은 무엇이 종이고 무엇이 변종인지조차 구분하지 못한다."

오늘날에도 곰팡이는 우리가 기껏 구축한 분류 시스템을 벗어나기 일쑤다. 린네 분류법은 동물과 식물을 분류할 목적으로 설계되었기 때문에 곰팡이나 지의류, 박테리아 등은 이 체계에 잘 들어맞지 않는다. 한 종의 곰팡이가 다른 종의 곰팡이와는 전혀 닮은 점이 없는 경우도 허다하다. 심지어 대부분의 곰팡이종은 그들만의 정체성이라고 정의할 만큼 다른 종과 구분되는 독특한 기질을 갖고 있지 않은 경우가 많다. 물론 현재는 유전자 시퀀싱 기술의 발달 덕분에 외형상의 유사성에 의존하기보다 진화의 역사를 공유하는 곰팡이끼리 그룹짓는 것이 가능해졌다. 그러나 어디서 하나의 종이 끝나고 다른 종이 시작하는지 유전자 데이터를 기반으로 판단하는 방법도 새로운 문제를 만들어낸다. 한 곰팡이 '개체'의 균사 안에도 다수의 게놈이 존재할 수 있다. 엄지와 검지로 살짝 집어 올린 흙 알갱이들 속에서 추출한 DNA에도 수만 개의 독립적인 유전적 특징이 있을 수 있지만, 그 특징을 우리가 아는 곰팡이 그룹과 정확하게 짝지을 도리는 없다. 2013년, 균학자 니컬러스 머니Nicholas Money는 〈곰팡이 명명법에 반하여Against the naming of fungi〉라는 논문에서 곰팡이의 종이라는 개념 자체를 아예 포기해야 한다고까지 주장했다.

분류체계는 우리가 세상을 이해하는 여러 방식 중의 하나일 뿐이다. 철저한 가치판단은 별개의 문제다. 찰스 다윈의 손녀, 그웬 래버랫Gwen Raverat은 찰스 다윈의 딸이자 그녀의 고모인 에티가 말뚝버섯Phallus impudicus을 얼마나 역겨워했는지 썼다. 말뚝버섯은 남성의 성기와 닮은 모양 때문에 외면당하거나 조롱의 대상이 되곤 한다. 게다가 포자를 널리 퍼뜨려주는 파리를 꾀기 위해 끈적끈적하고 악취가 나는 액체를 분비한다. 1952년에 래버랫은 다음과 같이 회상했다.

> 고향 동네 숲에는 말뚝버섯이라고 불리는 독버섯이 자란다. 말뚝버섯은 냄새만으로도 어디 있는지 알 수 있고, 에티 고모는 그걸 찰 알고 있었다. 바구니와 꼬챙이를 들고 사냥할 때 입는 특별한 망토에 장갑을 끼고, 고모는 코를 킁킁거리며 온 숲속을 돌아다녔다. 사냥감이 풍기는 희미한 냄새가 느껴질 때마다 고모는 여기서 멈칫, 저기서 주춤하면서 코를 실룩거렸다. 그러다가 드디어 어느 한 자리에서 꼬챙이로 땅을 쿡쿡 찌르면, 고모가 노리던 사냥감이 꼬챙이에 꿰인 채 모습을 드러냈다. 고모는 악취가 진동하는 말뚝버섯을 바구니에 담았다. 하루의 사냥이 끝나면 포획물을 집으로 가지고 돌아와 거실문을 꼭꼭 걸어 잠근 채 아무도 모르게 불에 태웠다. 하녀들에게 절대로 들켜서는 안 될 비밀이었다.

에티 고모에게 말뚝버섯은 제거의 대상이었을까, 숭배의 대상이었을까? 그녀의 행동은 혐균성일까, 은밀한 호균성일까? 그 차이를 판단하는 것이 언제나 쉬운 일은 아니다. 말뚝버섯을 혐오하는 누군가를 위해 에티 고모는 대부분의 사람들이 그 버섯을 찾아내기 위해 쓰는 것보다 더 많은 시간을 소비했다. 그'사냥'으로 에티 고모는 아무리 많은 파리가 달라붙어도 할 수 없을 만큼 많은 포자를 한꺼번에 퍼뜨렸을 것이 거의 분명하다. 파리에게는 거부할 수 없는 유혹이었을 그 악취는 전혀 다른 방향에서 에티 고모에게도 거부할 수 없는 유혹이었던 것 같다. 그 악취가 사람들을 괴롭히니 악취의 근원을 제거해야 한다는 사명감에 불탄 에티 고모는, 빅토리아 시대의 도덕이라는 갑옷을 입은 채 오히려 곰팡이의 포자를 더 널리, 더 빠르게 전파시키는 열정적인 십자군 보병이 되었던 것이다.

곰팡이를 이해하려고 노력하다 보면, 우리가 이해하려 했던 곰팡이 못지않게 우리 자신에 대해서 더 잘 알게 되는 경우도 많다. 노란대주름버섯*Agaricus xanthodermus*은 대부분 독버섯으로 설명되곤 한다. 수많은 곰팡이학 문헌을 꿰뚫고 있는 노련한 버섯 사냥꾼들은 이 버섯을 '튀기면 맛있는' 버섯으로 설명하면서도, "체질이 약한 사람이 먹으면 가벼운 의식불명 상태가 올 수도 있다"고 경고한다. 노란대주름버섯을 어떻게 파악해야 하는지는 내 몸의 신체적 상태에 따라 달라질 수 있다. 대부분의 사람에게는 독버섯이지만, 어떤 사람은 먹어도 아무런 부작용이 없다. 이 버섯이 어떤 버섯이냐는 그것을 설명하는 사람의 생리학적인 상태에 달려 있다.[4]

생물학에 부여된 정치성

이러한 편견은 공생 관계에 대한 논의에서 특히 두드러지게 나타나는데, '공생'이라는 용어 자체가 19세기 후반에 만들어진 탓에 인간의 관점에서 이해되었다. 지의류와 균근 곰팡이를 이해하기 위해 이용되는 비유가 모든 것을 말해준다. 주인과 노예, 사기꾼과 사기 피해자, 인간과 인간에게 길들여진 유기체, 남성과 여성, 국가 간의 외교……. 이런 은유에도 세월이 흐름에 따라 변화가 있었지만, 인간의 분류에 따라 인간보다 더 인간적인 모습으로 꾸미려는 시도는 지금까지도 계속되고 있다.

역사학자 잰 샙Jan Sapp이 내게 말한 것처럼, 공생의 개념은 종종 우리 인간들의 사회적 가치를 넓게 분산시켜주는 프리즘 같은 역할을 한다. 샙은 말이 빠르면서 모순적인 디테일을 날카롭게 찾아내는 눈을 가진 사람이다. 공생의 역사는 그의 전문 분야다. 샙은 연구소, 실험실, 컨퍼런스, 심포지움 그리고 정글을 오가며 수십 년을 생물학자로서 살아왔고, 수많은 유기체가 어떻게 상호작용하며 살아가는지에 대한 의문점들을 붙들고 씨름했다. 린 마굴리스, 조슈아 레더버그와 절친한 사이인 샙은 현대의 미생물학이 '거대한 분야'로 커가는 과정을 맨 앞줄에서 지켜보았다. 공생의 정치학은 언제나 다양한 의미로 가득 차 있다. 자연은 본질적으로 경쟁지향적인가 아니면 협력지향적인가? 이 질문에 대해 많은 이들이 다양한 답을 내놓았다. 이 질문은 우리가 우리 자신을 이해하는 방식에 변화를 가져왔다. 이 문제가 개념적으로든 이데올로기적으로든 위태로운 불씨를 안고 있는 것도 전혀 이상하지 않다.[5]

19세기 후반 진화론의 등장 이후 미국과 서유럽을 지배하던 서사는 갈등과 경쟁의 서사였으며 그러한 분위기가 조성된 배경에는 산업자본주의 체제 안에서 인류의 사회적 발전관이 투영되어 있었다. 샙의 표현을 빌리자면, 유기체가 서로에게 이익이 되도록 협력하는 사례는 "예의 바른 생물학적 사회의 가장 후미진 변방에 머물러 있었다." 지의류 또는 균근 곰팡이에서 볼 수 있는 서로 돕는 관계는 우리에게 알려진 규칙의 의문스러운 예외였고, 그런 관계가 존재한다는 것조차 겨우 마지못해 인정했을 뿐이었다.

이러한 관점에 대한 반박은 동서의 경계선으로 깨끗하게 나누어지지 않았다. 그러나 진화에 있어서 상호협력과 협조의 아이디어는 서유럽의 진화론자들보다 러시아에서 더 두드러졌다. '피 묻은 이빨과 발톱'으로 상징되는, 치열하고 인정사정없는 경쟁이 지배하는 자연의 모습에 대한 가장 강력한 반박은 러시아의 무정부주의자 표트르 크로포트킨이 1902년에 쓴 책 《만물은 서로 돕는다》에서 찾을 수 있다. 이 책에서 그는 생존을 위한 투쟁 못지않게 '사교성'도 중요한 부분을 차지한다고 강조한다. 자연에 대한 자신의 해석을 기반으로 그는 분명한 메시지를 내놓았다. "경쟁하지 말라! 상호협력을 실천하라! 그것이 제각각 모두에게 가장 광범위하게 안전을 보장할 수 있는 가장 확실한 수단이며 생존과 신체적, 지적, 도덕적 발전을 보장할 수 있는 최선의 방법이다."

20세기의 상당 기간 동안 공생의 상호작용에 대한 논의에는 정치적인 의미가 부여되어 있었다. 샙은 냉전이 생물학자들로 하여금 일반적인 세상에서의 공존에 대해 심각한 의문을 갖게 했다고 지적한다. 공생에 대한 국제적인 컨퍼런스가 처음 열린 것이 1963년이었는데, 이는 1962년 쿠바 미사일 위기로 인해 세계가 핵전쟁 일보 직전까지 갔던 때로부터 6개월쯤 지난 후였다. 하필 그때 컨퍼런스가 열린 것은 우연이 아니었다. 컨퍼런스 기록물의 편집자들은 "작금의 세계정세 속에서 대두된 공존이라는 시급한 문제가 올해 심포지엄에서 위원회의 주제 선택에 영향을 주었을 수도 있다"고 언급했다.

과학계에서도 은유가 새로운 사고방식을 창출하는 데 도움을 줄 수 있다는 생각은 널리 알려져 있다. 생화학자 조지프 니덤Joseph Needham은 비유의 역할을, 조각가가 축축한 찰흙 덩어리를 서로 잘 붙도록 지지하기 위해 쓰는 철사 프레임과 비슷하게, 아무런 형태가 없던 정보의 덩어리를 정렬할 수 있게 해주는 '좌표망'으로 묘사했다. 진화생물학자 리처드 르원틴Richard Lewontin은, "현대 과학의 거의 전체가 인간이 직접 경험할 수 없는 현상을 설명해야 하기 때문에, 은유를 쓰지 않고 '과학을 연구하기는' 불가능하다"라고 지적했다. 결국 은유와 비유는 인류의 역사와 가치에 함께 얽혀 있으며 이는 곧 과학적인 아이디어를 논의할 때도 문화적인 편견에서 자유로울 수 없음을 의미한다.

오늘날 공유 균근 네트워크 연구는 정치적 부담이 가장 크게 따라다니는 분야 중의 하나가 되었다. 어떤 이들은 이 시스템을 숲의 자산을 재분배할 수 있는 사회주의의 한 형태로 묘사한다. 또 다른 이들은 부모가 자식을 거두는 포유류 가족 구조에 비유하여 곰팡이와의 연결 또는 더 크고 나이가 많은 '부모 나무'로부터 어린나무가 영양을 공급받는 네트워크로 설명한다. 이 네트워크를 식물과 곰팡이가 합리적 이성을 가진 경제

주체로, 주식시장에서 '경제 제재', '전략적 투자' 그리고 '시장수익'에 간여하는 '생물학적 시장'의 관점에서 이야기하는 사람들도 있다.[6]

우드와이드웹은 어느 모로 보나 의인화된 용어다. 인간은 기계를 만드는 유일한 유기체일 뿐만 아니라, 인터넷과 월드와이드웹은 현존하는 가장 명백하게 정치화된 기술이다. 인간 이외의 유기체를 이해하기 위해 기계의 은유를 끌어다 쓰는 것은 인간의 사회적 삶으로부터 개념을 빌려오는 것 못지않게 문제의 소지가 있다. 현실 세상에서 유기체는 성장하는 것이고 기계는 만들어지는 것이다. 유기체는 끊임없이 스스로를 재구성한다. 기계는 인간에 의해 유지, 보수된다. 유기체는 스스로를 조직하고 기계는 인간에 의해 조직된다. 기계의 은유는 삶을 바꿔놓을 정도로 중요한 발견을 이루는 데 도움이 되었던 도구와 그에 얽힌 이야기의 집합이다. 그러나 그 은유는 과학적인 사실이 아니며, 따라서 다른 이야기보다 우선시될 경우 문제를 일으킬 수 있다. 유기체를 기계로 이해하려 한다면 우리는 유기체를 점점 더 기계처럼 다루려 할 것이다.[7]

사건이 다 지나간 다음에 과거를 돌이켜볼 때야 우리는 어떤 은유가 더 유익했는지 깨달을 수 있다. 19세기 후반에 그랬던 것처럼, 오늘날조차 모든 곰팡이를 '질병의 원인' 또는 '기생물'의 범주로 한꺼번에 묶는 것은 부조리하다. 알베르트 프랑크가 '공생'이라는 용어를 고안하기 전까지는 서로 다른 유형의 유기체들 사이에 형성된 관계를 설명할 방법조차 없었다. 최근 들어 공생 관계를 둘러싼 서사가 더욱 미묘해졌다. 지의류가 둘 이상의 참여자로 구성된 유기체임을 처음으로 발견한 토비 스프리빌은 지의류를 시스템의 한 형태로 이해해야 한다고 주장했다. 지의류는 그동안 고정적인 파트너십의 산물이라고 생각되어 왔지만, 사실은 그렇지 않은 것으로 보인다. 오히려 다수의 참여자 사이에서 형성될 수 있는 다양한 관계로부터 생성되는 것으로 보인다. 스프리빌에게 있어서 그 관계들은 지의류가 미리 알려졌던 '대답'보다는 '질문'이었음을 더 분명하게 보여준다.

마찬가지로, 식물과 균근 곰팡이는 더 이상 상호협력적으로 또는 기생의 형태로 행동한다고 생각할 수 없다. 단 한 종의 균근 곰팡이와 단 한 그루의 나무 사이에 만들어진 관계라 할지라도 그들 사이의 '상호 거래 give and take'는 유동적이다. 연구자들은 획일적인 이분법이 아니라 상리 공생과 기생이라는 양극단 사이의 연속체로 설명한다. 공유 균근 네트워크는 협력과 동시에 경쟁도 촉진할 수 있다. 곰팡이 네트워크를 통해 흙 속에서 영양분을 이동시킬 수 있지만, 마찬가지로 독성분도 이동시킬 수 있다. 가능한 설명은 더욱 많아졌다. 우리는 관점을 바꾸어서 불확실성을 받아들이고 적응하거나 적어도 감내해야 한다.

그렇다고 해도 여전히 어떤 사람들은 이 소재를 정치적 논쟁으로 소비한다. 샙은 한 생물학자의 예를 특히 더 강조했다. "그 사람은 나를 좌익 생물학자라고 규정하면서 자신은 우익 생물학자랍니다." 그들은 생물학적 개체라는 주제를 놓고 논쟁을 해왔다. 샙의 관점에서 보자면 미생물학의 발달이 유기체 개체성의 경계를 정의하기 어렵게 만들었다. 샙을 좌익이라고 비방했던 자칭 우익 생물학자의 입장에서는 깔끔한 개체성의 구분이 반드시 존재해야 했다. 현대 자본주의는 합리적인 이성을 가진 개인이 자기 자신의 이익을 추구한다는 생각에 기반을 둔 사상이다.

개인, 즉 개체성이 무너진다면 모든 것이 무너지는 것이다. 그의 관점에서 보면 샙의 주장은 전체주의에 편향되어 사회주의적 경향을 강조하는 것이었다. 샙은 웃음을 터뜨렸다. "개중에는 인위적인 이분법이라도 만들어야 하는 사람이 있어요."[8]

내가 네트워크를 들여다보면, 네트워크도 나를 들여다본다

《향모를 땋으며》에서 생물학자 로빈 월 키머러는 아메리카 원주민인 포타와토미족의 언어 중 'puhpowee'라는 단어에 대해 썼다. 'puhpowee'는 '버섯이 밤사이에 땅을 뚫고 올라오게 하는 힘'이라는 뜻으로 풀이된다. 키머러는 "나중에서야 'puhpowee'가 버섯에 대해서만 쓰이는 게 아니라 밤이면 힘을 받아 불뚝 일어나는, 버섯처럼 생긴 인체의 다른 어떤 부분에 대해서도 쓰인다는 것을 알게 되었다"라고 회고했다. 버섯이 쑥쑥 자라나는 모습과 인간 수컷의 성기가 발기하는 모습을 똑같은 표현으로 묘사한다는 것이 바로 의인화가 아닐까. 그게 아니라면 단순히 호균성 의식 意識 에 따른 표현일까? 우리는 어느 쪽에 화살표를 그어야 할까? 만약 식물이 '배운다', '결정한다', '의사소통한다' 또는 '기억한다'고 말한다면, 이는 식물을 의인화하는 것일까 아니면 인간이 가진 개념을 식물화하는 것일까? 만개하다, 꽃망울이 터지다, 강건하다, 뿌리가 깊다, 수액이 많다, 뿌리번식을 하다 등 식물에 적용되던 개념을 사람에게 적용한다면 그 의미가 달라지듯이, 인간이 가진 개념을 식물에 적용한다면

그 개념은 새로운 의미를 가질 것이다.[9]

한 유기체가 다른 유기체와 협력하려는 경향을 설명하기 위해 '내전 involution'이라는 용어를 처음으로 도입했던 인류학자 나타샤 마이어스는 찰스 다윈도 '의식물화擬植物化, phytomorphism*'를 체험하기 위해 기꺼이 스스로를 식물화할 자세가 되어 있었던 것 같다고 말한다. 1862년, 난초에 대해 쓰던 다윈은 다음과 같은 관찰 기록을 남겼다. "카타세툼의 꽃술 모양은 마치 남자가 왼팔을 앞으로 뻗었다가 팔꿈치를 구부려서 자기 가슴 앞에 가까이 두고 오른팔은 몸통을 대각선으로 가로질러 손가락으로 몸통의 왼편을 보호하고 있는 듯한 모습이다."

다윈은 꽃을 의인화한 걸까, 자신을 식물화한 걸까? 그는 식물의 외형을 인간의 관점에서 묘사하고 있다. 분명한 의인화다. 반면에 그는 또한 남성의 신체를 꽃의 형태로 새롭게 그림으로써 꽃의 해부학을 자신의 관점에서 탐색하려는 개방적인 태도를 보여준다. 이 사례는 오래된 이야기다. 어떤 것을 이해하자면, 그 어떤 것의 일부만이라도 나와 빗대어 보지 않고는 힘들다. 때로는 의도적으로라도 그렇게 해야 한다. 예를 들어 풀뿌리 균학은 깔끔하게 다듬어지지 않은 조직이다. 이렇게 된 것이 우연은 아니다. 이 조직의 설립자인 피터 맥코이는 버섯에게 우리가 생각하고 상상하는 방법을 바꿔놓을 만한 힘이 있다고 주장한다. 나무는 가계도를 설명하거나 관계를 묘사할 때(인간에게서든 생물학에서든 또는 언어학

---

* 사람이 아닌 것에 인격적 특성을 부여하는 표현법을 의인화라고 하듯이, 식물이 아닌 것에 식물적 특성을 부여하는 표현법을 가리키려고 만든 말이다.

에서든)에도 등장하고 컴퓨터 과학에서는 나무처럼 생긴 데이터 구조도가 등장한다. 신경계의 수상돌기도 나뭇가지처럼 그려진다('수상돌기'를 뜻하는 영어 단어 'dendrite'는 '나무'를 뜻하는 그리스어 'dendron'에서 파생되었다). 균사체라고 그렇게 하지 못하라는 법이 없다. 풀뿌리 균학은 탈중앙화된 균사체 논리로 조직되어 있다. 부분 네트워크는 더 큰 운동과 느슨하게 연합한다. 풀뿌리 균학 네트워크는 주기적으로 응축하여 자실체를 만들어낸다. 내가 참석했던 오레곤주에서의 풀뿌리 균학 컨버전스가 바로 그런 예다. 우리가 곰팡이를 동물이나 식물이 아니라 '전형적인' 생명체로 바라본다면 인간의 사회와 관습은 얼마나 다른 모습을 갖게 되었을까?[10]

때때로 우리는 의식적인 노력 없이도 세상을 모방한다. 개 주인은 자기가 기르는 개를 닮고 생물학자는 자신이 연구하는 주제와 비슷하게 행동한다. 19세기 후반 프랑크에 의해 '공생'이라는 용어가 처음 만들어진 후로 유기체들 사이의 관계를 연구하는 과학자들은 서로 어울리지 않는 분야 사이에도 협업을 이루도록 강요당하고 있다. 셉이 내게 말했던 것처럼, 20세기 내내 공생 관계를 무시하도록 부추겨온 관습의 경계를 과감하게 건너뛸 수 있었던 것은 저항 의식 덕분이었다. 과학의 각 분야가 점점 더 전문화되면서 유전학은 발생학에서 갈라졌고 동물학에서 식물학이 독립했으며 생리 의학에서 미생물학이 분리되었다.

공생적 상호관계는 종의 경계를 초월한다. 따라서 공생적 상호관계의 연구 역시 분야의 경계를 뛰어넘어야만 한다. 오늘날의 경우가 바로 이러하다. "상호 이익을 위한 자원의 공유, 학문 간 교차 논의가 균근 공생의 이해를 깊게 한다⋯⋯." 그리하여 2018년, 균근 생물학에 대한 국제

컨퍼런스가 시작되었다. 균근 곰팡이를 연구하려면 미생물학자와 식물학자 사이의 학술적 공생이 필요하다. 균사에 깃들어 사는 박테리아를 연구하려면 미생물학자들과 세균학자들 사이의 공생적 상호관계가 필요하다.

나는 곰팡이를 연구할 때보다 더 곰팡이처럼 행동했던 적이 없었고, 그래서 호의와 데이터를 서로 주고받는 학계의 상리공생의 세계에 빠른 속도로 녹아들어 갔다. 파나마에서, 나는 거침없이 성장하는 균근 균사체의 정단처럼 시뻘건 진흙 바닥을 팔꿈치로 며칠씩 기어 다녔다. 덩치큰 아이스박스를 이 나라에서 저 나라로 들고 다니며 세관과 엑스레이 검사대, 마약 탐지견을 통과했다. 독일에서는 현미경을 뚫어져라 들여다보고, 스웨덴에서는 곰팡이의 지질 성분 분석 데이터를 샅샅이 훑고, 잉글랜드에서는 곰팡이의 DNA를 추출해 염기서열을 해독하느라 바빴다. 케임브리지에서 기계가 토해내는 기가바이트급 데이터를 스웨덴으로 보내 분석하고, 미국과 벨기에에서는 다른 학자들과 협업 네트워크를 구성했다. 만약 누가 나의 흔적을 추적했다면 아마도 완벽한 네트워크를 그릴 수 있었을 것이며 정보와 자원의 양방향 이동을 깔끔하게 그려낼 수 있었을 것이다. 식물이 그러하듯이, 스웨덴과 독일에서 나와 협업했던 과학자들은 나를 통해서 더 많은 양의 흙을 연구할 수 있었다. 그들은 직접 열대지역으로 가볼 수 없었기 때문에 내가 그들의 손과 발 역할을 했다. 반대로, 곰팡이가 그러하듯이 나 역시 혼자서는 접근할 수 없었던 자금과 기술을 이용할 수 있었다. 파나마에서 나와 협업한 과학자들은 잉글랜드에 있는 내 동료들의 기술적 지원과 연구기금의 혜택을 누릴 수 있었다. 이와 마찬가지로 잉글랜드의 내 동료들은 파나마의 내 협업 과학자들을 통해 똑같은 혜택을 누렸다. 유연하고 융통성 있는 네트워크를 연구하기 위해, 나 역시 유연하고 융통성 있는 네트워크를 구축해야 했다. 어떻게 보면 그건 일종의 순환구조였다. 내가 네트워크를 들여다보고 있노라면, 그 네트워크도 나를 들여다본다.

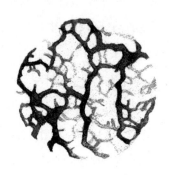

알코올에서 에너지를 추출하는 방법

프랑스의 이론가 질 들뢰즈Gilles Deleuze는, "주취 酒醉 란 우리 안에 있는 식물의 승리감의 분출이다"라고 썼다. 하지만 또한 우리 안에 있는 곰팡이의 승리감의 분출이라고 해도 틀린 말이 아니다. 주취 또는 중독이 곰팡이의 세상에서 우리 자신의 일부를 재발견하는 데 도움이 될까? 인간으로서의 본성에 대한 집착을 버리거나 인간의 본성 속에서 인간이 아닌 다른 존재, 이를테면 곰팡이를 발견함으로써 곰팡이를 이해할 수 있는 방법이 있을까? 그 존재는 우리가 곰팡이와 지금보다 더 가까웠던 시절로부터 남겨진 한두 가지 흔적 또는 어쩌면 오랜 세월 그 비상한 존재와 얽히고설킨 우리의 역사 속에서 우리가 배운 어떤 것일 수도 있다.

1,000만 년쯤 전 우리가 몸속에서 알코올을 해독하는 데 썼던 효소, 즉 알코올가수분해효소 ADH4는 단 한 번의 돌연변이로 무려 40배나 효율이 높아졌다. 이 돌연변이는 우리가 고릴라, 침팬지, 보노보 등과 공유했던 마지막 공통 조상에게서 일어났다. 돌연변이 ADH4 효소가 없다면 아무리 적은 양의 알코올이라도 우리 몸에는 독이 된다. ADH4 효소가 있으면 알코올은 우리 몸 안에서 안전하게 분해되어 에너지원으로 쓰일 수 있다. 우리 조상이 인간이 되기 오래전부터, 그리고 우리가 문화적으로 정신적으로 알코올을 이해하고 효모 배양균으로 알코올을 만들어낼 수 있을 정도로 진화하기 오래전부터, 우리는 ADH4 효소를 이용해 대사 작용에 알코올을 포함시켜왔다.[11]

인간이 발효 기술을 개발하기보다 수백만 년이나 앞서서 알코올 대사 능력을 가질 수 있었던 이유는 무엇이었을까? 학자들은 우리 영장류 조상들이 나무 위에서 보내는 시간이 줄어들고 지상에서의 삶에 점점 더 익숙해지던 시기에 ADH4 효소가 업그레이드되었다는 점에 주목한다. 나무 위가 아니라 숲의 땅 위에서 새로운 먹거리, 즉 과숙된 상태로 가지에서 떨어져 땅 위에서 발효된 과일을 접한 영장류에게 알코올 대사 능력이 매우 중요한 역할을 했으리라고 추측한다.

ADH4 효소의 돌연변이는 '술 취한 원숭이 가설'을 뒷받침해준다. 생물학자 로버트 더들리Robert Dudley가 인간의 알코올 애호 기원을 설명하기 위해 주장한 가설이다. 이 가설의 관점에서 보면, 우리의 영장류 조상이 알코올을 좋아했기 때문에 우리도 알코올에 매력을 느끼는 것이다. 효모에 의해 만들어지는 알코올의 향기는 잘 익어서 땅 위에 떨어진 뒤 발효되고 있는 과일을 찾을 때 믿을 만한 길잡이가 된다. 알코올에 끌리는 인간도, 발효와 도취를 관장하는 신들의 세계 전체도 모두 까마득히 오래전부터 있었던 유혹의 흔적이다.[12]

알코올의 유혹에 넘어간 동물이 영장류만은 아니다. 말레이시아의 나무두더지 — 깃털 같은 꼬리를 가진 작은 포유류 동물 — 는 버트럼 야자 bertram palm의 꽃봉오리까지 기어 올라가 발효된 수액을 빨아 마시는데, 인간이 체중 대비 그만한 비율의 수액을 마신다면 술에 취하고도 남을 만큼의 양을 마셔버린다. 효모에 의해 만들어진 알코올의 향기가 나무두더지를 버트럼 야자로 끌어들이고, 버트럼 야자는 나무두더지에 의존해 수분하고, 버트럼 야자의 꽃봉오리는 특수한 발효 용기 — 효모를 잘 품고 있다가 빠른 속도로 화밀을 발효시켜 잘고 풍성한 거품이 생기게 하는 구조 — 로 성장한다. 또 나무두더지는 나무두더지대로 알코올을 분해하는 놀라운 능력을 진화시켜서 주취 부작용으로 고생하지 않게 되었다.

ADH4 돌연변이는 우리의 영장류 조상들로 하여금 알코올로부터 에너지를 추출할 수 있게 했다. '술 취한 원숭이 가설'의 변형판으로, 인간은 지금도 알코올로부터 에너지를 뽑아내는 방법을 찾고 있다. 다만 지금은 우리 몸속에서 대사 작용의 연료로 사용하는 것이 아니라 내연 엔진을 위한 바이오 연료로 태운다는 것이 다르다. 미국산 옥수수와 브라질산 사탕수수에서 매년 수십억 갤런의 바이오 에탄올 연료가 생산된다. 미국에서는 잉글랜드 전체 면적보다도 넓은 땅에서 옥수수를 재배하고, 그 옥수수는 효모를 기르는 데 쓰인다. 목초지의 바이오 연료 작물 전환비율은 브라질, 말레이시아, 인도네시아 등의 토지피복률로 계산할 경우 삼림파괴율과 비교할 만하다. 바이오 연료 붐으로 인한 생태 부작용은 매우 크다. 막대한 정부 보조금이 들어가고, 목초지를 농지로 전환하는 과정에서 엄청난 양의 탄소가 대기로 배출된다. 막대한 양의 비료가 강과 하천으로 흘러들고, 결국은 멕시코만의 데드존 같은 재앙이 발생한다. 효모와 효모가 만들어내는 양날의 검과도 같은 알코올의 위력이 인간의 농업 혁명에서 다시 한번 그 힘을 발휘하고 있다.

사과나무 전설의 진위

술 취한 원숭이 가설이 인상 깊었던 나는 과숙된 과일을 직접 발효시켜보기로 마음먹었다. 그것이야말로 한 편의 서사를 완성하는 길, 세상에 대한 나의 인식을 개조하고, 그 알코올에 취해보고, 취중에 결정을 내려 볼 방법이 될 것 같았다. 주취는 우리 안에 있는 곰팡이의 분출일 수도 있다. 곰팡이의 이야기가 분출되는 것이라고도 할 수 있다. 이야기가 우리의 인식을 바꿔놓는 경우는 얼마나 많으며 그러면서도 우리는 그것을 느끼지 못하는 때가 얼마나 많은가.

내가 그 아이디어를 떠올린 것은 케임브리지 식물원의 카리스마 넘치는 원장의 초대를 받아 그곳을 방문했을 때였다. 원장과 함께 돌아다니다 보니, 아무리 하찮은 나무나 풀 포기에서도 이야기가 구름처럼 뭉게뭉게 솟아 나왔다. 입구 바로 옆에 커다란 사과나무 한 그루가 서 있는 것이 눈에 띄었다. 그 나무는 아이작 뉴턴의 본가인 울즈소프 장원에서 400살 된 사과나무의 가지를 꺾어다가 심어서 키운 것이라는 이야기를 들었다. 그 나무는 그곳에서 자란 유일한 사과나무였고, 뉴턴이 만유인력의 법칙을 떠올렸던 무렵에도 이미 충분히 나이 많은 나무였다. 뉴턴 앞에서 사과 한 알을 떨어뜨려 만유인력의 법칙을 생각해내도록 만든 나무가 정말 있었다면, 그 나무가 바로 그 사과나무였을 것이다.

울즈소프 장원의 사과나무에서 꺾어온 가지를 심어 기른 것이므로, 우리 앞의 나무는 유명한 사과나무의 복제품인 셈이라고 원장은 말했다. 적어도 유전학적으로는 뉴턴 앞에서 사과를 떨어뜨렸던 바로 그 나무와 똑같은 나무였다. 하지만 뉴턴과 사과의 전설이 사실을 바탕으로 한 것인지는 확실치 않으므로, 만유인력의 법칙과 사과는 아무런 상관이 없을지도 모른다는 결론에 도달할 수도 있다. 이 결론에 따른다면 그 나무는 만유인력의 법칙을 떠올리게 만든 사과를 '떨어뜨리지 않은' 사과나무일 가능성이 훨씬 높다.

사실 울즈소프 장원에 있는 사과나무의 복제품은 식물원에만 있는 건 아니라고 원장이 말했다. 두 그루가 더 있는데, 한 그루는 트리니티칼리지 앞, 뉴턴의 연금술 실험실에 있고 나머지 한 그루는 수학과 건물 바깥에 있다. (나중에 들은 바로는 그 외에도 여러 그루가 더 있다고 하는데, 그중 한 그루가 MIT 총장실 정원에 있다고 한다.) 그 사과나무에 대한 전설은 까다롭고 조심스럽기로 유명한 세 곳의 학술위원회가 그 상서로운 나무를 자기네 동네에 심기로 결정했을 정도로 강력하고 호소력이 있었다. 그러거나 말거나, 공식적인 입장은 달라진 것이 없었다. 뉴턴과 사과나무 이야기는 근거가 빈약하고 출처가 의심스럽다는 것이다.

식물원이 역사적인 드라마의 장이 되면서 전설은 더욱 강력해졌고, 서양 과학철학 역사상 가장 획기적인 한 이론의 탄생과 연관이 있다는 사과나무의 전설은 긍정되는 동시에 부정되고 있다. 이런 불명료함 속에서도 진짜 사과가 열리는 사과나무들이 자라났고, 그 사과는 땅에 떨어져 알코올 냄새를 풍기며 썩어갔다.

뉴턴이 직접 설명하는 글을 남기지 않은 것으로 보아 뉴턴의 사과에 얽힌 이야기는 진위가 의심스럽다. 그러나 뉴턴의 동시대인 몇 명이 남긴 서너 가지 버전의 이야기가 존재한다. 가장 상세한 설명은 왕립학회의 젊은 회원이자 스톤헨지에 대한 연구로 지금까지도 가장 유명한 골동품 연구가인 윌리엄 스터클리William Stukeley의 기록이다. 1726년, 스터클리와 뉴턴이 런던에서 함께 식사를 하던 날이었다.

저녁을 먹은 후, 날씨가 따뜻하여 우리는 정원에 나가 사과나무 그늘에서 차를 마셨다. 그 자리에는 뉴턴과 나, 둘뿐이었다. 여러 이야기를 하던 중에 뉴턴이 말하기를, 중력의 개념에 대해 생각했던 때와 똑같은 상황이라고 했다. 왜 사과는 항상 땅을 향해 수직으로 떨어질까, 하고 그는 생각했다고 한다. 그가 곰곰이 생각에 잠겨 있을 때 우연히 사과 한 알이 떨어졌다. 왜 옆으로 비스듬히 떨어지거나 공중으로 떠오르지 않고 땅을 향해 곧바로, 지구의 중심을 향해서 수직으로 떨어지는 거지? 지구가 사과를 끌어당기기 때문이라는 답밖에 있을 수 없었다. 물체는 끌어당기는 힘을 갖고 있어야 했다.

뉴턴의 사과로 빚은 술

현대판 뉴턴과 사과 이야기는 뉴턴이 사과에 대해서 한 이야기에 대한 이야기다. 그것이 이 나무를 그토록 풍부한 이야기가 깃든 나무로 만들었다. 그 이야기가 사실인지 거짓인지를 판별하기는 불가능하다. 이런 난처한 상황을 타개하기 위해, 학계는 그 이야기가 사실이자 동시에 거짓이기도 한 것처럼 행동했다. 이야기는 전설이었다가 아니기를 반복했다. 나무에는 불가능한 서사가 등짐처럼 지워졌고, 인간이 아닌 유기체가 우리의 카테고리의 한계를 분열의 지점까지 확장시킨 사례가 되었다. 사과 한 알이 진짜로 뉴턴이 만유인력의 법칙을 도출하는 데 영감을 주었느냐 아니냐의 여부는 더 이상 중요하지 않게 되었다. 나무는 자랐고 이야기는 풍성해졌다.

원장은 그 사과나무의 사과가 먹기에 불편할 정도로 맛이 없기로 유명하다고 말했다. '플라워 오브 켄트'라는 매우 드문 품종의 사과나무였다.

신맛과 쓴맛이 절묘하게 어우러져 있어서, 종종 뉴턴의 말년과 비슷하다는 평을 듣는다고 원장이 설명했다. 나는 원장에게 그 나무에서 사과를 따도 되느냐고 정중하게 물었다. 사과나무에서 사과를 따는 게 문제가될 거라는 생각은 미처 못 했다. 나의 정중한 질문에 대해 원장이 정색하고 안 된다고 말하자, 나는 이유를 물었다. "이 나무의 사과가 저절로 떨어지는 모습을 관람객들에게 보여줘야 하니까요. 그 전설의 진실성을 강조하기 위해서 말입니다." 원장이 미안하다는 듯이 말했다.

대체 뭐가 더 중요한 걸까? 인격적으로나 지적으로나 모자람 없는 그 많은 사람이 어떻게 이런 전설 같은 이야기 하나에 흥분하고, 그 이야기에서 위안을 얻고, 그 이야기 때문에 행동의 제약을 감수하고, 거기에 감동하고 아예 맹목적으로 신봉하게 될 수 있는 걸까? 하지만 곰곰이 생각해보면 그렇게 되지 않기도 쉽지는 않다. 전설은 우리가 세상을 깨우치는 데 도움을 준다. 그러니 전설이 가진 힘으로부터 완전히 벗어나기는 어렵다. 하지만 이 사과나무의 경우처럼 나무 한 그루 앞에서 온 세상 사람들이 어릿광대가 되어버리는 이런 황당한 상황은 흔치 않다. 나는 땅에 떨어져 이미 썩기 시작한 사과를 집어 들었다. 알코올 냄새가 났다. 나는 그 사과를 나의 '썩어가는 과일'로 삼기로 했다.

문제는 사과를 압착해 과즙을 짜낼 기계도, 사과도 나에게 없다는 거였다. 나는 온라인 검색을 해보았다. 케임브리지 교외의 한 마을이 사과 때문에 골치를 앓고 있다는 글을 찾았다. 담 넘어 도로까지 뻗은 사과나무 가지에서 떨어진 사과가 도로 위에 뒹굴자, 동네 어린아이들이 그 사과를 주워 던졌다. 이집 저집에서 창문이 박살 나고 도로에 주차된 차가 곰보가 되었다. 그러자 동네 경찰서에서 꾀를 냈다. 동네 주민들 누구나 사용할 수 있는 압착식 과즙기를 장만한 것이다. 그러자 공중을 날아다니던 사과도 도로에 굴러다니던 사과도 사라지면서 문제가 해결되었다. 동네의 소소한 폭력 사건이 사과주스로 변신했다. 사과 과즙을 발효시키면 사이다cider가 된다. 사이다는 그 동네 사람들이 즐겨 마시는 술이 되었다. 여기서도 인류의 원칙은 훌륭하게 지켜졌다. 인간의 위기는 곰팡이에 의해 분해된다는 것! 다른 말로 설명하자면, 인간이 스스로 쓰레기를 곰팡이의 먹이로 바꾸는 일에 조직적으로 나선 사례였다. 그에 대한 보답으로 곰팡이의 대사 작용은 인간들에게 삶과 문화를 풍성하게 해주었다. 맥주, 페니실린, 실로시빈, LSD, 바이오 연료…… 이런 일은 이미 얼마나 많이 일어났던가?

나는 그 동네에서 압착기를 관리하는 사람에게 연락을 취해, 그 기계를 잠시 대여할 수 있는지 알아보았다. 그 압착기는 매우 인기가 높은 기계라, 빌려 쓴 사람이 그다음 사람에게 직접 전달해주는 것이 규칙이었다. 며칠 후, 그 동네 교구 목사가 낡은 볼보로 압착기를 견인해 끌고 나타났다. 사과를 압착해 으깨는 커다란 톱니, 그 톱니를 돌아가게 하는 스크루, 과즙이 나오는 토출 장치가 보였다.

나는 밤에 커다란 배낭을 메고 친구 한 녀석과 몰래 뉴턴의 사과나무에 접근해 사과를 땄다. 미안한 마음이 들어 전설을 신봉하는 사람들을 위해 사과 몇 알은 남겨두었다. 말하자면 나와 내 친구는 그날 밤 '사과 서리'를 한 셈이었다. 고대 이집트 사람들이 노동자에게 현금 대신 맥주로 임금을 지급했듯이, 옛날 잉글랜드 서부 지역의 지주들은 현금 대신 애플 사이다로 임금의 일부를 지급하기도 했다. 이 또한 효모의 대사 작용이 인간의 경제 체제로 되먹임된 사례 중의 하나였고, 사과는 곧 '돈'이었다. 그러나 뉴턴의 사과나무 아래 떨어져 있던 사과들은 그저 쓰레기일 뿐이었고 정원사에게는 잡일거리였다. 거기서 압착기가 마법을 일으켰다. 쓰레기를 넣어 압착했더니 과즙이 되어 나왔고, 과즙을 발효시켰더니 사이다가 되었다. 윈-윈이었다.

사과를 압착해 과즙을 짜내는 일은 힘든 노동이었다. 두세 명이 달라붙어 압착기가 움직이지 않게 고정하고, 한 사람이 핸들을 돌렸다. 또 다른 두 사람이 열심히 사과를 씻어서 대충 잘라 압착기에 넣었다. 공장의 생산 라인처럼 각자 역할 분담이 필요했다. 사과가 으깨지면서 시큼하게 코를 찌르는 냄새가 방안을 가득 채웠다. 사방에 다양한 상태의 사과가 널려 있었다. 머리카락에는 사과 과육이 달라붙고, 옷은 튄 과즙으로 축축해지며 얼룩이 생겼다. 해가 지자 대충 30리터 정도의 과즙이 모였다.

사과 과즙을 사이다로 발효시키려면 선택을 해야 한다. 시판되는 효모균을 구입해 과즙에 섞어주거나, 사과 껍질에 있던 효모가 알아서 해주기를 기다리거나 둘 중 하나다. 사과 품종마다 제각각 껍질에 고유한 효모균을 가지고 있어서 제 나름의 속도로 발효를 일으켜 서로 다른 특유의 향기를 뿜내며 익어간다. 모든 발효가 그렇듯이, 아주 작은 차이가 성패를 가른다. 나쁜 효모나 박테리아가 기세를 잡으면 과즙은 그냥 썩어버린다. 한 가지 품종의 효모균을 포장해 파는 시판용 효모균을 쓰면 과즙이 썩어버릴 일은 거의 없지만, 사과 자체가 갖고 있던 효모는 제 역할을 하지 못한다. 사과가 갖고 있던 고유의 효모가 그 역할을 훌륭해 해내리라는 것은 의심할 여지가 없었다. 뉴턴의 사과나무 아래서 주워온 사과들은 이미 뉴턴의 효모에 뒤덮여 있었다. 발효를 일으킬 효모가 정확히 어떤 종류의 효모인지 나로서는 알아낼 길이 없었다. 하지만 따지고 보면 인류 역사 속의 모든 발효가 그렇게 일어나지 않았던가.

과즙은 2주일간 발효되면서 톡 쏘는 향이 나는 탁한 액체가 되었다. 나는 그 액체를 병에 담았다. 며칠 후, 찌꺼기가 완전히 가라앉은 후 병을 열어 한 잔 마셔보았다. 놀라울 정도로 훌륭한 맛이었다. 시큼하고 떫었던 맛이 꽃향기처럼 부드럽고 담백한 맛으로 변해 은근한 술기운을 느끼게 했다. 여러 잔 마셔 취기가 오르자 잔뜩 의기양양해지면서 가벼운 행복감까지 느껴졌다. 과거에 사이다를 마시고 나면 느껴지곤 하던 머리가 멍한 느낌도 없었다. 술에 취해 정신이 명료하지는 않았지만, 횡설수설하지도 않았다. 나는 전설에 흥분했고, 거기서 위안을 얻었으며, 그것이 주는 제약을 감수했고, 그 속으로 녹아들었으며, 명료함을 잃었고, 신중함을 버렸다. 나는 사이다를 중력이라 불렀고, 축 처진 채 드러누워 효모의 천재적인 대사 작용의 영향 아래서 몽롱함을 즐겼다.

에필로그

퇴비 더미에서
출발한 생각

우리의 손은 뿌리처럼 자양분을 빨아들인다.
그러므로 나는 이 세상의 아름다운 것에
내 손을 올려놓는다.

아시시의 성 프란치스코Saint Francis of Assisi

어린 시절, 나는 가을을 좋아했다. 아름드리 밤나무에서 떨어진 낙엽이 바람에 날려 이리저리 돌아다니다가 정원 곳곳에 무리를 이루었다. 나는 갈퀴로 낙엽을 그러모아 조심스럽게 쌓아올린 뒤, 한 아름씩 또 모아다가 올려놓곤 했다. 그렇게 몇 주가 지나면 커다란 욕조를 몇 개씩이나 채울 만큼 낙엽이 쌓였다. 나는 가장 낮은 나뭇가지에 기어 올라가 낙엽더미 위로 훌쩍 뛰어내리며 놀았다. 일단 낙엽더미 위에 떨어지면 몸을 꿈틀거려 그 속으로 더 깊이 파고들어갔고, 내 몸이 완전히 낙엽에 파묻히면 신기한 냄새에 넋을 놓고 빠져들곤 했다.

아버지는 나에게 세상을 향해 곤두박질치듯 달려들라고 늘 격려하셨다. 아버지는 나를 무등 태운 채 돌아다니며 흐드러지게 핀 꽃송이들 속에 마치 꿀벌처럼 내 얼굴을 파묻게 하셨다. 이 나무 저 나무 돌아다니면서 우리는 아마도 꽤 많은 꽃의 가루받이를 도왔을 것이다. 내 얼굴은 노란색, 주황색 꽃가루가 묻어 알록달록해졌고, 우리는 그 색깔과 향기, 그리고 엉망이 된 얼굴에 웃음보를 터뜨렸다.

나의 낙엽 동산은 내 몸을 숨길 은신처이자 탐험의 세상이었다. 하지만 시간이 흐르면서 동산의 크기는 점점 쪼그라들었다. 낙엽 속으로 숨어들기는 점점 더 힘들어졌다. 나는 맨 밑바닥에서 축축하게 젖은 채 이제 낙엽의 모습을 잃어버리고 흙에 더 가까워져가고 있는 낙엽의 흔적들을 손으로 긁어냈다. 지렁이가 나타나기 시작했다. 지렁이는 흙을 낙엽 더미로 끌어올리고 있던 걸까, 아니면 낙엽을 흙 속으로 끌어가고 있던 걸까? 알 수 없었다. 내 느낌은, 낙엽 동산이 가라앉고 있다는 거였다. 하지만 낙엽 동산이 가라앉는다면 어디로 가라앉는 거지? 흙 속은 얼마나 깊을까? 세상을 이 단단한 흙의 바다 위에 떠 있게 붙들어주는 건 뭘까?

나는 아버지에게 물었고, 아버지는 답을 해주었다. 나는 또 다른 '왜?' 로 응답했다. 내가 아무리 많은 '왜?'를 들이대도 아버지는 항상 답을 내주었다. '왜?' 게임은 내가 지쳐야 끝났다. 내가 유기체의 분해에 대해 처음 알게 된 것도 바로 이런 시끄러운 '왜?'의 성찬에서였다. 나는 내 낙엽을 모두 먹어치우는, 우리 눈에 보이지 않는 아주 작은 존재를 상상해보려고 애를 썼지만 그렇게 작은 존재가 그토록 엄청난 식욕을 갖고 있다는 걸 도저히 받아들일 수 없었다. 낙엽 속에 파묻혀 있을 때 그 낙엽을 먹어치우고 있는 그 작은 존재를 상상해보았다. 나는 왜 그걸 보지 못한 거지? 그 녀석들이 그렇게 앞뒤를 안 가릴 만큼 배가 고팠다면 낙엽 속에 죽은 듯이 누워 있다가 그 녀석들을 잡을 수도 있지 않았을까? 하지만 녀석들은 용케도 내게 잡히지 않고 잘도 빠져나갔다.

아버지가 한 가지 실험을 제안했다. 우리는 투명한 페트병의 윗부분을 잘라낸 뒤, 흙, 모래, 마른 나뭇잎을 층층으로 넣은 뒤 마지막으로 지렁이를 몇 마리 집어넣었다. 그렇게 놓고 며칠 동안 지렁이가 페트병 속의 여러 층을 헤집으며 오가는 모습을 관찰했다. 지렁이는 그 층을 마구 뒤섞고 뒤집어놓았다. 모래는 흙 속으로 섞여들었고, 나뭇잎은 모래 속에 섞였다. 분명하게 보였던 각 층의 경계선이 희미해졌다. 지렁이는 우리 눈에 보이지만, 사실 저 안에는 우리 눈에 보이지 않는 많은 생명체가 지렁이처럼 움직이고 있을지도 몰라, 아버지가 말했다. 지렁이보다 작은 벌레들. 그 벌레보다 더 작은 생명체들. 우리 눈에 보일 만큼 크지는 않지만, 지렁이나 벌레처럼 그들이 할 수 있는 행동을 똑같이 하면서 흙과 모래와 낙엽을 뒤섞고 뒤집어 놓는 존재들. 작곡가는 음표로 마디를 채우고 그 마디마디를 붙여 음악을 만든다. 지렁이와 벌레와 그보다 작은 존재들은 생명의 마디들을 흩어놓고 분해시킨다. 이들이 없이는 아무 일도 일어날 수 없었다.

멋진 생각이었다. 마치 생명의 과정, 사고의 과정을 거꾸로 돌려본 것 같았다. 이제 양방향으로 동시에 화살표가 그려졌다. 창조자는 만들고 분해자는 분해한다. 분해자가 분해하지 않으면, 창조자가 창조할 재료도 없다. 여기에 생각이 이르자 세상을 보는 나의 방식이 달라졌다. 그리고 이 생각으로부터, 세상을 분해하는 존재에 대한 나의 환상으로부터 곰팡이에 대한 관심이 자라났다.

바로 이 질문과 환상의 퇴비 더미로부터 이 책이 만들어지기 시작했다. 질문은 너무나 많은데 할 수 있는 대답은 너무나 적었다. 그래서 더욱 흥미로웠다. 애매모호함으로 답답하고 갑갑나던 느낌은 처음처럼 심하지 않다. 확실성으로 불확실성을 교정하고자 하는 유혹에 저항하는 것도 어렵지 않다. 나는 어느새 균학 내부에서도 서로 멀리 떨어져 있는 분야에 관한 질문에 답하고, 때로는 모래를 흙 속에 섞고, 때로는 흙덩어리를 모래 속에 부숴 넣으며 얼떨결에 중간자의 역할을 하는 내 모습을 발견했다. 처음 시작했을 때보다 더 많은 꽃가루를 얼굴에 묻힌다. 지나온 길 위로 새로운 '왜?'가 쌓인다. 높은 곳에서 점프해 뛰어들 나뭇잎 더미는 더 크고 더 높아졌고, 그 냄새는 처음처럼 여전히 신비롭다. 그러나 내 몸을 묻고 더 많은 것을 탐색할 더 크고 더 축축한 공간이 있다.

곰팡이가 버섯을 만들었을지도 모른다. 그러나 처음에는 다른 무언가를 분해하는 것으로 출발했음이 틀림없다. 이제 이 책을 만들었으니, 이 책도 분해해보라고 곰팡이에게 넘겨줄 수 있게 되었다. 이 책을 한 권 가져다가 물에 적신 뒤, 여기에 느타리버섯 균사를 길러봐야겠다. 낱말과 페이지가 다 먹히고, 표지까지 먹힌 뒤 느타리버섯이 올라오면, 나는 그 버섯을 먹어야겠다. 또 다른 한 권을 가져다가 페이지를 모두 찢어내서 잘게 찢은 후, 약산성 약품으로 종이의 섬유질을 분해해 당분으로 만들어야겠다. 그리고 그 당분 용액에 효모를 섞어야겠다. 발효가 끝나면 그 맥주를 마시고 이제 회로를 닫아야지.

곰팡이가 세상을 만든다. 그리고 우리를 분해하기도 한다. 곰팡이의 행동을 포착할 수 있는 방법은 많다. 버섯 수프를 끓일 때, 또는 버섯을 그냥 먹을 때, 버섯을 따러 가거나 사러 가서, 알코올을 발효시키면서, 나무를 심으면서 또는 두 손을 흙 속에 묻으며 우리는 곰팡이를 보거나 접촉한다. 갑자기 곰팡이를 떠올리거나, 다른 사람이 곰팡이를 떠올리는 것을 보거나, 곰팡이로 무언가를 치료하거나 곰팡이가 누군가를 치료하는 것을 보거나, 곰팡이로 집을 짓거나 집에서 곰팡이를 기를 때 곰팡이는 우리의 행동을 포착한다. 우리가 지금 살아 있다면, 그들은 이미 오래전부터 살고 있었다.

서문: 내가 만약 곰팡이라면

1 뽕나무버섯의 거대한 네트워크에 대한 보고는 매우 많다. 미시간주에서 발견된 뽕나무버섯은 약 2,500살쯤 되었고, 차지하고 있는 면적은 75헥타르, 무게는 최소한 400톤 이상으로 추정된다. 연구자들은 이 곰팡이의 DNA 돌연변이 비율이 지극히 낮은 것으로 보아 DNA 손상으로부터 스스로를 보호하는 방법을 갖고 있다고 추측했다. 이 곰팡이가 어떻게 게놈을 그렇게 안정적으로 유지할 수 있는지는 정확히 알 수 없다. 그러나 그 덕분에 그토록 오랜 세월을 살아남을 수 있었으리라고 볼 수 있다. 뽕나무버섯 외에 가장 큰 생명체 중에는 해초 군락이 있다.

2 프로토택사이트의 화석은 북아메리카, 유럽, 아시아, 호주에서 발견되었다. 생물학자들은 19세기 중반부터 프로토택사이트가 무엇인가를 두고 의견이 분분했다. 처음에는 썩은 나무라고 생각했다. 그러나 얼마 후 육지에서 자랐다는 증거가 압도적이었음에도 이 생명체는 거대 해양 조류로 승격됐다. 2001년, 10년에 걸친 논쟁 끝에 프로토택사이트는 사실상 곰팡이의 자실체라는 쪽으로 의견이 기울어졌다. 이 주장은 상당히 설득력이 있었다. 프로토택사이트는 다른 어떤 생명체보다도 곰팡이의 균사와 닮았으면서 마치 천을 짜듯 두터운 조직을 만든 필라멘트로 이루어져 있기 때문이었다. 탄소동위원소 분석 결과, 프로토택사이트는 광합성을 통해서가 아니라 주변에서 영양분을 흡수하며 살았던 것으로 나타났다. 셀로스는 프로토택사이트를 곰팡이와 광합성을 하는 조류의 연합체인 지의류로 보아야 한다는 주장을 내놓았다. 식물을 분해하는

것만으로 영양분을 섭취하기에는 프로토택사이트의 덩치가 너무 크다는 것이 그 이유였다. 만약 프로토택사이트가 부분적으로 광합성을 한다면, 죽은 식물로부터는 영양분을 얻고 광합성으로부터는 에너지를 얻을 수 있었을 것이다. 이 두 방법은 프로토택사이트가 주변의 어떤 생명체보다도 키가 클 수 있었던 수단과 동기가 될 수 있다. 더욱이 프로토택사이트가 데본기 조류에서 발견되는 조악한 중합체를 품고 있는 것으로 보아, 조류 세포가 균사와 얽혀서 살았다고 추측할 수 있다. 지의류 가설은 또한 프로토택사이트의 멸종 원인도 설명해 준다. 4,000만 년 동안 지구를 지배한 프로토택사이트는 식물이 키 큰 교목과 키 작은 관목으로 진화하자 지구상에서 사라졌다. 이 또한 프로토택사이트가 지의류에 가까운 생명체였다는 주장에 힘을 실어준다. 식물이 많아질수록 지표면에 도달하는 햇빛의 양이 줄어들기 때문이다.

3 효모는 균계에서 1퍼센트를 차지하며, '발아' 또는 이분법으로 증식한다. 효모 중에서 일부는 일정한 환경에서 균사 구조를 형성하기도 한다.

4 가위개미는 기르는 곰팡이에게 먹이와 서식 장소만 제공하는 것이 아니라 약을 주기도 한다. 가위개미의 균밭은 단일경작이라 한 종류의 곰팡이만 자란다. 인간 세상의 단일경작이 병충해에 취약하듯이, 가위개미의 곰팡이도 위험해지기 십상이다. 특히 위협이 되는 것이 특정한 기생균인데, 이 곰팡이가 침입하면 가위개미의 균밭이 완전히 초토화되기도 한다. 가위개미는 표피 바로 아래에 분비선에서 분비되어 나온 박테리아를 모아두는 작은 공간이 있다. 개미 군집마다 서로 다른 특정 박테리아를 갖고 있다. 친척뻘인 군집이라도 이 박테리아는 서로 다르다. 이렇게 길러진 박테리아는 기생균을 강력하게 억제하고 밭에서 기르는 곰팡이에게는 성장촉진제 역할을 한다. 이 박테리아가 없으면, 가위개미와 가위개미집은 그렇게 큰 규모로 확장되지 못한다.

5 동물에게는 곰팡이가 일으키는 질병보다 박테리아가 일으키는 질병이 훨씬 더 위협적이다. 반면에 식물은 박테리아가 일으키는 질병보다 곰팡이가 일으키

는 질병에 훨씬 취약하다. 동물에 깃들어 사는 미생물군계microbiome는 박테리아가 지배하고, 식물에 깃들어 사는 미생물군계는 곰팡이가 지배한다. 그렇다고 동물이 곰팡이가 일으키는 질병에 전혀 걸리지 않는 것은 아니다. 캐서디벌Casadevall은 공룡이 완전히 사라진 대멸종, 즉 백악기 제3기 대멸종이 후 파충류가 지고 포유류가 부상한 것은 포유류가 곰팡이가 일으키는 질병에 강한 저항력을 가졌기 때문이라고 주장한다. 파충류에 비해 포유류는 몇 가지 핸디캡이 있다. 포유류는 체온을 유지하기 위해 에너지를 많이 소모한다. 게다가 젖을 먹여 자식을 기르기 때문에 모성의 보살핌이 필요하다. 그러나 포유류가 파충류를 제치고 땅 위를 지배하는 동물이 될 수 있었던 것이 바로 높은 체온 때문이었을지도 모른다. 백악기 제3기 대멸종이 진행되는 동안 숲에서는 가지 마름병이 창궐하여 죽은 나무들이 쌓이면서 지구 전체가 거대한 퇴비 저장소가 되는 바람에 병원균이 번졌는데, 포유류의 높은 체온이 개체의 몸에서 병원균이 자라는 것을 막아냈으리라고 보는 것이다. 오늘날에도 포유류는 파충류, 양서류, 포유류 공통의 곰팡이가 일으키는 질병에 대해 저항력이 훨씬 강하다.

6   아이스맨이 조개껍질버섯을 어떻게 썼는지는 정확하게 알 수 없지만, 이 버섯은 맛이 쓰고, 코르크와 유사한 조직을 갖고 있어 소화가 되지 않으므로 식용은 아니었을 것이다. 조개껍질버섯을 잘 손질해서 가지고 있었다는 사실은 ― 주머니를 묶은 끈에 장식처럼 달려 있었다 ― 이 버섯의 가치와 용법에 대해 수준 높은 지식을 갖고 있었음을 의미한다.

7   이집트, 수단, 요르단 등지에서 1,600년 전쯤에 매장된 사체들의 뼈를 분석한 결과, 아마도 치료 목적으로 장기간 꾸준히 흡수되어 축적되었을 것으로 보이는 다량의 테트라시클린tetracycline (세균의 단백질 합성을 억제하여 항균작용을 하는 항생제 성분. 티푸스, 폐렴, 여드름 등 세균성 질병의 치료에 사용된다 ― 옮긴이 주)이 발견되었다. 테트라시클린은 곰팡이가 아니라 박테리아로부터 생기지만, 근본적인 발원지는 약용술을 만드는 데 쓰였을 것으로 추정되는 곰팡이 핀

낟알이었을 것이다. 플레밍이 처음 관찰한 순간부터 세계 무대에 등장하기까지, 페니실린의 등장 과정은 탄탄대로를 달린 것이 아니라 숱한 노력을 필요로 했다. 수많은 실험과 산업적인 노하우, 엄청난 투자와 정치적인 지원이 뒤를 받쳐준 결과였다. 처음에는 플레밍이 뭇사람들로 하여금 자신의 발견에 관심을 갖게 만드는 것조차 힘들었다. 미생물학자이자 과학사학자인 밀턴 웨인라이트Milton Wainwright에 따르면, 플레밍은 '하나의 페트리 접시에 여러 종류의 박테리아를 길러서 여왕의 초상화를 그리는 등 괴상하고 망측한 짓을 태연히 저지르는', '칼잡이이자 조타수'였다. 페니실린의 극적인 치료 효능이 증명된 것은 플레밍의 첫 발견 이후 12년이 지나서였다. 1930년대에 옥스퍼드의 연구진이 페니실린을 추출하여 정제하는 방법을 개발했고, 1940년에는 임상을 통해 감염병을 제압하는 페니실린의 놀라운 능력을 증명해냈다. 그럼에도 불구하고 페니실린 생산은 여전히 난제였다. 대량으로 생산할 방법을 찾지 못하자, 페니실린을 기르는 방법이 의학전문지에 실리기도 했다. 몇몇 의사들은 수술용 거즈 위에 조그맣게 자른 균사와 함께 조악하고 순도도 낮은 (페니실린) 추출물을 붙여서 감염 치료에 사용했는데 매우 효과가 좋았다. 페니실린 생산 공정을 완성한 것은 미국이었다. 미국에서 페니실린 대량생산이 가능할 수 있었던 것은 공업용 발효기 안에서 곰팡이를 배양하는 방법이 개발되어 있었던 것과 돌연변이를 거쳐서 번식력이 강해진 푸른곰팡이 Penicillium 의 변종을 발견한 덕분이었다. 페니실린이 대량으로 생산되면서 새로운 항생제를 찾기 위한 대대적인 노력이 시작되었고, 수천 종의 곰팡이와 박테리아가 연구 대상이 되었다.

8 1993년, 《사이언스》에 미국 주목Pacific yew 의 나무껍질에서 분리한 내생균으로부터 생산되는 파클리탁셀(상표명은 탁솔로 판매된다)에 대한 기사가 실렸다. 그 후 파클리탁셀은 식물보다 곰팡이에서 더 널리 만들어진다는 연구 결과들이 이어졌다. 파클리탁셀을 만드는 내생균은 200여 종에 이른다. 매우 강

력한 항균력을 가진 내생균은 중요한 방어 작용을 한다. 파클리탁셀을 만드는 곰팡이는 다른 곰팡이를 억제한다. 세포분열을 방해함으로써 마치 암에 대항하듯이 곰팡이에 대항한다. 주목에 기생하는 다른 곰팡이처럼, 파클리탁셀을 만드는 곰팡이는 이런 효과에 면역이 있다. 곰팡이로부터 유래된 몇몇 항암제들이 조제약의 주류로 편입되었다. 표고버섯에서 추출되는 다당류인 렌티난 lentinan은 암과 싸우도록 면역 시스템을 자극하는 것으로 밝혀져서 일본에서는 위암과 유방암 치료용으로 사용승인이 났다. 구름버섯에서 분리된 PSK는 여러 암으로 고통받는 환자들의 생존 시간을 연장해주는 것으로 밝혀져, 중국과 일본에서는 통상적인 암 치료제와 함께 사용된다. 식용 버섯과 약용 버섯 시장에 대한 더 자세한 정보는 www.knowledge-sourcing.com/report/global-edible-mushrooms-market에서 찾을 수 있다.

9 신경과학자 사이에서는 지각 작용에 대한 기대의 영향이 하향적 영향력이라고 알려져 있다. 또는 베이즈의 영향력이라고도 알려져 있다. 토머스 베이즈 Thomas Bayes는 확률의 수학, 또는 '우연의 원칙'의 기초를 놓은 수학자다.

10 〈Advamces in Physarum Machine〉(Adamatzky, 2016)에서 연구진들은 점균류의 놀라운 특성을 자세하게 설명하고 있다. 그들 중 일부는 결정 게이트와 신호 발생기를 만들 때 점균류를 이용하고, 또 어떤 이들은 인류 이주의 역사를 시뮬레이션하거나 인간의 달 이주 가능성을 모델링할 때 점균류를 이용한다. 쇼어 인수분해의 비양자적 실행, 최단경로 계산, 공급체인 네트워크 디자인 등도 점균류에서 힌트를 얻은 수학적 모델이다. 1926년부터 1989년까지 일본 국왕으로 재위했던 히로히토 일왕은 점균류에 매료되어 1935년에 점균류에 대한 책을 쓰기도 했다. 이때부터 일본에서는 점균류 연구가 크게 유행했다.

11 린네가 1735년《자연의 체계Systema Naturae》를 출판하면서부터 체계화된 분류법은 오늘날에는 인종에까지 확장된 수정판이 있다. 유럽인은 "매우 영리하고 창의적이며 엄격하게 의상을 착용한다. 법을 존중한다." 미국인은 "관습

에 의존한다." 아시아인은 "자기 주장에만 매달린다." 아프리카인은 "게으르고 불결하며 (…) 교활하고, 지적으로 둔하며, 부주의하다. 탐욕으로 가득하다. 변덕스러워 종작없다." 이브람 X. 켄디Ibram X. Kendi 의 저서에 따르면 현대에도 이러한 인식이 존재한다. 인종에 등급을 매겨 분류하는 것은 인종차별이다.

12   W. H. 오든Auden 의 시 〈새해인사New Year Greeting〉 참조. 오든의 시는 자신의 신체 각 부위의 생태계를 자기 몸에 깃들어 있는 미생물군체에 비유했다. "너희 같은 크기의 피조물에게 나는 / 살 곳을 선택할 자유를 준다. / 내 몸의 구멍들과 겨드랑이와 사타구니의 열대 숲/ 내 상완의 사막과 / 내 정수리의 시원한 숲 중에서 / 너희에게 가장 좋은 장소에 / 안주하기를."

13   장기이식과 인간 세포 배양에 대해서는 볼Ball 의 저서 《How to Grow a Human》, 우리 몸에 깃든 미생물군체의 크기에 대해서는 〈Host biology in light of the microbiome〉(Bordenstein et al. 2015) 참조. 미생물군체에 대한 종합적인 설명을 보고 싶다면 《네이처》 특집호(2019. 5), www.nature.com/collections/fiabfcjbfj를 읽어보기를 권한다.

14   어떻게 보면 이제는 모든 생물학자가 생태학자다. 그러나 학문 분야로 따지자면 생태학자들은 유리한 출발을 한 것이고 그들의 방법은 새로운 분야로 침투하고 있다. 많은 생물학자들이 역사적으로 비생태학적이었던 생물학에 생태학적 방법을 응용할 것을 요구하고 있다. 곰팡이 안에 사는 미생물 연쇄반응의 여러 가지 사례가 있다. 2007년 《사이언스》에 실린 마르퀴즈Márquez 의 논문은 '식물 내부에 사는 곰팡이 속에 사는 바이러스'를 설명하고 있다. 그 식물 — 열대 잔디 — 은 원래 온도가 높은 토양에서 잘 자란다. 그러나 그 잔디의 잎에서 자라는 곰팡이와 협력하지 않으면 고온에서 살아남지 못한다. 이 곰팡이 없이 잔디만 따로 자라게 하면 비실비실하다가 결국은 살아남지 못한다. 그러나 이 잔디가 고온을 견딜 수 있게 해주는 요소는 곰팡이가 아니라는 사실이 밝혀졌다. 내열 능력을 갖게 해준 것은 곰팡이가 아니라 곰팡이 안에 사는 바

이러스였다. 이 바이러스를 제거하면 곰팡이도 잔디도 고온을 견디지 못한다. 다시 말하면 곰팡이가 품고 있는 미생물군체가 식물이 품고 있는 미생물군체 속에서 곰팡이의 역할을 결정하는 것이다. 그 결과는 간단하다. 삶 아니면 죽음. 미생물 안에 사는 미생물의 가장 드라마틱한 사례는 작은포자뿌리곰팡이 Rhizopus microsporus 다. 뿌리곰팡이의 핵심적인 무기인 독성물질은 사실 이 미생물의 균사에서 살고 있는 박테리아가 만들어낸다. 곰팡이와 곰팡이 안에서 사는 박테리아의 운명이 얼마나 단단하게 얽혀 있는지는 뿌리곰팡이가 박테리아에게 도열병균을 일으키도록 요구할 뿐만 아니라 자신의 생식에도 도움을 줄 것을 요구한다는 데서 알 수 있다. 뿌리곰팡이가 자신의 균사에서 살고 있는 박테리아를 '양생'하면 이 곰팡이가 포자를 생산하는 능력도 크게 신장된다는 사실이 실험을 통해 밝혀졌다. 먹이에서부터 짝짓기 습관에 이르기까지, 뿌리곰팡이의 생애주기의 가장 중요한 특징들이 바로 이 박테리아에서 연유한다.

15 인간이 단수냐 복수냐 하는 문제는 새롭지 않다. 19세기 생리학에서는 각 개인을 국민국가의 한 구성원으로 보는 것과 유사하게 다세포 유기체의 몸을 고유한 권리를 가진 각각의 세포의 공동체로 보았다. 그러나 현대에 이 문제는 미생물과학의 발달로 간단하게 답하기 어려워졌다. 우리 몸의 수많은 세포는 예를 들면 일반적인 간세포와 일반적인 신장세포의 관계처럼, 엄격하게 말해 다른 세포와 직접 연결되어 있지 않기 때문이다.

유혹하는 곰팡이: 버섯과 곰팡이가 퍼져나가는 방법

1 암스테르담에 가면 살 수 있는 향정신성 '트러플'은 이름이 그러할 뿐, 자실체가

아니다. 이 트러플은 '균핵', 즉 균사가 모인 덩어리로 저장 기관이다. 트러플이라는 이름이 붙은 이유는 외견상 비슷하게 생겼기 때문이다.

2   아리스토텔레스에 따르면 트러플은 '아프로디테에게 봉헌된 열매'였다. 나폴레옹과 사드 후작은 최음제로 썼으며, 조르주 상드는 트러플을 '사랑을 불러오는 마법의 검은 사과'라고 묘사했다. 프랑스의 미식가 장 앙텔름 브리야사바랭은 "트러플은 에로틱한 쾌락을 불러온다"고 썼다. 1820년대의 일반적인 믿음이었던 이 주장을 확인하기 위해 그는 여성들("그들에게서 들은 응답은 모두 아이러니컬하거나 에둘러 표현한 애매한 말이었다.")과 남성들("그들의 직업상 매우 특별한 신뢰를 둘 만하다.")을 상대로 자문을 구했다. 그는 최종적으로 "트러플은 실제로 최음제가 아니라 여성이 더 매력적으로 보이고 남성이 더 친절하게 보이는 상황에서만 그러한 효과를 가진다"는 결론을 내렸다.

3   라이언 제이콥스Ryan Jacobs는 트러플 채취 현장에서 벌어지는 온갖 반칙행위들을 기사로 썼다. 반칙꾼들은 쥐약 성분인 스트리크닌이나 부동액을 주입하거나 날카로운 유리 조각을 숨긴 고깃덩어리를 던져두기도 하고, 추적견들이 목을 축이러 오는 물웅덩이에 독을 풀기도 한다. 수의사들의 보고에 따르면, 매년 트러플 시즌이면 이런 독에 중독되어 치료를 받는 추적견이 수백 마리에 이른다고 한다. 당국에서는 독극물을 찾아내는 추적견을 동원해 숲을 수색한다. 2003년 《가디언》에 프랑스의 트러플 전문가 미셸 트루나예르Michel Tournayre가 기르던 트러플 추적견을 도난당한 에피소드가 실렸다. 트루나예르는 개를 훔쳐간 사람은 그 개를 다른 곳에 팔아넘기기보다는 남의 땅에서 트러플을 찾는 데 쓰고 있을 것이라고 추측했다. 남의 땅에서 훔친 추적견으로 남의 땅에서 트러플을 훔치다니, 최고의 묘수다.

4   난초벌은 자기 몸에서 분비되는 지방 물질을 향기가 나는 물체에 묻힌다. 지방 물질에 그 향기가 흡수되면, 그 지방 물질을 회수해서 뒷다리에 있는 작은 주머니 안에 모아둔다. 이 방법은 열을 가해 향을 추출하기에는 너무 예민한 재스

민 같은 식물로부터 향을 추출하기 위해 인간이 수백 년 전부터 써온 냉침법과 똑같은 원리다.

5   한 종의 트러플이 만들어내는 휘발성 물질의 수는 감지 기술이 발달하면서 꾸준히 증가해왔다. 이런 물질을 감지하는 기술은 인간의 후각보다 덜 민감하지만, 트러플의 휘발성 물질의 수는 앞으로 더 많이 늘어날 것으로 보인다. 트러플의 유인 물질이 단 하나의 화합물로만 이루어져 있다고 보는 관점은 여러모로 위험하다. 1990년 탈러Talou 등이 수행한 연구에서는 아주 적은 수의 동물 샘플과 단 한 종의 트러플이 단 한 장소의 아주 얇은 구덩이에서만 테스트되었다. 장소가 다르거나 구덩이의 깊이가 다르면 그때마다 더 도드라지게 나타나는 휘발성 화합물의 하위집합이 다를 수 있다. 게다가 야생에서 트러플에 이끌리는 동물의 종류는 멧돼지, 들쥐에서부터 곤충에 이르기까지 매우 다양하다. 동물마다 트러플이 내는 휘발성 물질 중에서 서로 다른 조합에 이끌리는 것일 수도 있다. 어쩌면 안드로스테놀이 동물에 작용하는 방식이 우리가 생각하는 것보다 더 복잡미묘할지도 모른다. 연구에서 보았듯이, 안드로스테놀 하나만으로는 효과가 없지만, 다른 화합물과 조합을 이루면 그 효과가 제대로 나타나는 것일 수도 있다. 그게 아니라면 안드로스테놀은 트러플을 찾는 데에는 도움이 되지 않지만, 동물들이 트러플을 먹는 경험에서 중요한 역할을 하는 것일 수도 있다. 고티에리아 외에 또 다른 트러플종인 코이로미세스 메안드리포르미스 Choiromyces meandriformis 도 '지독하게 역겨워 구토를 유발하는' 냄새를 가진 것으로 보고되어 있으며, 이탈리아에서는 독버섯으로 알려져 있다(하지만 북유럽에서는 인기 있는 버섯이다). 발사미아 불가리스 Balsamia vulgaris 는 약하게 독성이 있는 것으로 알려져 있지만, 개는 '고약한 지방' 냄새를 매우 즐기는 것 같다.

6   균사체를 탐색하는 영역에서 균사는 대개 다른 균사를 건드리지도 않고서도 자라난다. 균사체 중에서 더 성숙한 부분에서는 균사의 성향이 바뀐다. 대신

성장점은 서로를 끌어당기면서 '귀소'를 시작한다. 균사가 어떻게 서로를 끌어당기거나 밀쳐내는지는 아직 잘 알려져 있지 않으나 표본적인 유기체, 붉은빵곰팡이 *Neurospora crassa*에 대한 연구로 단서가 잡히기 시작하고 있다. 각 균사의 첨단은 다른 균사를 끌어들이고 '흥분시키는' 페로몬을 교대로 분비한다. 이러한 밀고 당기기를 통해, 균사는 리듬을 타면서 서로를 즐겁게 하고 귀소하게 한다. 곰팡이가 스스로를 자극하지 않고 다른 유기체들을 유인할 수 있는 것이 바로 이러한 진동 — 화학적인 랠리 — 덕분이다. 서브를 할 차례에서는 페로몬을 감지하지 못하지만, 다른 유기체가 서브하면 그때는 자극을 받는다.

7 균사가 다른 균사와 융합할 수 있는가의 여부는 그들의 '체세포 화합성 vegetative compatibility'에 따라서 결정된다. 균사의 융합이 일어나면, 별도의 교배형 시스템이 어떤 핵이 성세포 재조합sexual recombination 될 것인지를 결정한다. 균사가 다른 균사와 융합하여 유전물질을 공유하지 않으면 성세포 재조합은 일어나지 않지만, 체세포 화합성과 성세포 재조합이라는 두 시스템은 서로 다르게 작동한다. 서로 다른 균사체 네트워크 사이의 체세포 융합의 결과는 복잡하기도 하고 예측불가능하다.

8 트러플 재배자들이 트러플 재배법을 정말로 이해하고 싶다면 트러플의 생식에 대해 제대로 이해해야만 한다. 문제는 그럴 수가 없다는 것이다. 트러플 곰팡이가 수정하는 모습은 포착된 적이 없다. 트러플의 생장과 한살이를 인간이 관찰하기 어렵다는 현실을 감안하면 그다지 놀라운 결과는 아니다. 더욱 특이한 점은, 지금까지 누구도 아버지 균사를 발견한 적이 없다는 사실이다. 연구자들이 아무리 열심히 파헤쳐도, 식물의 뿌리나 토양 속에서 자라는 어머니 균사만 —'+ 균사'든 '- 균사'든 — 발견되었을 뿐이다. 아버지 트러플은 수명이 짧아, 수정 후에는 곧 사라지는 것으로 보인다.

9 균근 곰팡이 중에서 어떤 것들의 균사는 후퇴해서 포자 속으로 다시 들어갔다가 나중에 다시 나오기도 한다.

10 식물 뿌리에 미치는 곰팡이의 영향에 대해서는 〈Volatile signalling by sesquiterpenes from ectomycorrhizal fungi reprogrammes root architecture〉(Ditengou et al. 2015), 〈Stop and smell the fungi: fungal volatile metabolites are overlooked signals involved in fungal interaction with plants〉(Li et al. 2016), 〈Truffles regulate plant root morphogenesis via the production of auxin and ethylene〉(Splivallo et al. 2009), Schenkel et al. (2018)과 〈Volatiles of pathogenic and non-pathogenic soil-borne fungi affect plant development and resistance to insects〉(Moisan et al. 2019)을 볼 것.

11 곰팡이가 분비하는 화학물질의 성질에는 미묘한 차이가 있으며 매우 넓고 다 이내믹한 영향을 미친다. 식물과 커뮤니케이션하는 데 쓰이는 휘발성 물질이 주변의 박테리아와 커뮤니케이션하는 데에도 쓰일 수 있다. 곰팡이는 라이벌 곰팡이를 억지하는 데에도 휘발성 화합물을 쓴다. 식물 역시 원치 않는 곰팡이 를 억지할 때에도 휘발성 화합물을 쓴다. 같은 곰팡이가 내는 똑같은 화학물 질이라도 농도에 따라 식물에 다르게 작용한다. 숙주 나무의 생리 기능을 조작 하기 위해 어떤 트러플이 분비하는 식물 호르몬은 농도가 높아지면 식물을 죽 이기도 하며, 자신의 숙주 나무와 경쟁하는 다른 나무를 억지하는 데 매우 유 용한 무기가 되기도 한다. 트러플 곰팡이 중 일부에는 다른 곰팡이가 기생하 기도 하는데, 이는 아마도 그들의 화학적 유혹에 넘어간 탓일 것이다. 트러플 에 기생하는 곰팡이, 톨리포클라디움 카피타타 *Tolypocladium capitata* 는 곤 충에 기생하는 오피오코르디셉스 곰팡이의 사촌인데, 오피오코르디셉스 곰팡 이는 흔히 '사슴버섯(deer truffle'이라고 불리는 엘라포미세스 *Elaphomyces* 같 은 특정 종류의 트러플에도 기생하는 것으로 알려져 있다(mushroaming.com/cordyceps-blog에서 사진을 볼 수 있다).

12 영국 제도에서 처음으로 길러낸 페리고르 블랙 트러플의 자실체 — 아마도 기

후변화 탓인 듯하다 — 를 다룬 보고서는 〈First harvest of Périgord black truffle in the UK as a result of climate change〉(Thomas and Büntgen, 2017)를 참고. 페리고르 블랙 트러플을 재배하는 데 쓰이는 '현대적인' 기술은 1969년에서야 개발되었으며, 1974년 인공으로 접종된 트러플 곰팡이로부터 처음으로 트러플 버섯을 수확했다. 트러플 곰팡이가 접종된 뿌리는 페리고르 블랙 트러플의 균사체와 함께 배양해서 곰팡이가 완전히 안착되면 옮겨 심는다. 적당한 조건 아래서 몇 년이 흐르면 곰팡이가 트러플을 생산하기 시작한다. 트러플 재배면적(세계적으로 4만 헥타르가 넘는다)은 꾸준히 증가하고 있고, 미국, 뉴질랜드의 페리고르 트러플 과수원에서는 수확량도 꽤 많은 편이다. 르페브르는 자신의 방법을 처음부터 끝까지 세세하게 기록한다고 해도 다른 재배자가 똑같이 따라하기는 힘들다고 말한다. 다른 사람에게 이해시키고 그대로 따라하도록 만들기 어려운, 직관적인 지식이 필요하기 때문이다. 계절적인 차이, 배양실 조건의 변화같은 지극히 사소한 변화라도 큰 차이를 불러온다. 재배자 사이의 비밀주의도 문제다. 트러플 재배자들은 자신의 자산을 지킨다는 의식이 강하다. "비밀주의는 버섯 채취의 전통이죠. 많은 사람들이 숲에서 버섯을 따지만, 어디서 어떻게 얼마나 땄는지는 철저하게 함구합니다. 숲에서 누군가를 만나 오늘은 어땠는지 물었을 때, '많이 땄지!'라는 답이 돌아왔다면 십중팔구 그 사람은 하나도 건지지 못했을 겁니다. 아주 오래전부터 내려온 전통이고, 이 전통이 연구를 방해합니다." 그럼에도 불구하고 르페브르는 단념하지 않고 지금도 매년 피드몬트 화이트 트러플의 균사체를 가진 나무를 기른다. 피드몬트 화이트 트러플은 아직도 재배에 성공하지 못했다. 똑같은 희망을 안고, 그는 유럽의 트러플종을 미국산 나무에 접종하는 실험을 계속하고 있다 (피드몬트 화이트 트러플은 비록 자실체를 생산하지는 못하지만 사시나무포플러aspen와 짝을 이루면 잘 자란다). 다른 재배자들은 트러플에서 박테리아를 분리하는 데 열중하고 있다. 그 박테리아가 트러플 자실체의 생장을 촉진할 것이라는 희망을 갖고 있기 때문이다(박테리아 중 일부 그룹은 실제로 자실체의 생장에 도움이 되는 것으로 보인다). 르페브르에게 피드몬트 화이트 트러플이 접종된 나무가 잘 팔리는지 물어보았다. "많이 안 팔립니다. 하지만 아무도 시도하지 않으면 누구도 성공할 수 없다는 생각으로 파는 것이죠." 그가 대답했다.

13   오늘날 의인주의에 대한 논쟁이 가장 뜨거운 생물학 분야는 식물과 식물이 주변 환경을 지각하고 반응하는 방법에 대한 연구다. 2007년, 36명의 저명한 식물과학자들이 이제 걸음마 단계에 있는 '식물 신경생물학'을 퇴출시켜야 한다는 주장을 담은 성명서에 서명했다. '식물 신경생물학'이라는 용어를 등장시킨 학자들은 식물이 인간이나 다른 동물과 마찬가지로 전기 신호와 화학 신호 시스템을 갖고 있다고 주장했다. 성명서에 서명한 36명의 과학자들은 그러한 주장이 '피상적인 유추이며 의심스러운 외삽'이라고 반박했다. 두 주장 사이에는 열띤 논쟁이 벌어졌다. 의인주의적 관점에서 이 논쟁은 매우 매력적이다. 캐나다 요크대학교의 인류학자인 나타샤 마이어스Natasha Myers는 식물 행동의 이해 방식을 두고 여러 명의 식물 과학자들을 인터뷰했다. 마이어스는 말도 많고 탈도 많은 의인주의의 정치학과 연구자들이 이 문제를 다루는 서로 다른 방식에 대해 설명했다.

14   로빈 월 키머러, 《향모를 땋으며》 중 "유생성의 문법 학습".

15   "곰팡이와 숙주 나무와의 관계에 대해서는 알려진 것이 너무 적습니다." 르페브르가 설명했다. "트러플의 생산량이 아주 많은 곳에서도 이 곰팡이에 점령된 뿌리의 비율은 극히 적은 경우도 드물지 않아요. 그러니까 트러플의 생산력이 곰팡이가 숙주 나무로부터 받아들이는 에너지의 양에 비례하지는 않는다는 걸 알 수 있습니다."

16   냄새와 냄새의 표현에 대해서는 《The Emperor of Scent》(Burr, 2012) ch. 2.를 참고할 것. 인류학자 애나 칭Anna Tshing은 에도시대(1603~1868) 일본에서는 송이가 시의 주제로 인기가 높았다고 썼다. 가을에 송이를 따러 가는

것은 봄에 벚꽃 구경을 가는 것과 비슷했다. 송이의 향기는 '가을 향기'로 일컬어지기도 했으며, '버섯의 향기'는 시적 분위기를 일컫는 말이 되기도 했다.

살아 있는 미로: 곰팡이가 길을 찾는 방법

1 곰팡이의 미로 탈출에 대해서는 www.sciencedirect.com/science/article/pii/S1878614611000249, www.pnas.org/content/116/27/13543/tab-figures-data에서 동영상 자료를 볼 수 있다.

2 새 나무 블록이 균사체 네트워크 전체에서 화학적 농도 또는 유전자 발현에 변화를 일으켰던 걸까? 아니면 균사체가 재빨리 원래의 나무 블록 안에서 한 방향으로만 재성장하도록 재분배된 것일까? 보디와 동료들은 이 의문에 대해 명확한 답을 찾지 못했다. 곰팡이로 미시적인 미로 실험을 시도했던 연구자들은 마치 자이로스코프가 내장된 듯이 행동하며 균사에 방향 기억을 갖게 함으로써, 방해물이 나타났을 때 그 방해물을 우회한 후에 원래 성장하던 방향을 회복할 수 있게 해주는 곰팡이 생장점의 내부 구조를 관찰했다. 그러나 보디의 연구팀은 원래의 블록을 새 접시로 옮겨놓기 전에 생장점을 포함한 모든 균사를 제거했으므로, 이러한 메커니즘이 그들이 관찰했던 효과를 설명해주는 것 같지는 않다.

3 곰팡이의 균사는 (보통) 명확한 경계를 가지고 있는 동물이나 식물의 세포와는 다르다. 사실 엄밀히 말하자면, 균사는 세포라고 말할 수도 없다. 많은 곰팡이가 길이 방향으로 갈라져서 구분지어지는 '격벽septum' 구조의 균사를 갖고 있는데, 격벽은 개방된 것도 폐쇄된 것도 아니다. 격벽이 개방되어

있어 균사의 내용물이 '세포' 사이를 흘러다니는 균사체 네트워크를 '초세포 supracellular' 상태라고 부른다. 하나의 균사체 네트워크가 다른 여러 네트워크와 융합되어서 널리 확산되는 '군 郡, guilds'을 이루는데, 이 안에서는 하나의 네트워크가 다른 네트워크와 내용물을 공유한다. 그렇다면 하나의 세포는 어디서 시작하고 어디서 끝나는가? 하나의 네트워크는 어디서 시작하고 어디서 끝나는가? 이런 질문에는 종종 답을 찾을 수 없다. 군집에 대한 최근 연구에서는 군집을 국지적인 규칙에 따라 행동하는 개별 개체들의 집합으로 보지 않고 군집 그 자체로 하나의 존재물로 간주한다. 군집을 유체의 흐름이라는 패턴으로 보면, 그 행동을 보다 효율적으로 모델링할 수 있다. 이러한 톱다운 방식의 '유체역학적' 모델을 균사 말단의 성장에 적용한다면, 상호작용의 국지적 규칙에 기반한 군집 모델로 다루는 것보다 효율적일 수도 있다.

4   여우불과 잠수함 터틀호에 대해서는 www.cia.gov/library/publications/intelligence-history/intelligence/intelltech.html과 《Chaining the Hudson: The Fight for the River in the American Revolution》(Diamant, 2004), p. 27. 를 참고할 것. 1875년에 출판된 버섯에 대한 가이드북에서, 영국의 식물학자이자 균학자인 모드케이 쿡은 생물발광 버섯은 탄광에서 사용되는 갱목에서 흔히 발견된다고 썼다. 광부들은 "인광성 버섯에 익숙하며, 어떤 이들은 '자신의 손을 볼 수 있을' 정도로 밝다고 말했다"고 썼다. 구멍쟁이버섯 *Polyporaceae* 과에 속하는 종의 버섯들은 어둠 속에서 20미터 정도 떨어진 거리에서도 알아볼 수 있을 만큼 밝은 빛을 낸다.

5   doi.org/10.6084/m9.figshare.c.4560923.v1에서 올손의 비디오를 볼 수 있다.

6   〈Circadian control sheds light on fungal bioluminescence〉(Oliveira et al. 2015)에 공개된 한 논문에 따르면, 생물발광 버섯인 귀신버섯 *Neonothopanus gardneri* 균사체는 온도가 조절하는 일주기성 시계에 의해서 조절된다. 논문

의 저자는 밤에 생물발광물질을 증가시킴으로써 포자를 확산시킬 곤충을 더 잘 유인할 수 있을 거라는 가설을 내세웠다. 올손이 관찰한 현상은 몇 주 동안 단 한 번밖에 일어나지 않았으므로, 그 현상은 일주기 리듬으로는 설명이 되지 않는다.

7   생태학자 로버트 휘태커는 동물의 진화는 '변화와 멸종'의 이야기지만, 곰팡이의 진화는 '보수주의와 연속성'의 이야기라고 보았다. 화석에 남겨진 동물 체제의 다양성은 동물들이 다양한 먹이를 섭취했음을 알려준다. 그러나 곰팡이에 대해서는 그렇게 말하기 어렵다. 균사를 내는 곰팡이는 다른 유기체들에 비해 진화에 훨씬 오랜 시간이 걸렸지만, 화석으로 남은 곰팡이는 오늘날 살아 있는 곰팡이와 놀라울 정도로 똑같다. 네트워크로서의 생명체가 생존하는 데는 방법이 그다지 많지 않은 것으로 보인다.

8   8톤짜리 스쿨버스 이야기와 침투력 강한 곰팡이의 성장에 대한 일반적인 논의는 〈The fungal dining habit: a biomechanical perspective〉(Money, 2004)를 참고할 것. 그렇게 높은 압력을 가하기 위해, 침투성 균사는 침투하려는 식물의 표면에서 밀려나 떨어지지 않기 위해 그 식물에 아주 단단히 달라붙을 수 있어야 한다. 침투성 균사는 10메가파스칼 이상의 압력에도 저항할 수 있는 접착제를 내놓는다. 이 접착제는 15~25메가파스칼의 압력까지 견딜 수 있는 초강력 접착제지만, 식물의 잎처럼 매끈매끈한 표면에서는 힘을 발휘하지 못한다.

9   세포물질 '주머니'를 '소낭vesicle'이라고 한다. 균사 정단의 생장은 세포구조, 또는 첨단소체Spitzenkörper라고 불리는 세포소기관에 의해 이루어진다. 대부분의 세포소기관과는 달리, 첨단소체는 명확하게 구분된 경계가 없다. 하나처럼 움직이는 것 같지만 세포핵 같은 단수 구조는 아니다. 첨단소체는 균사 내부로부터 소포를 받아들이고 분류해서 균사 정단으로 배분해주는, '소포 공급 센터'라고 생각된다. 자기 자신과 균사를 조정하며, 첨단소체가 분할될 때

균사의 갈라짐이 일어난다. 생장이 멈추면 첨단소체도 사라진다. 생장점 내부에서 첨단소체의 위치를 변화시키면 균사의 방향도 달라진다. 첨단소체가 만들어내는 것은 첨단소체가 파괴시킬 수도 있고, 균사의 벽이 균사체 네트워크의 서로 다른 부분들 사이에서 융합하도록 만들기도 한다.

10 프랑스 철학자 앙리 베르그송Henri Bergson은 시간의 경과를 균사의 성장과정과 비슷하게 묘사했다. "지속duration이란 미래로 각인되고 전진하면서 팽창하는 과거의 연속적인 과정이다." 생물학자 할데인J.B.S. Haldane에게 생명은 실체로 가득 찬 것이 아니라 안정화된 과정으로 가득 차 있다. 할데인은 생물학적 사고에서 '실체' 또는 '물질단위'의 개념은 '쓸모없는' 것으로 귀결되리라는 주장까지 나아갔다.

11 정단 생장Tip growth은 다른 유기체에서도 발견되지만, 원칙이 아니라 예외적인 경우에 속하는 것이다. 동물의 뉴런은 일부 식물 세포 — 꽃가루관 세포 — 처럼 정단에서 길이자람을 한다. 그러나 꽃가루관 세포도, 동물의 뉴런도 곰팡이의 균사처럼 무한대로 자라나지는 못한다. 균사는 조건만 맞으면 무한대로 자랄 수 있다.

12 프랭크 듀건Frank Dugan은 종교개혁 시대의 '약초 캐는 여인'들이 현대 균학 분야의 '산파'라고 묘사했다. 많은 증거들이 곰팡이에 대한 지식을 가진 사람들은 주로 여성들이었음을 말해준다. 그런 지식을 가진 여성들은 카롤루스 클루시우스Carolus Clusius, 1526~1609, 프랜시스 반 스테르빅Francis van Sterbeeck, 1630~1693 등 당시 버섯을 정식으로 연구하던 남성 학자들의 주요 정보원이었다. 〈버섯 상인The Mushroom Seller〉(Felice Boselli, 1650~1732), 〈버섯 따는 여인들Women Gathering Mushrooms〉(Camille Pissarro, 1830~1903), 〈버섯 따는 사람들The Mushroom Gatherers〉(Felix Schlesinger, 1833~1910) 등 많은 그림들이 버섯을 따거나 파는 여성들을 그리고 있다. 19세기, 20세기의 수많은 유럽의 여행자들이 버섯을 팔거나 따는 여성들을 묘사했다.

13   곰팡이가 성장을 조절하기 위해 화학물질을 이용한다는 것이 통념이지만, 이 성장조절물질에 대해서는 알려진 것이 거의 없다. 균사 가닥의 균질한 덩어리에서 어떻게 그렇게 세분화된 형태가 나올 수 있을까? 동물의 손가락은 정교한 형태를 갖고 있다. 그러나 손가락은 서로 다른 종류의 세포, 이를테면 혈액세포, 골세포, 신경세포, 기타 여러 세포가 정교하게 결합되어 형성된다. 버섯도 정교한 형태지만 단 한 가지의 세포, 즉 균사의 타래로만 이루어진 것이다. 곰팡이가 어떻게 버섯을 만드는지는 오랜 세월 미스터리로 남아 있다. 러시아 발달 생물학자 알렉산더 구르비치Alexander Gurwitsch는 1921년에 버섯의 성장에 대해 골몰했다. 버섯의 기둥, 기둥 주변의 링, 그리고 갓은 모두 균사, '빗질하지 않아 헝클어진 머리카락 같은' 타래로 이루어진 균사가 만들어낸다. 바로 그 부분이 그를 당혹스럽게 했다. 균사만으로 버섯을 만들어낸다는 것은 오로지 근육 세포만으로 얼굴을 만들어내려는 것과 같았다. 구르비치에게 있어서, 균사가 복잡한 형태를 만들어내는 과정은 발달 생물학 전체에서 중심적인 수수께끼였다. 동물의 형태는 고도로 조직화된 부분으로부터 나온다. 규칙성으로부터 더 정교한 규칙성이 나온다. 그러나 버섯의 형태는 덜 조직화된 부분으로부터 나온다. 규칙적인 형태가 불규칙적인 물질로부터 나온다. 버섯의 성장으로부터 영감을 얻은 구르비치는, 유기체의 성장은 장field에 의해 유도된다는 가설을 세웠다. 쇳가루는 자기장을 이용해 배열할 수 있다. 구르비치는 여기서 한 걸음 나아가, 유기체 내부의 세포와 조직은 형태를 형성하는 생물학적 장에 의해 모양이 만들어진다고 주장한 것이다. 구르비치의 발달 장이론field theory of development은 몇몇 현대 생물학자들의 각광을 받았다. 터프트대학교(보스턴)의 마이클 레빈Michael Levin은 모든 세포들이 어떻게 '풍부한 정보의 장'에 둘러싸이는지 묘사했다. 그가 말하는 정보의 장은 물리적인 신호일 수도 있고, 화학적인 신호이거나 전기적인 신호일 수도 있었다. 이 정보의 장은 복잡한 형태가 만들어지는 과정을 설명하는 데 도움을 준다. 2014년에 출판된 한 논문에서는 균사의 성장을 시뮬레이션하는 수학적

모델, 즉 '사이버 곰팡이'를 만들었다. 이 모델에서 각각의 균사 정단은 다른 균사 정단의 행동에 영향을 미칠 수 있다. 이 연구는 모든 균사 정단이 똑같은 생장 규칙을 정확히 따르면 버섯과 비슷한 형태가 나타날 수 있다고 보고했다. 이 발견은 버섯의 형태가 동물과 식물에서 발견되는 톱다운 방식의 발달 조율 developmental coordination이 없이도 균사의 '군중 행동crowd behavior'으로부터 나올 수도 있음을 의미한다. 그러나 그렇게 되기 위해서는 수만 개의 균사 정단이 동시에 똑같은 한 세트의 규칙을 따르다가 동시에 또 다른 한 세트의 규칙으로 갈아타야만 한다. 이것이 현대판 구드리치 수수께끼다. 사이버 곰팡이를 만들어낸 연구진은 발달상의 변화가 세포의 '시계'에 의해 조절될지도 모른다는 가설을 세웠지만, 세포 시계 같은 메커니즘은 아직 발견된 바 없었다. 따라서 살아 있는 곰팡이가 스스로의 성장을 조율하는 방법은 여전히 미스터리로 남아 있다.

14 균사 내부에서 물질이 흐르는 속도는 초당 3~7센티미터 정도인데, 때로는 수동적인 확산만 일어날 때보다 100배 이상 빠른 속도로 이동한다. 앨런 라이너는 강에 비유하기를 좋아하는데, 강은 '주변 풍경을 만들기도 하고 주변 풍경에 의해 만들어지기도 하는' 시스템이기 때문이다. 강물은 둑 사이를 흐른다. 강은 강둑 사이를 흐르면서 강둑의 모양을 만들어간다. 레이너는 균사가 스스로 만든 둑 사이를 흐르는 끝이 뭉툭한 강이라고 묘사한다. 어떤 흐름에서든 가장 중요한 것은 압력이다. 균사는 주변으로부터 수분을 흡수한다. 균사 내부로 흐르는 물은 네트워크의 압력을 증가시킨다. 그러나 그 압력 자체가 흐름을 주도하는 것은 아니다. 균사체를 통해 물질이 흐르기 위해서는 균사가 스스로 물질을 흘려보낼 공간을 만들어야 한다. 이것이 바로 균사의 생장이다. 균사 내용물은 균사의 생장 정단을 향해 흘러간다. 수분은 균사 네트워크를 통해서 팽창하는 버섯을 향해 맹렬히 흘러간다. 압력의 기울기를 역전시키면 흐름의 방향도 역전된다. 그러나 균사는 그보다 훨씬 정확하고 섬세한 방법으로 흐름을 제

어하는 것으로 보인다. 2019년에 출판된 논문 〈Bidirectional propagation of signals and nutrients in fungal networks via specialized hyphae〉에서는 영양분과 신호화합물이 균사를 통해 이동하는 움직임을 실시간으로 추적해보았다. 어떤 거대한 균사에서는, 세포액의 흐름이 몇 시간마다 한번씩 방향을 바꾸면서 신호물질과 영양분이 네트워크에서 양방향으로 흐를 수 있게 했다. 세 시간 동안 한 방향으로 흐르다가, 그 다음 세 시간은 반대 방향으로 흘렀다. 균사가 어떻게 그 내부에서 흐르는 물질의 방향을 제어할 수 있는지는 아직 모른다. 그러나 리드미컬하게 세포의 흐름의 방향을 변화시킴으로써, 물질은 네트워크 전체로 보다 효율적으로 분산될 수 있다. 논문 저자들은 균사의 기공hyphal pore이 개방과 폐쇄를 조율함으로써 수송 균사를 따라 양방향으로 물질이 이동할 수 있는 것이 아닐까 추측한다. '수축포Contractile vacuole'도 곰팡이가 자기 몸을 통해 물질을 이동시키는 또 하나의 방법이다. 수축포는 균사 내부에 있는 관tube인데, 이 관을 따라 수축의 파동이 지나갈 수 있어서 균사체 네트워크에서 물질의 이동의 한 부분을 담당하는 것으로 알려져 있다.

15 동영상은 유튜브에서 볼 수 있다. "Nuclear dynamics in a fungal chimera," www.youtube.com/watch?v=_FSuUQP_BBc, 그리고 "Nuclear traffic in a filamentous fungus," www.youtube.com/watch?v=AtXKcro5o3o

16 크레다올메도Cerdá-Olmedo의 〈Phycomyces and the biology of light and color〉와 엔스밍거Ensminger의 《Life Under the Sun》 ch. 9.

17 회피반응에 대해서는 〈The avoidance response in Phycomyces〉(Johnson and Gamow, 1971)과 〈Avoidance response, house response, and wind responses of the sporangiophore of Phycomyces〉(Cohen et al. 1975)을 볼 것.

18 버섯으로의 생장, 다른 유기체와의 관계 형성 등 균사체의 한살이 중 많은 부분

이 빛으로부터 영향을 받는다. 도열병균은 밤에만 숙주를 감염시킨다.

19 일부 과학자들은 균사의 갑작스러운 수축 또는 경련이 정보 전송에 이용되는
    것일 수도 있다고 보고했다. 그러나 수축이나 경련은 매순간 유용하게 작동하
    기에는 규칙성이 떨어진다. 슈미더Schmieder 같은 다른 연구자들은 네트워크
    내부에서 흐름의 패턴에 변화를 줌으로써 균사체 네트워크 전체에 정보가 전
    송된다고 보았다. 이때 일부 경우에는 리드미컬한 진동의 형태로 흐름의 방향
    을 바꾼다. 이 주장은 가능성이 높은 가설인데, 균사체 네트워크를 일종의 '액
    체 컴퓨터'로 생각하는 데 도움이 된다. 전투기나 원자로 제어 시스템 등에 여
    러 가지 유형의 액체 컴퓨터가 쓰이고 있다. 그러나 균사체 내부 흐름의 변화
    는 균사체의 정보 이동 현상을 설명하기에는 속도가 너무 느리다. 균사체 네트
    워크를 가로질러 흐르는 대사 활동의 규칙적인 파동은 균사체 네트워크가 스
    스로의 행동을 조율하는 매우 적절한 방법이기는 하지만, 여러 현상을 설명하
    기에는 역시 너무 느리다. 네트워크를 이루어 살아가는 대표적인 유기체가 바
    로 주어진 문제를 해결하는 점균류다. 점균류는 곰팡이, 즉 균이 아니지만, 널
    리 퍼져나가면서 자라나고 몸체는 형태를 바꾸는 방식으로 진화했기 때문에
    균사를 가진 곰팡이가 마주하고 있는 문제와 기회에 대해 생각할 때 좋은 모델
    이 된다. 점균류는 곰팡이의 균사체보다 성장 속도가 빠르기 때문에 연구하기
    가 용이하다. 점균류는 네트워크의 가지를 따라 퍼져나가는 리드미컬한 수축
    의 파동으로 네트워크의 서로 다른 부분들끼리 소통한다. 먹이를 찾은 가지들
    은 수축의 강도를 높이는 신호분자를 생산한다. 수축이 강해지면 해당 네트워
    크의 가지를 따라 흐르는 세포물질의 부피가 더 커진다. 수축 강도가 똑같을
    때 경로가 긴 쪽보다는 짧은 쪽에서 더 많은 물질이 흐른다. 어떤 경로를 따라
    흐르는 물질이 더 많으면, 수축은 더 강해진다. 이렇게 해서 유기체가 스스로
    '덜 성공적인' 경로를 버리고 '더 성공적인' 경로를 향해 방향을 재설정할 수 있
    게 해주는 피드백의 고리가 형성된다. 네트워크에서 서로 다른 부분들의 파동

이 합해지고, 간섭하고, 서로를 강화시킨다. 이렇게 해서 점균류는 어떤 특별한 부분을 필요로 하지 않으면서 도 여러 개의 가지로부터 들어온 정보를 통합하고 복잡한 경로 문제를 풀어낸다.

20 프랭클린 M. 해럴드Franklin M. Harold는 1980년대 중반에 "곰팡이 전기 생물학은 현재 생물학 연구의 주류로부터 더 이상 멀리 갈 수 없을 만큼 멀리 벗어나 있다"라고 주장했다. 그렇지만 곰팡이는 그 이후 아주 놀라운 방식으로 전기 자극에 반응한다는 것이 발견되었다. 균사체에 폭발적인 전류를 흘려주면 버섯의 수확량이 큰 폭으로 증가한다. 고가로 거래되는 송이 — 지금까지 인공적인 재배에 성공하지 못한 종이다 — 는 숙주목 근처에 520킬로볼트 정도의 전기를 갑작스럽게 흘려주면 수확량이 거의 두 배로 증가한다. 연구자들은 벼락에 떨어지면 송이가 풍작이라는 송이 채취꾼들의 이야기를 듣고 이 연구를 진행했다.

21 올손은 자극과 반응 측정까지의 시간 차이를 측정함으로써 이동 속도를 측정했다. 따라서 이렇게 측정된 속도에는 곰팡이가 자극을 감지하는 데 걸린 시간, 자극이 A에서 B로 이동하는데 걸린 시간, 그리고 자극이 미소전극에 기록되는 데 걸린 시간까지 포함된다. 그러므로 자극에 의한 충격파의 실제 이동속도는 이 측정치보다 상당히 빠를 수도 있다. 곰팡이의 균사체에서 부피 유동의 가장 빠른 속도는 시속 180밀리미터였다. 올손이 측정한 활동전위와 비슷한 충격파는 시속 1,800밀리미터로 이동했다.

22 활동전위와 비슷한 활동 기록에 대해서는 doi.org/10.6084/m9.figshare.c.4560923.v1을 볼 것.

23 오네 파간Oné Pagán은 일반적으로 인정되는 뇌의 정의는 없다고 지적한다. 그는 뇌의 정의를 해부학적 특징으로 규정하지 말고 '무엇을 하는가'에 따라 규정하는 것이 논리적이라고 주장했다.

24 네트워크 컴퓨팅의 사례는 〈Something has to give〉(van Delft et al. 2018)과 〈Advances in Physarum Machines〉(Adamatzky, 2016)를 참고할 것.

25 올손에게 1990년대에는 왜 아무도 그의 연구에 동의하지 않았는지 물어보았다. "내가 컨퍼런스에서 그 논문을 발표했을 때, 사람들은 정말 흥미를 보였어요. 하지만 내 아이디어가 현실성 없는 괴짜 아이디어라고 생각했던 겁니다." 그에게 요청해서 전달받아 읽어본 그의 논문들은 모두 굉장히 흥미로웠고, 나는 더 알아보고 싶었다. 그의 연구는 그 논문 발표 이후로 여러 편의 논문에서 인용되었다. 그러나 그 주제를 더 심도 있게 연구할 자금을 충분히 마련하지 못했다. 아무런 소득 없이 끝날 것이라고 판단하는 사람들이 너무 많았기 때문이다. 기술적으로 말하자면, 너무 위험했다.

26 '고대의 신화'에 대해서는 폴란이 2013년 뉴요커에 기고한 글 〈The Intelligent Plant〉을 볼 것. '이동 가설'은 뇌는 동물이 이동해야 할 필요의 원인이자 결과로써 진화했다는 주장이다. 이동할 필요가 없는 유기체들은 이동해야 하는 유기체와는 다른 종류의 문제와 마주했고, 따라서 그들이 마주한 문제를 해결하는 데 적합한 다른 종류의 네트워크를 진화시켰다는 것이다.

27 '최소한의 인지작용'에 대해서는 〈Plants: Adaptive behavior, root-brains, and minimal cognition〉(Calvo Garzón and Keijzer, 2011), '기초적인' 인지작용과 인지의 정도에 대해서는 〈The Cognitive Lens: a primer on conceptual tools for analysing information processing in developmental and regenerative morphogenesis〉(Manicka and Levin, 2019), 미생물의 지능에 대한 논의는 〈Macromolecular networks and intelligence in microorganisms〉(Westerhoff et al. 2014)를 볼 것.

28 인간의 뇌 조직을 배양접시 위에서 배양 — 이를 '오가노이드organoid'라고 한다 — 할 수 있게 한 과학의 발달은 오히려 뇌에 대한 우리의 이해를 더 난해하

게 만들었다. 이 기술에 대해서 제기된 철학적, 윤리적 문제, 그리고 그 문제에 대한 분명한 해답의 부재는 우리 자신들의 생물학적 자아의 한계가 얼마나 불분명한 것인지를 새삼 돌아보게 한다. 2018년에 몇 명의 선구적인 신경과학자들과 생물윤리학자들이 《네이처》에 이러한 의문을 제기하는 논문을 실었다. 근 10년 동안 뇌 조직 배양술의 발전으로 인간의 뇌의 기능을 거의 똑같이 모방할 수 있는 인공적인 '미니 브레인'을 길러내는 것도 가능해졌다. 논문의 저자들은 '대리뇌brain surrogate'가 점점 더 커지고 보다 정교해지면서, "대리뇌가 인간의 감각 능력과 거의 유사한 능력을 가질 수 있게 될 날도 점점 가까워지고 있다. 그러한 능력에는 쾌락, 고통 또는 우울감을 (어느 정도) 느끼는 것도 포함된다. 또한 기억을 저장하고 회상할 수 있거나 심지어는 대리권의 지각perception of agency 또는 자아 지각도 가능할 것이다."고 썼다. 어떤 이들은 브레인 오가노이드가 언젠가는 인간의 능력을 추월할지도 모른다고 우려한다.

29 편형동물 실험에 대해서는 〈An automated training paradigm reveals long-term memory in planarians and its persistence through head regeneration〉(Shomrat and Levin, 2013), 문어의 신경계 연구에 대해서는 〈Preliminary in vitro functional evidence for reflex responses to noxious stimuli in the arms of Octopus vulgaris〉(Hague et al. 2013)과 《Other Minds: The Octopus and the Evolution of Intelligent Life》(Godfrey-Smith, 2017), ch. 3.을 볼 것.

30 2017년 뱅슨Bengtson과 그의 동료들은 그들이 발견한 표본이 실제로 곰팡이가 아니라면, 어느 모로 보나 현대의 곰팡이를 닮은 별도의 계통에 속한 유기체일지도 모른다고 조심스럽게 제안했다. 이들이 이렇게 조심스러운 것은 충분히 이해할 수 있다. 저자들은 만약 이 균사체 화석이 진짜 곰팡이라면, 애초에 곰팡이가 어디서 어떻게 진화했는가에 대한 현재의 지식을 '뒤집을' 수도 있

기 때문이라고 지적한다. 곰팡이는 화석화가 잘 되지 않는다. 게다가 곰팡이가 정확히 언제 생명의 나무로부터 분기되었는지는 아직도 정설이 세워지지 않았다. DNA 기반 방식 — 소위 '분자 시계'를 이용한 — 으로 보면 최초의 곰팡이는 약 10억 년 전에 분기되었다. 2019년, 연구자들은 북극 셰일에서 화석화된 균사체를 발견했다고 보고했는데, 이 화석의 연대는 약 10억 년 전이었다. 이 발견에 앞서 의문의 여지없이 곰팡이 화석이라고 인정된 가장 오래된 화석은 4억 5,000만 년까지 거슬러 올라가는 것이었다. 가장 오래된, 주름이 있는 버섯의 화석은 1억 2,000만 년 전의 것이다.

낯선 자의 친밀함 : 함께 뒤엉켜 진화한 미생물

1   BIOMEX는 여러 항공생물학 프로젝트 중 하나다. BIOMEX에 대해 자세히 알고 싶다면 《우주생물학Astrobiology》 19호의 〈Limits of life and the habitability of Mars: The ESA Space Experiment BIOMEX on the ISS〉를 볼 것.

2   〈Lichens, new and promising material from experiments in astrobiology〉(Sancho et al. 2008)에서 인용. 지의류를 비롯해 우주로 보내진 유기체에 대해서 알고 싶다면 〈Space as a tool for astrobiology: review and recommendations for experimentations in earth orbit and beyond〉(Cottin et al. 2017)을 볼 것.

3   《The Invention of Nature》(A. Wulf, 2015) ch. 22.

4   슈벤데너와 2생명체가설에 대해서는 잰 샙의 저서 《Evolution by

Association》를 볼 것.

5 섑의 저서《Evolution by Association》ch. 1 에서 인용. '선정적인 로맨스'
는 에인즈워스Ainsworth《Introduction to the History of Mycology》ch.
4.에서 인용. 베아트릭스 포터의 전기를 쓴 작가들은 그녀가 슈벤데너의 2생
명체 가설을 지지했다고 주장한다. 아마도 포터가 애초의 생각에서 방향을 바
꾸었던 것 같다. 그럼에도 불구하고 1897년에 집배원이자 아마추어 박물학
자였던 찰스 매킨토시Chalres McIntosh 에게 보낸 편지에서는 단호한 태도를
보여주고 있다. "우리는 슈벤데너의 이론을 믿을 수 없어요. 옛날 책들을 보면
지의류는 점진적인 과정을 통해 엽상종foliaceous species 을 거쳐서 노루귀
hepatica 가 되었다고 나와 있어요. 대형 편평 지의류의 포자와 진짜 노루귀의
포자를 배양해서 그 두 종류가 어떻게 싹을 틔우는지 보면 좋겠어요. 그것들을
건조시킬 수 있다면 이름은 상관이 없지요. 날씨가 바뀌어서 지의류와 노루귀
의 포자를 조금 더 구해주실 수 있다면 정말 고맙겠어요."

6 나무는 현대 진화론의 기본적인 이미지이며, 다윈의《종의 기원》에서 유일하
게 등장하는 삽화로도 유명하다. 이 이미지를 이용한 사람은 다윈이 처음은 아
니었다. 수세기 동안 인류는 신학에서부터 수학에 이르기까지 여러 사상체계
에서 가지를 치는 나무의 이미지를 이용해왔다. 아마 가장 친숙한 예가 가계
도나 혈통도일 것인데, 가계도의 뿌리는 구약성경의 이새의 나무the Tree of
Jesse라고 할 수 있다.

7 프랑크가 처음 사용한 용어는 'symbiotismus'로, 영어로 직역하면
'symbiotism'이 된다.

8 푸른민달팽이 Elysia viridis 가 조류를 섭취했고, 그 조류는 푸른민달팽이의 조직
내부에서 계속 살았다. 푸른민달팽이는 식물처럼 햇빛으로부터 에너지를 얻는다.

9 지구표면적의 8퍼센트라는 계산은〈Lichens are more important than you

think〉(Ahmadjian, 1995), 열대우림보다 넓은 면적이라는 계산은《Fungal Biology in the Origin and Emergence of Life》(Moore, 2013), ch. 1, '해시태그에 걸려 있는' 듯하다는 표현은《Extra Hidden Life, Among the Days》(Hillman, 2018)에서 인용. 크누센 인터뷰는 aeon.co/videos/how-lsd-helpeda-scientist-find-beauty-in-a-peculiar-and-overlooked-form-of-life을 볼 것.

10 행성 간 감염에 대한 레더버그의 우려를 의식해, NASA는 우주선이 지구를 출발하기 전에 철저히 소독하는 방법을 개발했다. 그러나 NASA의 노력은 완벽한 성공을 거두지는 못했는지, 국제우주정거장에서는 거주를 자원한 박테리아와 곰팡이가 무수히 발견되었다. 1969년 첫 달착륙 임무를 끝내고 귀환한 아폴로 11호 우주비행사들은 에어스트림 트레일러를 개조한 엄격한 격리시설에서 3주 동안 격리되어 있었다.

11 박테리아가 주변으로부터 DNA를 획득할 수 있다는 것은 프레데릭 그리피스 Frederick Griffith 의 연구로 1920년대부터 알려져 있었고, 1940년대에 오즈월드 에이버리 Oswald Avery 와 그의 동료들의 연구로 확인되었다. 레더버그가 증명한 것은 박테리아가 '접합conjugation'이라는 과정을 통해 적극적으로 유전물질을 교환할 수 있다는 것이었다. 바이러스 DNA는 동물의 역사에 심오한 영향을 끼쳤다. 난생 조상으로부터 유태반류가 진화하는 과정에서 바이러스 유전자가 핵심적인 역할을 했기 때문이다.

12 박테리아의 DNA는 동물의 게놈에서 발견된다. 박테리아와 곰팡이의 DNA는 식물과 조류 게놈에서 발견된다. 곰팡이의 DNA는 지의류가 된 조류에서 발견된다. 수평적 유전자 교환은 곰팡이의 세계에서는 널리 퍼져 있다. 또한 인간 게놈의 최소한 8퍼센트는 바이러스에서 출발했다.

13 '지름길'을 통한 외계 DNA의 지구 도착에 대해서는 〈Moondust; the study

of this covering layer by space vehicles may offer clues to the biochemical origin of life〉(Lederberg and Cowie, 1958)를 볼 것.

14 우주 환경의 위험에 대해서는 〈Cellular responses of the lichen Circinaria gyrosa in Mars-like conditions〉(de la Torre Noetzel et al. 2018)을 볼 것.

15 〈Lichens, new and promising material from experiments in astrobiology〉 (Sancho et al. 2008) 참고.

16 18킬로그레이의 감마선을 조사한 키르키나리아 기로사 Circinaria gyrosa 는 광합성 능력의 7퍼센트를 잃었을 뿐이었다. 조사량을 24킬로그레이로 늘리자 광합성 능력의 95퍼센트를 잃었지만 완전히 사멸하지는 않았다. 지금까지 보고된 방사능 내성이 가장 강한 유기체는 심해저 열수분출공에서 분리한 고균 (그 이름도 걸맞게 테르모코쿠스 감마톨레란스 Thermococcus gammatolerans)인데, 30킬로그레이의 감마선 조사량도 견뎌냈다.

17 늘 지의류로부터 '가르침'을 받는 분야도 있다. 지의류는 몇몇 종류의 산업공해에 특히 민감해서, 공기의 질을 판단하는 믿을 만한 지표로도 이용된다. 지의류의 사막은 도심에서 바람 불어가는 쪽으로 확산되기 때문에, 산업 공해로부터 영향을 받은 지역을 판별하는 데 쓰인다. 지질학자들이 암석 형성의 연대를 결정하는 데에도 도움을 준다(지의계측법 地衣計測法). pH를 판별할 때 쓰이는 리트머스 시험지도 지의류로 만들어진다.

18 스웨덴의 웁살라대학교 티스 에테마Thijs Ettema 와 그의 팀이 내놓은 최근 연구 결과는 진핵생물이 고균과 함께 발생했다고 주장한다. 정확한 연속 과정은 많은 논쟁의 여지를 안고 있다. 박테리아는 오래전부터 세포내 구조, 즉 세포소기관을 갖고 있지 않다고 생각되어 왔다. 지금은 이러한 관점에 변화가 생기고 있다. 많은 박테리아가 특별한 기능을 하는 세포소기관과 비슷한 구조를 갖고 있는 것으로 보인다.

19 《The Symbiotic Planet: A New Look at Evolution》(Margulis, 1999), 〈Lynn Margulis: Intimacy of Strangers & Natural Selection〉(Mazur, 2009), "낯선 자의 친밀감과 자연선택".

20 1879년 드 바리에게 있어서 공생의 가장 중요한 의미는 그것이 진화적인 독창성으로 귀결될 수 있다는 것이었다. '공생기원설Symbiogenesis'은 공생설의 최초 지지자였던 콘스탄틴 메레시코브스키Konstantin Mereschkowsky, 1855~1921, 보리스 미하일로비치 코조폴랸스키Boris Mikhaylovich Kozo-Polyansky, 1890~1957에 의해 제안된 용어로, 공생이 발생하게 된 과정을 설명한다. 코조폴랸스키는 자신의 연구에 지의류에 대한 내용을 여러 번 인용했다. "지의류를 단순히 어떤 조류와 어떤 곰팡이의 합이라고만 생각할 사람은 없을 것이다. 지의류는 조류에서도 곰팡이에도 발견할 수 없는 여러 가지 특징들을 가지고 있다. 화학적 구성, 형태, 구조, 한살이, 분포 등 어떤 면에서도 지의류는 그 두 구성요소들이 갖지 못한 특징들을 보여준다."

21 "진화론적 '생명의 나무'는 옳지 않은 메타포인 것 같다." 유전학자 리처드 르원틴이 말했다. "어쩌면 우리는 나무가 아니라 섬세한 마크라메(서양 매듭)로 보아야 할 것 같다." 온전히 나무로만 비유하기에는 어울리지 않는다. 어떤 종의 가지들은 서로 합쳐질 수 있다. 그 과정을 '접합inosculation'이라고 하는데, '입맞추다'라는 뜻의 라틴어 'osculare'에서 온 말이다. 그러나 주변의 나무들을 보라. 나뭇가지는 갈라져 나갈 뿐, 합쳐지지 않는다. 나뭇가지는 서로 합쳐지는 것이 일상적 습성인 균사와 다르다. 나무가 진화의 메타포로 적당한지 여부는 수십 년 동안 논쟁거리였다. 다윈은 '생명의 산호'라는 표현이 더 적절한지 심각하게 고민하기도 했다. 하지만 결국 '생명의 산호'는 이해를 더 복잡하게 만드는 비유라는 결론에 이르렀다. 2009년, 생명의 나무라는 표현에 대해 가장 신랄한 비난을 쏟아내던 《뉴 사이언티스트》는 한 제호에서 "다윈은 틀렸다"라는 제목을 커버스토리로 썼다. 논설에서는 "다윈의 나무를 뽑아버리자"라고 부

르짖었다. 충분히 예상할 수 있는 일이지만, 이 제호는 격렬한 반응을 불러일으켰다. 격렬한 반응의 폭풍 속에서 대니얼 데닛이 보낸 편지가 유독 눈에 띈다. "당신들은 대체 무슨 생각으로 '다윈은 틀렸다'는 요란한 제목을 커버스토리로 뽑았는가?" 데닛이 이 제목에 반기를 든 것은 충분히 이해할 수 있다. 다윈은 틀리지 않았으니까. 다윈이 진화론을 발표했을 때는 DNA, 유전자, 공생결합, 수평적 유전자 전이라는 개념이 존재하지 않았다. 생명의 역사에 대한 우리의 이해는 이런 사실이 발견되면서 변화했다. 그러나 진화에 있어 자연선택의 영향이 얼마나 중대했는가에 대해서는 논쟁이 있었을지 몰라도 결국 진화는 자연선택에 의해 진행되었다는 다윈의 중심 논제는 변하지 않았다. 공생과 수평적 유전자 전이는 특이성이 발생할 수 있는 새로운 길을 닦았다. 이 두가지는 진화의 새로운 공동 저자다. 그러나 자연선택은 여전히 편집자의 자리를 지키고 있다. 그럼에도 불구하고 공생결합과 수평적 유전자 전이의 관점에서, 많은 생물학자들이 생명의 나무를 계통이 갈라지기도 하고 융합되기도 하며 서로 얽히기도 하는 망상진화의 그물로 다시 상상하기 시작했다. 네트워크, 웹, 그물, 땅속줄기 또는 거미줄 같은 개념이다. 이 다이어그램의 선은 서로 묶이거나 녹아들면서 서로 다른 종, 계 심지어는 역을 연결한다. 연결점들이 바이러스의 세계, 살아 있는 것으로 간주되지도 않는 유전체들의 세상을 넘나든다. 진화론의 새로운 대표적 유기체를 보고 싶다면 멀리 갈 필요가 없다. 다른 어떤 것보다도 균사체가 바로 이런 생명체에 딱 어울린다.

22   어떤 지의류는 '분아 粉芽'체라 불리는, 곰팡이 세포와 조류 세포로 구성된 확산용 구조를 가지고 있다. 일부의 경우, 새로 자라난 지의류 곰팡이가 자신의 요구를 완전히 충족시켜주지 못하는 광합성공생자와 짝을 이룰 수도 있는데, 이때는 딱 맞는 제짝을 만날 때까지 전엽상체 prethallus 라고 알려진, 광합성을 하는 작은 얼룩 photosynthetic smudge 으로 생존한다. 어떤 지의류는 포자를 생산하지 않고 분해되었다가 재조립된다. 어떤 지의류는 배양접시에 넣고

적당한 양분을 공급해주면 파트너와 분리되어 서로 떨어진다. 분리된 후에도 완벽하지는 않지만 관계를 재형성할 수는 있다. 이런 맥락에서 지의류는 가역적이다. 최소한 일부의 경우에 꿀물에서 꿀이 스스로 분리되어 나오는 것과 같다. 그러나 오늘날까지 단 한 종류의 지의류인 엔도카르폰 푸실룸 *Endocarpon pusillum*만이 서로 분리되어 따로 지내다가 다시 재결합하여 제 기능을 모두 갖춘 포자를 생산하는 것까지 모든 단계를 형성할 수 있는 파트너를 갖고 있는 것으로 알려져 있다. 이런 관계를 '포자 대 포자' 재합성이라고 한다.

23   지의류 공생의 특징은 기술적으로 몇 가지 흥미로운 문제를 낳는다. 지의류는 오래전부터 분류학자들에게 간단치 않은 골칫덩어리였다. 지의류는 곰팡이 파트너의 이름을 따라서 명명되곤 한다. 예를 들면 곰팡이 산토리아 파리에티나 *Xanthoria parietina*와 조류 트레보우시아 이레굴라리스 *Trebouxia irregularis*의 상호작용으로 생겨난 지의류는 산토리아 파리에티나 *Xanthoria parietina*로 불린다. 곰팡이 산토리아 파리에티나 *Xanthoria parietina*와 조류 트레보우시아 아르보리콜라 *Trebouxia arboricola*의 결합으로 탄생한 지의류도 산토리아 파리에티나 *Xanthoria parietina*로 불린다. 지의류의 이름은 부분으로 전체를 표시한다는 점에서 일종의 제유법(부분으로써 전체를, 또는 특수로써 일반을 나타내는 표현법)이다. 현재의 시스템은 지의류의 곰팡이 성분이 지의류인 셈이다. 그러나 이는 사실이 아니다. 지의류는 여러 파트너 사이에서 협상을 통해 나타난다. "지의류를 곰팡이로 보는 것은 지의류 전체를 보지 못하는 것이다"라고 고워드는 한탄한다. 탄소를 포함한 화합물 — 다이아몬드, 메탄, 메탐페타민 등 — 을 모두 탄소라고 부르는 것이나 같다. 이 시스템에 분명한 허점이 있다는 걸 누구도 부인하지 못할 것이다. 의미론에 대한 불만이 아니다. 어떤 것에 이름을 붙인다는 것은 그것의 존재를 인정한다는 의미다. 새로운 종이 발견되면, 그것을 '설명하고', 이름을 붙여준다. 지의류도 이름을 가지고 있기는 하다. 그것도 매우 많은 이름을 가지고 있다. 지의류학자들이 분류학적 금욕주

의자는 아니다. 그들이 붙여줄 수 있는 이름이 그들이 설명하고자 하는 현상으로부터 벗어나 있다는 것이 문제일 뿐이다. 이는 구조적인 문제다. 생물학적 분류 시스템은 지의류가 갖고 있는 것과 같은 공생 관계를 전혀 상상하지 못하고 있기 때문이다. 그러므로 지의류는 합당한 이름을 받지 못하고 있는 것이다.

24 ⟨Lichens, new and promising material from experiments in astrobiology⟩(Sancho et al. 2008).

25 심부탄소관측소의 보고서에 대해서는 《가디언》에 실린 기사 ⟨Scientists identify vast underground ecosystem containing billions of micro-organisms⟩를 볼 것.

26 ⟨Lichens, new and promising material from experiments in astrobiology⟩(Sancho et al. 2008).

27 행성 탈출의 충격에 대해서는 ⟨Lichens, new and promising material from experiments in astrobiology⟩(Sancho et al. 2008)과 ⟨The interplanetary exchange of photosynthesis⟩(Cockell, 2008)을 볼 것. 몇몇 연구에서 박테리아가 지의류보다 고온과 충격 압력을 더 잘 견딘다는 결과를 얻었다.

28 지의류와 비슷한 고대 화석의 정체와 이 화석과 현존하는 지의류 계통과의 관계에 대해서는 많은 논쟁이 있다. 지금까지 발견된 지의류와 비슷한 해양 유기체들의 연대는 6억 년 전까지 거슬러 올라가고, 일부 학자들은 이 해양 지의류가 지의류 조상들이 육지로 이동하는 데 중요한 역할을 했다고 본다.

29 ⟨Niche engineering demonstrates a latent capacity for fungal-algal mutualism⟩(Hom and Murray, 2014).

30 ⟨It's the song, not the singer: an exploration of holobiosis and evolutionary theory⟩(Doolittle and Booth, 2017).

31 히드로풍크타리아 마우라 *Hydropunctaria maura* 는 베루카리아 마우라
    Verrucaria maura (또는 warty midnight)로 알려져 있던 종이다. 새로 형성
    된 섬에 자라기 시작한 지의류에 대한 장기적인 연구는 www.anbg.gov.au/
    lichen/case-studies/surtsey.html에서 쉬르체이섬에 대한 연구를 참고할 것.

32 고워드는 이러한 최근의 발견들을 고려하여 지의류를 정의했다. "지의류화에
    서 생성된 내성 뛰어난 물리적인 부산물이 불특정수의 곰팡이, 조류, 박테리아
    분류군으로 이루어진 비선형적 시스템에 의해 지의류를 이루는 각 부분들이
    발현한 형태인 엽상체(지의류의 공동 몸체)를 발생시키는 과정으로 정의되었다."

33 지의류에 대한 기이한 이야기는 〈Queer Theory for Lichens〉(Griffiths, 2015)
    에서 인용.

34 일부에서는 '공동의 운명'을 기반으로 한 생물학적 개체성이라는 대안적인 개
    념을 내놓기도 한다. 예를 들어 프레데릭 부샤르Frédéric Bouchard는 '생물학
    적 개체란 환경으로부터 선택적 압박에 직면했을 때 시스템의 공통의 운명과
    연결된 통합을 통해 기능적으로 통합된 실체'라고 정의했다.

35 〈Superorganisms and holobionts〉(Gordon et al. 2013)과 〈Host
    biology in light of the microbiome: ten principles of holobionts and
    hologenomes〉(Bordenstein and Theis, 2015).

36 장 박테리아 감염에 대해서는 〈Impact of antibiotic treatment and host
    innate immune pressure on enterococcal adaptation in the human
    bloodstream〉(Tyne et al. 2019)을 볼 것.

37 〈A symbiotic view of life: we have never been individuals〉(Gilbert et
    al. 2012).

균사의 마음: 곰팡이가 우리의 마음을 조종한다면

1   오피오코르디셉스 곰팡이에는 여러 종이 있고, 목수개미도 여러 종이 있지만,
     한 종의 개미는 한 종의 곰팡이만 받아들인다. 곰팡이도 종마다 한 가지 종의
     개미만 제어할 수 있다. 각 곰팡이와 개미의 쌍은 죽음의 장소를 선택할 때도
     서로 다르다. 어떤 곰팡이는 자신의 아바타 곤충이 잔가지를 물게 하지만, 어
     떤 곰팡이는 나무껍질을 물게 하고, 또 어떤 곰팡이는 잎을 물게 한다.

2   개미의 생체 총량에 대한 곰팡이의 비율에 대해서는 〈Zombie ant death
     grip due to hypercontracted mandibular muscles〉(Mangold et al. 2019)
     참조.

3   곰팡이가 화학물질을 분비해 개미의 행동을 조종한다는 가설에 대해서는
     〈Three-dimensional visualization and a deep-learning model reveal
     complex fungal parasite networks in behaviorally manipulated ants〉
     (Fredericksen et al. 2017) 참조.

4   화석화된 나뭇잎의 흉터 흔적에 대해서는 〈Ancient death-grip leaf scars
     reveal ant-fungal parasitism〉(Hughes et al. 2011)을 볼 것.

5   일부 학자들은 살렘 마녀재판의 고발인들이 경련성 맥각중독증을 앓고 있었
     다고 주장하지만, 일부에서는 이들의 주장에 대한 강한 반론을 제기하고 있다.
     중세와 르네상스 시대에 성 안토니열熱로 알려졌던, 맥각으로 인한 환각과 심
     령 현상 경험이 당시 사람들에게 지옥의 모습으로 각인되었다고 보인다. 가축
     도 맥각중독에 걸리기 쉽다. 졸린 풀sleepy grass, 취한 풀drunken grass, 잔
     디회선병ryegrass stagger 등의 이름이 모두 소, 말, 양 등에게서 나타나는 증
     상으로부터 생긴 이름이다. 맥각균은 약리 효과도 강력해서 수백 년 가까이 조
     산사들이 산후출혈을 막는 데 쓰였다. 자신의 이름을 딴 웰컴 신탁재단을 설립

한 기업가 헨리 웰컴은 곡류에 생기는 곰팡이인 맥각의 약리 효과에 대한 여러 문헌을 연구했다. 그는 스코틀랜드, 독일, 프랑스의 조산사들이 자궁수축을 유도하고 산후 출혈을 막는 데 맥각이 뛰어난 효과가 있음을 16세기부터 알고 있었다고 기록했다. 남성 내과의사들은 이런 약초상이나 조산사들로부터 맥각의 치료 작용을 배웠고, 그 지식이 지금도 산후 출혈을 치료하는 데 쓰이는 에르고메트린이라는 약물 개발의 바탕이 되었다. 1930년대에 알베르트 호프만이 산도즈 연구소Sandoz Laboratories에 투자해 1938년에 LSD 합성에 성공한 것도 그들이 산부인과 약물로 유명했던 덕분이었다.

6   볼리비아에서 제례 의식을 치를 때 썼을 것으로 보이는 여우 주둥이로 만든 주머니가 발굴되었다. 제작 연대가 약 1,000년 이상 거슬러 올라갈 것으로 추정되는 이 주머니 속의 잔류물을 분석한 논문이 2019년에 발표되었다. 연구진은 이 주머니에서 코카인, DMT, 하르민, 부포테닌 등 여러 종류의 정신활성 화합물을 발견했다. 분석결과 실로시빈의 정신활성 분해 산물인 실로신의 흔적이라고 볼 수 있는 성분도 발견되었다. 만약 그 성분이 정말 실로신이라면, 실로시빈 버섯이 의식에 쓰였을 것으로 볼 수 있다. 곡물과 추수의 여신 데메테르와 그 딸 페르세포네를 경배하는 엘레우시스 신비 의식은 고대 그리스의 주요 종교 축제 중 하나였다. 의식의 일부로써 참가자는 키케온kykeon이라는 음료를 마셨다. 이 음료를 마신 참가자들은 유령 같은 환영을 보거나 황홀경을 경험하였으며 환각 상태에 들기도 했다. 많은 이들이 그들의 경험에 의해 영원히 변모한 존재를 묘사했다. 키케온의 정체에 대해서는 엄중하게 비밀이 지켜졌지만, 향정신성 술로 퍼져나갔던 것 같다. 아테네의 귀족들은 집으로 초대한 손님들과 이 술을 나눠 마시고 여러 번 추문을 일으켰다. 엘레우시스 의식 참가자들의 명부는 남아 있지 않기 때문에, 누가 참가했었는지는 정확히 알 수 없다. 그러나 대부분의 아테네 시민들이 참가했고, 에우리피데스, 소포클레스, 핀다로스, 아에스킬로스 등 유명 인사들도 상당수 참가했던 것으로 보인다. 플

라톤도 《향연》과 《대화》에서 분명하게 엘레우시스의 의식을 가리키는 말로 그 신비의 음료를 마셨던 경험을 자세히 써놓았다. 아리스토텔레스는 엘레우시스의 신비 의식을 직접 거론하지는 않았지만, 신비의 음료에 대해서는 언급한 적이 있다. 기원전 4세기 중반 엘레우시스 의식이 얼마나 널리 퍼져 있었는지를 감안한다면, 그 음료에 대한 아리스토텔레스의 언급이 엘레우시스 신비 의식과 관련되었다고 보는 것이 타당하다. 고든 와슨, 칼 루크와 함께 호프만은 키케온이 곡물에서 자라는 맥각균으로 만들어졌으리라는 가설을 세웠다. 어떤 방법인지는 정확히 알 수 없으나 맥각균을 우연히 먹었을 때 일어날 수 있는 치명적인 증상들을 제거하도록 정제한 상태로 음료를 제조했으리라는 것이다. 맥케나는 엘레우시스의 사제가 실로시빈 버섯을 퍼뜨렸으리라고 추측했다. 양귀비에서 추출한 재료로 만들었을 것이라고 주장하는 연구자도 있다. 고대의 종교적 의식에서 쓰였을 것으로 보이는 다른 버섯도 있다. 중앙아시아에서는 '소마soma'라 불리는 향정신성 음료를 의식에 사용했던 종교 집단이 일어났다. 소마는 황홀한 상태로 이끌었고, 기원전 1500년경 고대 텍스트인 리그베다에는 소마에 대한 찬양의 노래가 기록되어 있다. 키케온처럼 이 음료의 정체도 미지로 남아 있다. 일부 학자들 — 주로 와슨 — 은 이 음료의 주재료가 빨갛고 하얀 반점이 있는 광대버섯일 것이라고 주장했다. 맥케나는 늘 그랬듯이 실로시빈 버섯일 가능성이 더 높다고 주장했다. 대마초라고 주장하는 학자도 있다. 누구의 주장이 옳은지 확실히 판단할 근거는 아직 없다.

7   2018년, 일본 류큐대학교의 연구진은 매미 중 몇 종류가 자기 몸 안에 사는 오피오코르디셉스 곰팡이를 길들여왔다는 사실을 발견했다. 식물의 수액을 먹고 사는 곤충들이 대부분 그렇듯이, 매미도 몇 가지의 필수 영양소와 비타민을 생산하는 공생 박테리아에 의존하며, 그런 박테리아가 없으면 살지 못한다. 그러나 일본에 서식하는 몇몇 매미종은 오피오코르디셉스로 그런 박테리아를 대체했다. 아무도 예상치 못했던 일이었다. 오피오코르디셉스는 수천만 년 동안

실력을 갈고 닦아온 지독하게 능률적인 킬러다. 그런데 어찌된 일인지, 그토록 오랜 세월 진화를 겪어온 오피오코르디셉스가 매미와는 불가분의 파트너가 되었다. 게다가 이런 방향의 진화는 세 종류의 매미에게서 각기 다른 세 시기에 일어났다. 길들여진 오피오코르디셉스는 '유익 미생물'과 '기생 미생물'을 언제나 분명하게 가를 수 없다는 사실을 다시 한번 상기시킨다.

8   곤충을 조종하는 곰팡이가 사람의 마음도 움직일 수 있는 화학물질을 이용한다는 보고는 처음이 아니다. 멕시코의 토착 제례의식에서는 오피오코르디셉스 곰팡이의 사촌을 실로시빈 버섯과 함께 먹기도 한다.

9   카티논은 개미의 공격성을 증가시키는 것으로 알려져 있으며, 매미에게서 관찰되는 활동 항진도 이 물질이 원인인 것으로 보인다.

10 신경미생물학은 상대적으로 새로운 분야다. 동물의 행동, 인지, 심리 상태에 미치는 장내 미생물에 대한 이해는 아직 초보적인 수준이다. 그렇지만 몇 가지 패턴은 드러나기 시작했다. 생쥐를 예로 들면, 생쥐는 애초에 기능적인 신경계를 발달시키려면 건강한 장내 미생물상이 유지되어야 한다). 기능적인 신경계를 발달시키기 전의 사춘기 생쥐로부터 장내 미생물을 제거해버리면, 인지 능력 장애가 발생한다. 따라서 기억능력과 사물식별 능력에 문제가 발생한다. 가장 드라마틱한 사례는 서로 다른 기질의 쥐 사이에서 미소생물상을 교환이식했을 때 나타났다. 겁 많고 소심한 기질을 가진 쥐에게 '정상적인' 기질의 쥐의 분변을 이식하자 경계심이 사라졌다. 마찬가지로, '정상적인' 기질을 가진 쥐에게 '소심한' 쥐의 장내 미생물을 이식하자 '과도한 경계심'을 보이고 우유부단해졌다. 쥐의 경우에, 장내 미생물군의 차이는 고통의 기억을 잊는 능력의 차이로 이어졌다. 많은 장내 미생물이 신경전달물질과 단쇄지방산short chain fatty acids, SCFAs을 포함해 신경계의 활동에 영향을 미치는 화학물질을 생산한다. 우리 몸에서 생산되는 세로토닌serotinin — 많이 생산되면 행복감을, 부족하게 생산되면 우울감을 느끼게 된다 — 의 90퍼센트 이상이 장에서 생산되

고, 장내 미생물은 세로토닌의 생산을 조절하는 데 중요한 역할을 한다. 우울증 환자(사람)의 분변 미생물을 무균 생쥐와 집쥐에 이식하는 실험을 한 두 건의 연구가 있었다. 피이식 동물들은 불안감, 평소 좋아하던 행동에 대한 무관심 등 우울증의 징후를 보였다. 이 연구는 장내 미소생물군의 불균형이 우울증을 일으킬 수 있음을 암시할 뿐만 아니라 똑같은 불균형이 사람의 우울증뿐만 아니라 쥐의 우울증의 원인일 수도 있음을 암시한다. 인간을 대상으로 한 더 깊은 연구에서 특정 생균제pribiotics 치료가 우울, 불안, 부정적인 생각이 드는 증상을 줄일 수 있음을 보여주었다. 수십억 달러 규모의 생균제 산업이 신경 미생물학 분야를 맴돌기 시작하자 수많은 연구진은 연구 결과에 대한 과대광고, 또는 과장된 평가를 경고하고 있다. 장속 세상은 복잡하며, 그 세상을 통제하거나 조종하는 것은 매우 어렵다. 특정 미생물의 활동과 특정 행동 사이의 인과관계를 밝힌 연구가 극히 드물 정도로, 장속 세상에는 변수가 너무나 많다.

11   아메리카 원주민 공동체에는 아주 오랜 옛날부터 알코올중독 치료제로 환각성분이 있는 페요테 선인장을 쓰는 전통이 있다. 1950~1970년대 사이에 여러 연구진이 약물중독 치료제로서 실로시빈과 LSD의 가능성을 연구했다. 몇몇 연구에서는 긍정적인 효과가 얻어지기도 했다. 2012년, 한 연구팀이 메타분석으로 가장 엄격하게 통제된 실험으로부터 데이터를 수집했다. 이 연구팀은 LSD 1회 투약으로 알코올 오남용에 대한 치료 효과가 6개월까지 지속된다고 보고했다. 매슈 존슨이 이끄는 연구팀은 통제된 실험조건이 아닌 자연스러운 일상 상태에서 이 현상을 조사하기 위해 온라인 설문조사를 실시했는데, 여기서 300명 이상의 응답자가 실로시빈 또는 LSD를 경험한 후 흡연량을 줄이거나 완전히 금연했다고 보고했다.

12   존스홉킨스대학교에서 실험 참가자들을 인솔하고 관찰했던 사람조차 자신의 세계관에 예상치 않은 변화가 생겼음을 고백했다. 인솔자 중 한 사람은 실로시빈 실험을 10회 정도 관찰하고 난 경험을 이렇게 이야기했다. "나는 무신론자

였다. 그러나 실험이 거듭될 때마다 매일 같이 내 믿음에 회의가 들기 시작했다. 실로시빈을 투약한 사람들과 함께 앉아 있는 동안 나의 세상은 점점 더 신비로워졌다."

13 정확하게 언제부터 이 버섯이 '마법의' 버섯이 되었는지는 직접적으로 추정할 수 없다. 가장 간단한 방법은 실로시빈을 생성하는 모든 곰팡이의 공통 조상 중 가장 최근의 것에서 실로시빈 생성 능력이 시작되었다고 추정하는 것이다. 그러나 이 방법은 의미가 없다. 첫째, 실로시빈은 곰팡이의 계통 사이에서 수평적으로 전달되고, 둘째, 실로시빈 생합성은 한 번 이상 진화했기 때문이다. 오하이오주립대학교 연구원 제이슨 슬롯Jason Slot은 실로시빈을 만드는 데 필요한 유전자가 김노필루스 Gymnopilus 속과 프실로키베 Psilocybe 속의 조상에서 처음으로 조성되었다는 가설을 바탕으로 '마법' 버섯의 기원을 7,500만 년 전이라고 추정했다. 슬롯은 실로시빈 유전자 클러스터가 발생한 다른 케이스는 수평적 유전자 전이로부터 일어났다는 이유로 자신의 가설이 맞다고 보고 있다.

14 곤충과 곰팡이의 관계 중에는 '뻐꾸기 곰팡이cuckoo fungi'라는 훨씬 더 애매모호한 조종 관계도 있다. 뻐꾸기 곰팡이는 흰개미 알과 비슷하게 생긴 아주 작은 알갱이를 만들어내면서 한편으로는 진짜 흰개미 알에서 발견되는 페로몬까지 생성해서 흰개미의 사회적 행동을 교란시킨다. 흰개미는 이 가짜 알을 둥지로 가지고 가서 정성껏 돌본다. 그러나 결국 부화되지 않는 가짜 알이라는 걸 알게 된 흰개미는 이 가짜 알을 쓰레기더미 위에 버린다. 영양분이 풍부한 퇴비 더미 위에 던져진 뻐꾸기 곰팡이는 거기서 활발하게 생장하면서 다른 곰팡이와 경쟁할 필요 없이 번성한다.

15 순수한 실로시빈 결정은 고가일 뿐만 아니라 규제가 심해 연구가 쉽지 않다. 실로시빈이 곤충이나 다른 무척추 동물의 행동에 장애를 일으킨다는 여러 증거도 있다. 1960년대에 유명했던 어느 연구에서 연구진은 거미줄을 연구하

기 위해 거미에게 약물을 투여했다. 실로시빈을 고용량으로 투여한 거미는 거미줄을 전혀 만들지 못했다. 저용량으로 실로시빈을 투여한 거미는 거미줄을 그전보다 훨씬 느슨하게 만들었다. 마치 거미줄이 더 무거워진 것처럼 행동한 것이다. 반면에 LSD를 투여한 거미는 '평상시처럼 정상적인' 거미줄을 만들었다. 최근 연구에서는 초파리에게 메티테파인metitepine을 투여하자 식욕을 잃는 것이 관찰되었다. 메티테파인은 실로시빈이 자극하는 세로토닌 수용체를 차단하는 화학물질이다. 이런 관찰 결과로부터 일부 과학자들은 실로시빈이 파리의 식욕을 증진시킴으로써 곰팡이의 포자를 더 잘 퍼뜨리게 만드는 게 아닐까 추정했다. 에버그린스테이트컬리지의 생화학자이자 균학자인 마이클 뵈그Michael Beug는 '퇴치제 실로시빈' 가설을 반대하는 입장에서 연구한다. 버섯도 열매다. 사과나무가 그 씨앗을 널리 전파하기 위해 눈에 띄는 색깔과 모양의 열매를 맺듯이 곰팡이도 포자를 더 잘 퍼뜨릴 수 있도록 버섯을 만든다. 뵈그가 지적하듯이, 실로시빈을 만드는 버섯에서도 균사체에서는 실로시빈이 무시할 수 있을 정도의 미량만 발견되지만, 자실체인 버섯에서는 고농도로 농축되어 있다(실로시빈이 생성되는 버섯이 모두 그런 것은 아니다. 프실로키베 카이룰레스켄스 *Psilocybe caerulescens* 와 프실로키베 후그샤게니/셈페르비바 *Psilocybe hoogshagenii/semperviva* 는 균사체에서도 상당량의 실로시빈이 발견된다). 그러나 방어 전략을 가장 필요로 하는 것은 버섯이 아니라 균사체다. 실로시빈 버섯은 균사체는 무방비 상태로 방치한 채 열매만 그토록 열심히 보호하는 이유가 무엇일까?

16 인간 이외의 포유류도 아무런 부작용 없이 실로시빈 버섯을 먹는 것이 확인되었다. 북아메리카 진균학협회에서 독성물질에 대한 보고서를 책임지고 있는 뵈그는 이런 사례를 여러 건 보고받았다. "우연히 발견했을 때 실로시빈 버섯을 먹는지 아니면 일부러 찾아다니며 먹는지는 모르지만, 말이나 젖소도 아무 탈 없이 실로시빈 버섯을 먹습니다." 뵈그가 말했다. 그러나 어떤 포유류는 실

로시빈 버섯을 일부러 찾아서 먹는 것으로 보인다. "개는 자기 주인이 실로시빈 버섯을 찾아다니는 걸 보고 관심을 갖게 되었을지도 모릅니다. 그러다가 한두 번 실로시빈 버섯을 먹게 되었고, 결국은 인간들과 비슷하게 실로시빈 버섯을 먹게 되었겠죠." 실로시빈 버섯을 자주 먹고도 아무 탈 없는 고양이의 사례는 딱 한 건 보고받았다고 한다.

17 환각 경험에 대해 널리 읽힌 최초의 정식 기사는 아마도 저널리스트인 시드니 카츠Sidney Katz의 글이었을 것이다. 카츠는 캐나다의 대중지《매클린스》에 "미치광이가 되었던 열두 시간"이라는 제목의 기사를 썼다.

18 《Plants of the Gods: Their Sacred, Healing, and Hallucinogenic Powers》 (Schultes et al. 2001), p. 23.

뿌리가 생기기 전: 식물보다 앞서 길을 낸 개척자

1 이 주제에 대해 항상 의견의 일치가 이루어지지는 않았다는 점이 놀라운 일은 아니다. 이 아이디어는 1975년 〈육상식물의 기원: 균굴성mycotropism의 문제〉라는 제목의 논문에서 크리스 피로진스키Kris Pirozynski와 데이비드 맬록 David Malloch에 의해 처음 제안되었다. 이 논문에서 그들은 "육상 식물은 한 번도 [곰팡이로부터] 독립적이었던 적이 없었다. 만약 그랬다면, 결코 육지를 점령할 수 없었을 것이다"라고 주장했다. 당시로서는 매우 급진적인 아이디어 였다. 이 주장은 공생이 생명의 역사에서 가장 의미 있는 진화론적 발전의 중요한 힘 중 하나라는 의미를 담고 있었기 때문이다. 린 마굴리스는 공생을 '깊은 해저로부터 생명의 파도를 마른 땅과 하늘의 공기 속으로 끌어당긴 달'이라

고 묘사하면서 피로진스키와 맬록의 아이디어를 지지했다.

2 육상 식물의 7퍼센트는 균근 관계를 형성하지 않는다. 이런 식물은 균근 관계 대신 기생이나 식충 전략으로 진화했다. 이런 식물은 7퍼센트에 못 미칠지도 모른다. 최근의 연구에 따르면 전통적으로 '비균근성' 식물로 구분되었던 식물 — 예를 들면 양배추 — 도 '비균근성' 곰팡이와 관계를 맺는 것으로 밝혀졌다. '비균근성' 식물과 '비균근성' 곰팡이도 균근 관계의 식물과 곰팡이가 서로에게 그러는 것처럼 비슷하게 이득을 준다.

3 '우산이끼'라는 이름의 현존하는 식물 집단은 최초로 갈라져 나온 육상 식물 계통으로 여겨지며, 그 시점은 최소한 4억 년 전일 것으로 추정된다. 트레우비아 *Treubia* 와 하플로미트리움 *Haplomitrium* 속 우산이끼는 우리에게 초기 육상 생명체를 엿볼 수 있는 기회를 제공한다. 화석 외에도 여러 증거가 있다. 식물이 균근 곰팡이와 커뮤니케이션하는 데 필요한 화학적 신호를 책임지는 유전적 기관은 모든 살아 있는 식물 집단에서 동일하다. 이는 그 기관이 모든 식물의 공통 조상에게도 존재했음을 의미한다. 최초의 육상식물의 살아 있는 조상인 우산이끼는 가장 오래된 계통의 균근 곰팡이와 관계를 형성한다. 더욱이 그 시기에 대한 최근의 추정 결과는 곰팡이가 현대 육상 식물의 조상보다 먼저 육지로 올라왔음을 보여주는데, 이는 초기의 식물들이 곰팡이와 마주치지 않았을 가능성은 거의 없음을 암시한다.

4 가는 뿌리의 직경도 천차만별이지만, 대략 100~500마이크론 사이다. 가장 오래된 균근 곰팡이 계통 중 하나는 운반 균사의 직경이 20~30마이크로미터이며, 더 미세한 흡수 균사는 2~7마이크로미터다.

5 프랑크를 비판하는 데 가장 목소리를 높였던 사람이 식물학자이자 훗날 하버드 로스쿨 학장을 맡았던 로스코 파운드Roscoe Pound 인데, 그는 프랑크의 가설을 '의심할 바 없이 의심스러운' 주장이라고 비난했다. 파운드는 균근 곰팡이

가 '나무의 몫으로 돌아가야 할 영양분을 빼앗음으로써 필시 나무에 해를' 끼친다고 주장하는, 보다 '정신이 온전한' 학자들의 편에 섰다. 그는 "어떤 경우든 공생은 일방에게만 유익한 결과를 가져오며, 우리는 다른 일방이 만약 공생 관계에 묶이지 않고 홀로 있었을 경우만큼 공생을 하면서도 잘 산다고 확신할 수 없다"고 주장했다.

6 대기 중 이산화탄소의 감소를 촉발한 원인에 대해서는 여러 가지 다른 가설도 있다. 예를 들면, 이산화탄소와 다른 온실 가스들이 화산 작용을 비롯한 지각 활동에 의해 분출된다는 가설이 있다. 만약 화산 작용에 의한 이산화탄소 배출이 줄어든다면 대기 중 이산화탄소의 양도 줄어들고, 따라서 지구의 냉각기를 불러올 가능성이 있다.

7 밀스는 COPSE모델(탄소, 산소, 인, 황, 그리고 진화)을 이용했다. 이 모델은 '단순화된 육상 생물상生物相, 대기, 해양, 침전물에 대한' COPSE 요소의 장기간에 걸친 진화론적인 사이클을 조사한다.

8 식물이 육지에 정착하는 것을 돕고 초원과 열대 우림에서 번성한 곰팡이의 집단 — 내생 균근 곰팡이 — 은 딱 한 번 진화한 것으로 생각된다. 내생 균근 곰팡이는 식물 세포 안에서 깃털 모양의 열편으로 자란다. 온대림을 지배하는 유형 — 외생 균근 곰팡이 — 은 60번 이상 진화를 겪었다. 19세기 말에 프랑크가 관찰했듯이, 이 곰팡이 — 여기에는 트러플도 포함된다 — 는 식물의 뿌리 끝 주변에 낭상체mycelial sleeves를 만든다. 난초는 독특한 유형의 균근 관계를 갖고 있는대 진화의 역사도 독특하다. 블루베리 계열 또는 진달래과 식물도 마찬가지다. 필드와 동료들은 2000년대 후반에서야 완전히 다른 집단의 균근 곰팡이인 머리카락곰팡이아문 Mucoromycotina 을 발견했다. 이 균근 곰팡이는 식물계 전체에서 나타나며, 최초의 육상 식물만큼이나 오래되었을 것으로 생각되지만, 수십 년의 연구에도 불구하고 전혀 발견되지 않고 있었다. 어쩌면 아직도 사람의 맨눈으로도 발견할 수 있는 많은 균근 곰팡이가 숨어 있을지도

모른다.

9   키어스와 동료들이 이렇게 정밀한 실험을 할 수 있었던 것은 인공적인 시스템
     을 이용했기 때문이다. 이들의 실험 대상이었던 식물은 정상적인 식물이 아니
     라 뿌리 '조직 배양체' — 식물의 본체로부터 분리되어 싹이나 잎 없이 자란 뿌
     리 — 였다. 그럼에도 불구하고, 더 많은 이득을 주는 파트너에게 영양분이나
     탄소를 편파적으로 공급하는 식물과 곰팡이의 능력은 땅에서 자라는 정상적인
     나무와 다름없이 잘 기능해주었다. 식물과 곰팡이가 정확히 어떻게 이런 흐름
     을 제어하는지는 아직 잘 밝혀지지 않았지만, 균근 관계가 갖고 있는 일반적인
     성질인 것으로 보인다.

10   모든 종의 식물과 곰팡이가 똑같은 정도의 교환 제어 능력을 가지고 있지는 않
     다. 어떤 식물종은 선호하는 곰팡이 파트너에게 편파적으로 탄소를 공급할 수
     있는 능력을 가지고 있지만, 어떤 종은 그런 능력을 갖고 있지 못하다. 어떤 식
     물은 다른 식물의 곰팡이 파트너보다 자신의 곰팡이 파트너에게 더 의존한다.
     먼지처럼 작은 씨앗을 만드는 식물처럼, 어떤 종은 곰팡이가 없으면 발아하지
     않지만, 대부분의 식물은 곰팡이가 없어도 발아한다. 어떤 식물은 어렸을 때는
     곰팡이에게 아무런 보상도 주지 않지만, 어느 정도 자라면 곰팡이에게 보상을
     하기 시작한다. 필드가 '지금 받고 나중에 주는' 방식이라고 말한 전략이다.

11   키어스와 그녀의 동료들은 네트워크를 통해 물질이 흐르는 방향으로, 물질이
     네트워크를 통해 운반되는 속도를 측정해보았는데, 최고 속도는 초당 50마이
     크로미터가 넘었다. 수동적인 확산보다 대략 100배 정도 빠른 속도였다.

12   한 연구에서 두 종의 서로 다른 식물인 아마와 사탕수수와 동시에 연결된 하나
     의 곰팡이가 발견되었는데, 이 곰팡이는 사탕수수로부터 더 많은 탄소를 공급
     받으면서도 아마에게 더 많은 영양분을 공급하고 있었다. 비용-수익 분석을 기
     반으로 한다면, 이 곰팡이는 사탕수수에게 더 많은 양분을 공급해야 한다. 일

부 식물종은 이보다 훨씬 더 극단적이어서, 자신의 균근 파트너에게 탄소를 전혀 제공하지 않는다. 이런 경우 파트너 사이의 교환은 호혜적인 보상 교환에 기반을 두지 않는 것으로 보인다. 물론 우리가 미처 고려하지 못한 다른 수익과 비용이 존재할 수도 있다. 그러나 너무 많은 변수를 동시에 계산하기는 어렵다. 이런 이유로 대부분의 연구는 탄소와 인 같이 조작이 용이한 소수의 매개변수에만 집중한다. 이렇게 하면 해당 매개변수에 대해서는 사소한 부분까지 들여다볼 수 있지만, 발견된 현상이나 사실들을 복잡한 실제 세계의 시나리오로 확장하기에는 어려움이 따른다.

13 균근 관계는 몇 가지 측면에서 지상 세계의 패턴을 결정지을 수 있다. 토양 영양분의 사이클에 영향을 주는 것도 한 가지 방법이다. 토양 영양분의 사이클을 화학적 기후 시스템으로 비유한다면, 서로 다른 유형의 곰팡이에 의해 설정된 화학적 '기후'는 어디서 어떤 종류의 나무가 자라게 될지를 결정하는 데 한 몫을 거든다. 반대로 서로 다른 식물의 영향력은 균근 곰팡이의 행동에 피드백으로 돌아온다. 내생 균근 곰팡이 — 식물세포 내부에서 자라는 아주 오래된 균근 곰팡이 — 는 외생 균근 곰팡이 — 여러 번 진화를 겪었으며 식물의 뿌리 주변의 낭상체에서 자라는 균근 곰팡이 — 와는 완전히 다른 방향에서 화학적 기후 시스템을 조종한다. 내생 균근 곰팡이와 달리 외생 균근 곰팡이는 자유생활 부후균의 후예다. 결과적으로 이들은 내생 균근 곰팡이에 비해 유기 물질을 분해하는 능력이 뛰어나다. 생태계 전체의 그림에서 본다면 이 두 가지가 아주 큰 차이를 불러온다. 내생 균근 곰팡이는 분해가 천천히 일어나는 추운 기후에서 번성한다. 외생 균근 곰팡이는 기후가 따뜻하고 습해서 분해가 빨리 일어나는 지역에서 번성한다. 내생 균근 곰팡이는 자유생활 분해자와 경쟁하면서 탄소 순환 주기의 순환 속도를 늦춘다. 외생 균근 곰팡이는 자유 생활 분해자의 활동을 촉진함으로써 탄소 순환 주기의 속도를 가속시킨다. 내생 균근 곰팡이는 더 깊은 토양층으로 탄소가 더 많이 스며들게 해 거기서 가두어둔다. 균근

관계는 식물끼리의 상호작용에도 영향을 줄 수 있다. 어떤 상황에서는 균근 곰팡이가 식물간의 경쟁적인 상호작용을 완화시킴으로써 식물의 다양성을 증가시키고, 따라서 결과적으로 지배적인 종의 출현이 줄어든다. 반대의 경우도 있다. 식물의 경쟁 개체를 아예 제거하도록 만듦으로써 다양성을 감소시키는 것이다. 어떤 경우는 균근 집단을 가진 식물의 피드백이 세대를 이어 전달되는데, 이런 경우는 '유산 효과legacy effect'라고 부른다. 북아메리카 대륙 서부해안의 치명적인 소나무좀벌레가 퍼졌을 때 살아남은 어린 소나무 묘목을 연구한 결과, 소나무 묘목이 살아남느냐 죽느냐는 그들이 갖고 있는 균근 집단이 어디서 왔느냐에 따라 다르다는 사실이 밝혀졌다. 어른 나무가 소나무좀의 공격으로 죽었던 지역에서 온 균근 곰팡이와 함께 자란 묘목은 소나무좀의 공격으로 죽을 확률이 높았다. 소나무좀에 대한 균근 집단 내성은 소나무의 세대를 이어가며 전달되었던 것이다.

14 작물을 보호하기 위해 식물의 미생물 내생균주를 이용하는 상품이 증가하고 있다. 2019년, 미국 환경보호국은 벌이 식물에게 전달하는 살충 성분 곰팡이를 이용한 살충제의 사용을 허가했다.

우드와이드웹: 땅속에서 그물처럼 얽혀 있는 식물

1 여기서 언급된 러시아 식물학자는 F. 카미엔스키Kamienski 였다. 1882년에 모노트로파에 대한 추측을 발표했던 학자다.

2 1988년 공유 균근 네트워크에 대한 고전적인 비평을 내놓았던 에드워드 I. 뉴먼Edward I. Newman은, "만약 이 현상이 널리 퍼져 있다면, 생태계의 기능에

심대한 영향을 끼쳤을 것"이라고 말했다. 뉴먼은 공유 균근 네트워크가 미칠 수 있는 영향을 다섯 갈래로 구분했다. 1) 묘목은 거대한 균사 네트워크에 최대한 빨리 접근하여 아주 이른 시기부터 이 네트워크로부터 이득을 얻기 시작한다. 2) 식물은 균사 네트워크를 통해 다른 식물로부터 유기물질(에너지가 풍부한 탄소화합물 같은)을 받아들일 수 있는데, 이를 통해 아마도 '수혜 식물'의 성장과 생존 가능성이 충분히 높아질 것이다. 3) 공통의 균사 네트워크로부터 무기 영양분을 얻는다면, 제각각 토양으로부터 영양분을 얻기 위해 경쟁하지 않을 것이므로 식물 간 경쟁의 균형이 변할 것이다. 4) 무기영양분이 한 식물에서 다른 식물로 이동할 수 있을 것이므로, 지배력을 두고 다투는 경쟁이 줄어들 것이다. 5) 죽은 뿌리로부터 방출된 영양분은 토양으로 흘러들지 않고 균사 네트워크를 통해 곧바로 살아 있는 뿌리로 흡수될 수 있다.

3 시머드는 브리티시컬럼비아의 숲에 세 종의 묘목을 심었다. 그중 두 종인 종이자작나무와 더글러스 전나무는 같은 종류의 균근 곰팡이와 관계를 형성했고, 나머지 한 종인 미국삼나무는 앞의 균근 곰팡이와는 전혀 상관없는 균근 곰팡이와 관계를 형성했다. 따라서 자작나무와 전나무는 네트워크를 공유하고, 삼나무는 직접적인 곰팡이와의 연결 없이 뿌리 주변의 공간만 공유한다는 것을 확실히 할 수 있었다. (이 방법이 앞에서 언급된 세 종의 식물이 전혀 연결되지 않았다고 의심의 여지없이 믿을 수 있는 완벽한 방법은 아니었다. 훗날 이 부분에 대해서 비판이 일어나기도 했다.) 앞서 진행되었던 리드의 연구 방법을 약간 변형시킨 것이 중요했는데, 시머드는 짝을 이룬 묘목에 두 종류의 서로 다른 방사성 탄소 동위원소로 식별되는 이산화탄소에 노출시켰다. 동위원소를 한 가지만 쓰면 식물 간 탄소 이동의 양방향성을 확인할 수 없다. 수혜 식물이 공여 식물로부터 표지가 달린 이산화탄소를 받았다는 것은 확인할 수 있지만, 공여 식물이 수혜 식물로부터도 탄소를 받았는지는 확인할 수 없다. 시머드는 자신이 고안한 방법으로 식물 간 네트워크의 흐름을 계산할 수 있었다.

4   뿌리접은 지난 수십 년간 다른 방식들에 비해 비교적 주목을 받지 못했다. 그러나 몸통이 잘린 뒤에도 오랫동안 살아남는 '살아 있는 그루터기living stump' 같은 현상처럼 여러 가지의 흥미로운 현상을 설명해준다. 뿌리접은 한 개체의 뿌리 사이에서도 일어나고, 같은 종의 서로 다른 개체 사이에서도 일어난다. 심지어는 다른 종의 개체 사이에서도 일어난다.

5   '280킬로그램'에 대해서는 〈Belowground carbon trade among tall trees in a temperate forest〉(Klein et al. 2016) 과 〈Underground networking〉 (van der Heijden, 2016)의 주석을 볼 것. Klein et al. (2016)의 연구는 숲에서 자라고 있는 자연 상태의 나무 사이에서 일어나는 탄소의 이동을 측정했다는 점에서 주목할 만하다. 실험 대상 나무들은 비슷한 수령이었고, 따라서 그 나무들 사이에서 명백하게 드러나는 영양원-흡수원의 관계는 없었다. 즉 편향된 영양 흡수원은 없었다.

6   전반적으로 식물에게 명백한 이득이 된다는 것을 밝혀낸 실험들은 외생 균근 곰팡이라고 알려진 곰팡이의 집단과 관계를 형성한 종이었다. 균근 중에서 가장 오래된 집단인 수지상 균근 곰팡이의 효과에 대한 연구의 결과는 다소 애매하다.

7   공유 균근 네트워크 연구는 자연의 토양에서는 고사하고 잘 통제된 실험실 조건에서도 복잡하다는 점도 난제 중의 하나다. 우선 두 그루의 식물이 똑같은 곰팡이에 의해 연결되어 있음을 증명하기도 매우 어렵다. 한 그루의 나무에서 출발한 방사성 지표가 다른 그루의 나무에 도착할 수 있는 경로는 셀 수 없이 많다. 더욱이 네트워크에 대한 모든 연구는 네트워크로 연결되지 않은 식물과 비교해야만 한다. 어떤 연구진들은 식물 사이의 미세한 망사 같은 균근의 막의 위치를 옮김으로써 식물들 사이의 곰팡이의 연결을 끊어버린다. 또 어떤 연구자들은 식물과 식물 사이를 갈라놓기 위해 깊은 도랑을 판다. 그러나 이러한 방해 작전이 예상치 못한 피해를 불러오는 것은 아닌지 확인할 길이 없다.

8　다윈은 대단한 난초 애호가여서, 난초가 그렇게 작은 씨앗으로 어떻게 살아남을 수 있었는지 오랜 세월 궁금해 했다. 1863년에 큐 가든의 원장이었던 조셉 후커에게 쓴 편지에서, 다윈은 '사실 여부는 잘 모르겠지만,' 난초 씨앗은 "은화 식물(또는 곰팡이)에 기생하면서 싹을 틔우는 것 같다"고 썼다. 이 편지가 쓰인 지 30년 후에야 난초 씨앗의 발아에 곰팡이가 결정적인 역할을 한다는 사실이 밝혀졌다.

9　뮤어에게 있어서 '천 개의 음률'은 반복되는 테마였다. 그는 '셀 수 없이 많고 끊어낼 수 없는 음률'이라고도 썼는데, 가장 잘 알려진 문장은 다음과 같다. "어떤 것을 그것만 따로 골라내려고 하면, 그것은 우주 안의 모든 것에 무임승차를 해버린다."

10　영양원-흡수원 관계는 식물의 광합성을 제어한다. 광합성 산물이 축적되면, 광합성 속도가 감소한다. 균근 곰팡이 네트워크는 탄소 흡수원으로 작동함으로써 식물의 광합성 속도를 높여서 광합성 산물이 축적되어 식물의 광합성 속도가 느려지지 않게 한다.

11　잉여 영양분을 '공공재'로 공유한다는 주장 외에 또 다른 가능성은 수혜 식물이 서로 다른 여러 종의 곰팡이를 모아들일 가능성이다. 조건이 변하면 식물 A가 식물 B의 곰팡이 공동체로부터 이익을 얻어갈 수도 있다. 다양한 균 공동체가 환경의 불확실성에 대한 보험으로 작용한다.

12　여러 종의 양치류가 공유 균근 네트워크를 통해 혈연선택 또는 부모로서의 '보살핌'을 제공한다. 아마도 수백만 년 전부터 그래왔을 것이다. 이런 종의 양치류(리코포디움 *Lycopodium* 속, 후페르지아 *Huperzia* 속, 프실로툼 *Psilotum* 속, 보트리키움 *Botrychium* 속, 오피오글로스움 *Ophioglossum* 속)는 일생주기가 두 단계로 나뉜다. 먼저 '배우체gametophyte'라 불리는 구조 속에서 포자가 생성된다. 배우체는 광합성을 하지 않는, 지하에 있는 작은 구조체다. 여기서 수정이 일어

난다. 배우체가 수정되면, 지상으로 올라와 '포자체sporophyte'라 불리는 어른 단계로 들어간다. 광합성은 이 포자체에서 일어난다. 배우체는 성체인 포자체와 공유된 균근 네트워크를 통해 탄소를 공급받기 때문에 지하에서만 생존한다. 이 경우가 바로 '지금 받고 나중에 준다'는 경우다.

13 식물의 뿌리와 곰팡이 사이에서 일어나 그 둘 사이의 관계 형성을 가능케 하는 화학적 대화에 대해서는 아직도 많은 의문이 남아 있다. 리드는 한때 균타가영양체 스노우 플랜트 — 뮤어가 '점점 자라나는 불기둥'이라고 말했던 — 의 재배를 시도한 적이 있었다. 처음에는 어느 정도 진전이 있는 듯했으나 곧 벽에 부딪혔다. "곰팡이가 씨앗을 향해서 자라면서 잔뜩 흥분하고 흥미를 갖는 듯 보이는 게 신기했습니다. 마치 고개를 쳐들고 '안녕!'하고 인사를 하는 것 같았어요." 리드가 회상했다. "식물의 뿌리와 곰팡이 사이에는 분명히 신호가 오가고 있어요. 슬픈 것은, 그 신호를 더 크게 확장시킬 수 있을 만큼 큰 식물이 없다는 겁니다. 신호에 대한 이런 의문들은 우리 다음 세대가 계속 연구해야 할 과제입니다."

14 어떤 종들이 상호작용을 하고 있는가에 기반을 두고 균근 네트워크의 구조를 살펴본 연구가 있기는 하다. 그러나 이런 연구는 하나의 생태계 안에서 나무의 공간적인 배열과 네트워크와의 명백한 관계를 설명하지 못했다.

15 베일러의 숲 지도forest plot 에서 나무 사이에 무작위로 선을 그으면, 각각의 나무가 가지는 나무 사이의 링크의 수가 얼추 비슷해진다. 눈에 띄게 많거나 눈에 띄게 적은 수의 링크를 가지는 나무는 매우 드물다. 나무 한 그루당 링크의 평균 개수를 계산해보면 대부분의 나무는 이 숫자에 가까운 수의 링크를 가진다. 네트워크에 대한 용어로 말하자면 이런 특징적인 노드를 네트워크의 '척도scale'라고 말할 수 있다. 현실에서는 약간 다르게 나타난다. 베일러의 숲 지도, 버러바시의 웹 지도map of web, 또는 항공기 비행경로 네트워크에서 연결점이 매우 높은 소수의 허브가 그 네트워크가 가진 연결의 대부분을 차지한

다. 이런 유형의 네트워크에서의 노드는 노드마다 차이가 커서 특징적인 노드가 드러나지 않기 때문에 척도도 나타나지 않고, 따라서 '척도 독립적scalefree'이라고 표현한다. 버러바시는 1990년대에 척도 독립적인 네트워크를 발견함으로써 복잡계의 행동 모델의 틀을 잡는 데 도움을 주었다.

16 서로 연결된 두 그루의 나무가 모두 같은 방식으로 연결된 것은 아니다. 오리나무는 매우 적은 종의 균과만 연결되고 오리나무 외에 다른 식물과는 잘 연결되지 않는 습성이 있다. 이는 곧 오리나무는 고립주의적인 경향이 있어서 폐쇄적이고 서로 내향적인 네트워크를 형성한다는 의미다. 숲 한 군데의 전반적인 구조라는 측면에서 오리나무 숲은 내부가 잘 연결된, 그러나 아주 성글게 연결된 하나의 '모듈'이 될 수 있다. 우리는 이런 개념에 익숙하다. 종이에 지인들을 떠올리며 자신의 인적 네트워크를 좌표로 그려보자. 그 좌표의 각 링크들을 하나의 관계로 생각하자. 당신이 맺고 있는 관계 중에서 등가의 가치를 가졌다고 판단할 수 있는 관계는 몇 개나 되는가? 당신의 형제자매, 육촌형제, 직장 동료, 임대인 등과의 관계를 당신의 소셜 네트워크의 링크와 등가로 계산할 때 당신이 포기할 것은 무엇인가? 네트워크 과학자 니콜라스 크리스타키스와 제임스 파울러는 소셜 네트워크 안의 한 링크가 가지는 영향력은 '전염력'에 달려 있다고 설명한다. 당신은 형제자매와의 관계도 있고 임대인과의 관계도 있을 수 있지만, 그 두 관계의 영향력의 크기, 즉 전염력은 다를 것이다. 크리스타키스와 파울러의 '영향력의 3단계' 이론은 네트워크에서 세 번의 단계를 거치면 그 영향력이 급격히 떨어진다고 주장한다.

17 공유 균근 네트워크와 중립적 네트워크 사이의 유사성에 대한 시머드의 관점과 비슷하게, 다른 분야의 연구자들도 이런 관점을 가지고 있다. 〈The Cognitive Lens: a primer on conceptual tools for analysing information processing in developmental and regenerative morphogenesis〉 (Manicka and Levin, 2019)은 생물학적 의문과 뇌과학적 의문을 갈라놓은 '주

제의 저장고'들을 극복하기 위해서는 지금까지 뇌 기능 연구에만 쓰였던 도구들을 다른 생물학적 영역으로 전환해야 한다고 주장한다. 신경과학에서 '커넥톰connectome'이란 뇌 안에 형성된 신경 연결 지도를 말한다. 생태계의 균근 커넥톰을 좌표로 그리는 것이 가능할까? 베일러는 나에게 이렇게 말했다. "만약 연구기금의 제약만 없었다면, 숲 하나를 통째로 샘플링할 수 있었을 거예요. 그랬다면 네트워크를 아주 정밀하고 세세하게 볼 수 있었겠죠. 누가 어디서 누구와 연결되어 있는지 정확하게 볼 수 있었을 것이고 동시에 시스템 전체를 넓은 시야로 볼 수도 있었을 겁니다."

18   셀로스는 이렇게 설명했다. "많은 곰팡이가 식물의 뿌리와 느슨한 방식으로 상호작용합니다. 트러플을 예로 들어봅시다. 물론 트러플의 균사가 공식적인 '숙주' 식물의 뿌리에서 자라는 걸 볼 수 있을 거예요. 하지만 통상적으로는 트러플의 숙주도 아니고 균근 관계를 형성하지도 않는 주변의 다른 식물의 뿌리에서도 발견할 수 있습니다. 이러한 느슨한 관계는 엄격히 말하면 균근 관계는 아니지만, 실제로 존재합니다."

풀뿌리 균학: 세상을 구하는 곰팡이

1   이러한 초기의 식물인 석송류lycophyte와 양치식물pteridophytes 중에서 상당수는 비교적 '목질'이 적고 대신 주피periderm라 부르는 나무껍질처럼 생긴 물질로 이루어져 있다.

2   지구 생물자원에 대한 최근의 추산치를 보면, 식물은 지구 총 생물자원의 80퍼센트를 차지한다. 이 중에서 다시 70퍼센트는 '목질' 줄기와 수간으로, 이들이

총 지구 생물자원의 60퍼센트를 차지하는 셈이다.

3 부후균 중에서 또 다른 중요한 집단은 갈색부후균이다. 갈색부후균이라는 이름이 붙은 것은 이 곰팡이가 나무를 분해하면서 갈색으로 변하기 때문이다. 갈색부후균은 목질의 성분인 셀룰로스를 소화시킨다. 그러나 유리기를 이용해 리그닌 분해도 가속시킬 수 있다. 갈색부후균의 작용은 백색부후균과는 약간 다르다. 리그닌 분자를 분해하기 위해 자유 라디칼을 이용하는 게 아니라 리그닌과 작용하는 라디칼을 만들어 박테리아가 분해하기 좋게 만든다.

4 그렇게 많은 나무가 그렇게 오랜 기간 동안 부패되지 않을 수 있었던 이유는 아직도 많은 논의가 필요하다. 데이비드 하이베트가 이끈 연구진이 2012년《사이언스》에 발표한 논문은 백색부후균 속 리그닌 페록시다아제의 진화와 석탄기 말 고정된 탄소량의 급격한 감소가 일치한다는 것은 곰팡이가 리그닌을 분해하는 능력을 갖추기 전에 석탄퇴적층이 쌓였기 때문이었을 것이라고 주장했다. 이 발견은 제니퍼 로빈슨(1990)의 가설을 뒷받침한다. 2016년, 매슈 닐슨 등은 이 가설을 반박하는 논문을 내놓았다. 이들이 제시한 이유는 다음과 같았다. 1) 탄소 고정의 대부분을 차지하는 석탄층을 구성하는 식물은 리그닌의 주요 생산자가 아니었다. 2) 리그닌 분해균과 박테리아는 석탄기 이전부터 존재했을지도 모른다. 3) 주요 석탄층은 백색부후균이 리그닌 분해효소를 진화시켰을 것으로 추정되는 시점 이후에 형성되었다. 4) 석탄기 이전에 리그닌 분해가 없었더라도, 대기 중 이산화탄소는 100만 년 안에 모두 제거되었을 것이다. 어느 주장이 맞는지는 분명하지 않다. 분해와 탄소 고정의 상대적인 비율을 측정하기는 어렵다. 리그닌이나 결정질 셀룰로스 같은 여타의 질긴 목질 성분에 대한 백색부후균의 분해 능력이 지구에 고정된 탄소의 양에 영향을 미치지 않았다고 보기는 어렵다.

5 다윈의 연구는 탁월한 사례라고 할 수 있다. 그는 거의 평생에 걸쳐 자신의 집에서 모든 연구를 수행했다. 창틀에 난을 길렀고, 과수원에서 사과를 길렀으

며, 경주용 비둘기를 기르고 테라스에서 지렁이를 길렀다. 다윈이 진화론을 뒷받침하기 위해 동원한 증거의 상당수는 아마추어 동물학자, 식물학자들로부터 입수한 것이며, 그는 수집애호가들, 각종 동호인들로 탄탄하게 구성된 네트워크로부터 꾸준히 정보를 얻었다. 오늘날에는 디지털 플랫폼이 새로운 가능성을 열어주고 있다. 2018년 하반기에 진동수가 낮은 지진파가 주요 지진감지 시스템을 피해 지구 전체에 퍼져나갔다. 그 궤적과 정체성이 밝혀진 것은 트위터를 통해 서로 연락을 주고받던 지진학자들과 지진학에 관심을 가진 시민들 사이에 급히 이루어진 협업 덕분이었다.

6   다윈은 교구 목사였던 자신의 사촌과 최신 품종끼리의 교배로 누가 더 큰 배를 수확하는지 매년 내기를 했다. 이 두 사람의 경쟁은 다윈 가문에 가장 큰 여흥거리를 제공했다.

7   파리의 지하에서 재배된 버섯 이야기의 현대판 스토리도 있다. 자동차를 소유하는 파리 시민의 숫자가 점점 줄어들어서 몇몇 지하 주차장이 식용 버섯 농장으로 개조되어 성공을 거두었다. www.bbc.co.uk/news/av/business-49928362/turning-paris-s-underground-car-parks-intomushrooms-farms [accessed October 29, 2019].

8   인간만이 버섯을 가공해서 먹는 것은 아니다. 북아메리카에 서식하는 다람쥐 중 몇몇 종은 버섯을 말려서 저장했다가 나중에 먹이로 삼기도 하는 것으로 알려져 있다.

9   2019년 《사이언스》에 실린 논문〈Transgenic Metarhizium rapidly kills mosquitoes in a malaria-endemic region of Burkina Faso〉(Lovett et al. 2019)에 따르면, 유전자가 조작된 메타리지움의 변종은 '자연과 거의 유사한' 아프리카 부르키나파소의 한 실험 환경에서 거의 모든 모기를 제거했다. 이 논문의 저자들은 메타리지움의 유전자 조작 변종을 말라리아의 확산을 저지하는

데 활용할 것을 제안했다.

10 2014 뉴욕 현대미술관의 PS1 갤러리 파빌리온, 인도 코치의 셀 마이셀리움 인 스톨레이션 등 다수의 명성 있는 전시회에 곰팡이 건축자재들이 이용되었다.

11 나무와 균사를 합성하려면 톱밥과 옥수수를 섞어 슬러리를 만든다. 이 혼합물 에 균사체를 주입한 뒤 플라스틱 몰드에 담는다. 균사체가 효소의 작용을 받는 물질들 사이를 누비고 다니면서 균사체 덩어리와 일부 소화된 목질을 엉키게 해서 거푸집 속의 주물처럼 형태를 만든다. 가죽과 소프트 폼은 이와는 좀 달 라서, 균사체를 주입한 재료를 몰드에 붓는 방식이 아니라 평평한 시트 위에 펼 쳐놓는다. 성장 조건을 제어하면 균사체가 허공을 향해 위로 자라게 할 수 있 다. 일주일 이내에 스펀지 층을 수확할 수 있다. 이 스펀지 층을 압축하고 염색 을 하면 가죽과 놀랍도록 비슷한 촉감의 소재가 만들어진다. 압축단계 없이 그 대로 건조시키면 폼이 된다.

12 베이어의 장기적인 목표는 균사가 물리적인 구조를 만들어내는 생물물리학 적 과정을 이해하는 것이다. "나는 곰팡이를 분자를 제자리에 배치하는 나노테 크 어셈블러로 생각합니다. 마이크로파이버의 3D 방위가 강도, 내구성, 유연 성 등과 같은 물질의 성질에 어떻게 영향을 미치는지 이해하려고 노력 중입니 다." 베이어의 비전은 유전적 프로그래밍이 가능한 곰팡이를 개발하는 것이다. 이 정도의 제어 수준이면, "다이얼을 얼마나 돌리느냐에 따라 다른 물질을 만 들어낼 수도 있을 것입니다. 글리세린처럼 가소성을 가진 화합물을 추출해낼 수도 있습니다. 그렇게 된다면 자연적으로 더 유연하고 방수력도 뛰어난 물질 을 얻을 수 있는 것입니다. 할 수 있는 일이 매우 많습니다."라고 베이어는 설명 했다. 곰팡이의 유전학은 매우 복잡하고 지금까지 파악된 바도 거의 없다. 유 전자를 곰팡이에 삽입해 곰팡이가 그 유전자를 발현하도록 하는 것과 유전자 를 삽입해 안정적이고 예측 가능한 방식으로 그 유전자를 발현하도록 하는 것 은 별개의 문제다. 유전적 명령을 제어하여 곰팡이의 행동을 프로그램하는 것

은 더욱 더 멀리 나가는 일이다.

13 곰팡이로 건물을 지은 전례가 없기 때문에 많은 연구가 기초부터 진행되어야 한다. 베이어도 생산으로 직행하는 것보다 연구에 더 큰 중점을 두고 있다. 10년에 걸쳐서 그들은 연구에 3,000만 달러를 투자했다. 이런 방식으로 균사를 연구하기 위해서는 곰팡이가 지금까지와는 다르게 행동하면서 더 잘 자라도록 새로운 방법, 새로운 방식을 개발해야 한다.

14 버섯을 치료제로 이용한 역사적 기록을 가장 많이 가지고 있는 나라는 중국이다. 중국에서는 치료용 버섯이 약전의 중심을 차지하고 있을 정도다. AD 200년경에 저술된《신농본초경 神农本草经》은 훨씬 오래전부터 구전되어 온 약초에 대한 지식을 묶어 편찬한 것으로 보인다. 이 책에 소개된 곰팡이 중 영지 *Ganoderma lucidum*, 저령 *Polyporus umbellatus* 등 몇 종류는 지금도 쓰이고 있다. 영지는 가장 높이 평가받는 버섯 중의 하나이며, 여러 회화, 조각, 자수 작품에서도 볼 수 있다.

곰팡이를 이해한다면: 술을 빚는 효모의 신비

1 농업의 발전은 인간과 곰팡이의 관계에 여러 측면에서 영향을 미쳤다. 식물의 곰팡이 병원체 중 많은 수가 재배 작물과 나란히 진화한 것으로 여겨진다. 오늘날에도 그렇듯이, 작물화와 재배는 식물의 곰팡이 병원체에 새로운 기회를 제공한다.

2 멋진 책《Sacred Herbal and Healing Beers》로부터 영향을 받았다.

3 와슨 부부는 세상을 그들의 기준대로 분류했다. 미국(와슨은 미국인이다)은 앵글

로색슨, 스칸디나비아인과 함께 혐균적이다. 러시아(발렌티나는 러시아인이다)는 슬라브, 카탈루냐와 함께 호균적이다. "그리스인은 항상 혐균적이었어요. 고대 그리스인이 남긴 문서의 처음부터 끝까지 살펴봐도 버섯을 찬양하는 사람은 단 한 사람도 못 찾았으니까요." 와슨 부부가 불평하는 듯한 어조로 말했다. 물론 세상을 그렇게 간단하게 분류할 수는 없다. 와슨 부부는 곰팡이에 대한 태도를 기준으로 하는 2진법 시스템을 만들었으며 그 뚜렷한 경계를 처음으로 허물기 시작했다. 그들은 핀란드 사람들은 '전통적으로 혐균적'이었지만 러시아인들이 휴가를 보내기 위해 자주 찾는 지방 사람들은 '여러 종의 버섯에 대해 알고 좋아하게' 되었다는 사실을 발견했다. 이렇게 '개종'한 핀란드인들이 그들이 만든 시스템의 양극단 사이 어디에 위치하는지는 그들도 말하지 않았다.

4 기록으로 남아 있는, 곰팡이의 계통을 분류하려던 최초의 시도는 1601년이었다. 이때는 버섯의 종을 '식용'과 '독성'으로만 구분했다. 즉 버섯과 인체와의 잠재적인 관계만을 바탕으로 분류했다는 의미다. 이러한 구분은 그다지 의미가 없다. 양조장의 효모는 빵과 술을 만드는 데 유용하지만, 혈액에 섞이면 치명적인 감염을 일으킬 수도 있다.

5 '상리공생'이라는 말은 이 말이 생긴 후 첫 10년 동안은 초기의 무정부주의적 사고를 가진 학파를 일컫는, 명백하게 정치적인 언어였다. '유기체'라는 개념 역시 19세기 독일 생물학자들에 의해 명백하게 정치적인 용어로 인식되었다. 루돌프 피르호Rudolf Virchow는 상호의존적으로 협력하는 시민이 건강한 국가 운영의 기본이듯, 유기체란 제각각 전체의 이익을 위해 일하며 서로 협력하는 세포로 이루어진 공동체라고 이해했다.

6 암스테르담자유대학교 교수인 토비 키어스는 '생물학적 시장 구조'를 식물과 곰팡이의 상호작용에 적용하기를 제안한 선구적인 학자 중 한 사람이다. 생물학적 시장이라는 개념은 동물의 행동 연구에서 이미 수십 년 전부터 쓰여 왔으므로, 그 자체가 새로운 아이디어는 아니다. 그러나 이 개념을 뇌가 없는 유기

체에 적용한 것은 키어스와 그녀의 동료들이 처음이었다. 키어스에게 경제적 은유는 경제학적 모델의 바탕이고, 경제 모델은 효과적인 조사의 도구가 된다. "생물학적 시장이라는 말로 인간의 시장과의 유사성을 말하려는 게 아닙니다. 단지 이 개념은 시험 가능한 예측을 할 수 있게 해주는 것입니다." 키어스가 말했다. 식물과 곰팡이라는 머리가 어지러울 정도로 가변적인 두 세계를 '복잡성' 또는 '맥락의존성'이라는 모호한 개념으로 포장하지 않은 경제학적 모델은, 상호작용의 조밀한 그물을 단순한 요소로 분해할 수 있게 함으로써 기본적인 가설의 테스트를 가능하게 한다. 키어스는 식물과 균근 곰팡이 사이의 '호혜적 보상'을 발견한 후부터 생물학적 시장의 개념에 관심을 갖게 되었다. 호혜적 보상은 식물과 균근 곰팡이가 탄소와 인의 교환을 조절하는 방법이다. 식물은 자신이 더 많은 탄소를 제공해 준 곰팡이로부터 더 많은 인을 받아오고, 곰팡이는 자신이 더 많은 인을 제공한 식물로부터 더 많은 탄소를 받아간다. 키어스는 시장 모델을 통해 이러한 '전략적 거래 행동'이 어떻게 진화해왔는지, 조건이 달라지면 어떤 변화가 일어나는지 이해할 수 있다고 보았다. "지금까지 이 모델은 매우 유용한 도구였어요. 그 과정에서 서로 다른 여러 실험을 진행할 수 있게 해주기도 했습니다. '파트너의 수를 증가시켜보면, 파트너들이 가지고 있는 자원에 따라 거래 전략이 바뀐다는 것을 이 이론을 통해 알 수 있다'는 추론이 가능했어요. 그래서 한 가지 실험을 설계할 수 있었습니다. 파트너의 수를 바꾸면서 전략이 실제로 변화하는가를 지켜보자는 거였죠. 엄격한 프로토콜이었다기보다는 일종의 반향판이었습니다." 이 경우에 시장 체제는 일종의 도구, 새로운 관점을 발생시키기 위해 세상에 대한 질문을 구성하는 데 도움을 주는 인간의 상호관계를 기반으로 한 서사였다. 크로포트킨이 했던 것과 같이 인간은 비인간 유기체의 행동을 기반으로 자신의 행동을 결정해서는 안 된다는 말이 아니다. 식물과 곰팡이가 실제로 이성적인 결정을 내리는 자본주의적 개체라는 뜻도 아니다. 물론 만약 그렇다고 해도 식물과 곰팡이의 행동이 주어진 인간의 경제학적 모델에 완벽하게 들어맞을 리도 없다. 경제학자들도 인정하듯이, 인간의 시장도 실제로는 '이상적인 시장'처럼 행동하지 않는다. 인간의 경제생활의 부도덕한 복잡성은 경제 행동을 설명하고자 구성한 모델마저 엉망으로 만든다. 사실상 곰팡이의 일생도 생물학적 시장 이론에 깔끔하게 들어맞지 않는다. 우선, 생물학적 시장이라는 개념의 고향이라 할 수 있는 인간의 자본주의 시장이 그러한 것처럼, 생물학적 시장도 각각 자신의 이익을 위해 행동하는 개별적인 '거래자'에 대한 식별 능력에 의존한다. 그러나 사실은 개별적인 '거래자'를 분명하게 식별할 수 없다. '하나의' 균근 곰팡이의 균사체가 다른 균근 곰팡이의 균사체와 융합할 수도 있고, 그 네트워크를 떠돌아다니는 다른 유형의 핵 ― 서로 다른 게놈을 가진 ― 과 융합할 수도 있다. 개체는 무엇을 근거로 식별하는가? 개체의 핵은? 하나의 상호 연결된 네트워크는? 네트워크의 하나의 타래는? 키어스는 이런 의문에 정면으로 대응했다. "식물과 곰팡이 사이의 상호작용을 연구하는 데 생물학적 시장 이론이 유용하지 않다면, 우리는 이 이론을 쓰지 않을 것입니다." 시장 구조는 그 유용성이 아직 알려지지 않은 도구다. 그럼에도 불구하고 생물학적 시장은 이 분야에서 활동하고 있는 일부 연구자들에게는 고민거리다. 키어스가 지적했듯이, "이 논쟁은 감정을 불러일으킬 필요가 없는데도 불구하고 감정적인 문제가 될 소지가 있습니다." 어쩌면 생물학적 시장 구조가 사회정치학적 신경을 건드리기 때문일까? 인간의 경제 시스템은 다양하다. 그러나 생물학적 시장 구조라고 알려진 이론의 본체는 자유시장 자본주의와 놀랍도록 닮은 점이 있다. 서로 다른 문화 시스템에서 발원된 경제 모델의 가치를 서로 비교하는 것이 도움이 될까? 가치를 구성하는 데에는 여러 가지 방법이 있다. 미처 고려하지 못한 다른 통화가 있을 수도 있다.

7   인터넷과 월드와이드웹은 인간이 이룬 많은 기술에 비해 훨씬 자기조직적이다 (버러바시의 말을 빌리자면, 월드와이드웹은 스위스 시계보다는 "세포 또는 생태 시스템과 더 많은 공통점을 가지고 있는 것으로 보인다."). 그럼에도 불구하고 이러한 네트워크들은 기계와 자기조직적이지 않은 프로토콜로 구축되었고, 인간이 계속해

서 주목하지 않으면 기능을 멈출 것이다.

8 샙은 생물학자의 은유가 얼마나 쉽게 쟁점화될 수 있는지 보여주는 이야기 하
나를 들려주었다. 그는 많은 이들이 동물과 식물 같은 덩치 크고 복잡한 유기
체를 그들과 함께 살고 있는 박테리아나 곰팡이보다 더 '성공적인' 유기체로 그
리곤 한다는 것을 발견했다. 샙은 이 논쟁을 살짝 비틀었다. "성공의 정의가 무
엇인가요? 내가 최근에 본 세상은 근본적으로 미생물의 세상이었습니다. 지구
는 미생물의 것입니다. 미생물은 태초부터 있었고, 복잡한 '고차원적인' 동물이
모두 멸종한 후에도 오래도록 존재하다가 최후까지 있을 것입니다. 대기와 지
금 우리가 아는 생명을 창조한 것도 미생물입니다. 우리 몸의 대부분이 미생물
로 이루어져 있습니다." 샙은 진화생물학자 존 메이너드 스미스가 비유를 바꿈
으로써 미생물을 어떻게 폄하했는지 지켜보았다. 미생물이 어떤 관계로부터
이득을 얻고 있다면, 메이너드는 그 관계를 '미생물의 기생'이라고 부를 것이며
큰 유기체를 '숙주'로 불러야 한다고 말했다. 그러나 큰 유기체가 미생물에 의
해 조종당하고 있었다 하더라도 메이너드 스미스는 그 큰 유기체를 기생체라
고 부르지 않았다. 그는 비유를 바꾸어, 큰 유기체를 '주인'으로, 미생물을 '노예'
라고 불렀다. 샙의 관심은 미생물이 기생체거나 노예라는 사실에 있었지만, 메
이너드 스미스는 숙주를 조종하는 지배적인 파트너라는 개념을 결코 이해하지
못했다. 미생물은 절대로 통제권을 가진 존재가 될 수 없었다.

9 인간중심주의를 방어하기 위해 '의인화'를 죄악시하는 사람들에게 분노한 네덜
란드의 영장류 동물학자 프란스 드발은 '인간과 동물이 어떤 특징을 공유하고
있음에도 불구하고 그 사실을 원초적으로 부정하는 것'을 '의인화의 부정'이라
부르며 불만을 표출했다.

10 잉골드는 동물이 아니라 곰팡이가 '생명 형태의 전형적인 사례'로 간주되었다
면 인간의 사상이 어떻게 달라졌을까 질문한다. 그는 인간도 곰팡이 못지않게
네트워크 속에 묻힌 채 살아가고 있으며, 인간이 관계를 맺는 경로는 곰팡이 관

계의 경로보다 조금 더 파악하기 어려울 뿐이라고 주장하면서, 생명체의 '곰팡이 모델'을 받아들인다는 것의 의미에 대해 탐구한다.

11 알코올의 탈수소효소는 아세트알데히드 탈수소효소와는 다르다. 아세트알데히드 탈수소효소는 알코올 대사를 책임지고 있는 효소지만, 인종에 따라 차이가 있어서 어떤 사람은 알코올 대사에 곤란을 겪게 하기도 한다.

12 술 취한 원숭이 가설에 대해서는 더들리의 저서 《The Drunken Monkey: Why We Drink and Abuse Alcohol》 참고. 곰팡이에 감염된 과일은 향기가 풍부해지고 따라서 동물과 새가 가로채는 일도 빈번해진다고 알려져 있다.

찾아보기

/ 인명 /

/ 단체 /

/ 도서 및 논문, 매체 /

작은 것들이 만든 거대한 세계

초판 1쇄 발행 2021년 5월 20일
초판 6쇄 발행 2023년 4월 25일

지은이 멀린 셸드레이크 **옮긴이** 김은영 **감수** 홍승범
펴낸이 김종길 **펴낸 곳** 글담출판사 **브랜드** 아날로그

기획편집 이은지 · 이경숙 · 김보라 · 김윤아 **영업** 성홍진
디자인 손소정 **마케팅** 김민지 **관리** 김예솔

출판등록 1998년 12월 30일 제2013-000314호
주소 (04029) 서울시 마포구 월드컵로8길 41 (서교동 483-9)
전화 (02) 998-7030 **팩스** (02) 998-7924
블로그 blog.naver.com/geuldam4u **이메일** geuldam4u@naver.com

ISBN 979-11-87147-72-5 (03470)

· 책값은 뒤표지에 있습니다.
· 잘못된 책은 바꾸어 드립니다.

만든 사람들 ──────────────
책임편집 김윤아 **표지 디자인** 엄재선 **본문 디자인** 박경은

글담출판에서는 참신한 발상, 따뜻한 시선을 가진 원고를 기다리고 있습니다. 원고는 글담출판 블로그와 이메일을 이용해 보내주세요. 여러분의 소중한 경험과 지식을 나누세요.